U0037308

Power BI
快速入門

全華研究室　郭欣怡　編著

全華圖書股份有限公司

本書導讀

編輯大意

這是一本學習 Power BI 極佳的入門書籍。

Power BI 是 Microsoft 所推出的視覺化數據商務分析工具，可用來分析資料及共用深入資訊，並將複雜的靜態數據資料製作成動態的圖表。它提供了「Power BI 服務」、「Power BI Desktop」及「Power BI Mobile」三大平台，本書主要講述內容以 Power BI Desktop 各項操作為主體，帶領您進行資料分析並製作出互動式視覺化報表，也會說明如何上傳及使用 Power BI 雲端平台服務，並透過 Power BI Mobile 平台在行動裝置中檢視儀表板及報表。透過三大平台隨時取得大數據資料的全方位解析，全面貫通相關應用！

本書以入門角度撰寫，章節設計以功能導向為主軸，內容說明淺顯易懂、圖文並茂，將各種功能井然有序地整理出來。再配合實用的範例實作，依循 step-by-step 的步驟引導，帶領讀者從操作中學習，而本書各項操作皆錄製教學影片示範操作學習，非常適合初學及自學者使用。

章節內容的安排，規畫第 0 章以 Excel 各項實用的進階資料分析技巧做為前導知識，期待您在進行大數據分析時，更能發揮軟體統合運用的能力，您可自由選擇是否閱讀。第 1 章至第 8 章則由基礎到進階，以循序漸進的方式引導您使用 Power BI。如果您是初學者，建議您在閱讀時，跟著本書章節依序學習並跟著範例實際操作，就能輕鬆掌握 Power BI Desktop 的各種使用技巧。

學習是一件快樂的事，祈望本書能讓您的學習更事半功倍，並將習得的技能融會貫通，實際應用在生活或職場上，輕鬆提升自身職場競爭力。

全華研究室

商標聲明

書中引用的軟體與作業系統的版權標列如下：

- Power BI 是美商 Microsoft 公司的註冊商標。
- Microsoft Excel 是美商 Microsoft 公司的註冊商標。
- 書中所引用的商標或商品名稱之版權分屬各該公司所有。
- 書中所引用的網站畫面之版權分屬各該公司、團體或個人所有。
- 書中所引用之圖形，其版權分屬各該公司所有。

書中所使用的商標名稱，因為編輯原因，沒有特別加上註冊商標符號，並沒有任何冒犯商標的意圖，在此聲明尊重該商標擁有者的所有權利。

本書範例使用說明

本書範例檔案收錄書中所有使用範例及其結果檔，並依各章放置，建議學習過程中按照書中指示開啟使用，進行實際練習，或者也可直接開啟結果檔案觀看設定結果。

範例檔案 / 教學影片 下載方式

本書範例檔案及教學影片可依下列三種方式取得，請先將範例檔案下載到自己的電腦中，以便後續操作使用。

方法 1 掃描 QR Code

範例檔案  教學影片 

方法 2 連結網址

範例檔案下載網址：https://tinyurl.com/3pnz5kwc

教學影片連結網址：https://tinyurl.com/rp5udd3v

方法 3 OpenTech 網路書店 (https://www.opentech.com.tw)

請至全華圖書 OpenTech 網路書店，在「我要找書」欄位中搜尋本書，進入書籍頁面後點選「課本範例」，即可下載範例檔案。

CONTENTS

0 Excel 進階資料分析

1 淺談大數據

2 初探 Power BI

CONTENTS

4 視覺效果物件編輯技巧

5 視覺效果圖表物件類型

6 視覺效果的互動與進階應用

7 頁面編輯技巧與檢視設定

8 Power BI 雲端平台的應用

CONTENTS

Excel 進階資料分析

0-1 輸入資料

0-2 建立函數

0-3 資料排序

0-4 自動篩選

0-5 合併彙算

0-6 開啟 Power BI 增益集

0-1 輸入資料

輸入儲存格資料

要在儲存格中輸入文字時，須先選定一個作用儲存格，選定好後就可以進行輸入文字的動作，輸入完後按下**Enter**鍵，即可完成輸入。若要到其他儲存格中輸入文字，可以按下鍵盤上的↑、↓、←、→及**Tab**鍵，移動到上面、下面、左邊、右邊的儲存格。

	A	B
1	貨號	
2		
3		

❶ 以滑鼠左鍵點選欲輸入資料的儲存格，儲存格外圍會變成綠色粗框，表示為目前作用儲存格，直接輸入文字即可。

	A	B
1	貨號	
2	LG1001	
3		

❷ 按下**Enter**鍵後，作用儲存格會移到下一列儲存格，即可繼續輸入文字。

	A	B
1	貨號	
2	LG1001	
3		

❸ 若要到其他儲存格中輸入文字，可按下→或**Tab**鍵移動到右邊的儲存格。

在Excel中，除了在作用儲存格中直接鍵入資料外，也可以透過資料編輯列輸入資料。

輸入前先選取儲存格，接著將游標移至資料編輯列上，按下滑鼠左鍵即可在資料編輯列上輸入資料，輸入完畢後按下鍵盤上的**Enter**鍵，或按下資料編輯列上的 ✔ **輸入** 按鈕，結束輸入。

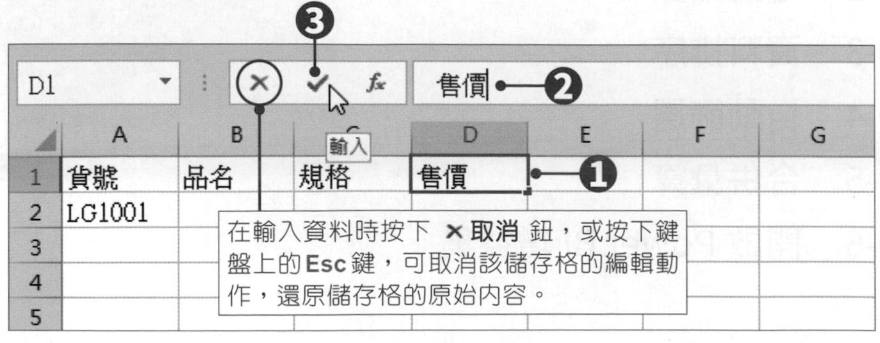

建立公式

Excel的公式跟一般數學方程式一樣，是由「=」(等號)建立而成，等號左邊的值，是存放計算結果的儲存格；等號右邊的算式，是實際計算的公式。

B1 = F3*5+6

B1：存放計算結果的儲存格
F3*5+6：計算式

♣ 選取儲存格來建立公式

在公式中常常須使用某些儲存格的值做為運算元。在建立公式時，可以直接點選儲存格來取代手動輸入儲存格位址的動作，以點選儲存格的方式來建立公式，不僅簡單方便，也較不易出錯。請開啟「範例檔案\ch0\建立公式.xlsx」檔案，進行以下練習。

step 01 將滑鼠游標移至欲存放運算結果的E2儲存格，輸入「=」符號，表示要建立公式。

VLOOKUP　×　✓　fx　=

	A	B	C	D	E	F
1	單位：箱	上週庫存	賣出	進貨	本週庫存	
2	水蜜桃	23	20	10	= ❶	
3	芒果	57	52	65		
4	荔枝	36	25	20		
5						

公式運算符號

若要在儲存格中顯示公式計算結果，只要在儲存格中以「=」開始輸入計算式，Excel就會將公式計算結果顯示在該儲存格中。

公式中除了可使用 加(+), 減(-), 乘(*), 除(/), 百分比(%) 等常用算術運算符號，也可使用 等於(=), 大於(>), 小於(<) 等比較運算符號，以及 連結(&)文字運算符號 與 冒號(:)及逗號(,) 等參照運算符號。若一個公式中有多個運算子，Excel會按照運算子的優先順序來執行運算。各種運算符號的運算順序為：參照運算符號>算數運算符號>文字運算符號>比較運算符號。

step 02 接著，以滑鼠左鍵直接點選「B2」儲存格。點選後，可以發現在公式後方已自動加上「B2」文字。

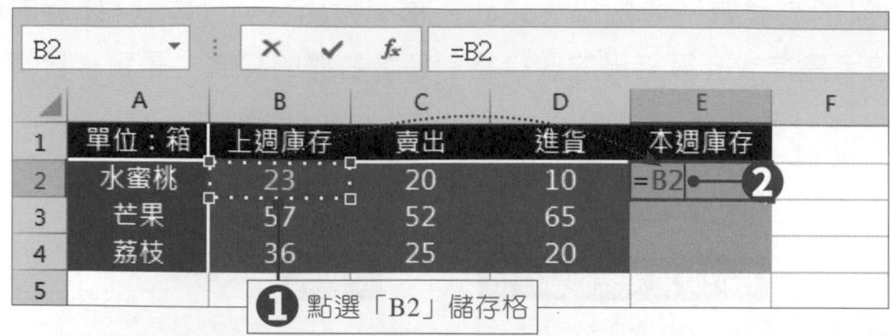

step 03 接著輸入運算子「-」，再點選「C2」儲存格。點選後，公式後方則加上「C2」文字。

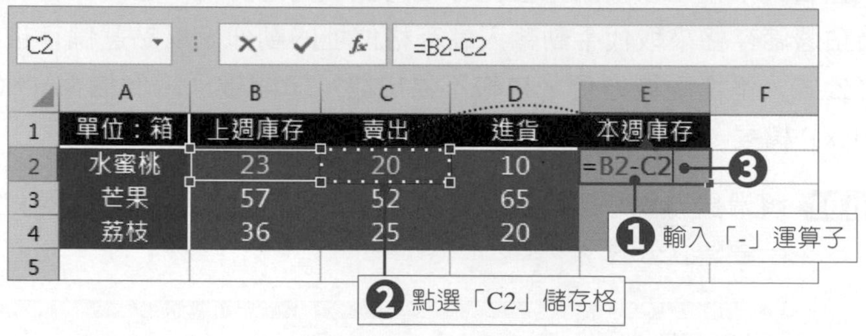

step 04 繼續輸入運算子「+」，再點選「D2」儲存格。點選後，公式後方顯示「D2」文字。

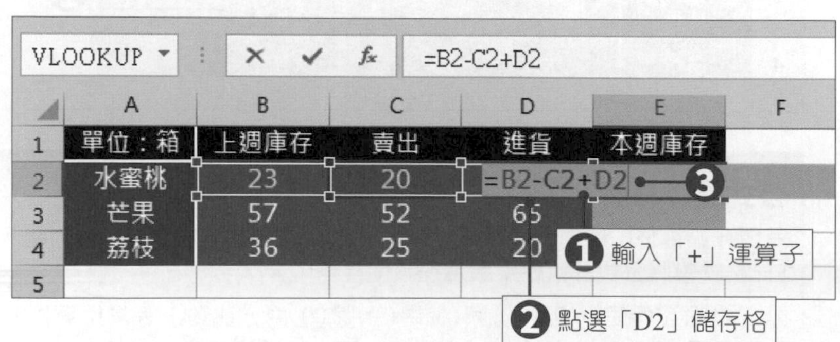

step 05 最後按下鍵盤上的**Enter**鍵完成公式的輸入，E2儲存格會自動顯示計算結果，而在資料編輯列上，則會顯示該儲存格中所建立的公式。

E2 | =B2-C2+D2 ❷

	A	B	C	D	E	F
1	單位：箱	上週庫存	賣出	進貨	本週庫存	
2	水蜜桃	23	20	10	13 ❶	
3	芒果	57	52	65		
4	荔枝	36	25	20		
5						

♣ 相對參照與絕對參照的轉換

使用公式時，會填入儲存格位址，公式會根據該儲存格內容進行計算，而非直接輸入儲存格資料，這種方式叫做「參照」。「參照」的功能在於可提供即時的資料內容，當參照儲存格的資料有變動時，公式會即時更新運算結果，這就是電子試算表的重要功能一自動重新計算。

在公式中參照儲存格位址，預設使用**相對參照**的方式。只要將公式複製到其他儲存格，其他儲存格都會根據相對位置調整儲存格參照，計算各自的結果。若不希望公式隨著儲存格位置而改變參照位址時，則可在儲存格位址前輸入**「$」**符號，將儲存格位址設定為**絕對參照**。絕對參照可以分別固定欄或列，沒有被固定的部分，仍然會依據相對位置調整參照。

切換相對位址與絕對位址時可善用小技巧：只要在資料編輯列上選取要轉換的儲存格位址，選取好後按下鍵盤上的**F4**鍵，即可將選取的位址轉換為絕對參照。舉例來說，在公式中的B3運算元中，第一次按下**F4**鍵時，會先將「B3」轉換為「$B$3」；再按下一次**F4**鍵，會再切換成「B$3」；再按一次F4鍵，會再切換成「$B3」；再按下一次**F4**鍵，則會切換成「B3」。

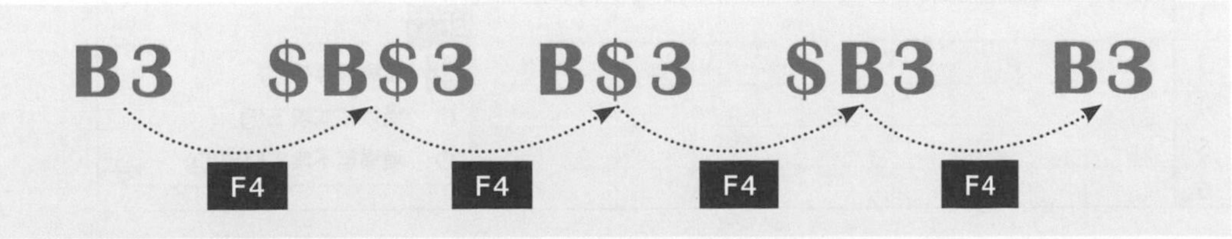

自動填滿

Excel中有個**自動填滿**功能，可依據一定的規則，快速填滿大量的資料，是很有效率的輸入資料方式。

在選取儲存格時，作用儲存格四周除了會顯示粗邊框外，於儲存格的右下角會有個綠點，叫做**填滿控點**。將滑鼠游標移至此控點上，滑鼠游標會呈粗十字狀，接著拖曳填滿控點到其他的儲存格時，可以把目前儲存格的內容填入其他儲存格中。

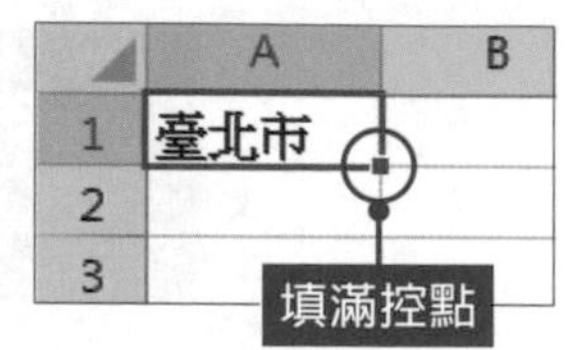

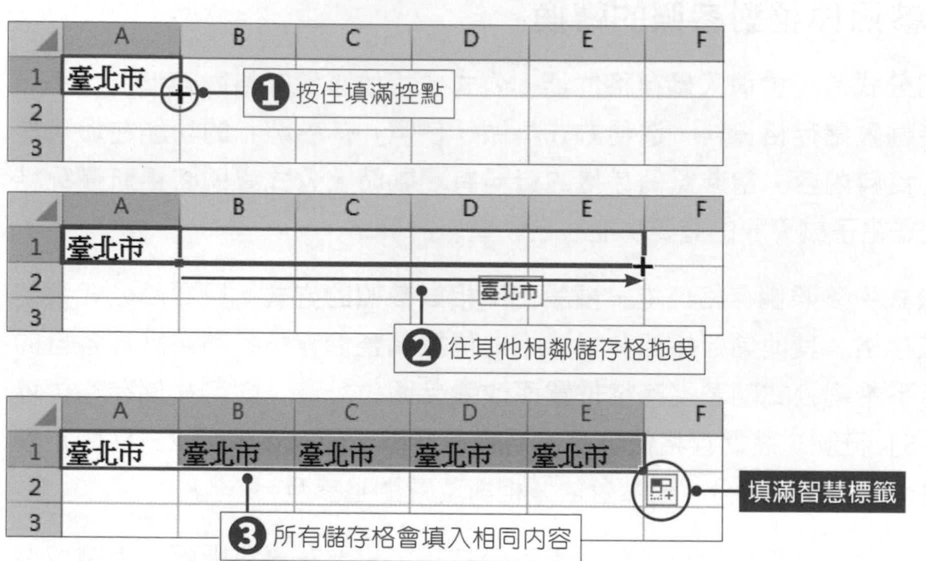

使用填滿控點進行複製資料時，在儲存格的右下角會有個 **填滿智慧標籤** 圖示，點選此圖示後，即可在選單中選擇要填滿的方式。

臺北市 臺北市 臺北市 臺北市 臺北市

複製儲存格(C)

僅以格式填滿(F)

填滿但不填入格式(O)

填滿智慧標籤選項	說明
複製儲存格	會將資料與資料的格式原封不動地填滿。
僅以格式填滿	只會填滿資料的格式，而不會將該儲存格的內容填滿。
填滿但不填入格式	會將資料填滿至其他儲存格，但不會套用原儲存格的格式。

♣ 填入公式

如果填滿控點所在的儲存格，資料是由公式產生，Excel會用公式填滿其他儲存格。結果跟複製、貼上公式一樣，公式會隨著位置的不同，改變相對參照的儲存格位址，計算出不同的結果。

♣ 填入規則的內容

填滿控點除了可以填入相同的資料，還可以填入規則變化的資料，像是：等差數列、日期、時間等，也可在Excel中自訂常用的文字清單。

等差級數

要產生資料遞增或遞減的連續儲存格，也就是用等差級數填入儲存格。我們以下例來說明如何利用填滿控點來建立等差級數的儲存格內容。

step 01 開啟一個空白活頁簿，在A1及B1儲存格中分別輸入數字「1」及數字「3」。表示起始值為1，間距值為2。

	A	B	C	D	E	F
1	1	3				
2						

step 02 接著選取兩個儲存格，將滑鼠游標移至填滿控點上，往右拖曳到想填滿數列的儲存格。

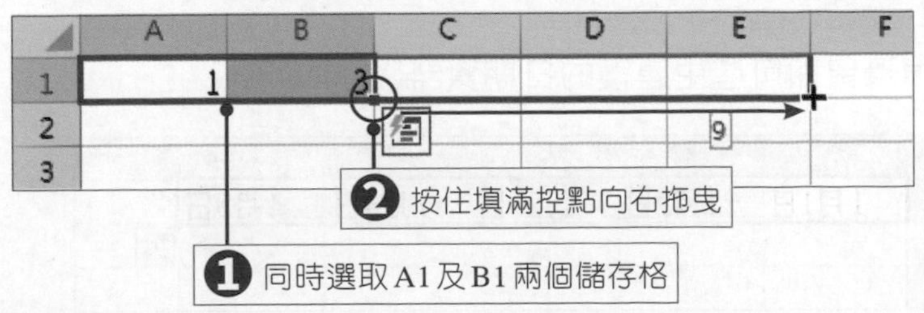

step 03 放掉滑鼠即可產生間距值為2的遞增數列。

	A	B	C	D	E	F
1	1	3	5	7	9	
2						
3						

使用填滿控點來填入等差數列，除了可向右拖曳外，也可向上、向下、向左以不同方式的遞增或遞減排列來進行填滿。

日期

如果要產生一定差距的日期序列時，只要輸入一個起始日期，拖曳填滿控點到其他儲存格中，即可產生連續日期。

step 01 開啟空白活頁簿，在A1儲存格中輸入日期「1/1」做為起始日期。

	A	B	C	D	E	F
1	1月1日					
2						

在儲存格中輸入類似「1/1」的資料時，Excel會自動辨識其為**日期資料**，並依控制台內的日期格式設定顯示該日期。而顯示的日期格式，則可在儲存格格式中自行設定。

step 02 將滑鼠游標移至填滿控點上，往右拖曳至想填滿的儲存格。

	A	B	C	D	E	F
1	1月1日					
2						
3						

1月5日

❶ 按住填滿控點向右拖曳

step 03 放掉滑鼠即可產生連續的日期資料。

	A	B	C	D	E	F
1	1月1日	1月2日	1月3日	1月4日	1月5日	
2						
3						

利用填滿控點建立日期序列時，也可以按下 填滿智慧標籤 選單鈕，在選單中選擇要以**天數**、**工作日**、**月**或**年**等方式填滿儲存格。

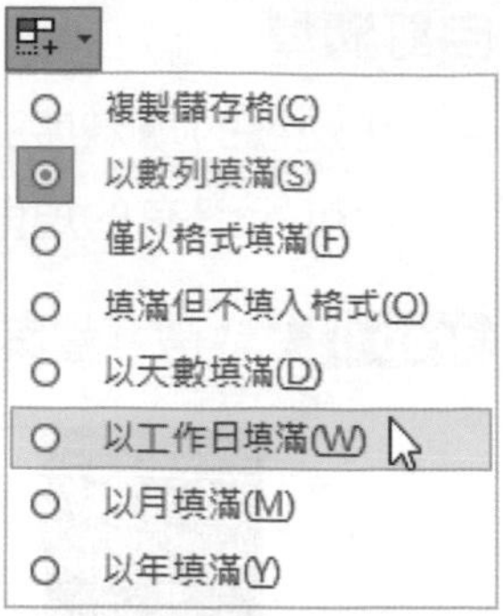

- 複製儲存格(C)
- 以數列填滿(S)
- 僅以格式填滿(F)
- 填滿但不填入格式(O)
- 以天數填滿(D)
- 以工作日填滿(W)
- 以月填滿(M)
- 以年填滿(Y)

時間

如果要產生一定差距的時間序列，只要輸入一個起始時間，拖曳填滿控點到其他儲存格，則會以一小時為間距逐漸增加。

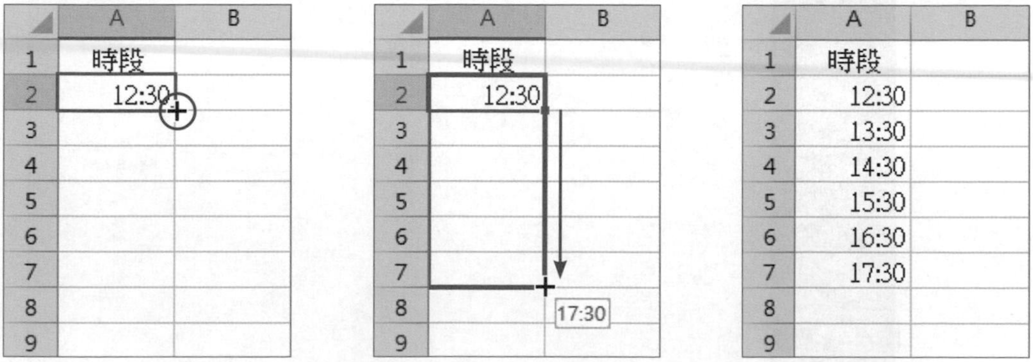

	A	B
1	時段	
2	12:30	
3		
4		
5		
6		
7		
8		
9		

	A	B
1	時段	
2	12:30	
3		
4		
5		
6		
7		
8		17:30
9		

	A	B
1	時段	
2	12:30	
3	13:30	
4	14:30	
5	15:30	
6	16:30	
7	17:30	
8		
9		

其他

在Excel中預設了一份填滿清單，所以當輸入某些規則性的文字，例如：星期一、一月、第一季、甲乙丙丁、子丑寅卯、Sunday、January等文字時，利用自動填滿功能，即可在其他儲存格中填入規則性的文字。

	A	B	C	D	E	F	G
1	星期一	星期二	星期三	星期四	星期五	星期六	星期日
2	一月	二月	三月	四月	五月	六月	七月
3	第一季	第二季	第三季	第四季	第一季	第二季	第三季
4	甲	乙	丙	丁	戊	己	庚
5	子	丑	寅	卯	辰	巳	午
6	Sunday	Monday	Tuesday	Wednesday	Thursday	Friday	Saturday
7	January	February	March	April	May	June	July

自訂清單

Excel的填滿序列，是依照一份預設的自訂清單來進行排序。若想建立一套Excel所沒有的規則性文字清單，也可在自訂清單中建立一份新的清單。

step 01 點選**「檔案→選項」**功能，開啟「Excel選項」對話方塊。

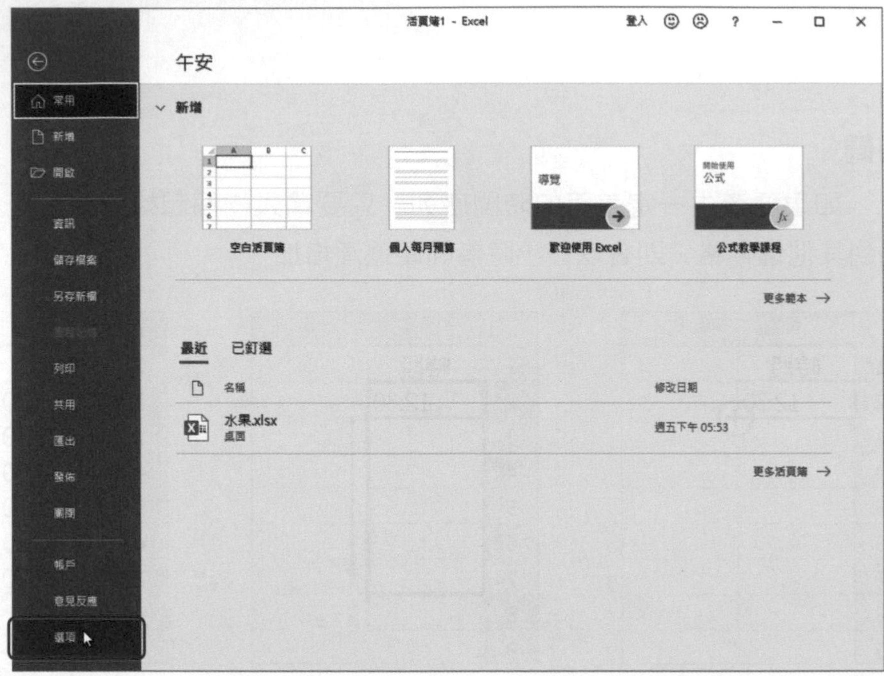

step 02 在「Excel選項」對話方塊中點選**「進階」**標籤，將捲動軸捲至最下方，按下**「編輯自訂清單」**按鈕。

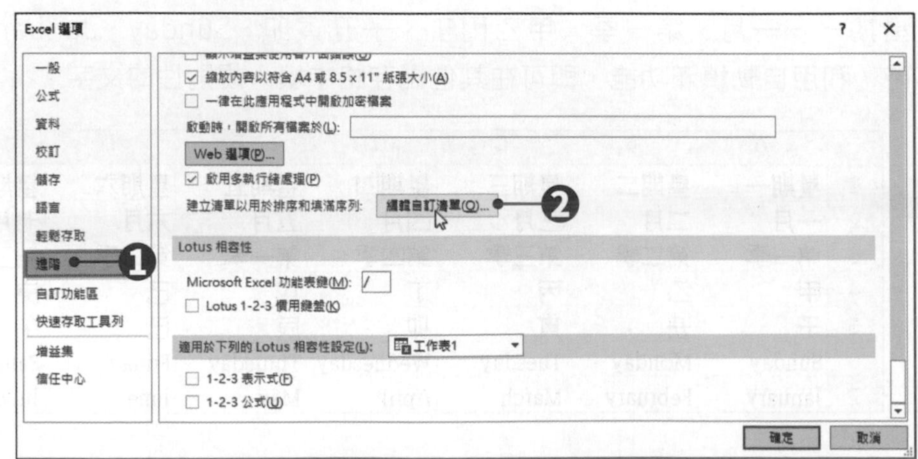

step 03 在出現的「自訂清單」對話方塊中，可以看到Excel目前存在的填滿清單。在「清單項目」中輸入自訂的填滿序列後，按下**「新增」**按鈕，即可將該序列新增至左側的「自訂清單」中，最後按下**「確定」**按鈕，完成自訂清單的設定。

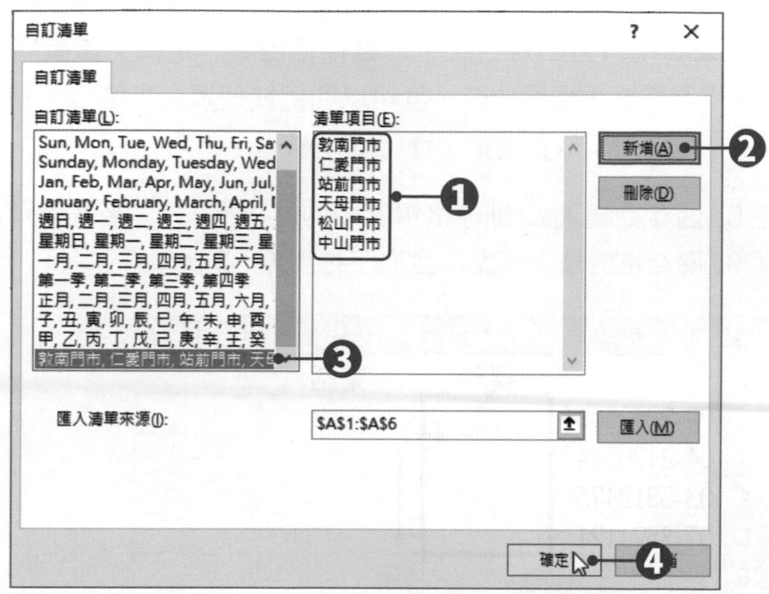

step 04 回到「Excel選項」對話方塊中，再按下**「確定」**按鈕即可。

step 05 接著在活頁簿的A1儲存格中，輸入「敦南分店」，將滑鼠游標移至儲存格的填滿控點上，往下拖曳至A6儲存格，放掉滑鼠即可自動產生剛剛所自訂的資料序列。

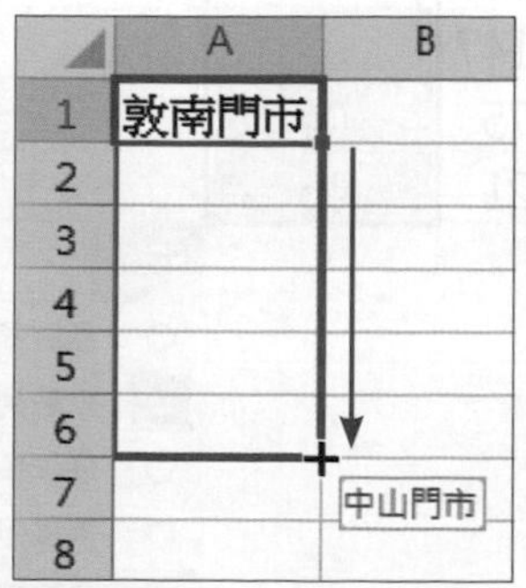

♣ 快速填入

快速填入功能可以自動分析並辨識資料表內的資料，若你在新增欄位中填入的資料已存在於表格中，Excel就會自動判斷資料型式，快速填入整欄的其他資料。

此功能最適合用於分割資料表中的儲存格內容，例如：想要將含有區碼的電話分成區碼及電話兩個欄位時，就可以利用快速填入來進行。請開啟「範例檔案\ch0\快速填入.xlsx」檔案，進行以下練習。

step 01 在B2儲存格輸入A2儲存格電話中的區碼「02」，接著將滑鼠游標移至B2儲存格的填滿控點，並向下拖曳至B5儲存格。

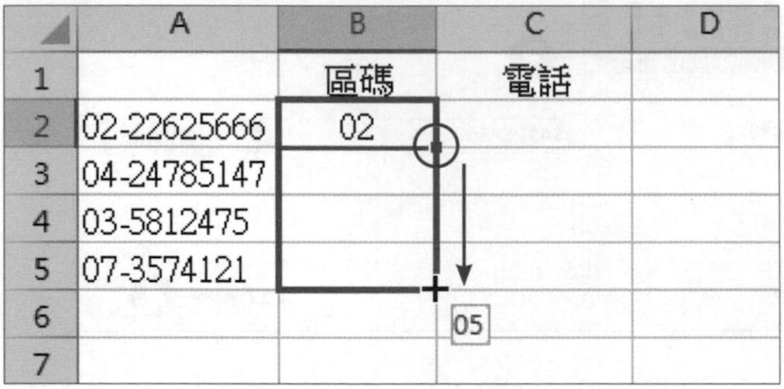

	A	B	C	D
1		區碼	電話	
2	02-22625666	02		
3	04-24785147			
4	03-5812475			
5	07-3574121			
6			05	
7				

step 02 按下 填滿智慧標籤 選單鈕，於選單中點選**「快速填入」**。

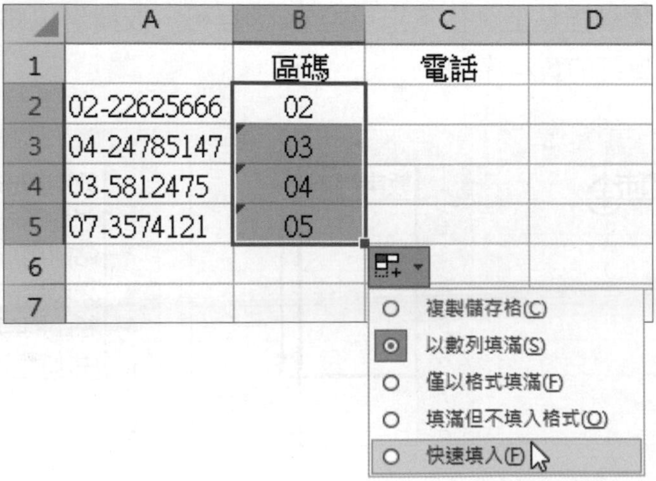

	A	B	C	D
1		區碼	電話	
2	02-22625666	02		
3	04-24785147	03		
4	03-5812475	04		
5	07-3574121	05		
6				
7				

- 複製儲存格(C)
- 以數列填滿(S)
- 僅以格式填滿(F)
- 填滿但不填入格式(O)
- 快速填入(F)

step 03 放掉滑鼠左鍵後，Excel便會仿照B2儲存格的內容，自動填入區碼的部分。

	A	B	C	D
1		區碼	電話	
2	02-22625666	02		
3	04-24785147	04		
4	03-5812475	03		
5	07-3574121	07		
6				
7				

step 04 第C欄的電話部分，也可依照快速填入的方式來進行輸入。

	A	B	C	D
1		區碼	電話	
2	02-22625666	02	22625666	
3	04-24785147	04	24785147	
4	03-5812475	03	5812475	
5	07-3574121	07	3574121	
6				
7				

為儲存格範圍定義名稱

除了使用儲存格位址來指定儲存格範圍之外，還可以設定一個「名稱」來稱呼特定的儲存格範圍（連續、非連續皆適用）。例如：將A1：E5儲存格範圍的名稱設定為「業績」，日後無論是選取儲存格、建立公式、設定函數，皆可直接鍵入「業績」來代表A1：E5這個儲存格範圍。

接下來請開啟「範例檔案\ch0\早餐銷售數量.xlsx」檔案，依照下列步驟來學習名稱的使用。

step 01 先框選欲設定名稱的儲存格範圍「B2:E5」，接著點選**「公式→已定義之名稱→定義名稱」**按鈕，開啟「新名稱」對話方塊。

step 02 在「新名稱」對話方塊的「參照到」欄位中，已設定為剛剛框選的儲存格範圍，只要輸入欲定義的名稱，按下**「確定」**按鈕，即完成儲存格範圍的名稱定義。

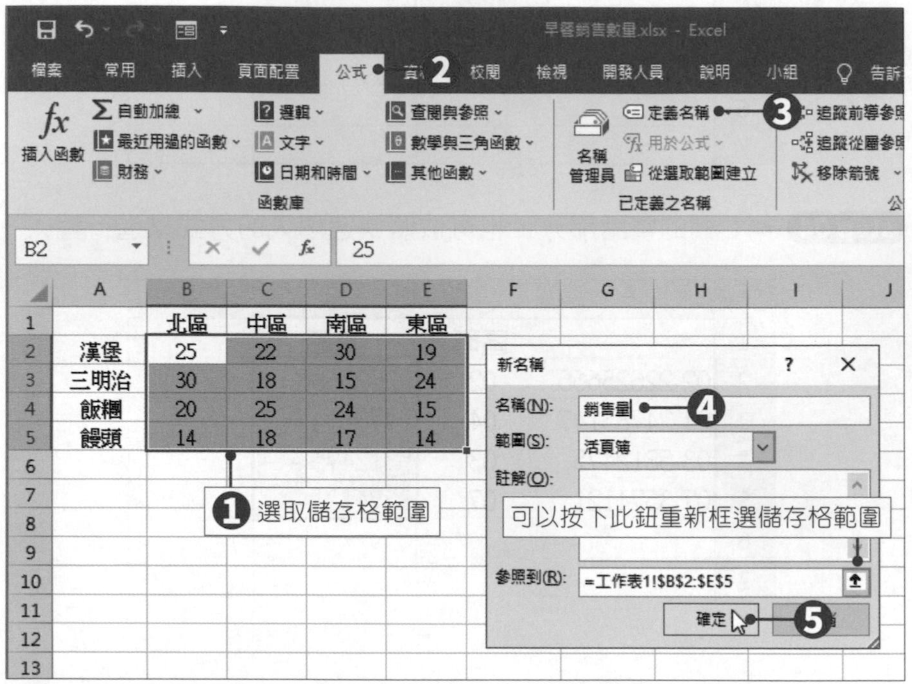

step 03 定義了儲存格範圍的名稱後，只要按下方塊名稱旁的下拉鈕，選擇儲存格範圍名稱，即可立即選取該名稱所代表的儲存格範圍。

銷售量 ▾　　fx 25

	A	B	C	D	E	F
1		北區	中區	南區	東區	
2	漢堡	25	22	30	19	
3	三明治	30	18	15	24	
4	飯糰	20	25	24	15	
5	饅頭	14	18	17	14	
6						
7						

♣ 依表格標題建立名稱

如果表格本身已具備適當的標題，則可將標題自動建立為名稱。我們接續上述「早餐銷售數量.xlsx」檔案，繼續以下操作：

step 01 選取含有標題和資料內容的儲存格範圍A1：E5，點選**「公式→已定義之名稱→從選取範圍建立」**按鈕，開啟「以選取範圍建立名稱」對話方塊。

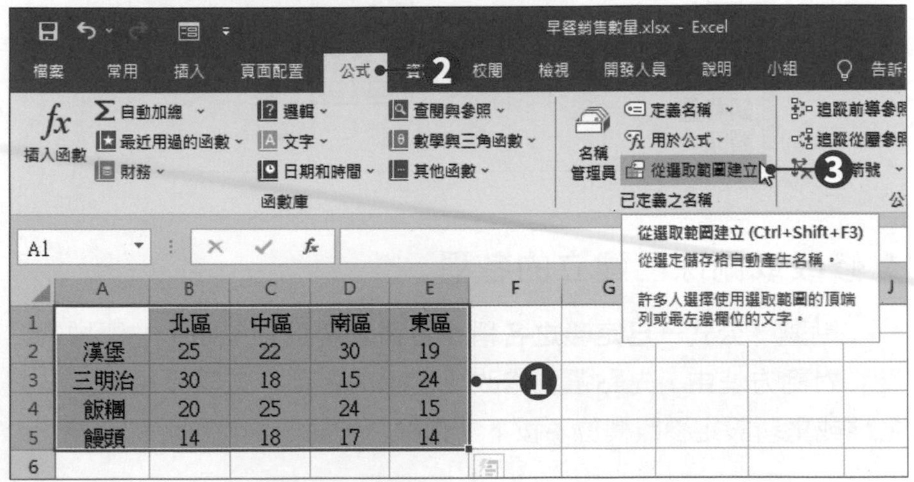

step 02 在「以選取範圍建立名稱」對話方塊中，依據標題所在位置，勾選**「頂端列」**和**「最左欄」**，按下**「確定」**按鈕完成設定。

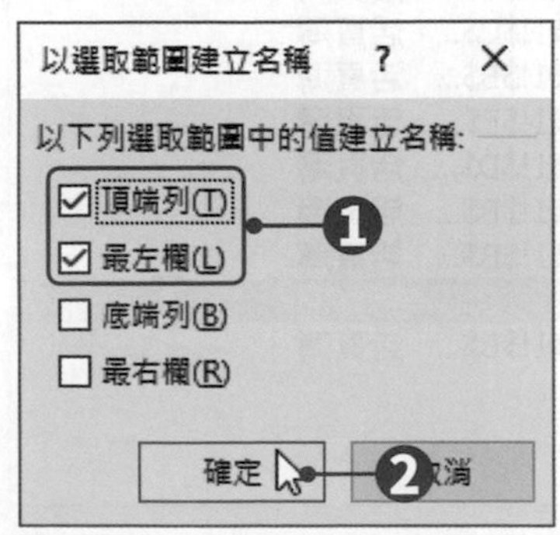

step 03 回到工作表後，只要按下方塊名稱旁的下拉鈕，即可看到所有標題都被設定為名稱。當點選某一個名稱時，就可自動選取該名稱所代表的儲存格範圍。

南區 ▾ | fx 30

三明治
中區
北區
東區
南區
飯糰
漢堡
銷售量
饅頭

B	C	D	E	F
北區	中區	南區	東區	
25	22	30	19	
30	18	15	24	
20	25	24	15	
14	18	17	14	

♣ 修改或刪除已建立的名稱

點選**「公式→已定義之名稱→名稱管理員」**按鈕，在開啟的「名稱管理員」對話方塊中，先點選要修改或刪除的名稱，按下**「編輯」**按鈕，可修改名稱或重新設定參照欄位；按下**「刪除」**按鈕，則可刪除該名稱。

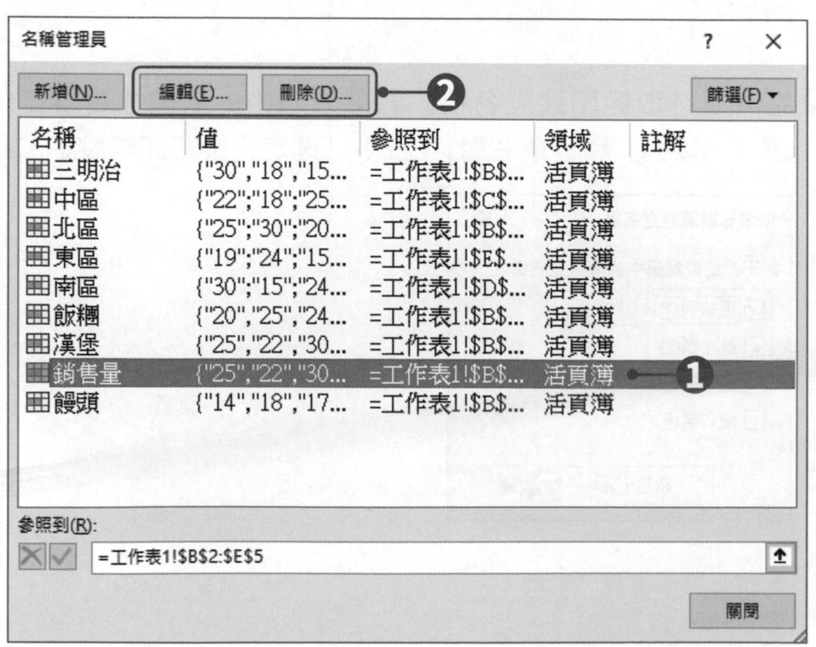

0-2 建立函數

函數是Excel事先定義好的公式，專門處理龐大的資料，或複雜的計算過程。使用函數可以不需要輸入冗長或複雜的計算公式，例如：當要計算A1到A10的總和時，若使用公式的話，必須輸入「=A1+A2+A3+A4+A5+A6+A7+A8+A9+A10」；若使用函數的話，只要輸入「=SUM(A1:A10)」即可將結果運算出來。

函數與公式一樣，是由「=」(等號)開始輸入，函數名稱後面有一組括弧，括弧中間放的是引數，也就是函數要處理的資料，而不同的引數，要用「,」(逗號)隔開，函數語法的意義如下所示：

=SUM(A1:A10, B5, C3:C16)

函數名稱　引數1　引數2　引數3

函數中可以使用多個引數，引數的格式可以使用數值、儲存格參照、文字、名稱、邏輯值、公式、函數，如果使用文字當引數，文字的前後必須加上「"」符號。

函數的引數中又內嵌其他函數，例如：「=SUM(B2:F7,SUM(B2:F7))」，此種函數公式稱為**巢狀函數**，Excel公式中最多可以包含七個層級的巢狀函數。

Excel函數的種類

Excel預先定義了各式各樣不同功能的函數，每一個函數的功能都不相同。為了使用上的方便，根據各個函數的特性，大致可分為財務函數、日期及時間函數、數學與三角函數、統計函數、查閱與參照函數、資料庫函數、文字函數、邏輯函數、資訊函數、工程函數、Cube函數、相容函數、Web函數等。各函數的功能與使用語法，本書便不加詳述，讀者可參閱坊間Excel相關書籍了解。

直接輸入函數

如果已經非常熟悉函數的語法及使用方式，可以直接在儲存格中鍵入函數及其引數。當輸入函數的第一個字母時，會開啟一個函數選單，將符合該字母為首的所有函數列出，以滑鼠左鍵點選函數，會在右側顯示該函數的功能說明。

在選單上選定想要使用的函數後，雙擊滑鼠左鍵即可直接輸入函數名稱及左括弧，並顯示該函數的語法設定提示，依語法進行後續的引數設定即可。

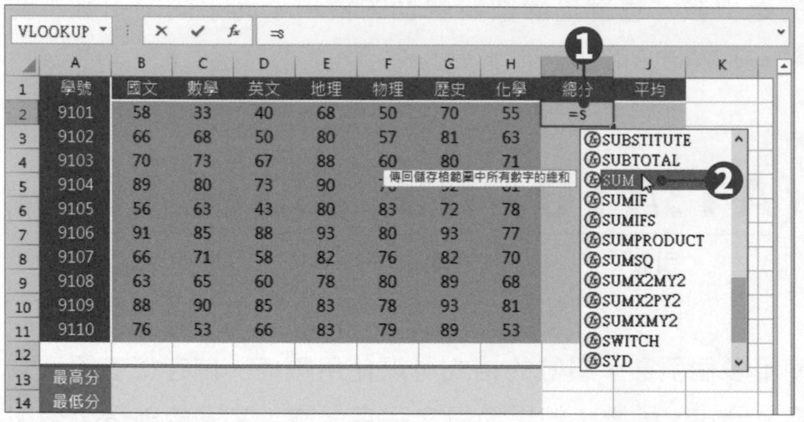

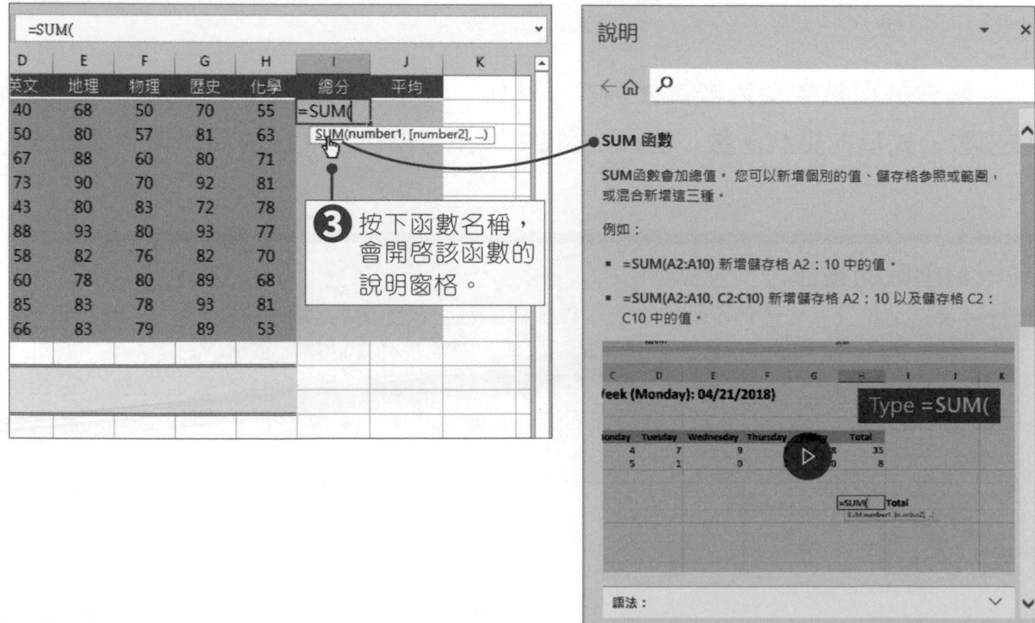

插入函數精靈

Excel的函數種類眾多，而且每個函數的使用規則也不太一樣，要一一記住並不容易。因此Excel設計了 fx **插入函數** 工具鈕，按下此鈕即可開啟插入函數精靈視窗，引導使用者一步步建立函數及設定引數。

step 01 開啟「範例檔案\ch0\期考成績表.xlsx」檔案。點選存放學生平均分數的J12儲存格，按下**「公式→函數庫→插入函數」**按鈕，或資料編輯列上的 fx **插入函數** 工具鈕。

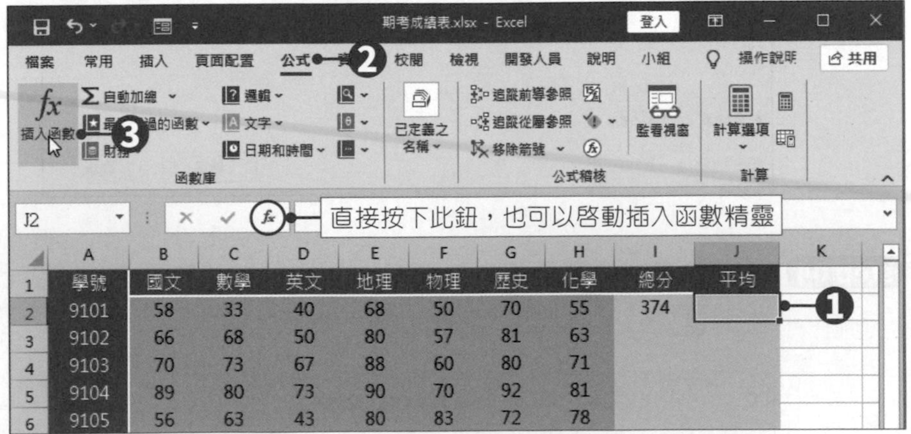

step 02 開啟「插入函數」對話方塊，在「選取類別」中選擇**「統計」**類別；在「選取函數」中選擇**「AVERAGE」**函數，按下**「確定」**按鈕。

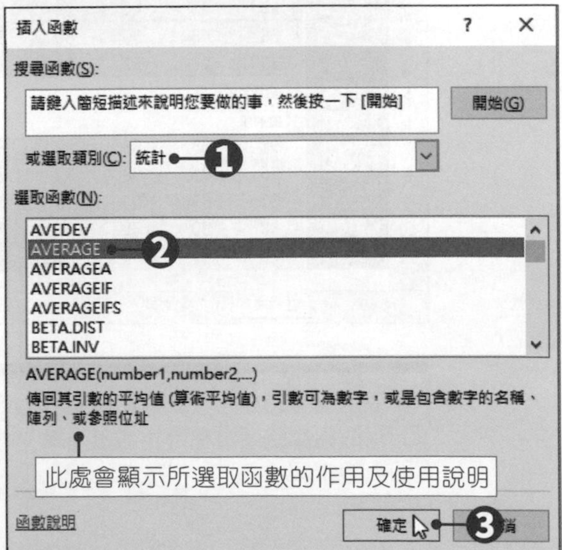

step 03 在開啟的「函數引數」對話方塊中將設定該函數的引數。首先按下第一個引數欄位(Number1)的 按鈕。

函數引數

AVERAGE

Number1 A2:I2 = {9101,58,33,40,68,50,70,55,374}

Number2 = 數字

= 1094.333333

傳回其引數的平均值 (算術平均值)，引數可為數字，或是包含數字的名稱、陣列、或參照位址

Number1: number1,number2,... 為 1 到 255 個欲求其平均值的數值引數。

計算結果 = 1094.33

函數說明(H)

確定 取消

step 04 在工作表中框選要用來計算平均值的儲存格範圍B2：H2，選擇好後按下 按鈕，回到「函數引數」對話方塊。

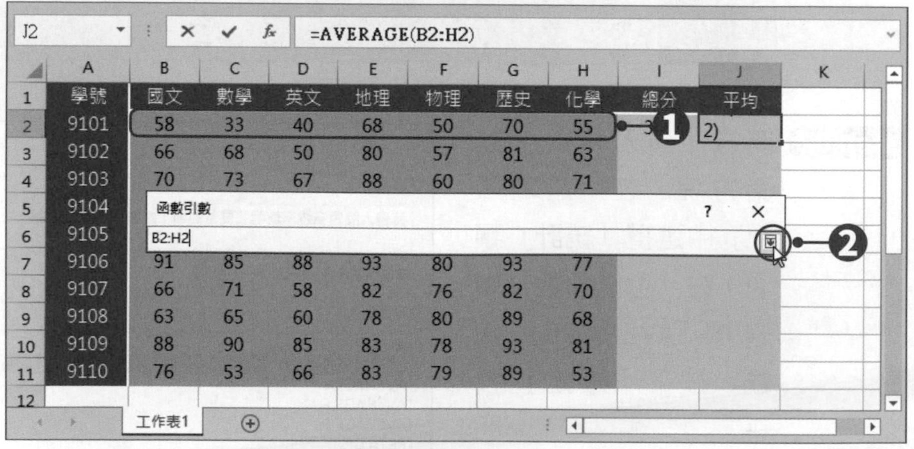

在使用函數精靈時，會常使用到 按鈕，將對話方塊暫時收合，以便在工作表上選取儲存格；當儲存格選取完畢，再按下 按鈕，即可展開對話方塊，繼續函數的設定。

step 05 引數範圍設定完成後，再回到「函數引數」對話方塊後，即可在視窗下方預知計算結果。確認沒問題後，按下**「確定」**按鈕完成函數設定。

函數引數 ? ×

AVERAGE

Number1 B2:H2 = {58,33,40,68,50,70,55}

Number2 = 數字

= 53.42857143

傳回其引數的平均值 (算術平均值)，引數可為數字，或是包含數字的名稱、陣列、或參照位址

Number1: number1,number2,... 為 1 到 255 個欲求其平均值的數值引數。

計算結果 = 53.43

函數說明(H) 確定 取消

step 06 回到工作表後，在 J2 儲存格中就會看到計算結果。

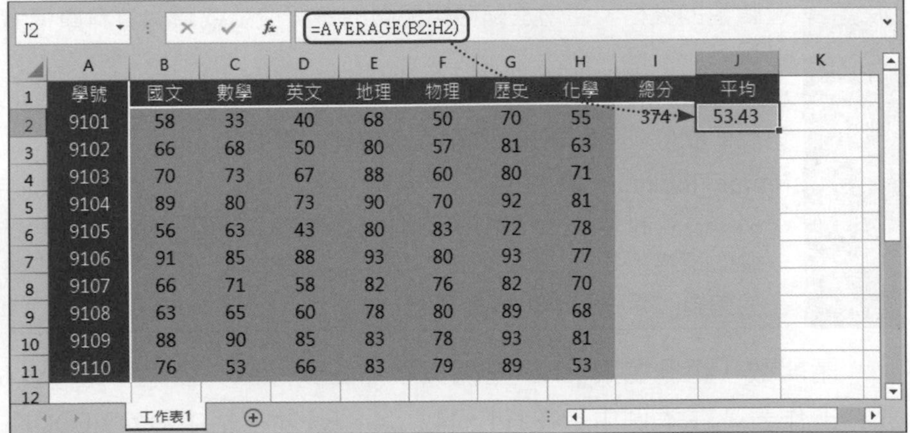
J2 =AVERAGE(B2:H2)

	A	B	C	D	E	F	G	H	I	J	K
1	學號	國文	數學	英文	地理	物理	歷史	化學	總分	平均	
2	9101	58	33	40	68	50	70	55	374	53.43	
3	9102	66	68	50	80	57	81	63			
4	9103	70	73	67	88	60	80	71			
5	9104	89	80	73	90	70	92	81			
6	9105	56	63	43	80	83	72	78			
7	9106	91	85	88	93	80	93	77			
8	9107	66	71	58	82	76	82	70			
9	9108	63	65	60	78	80	89	68			
10	9109	88	90	85	83	78	93	81			
11	9110	76	53	66	83	79	89	53			
12											

工作表1

修改函數引數範圍

如果只想修改函數引數範圍，也可以直接將資料編輯列上的函數引數範圍選取起來之後，再重新於工作表中框選新的儲存格範圍，框選好後按下鍵盤上的 Enter 鍵即可。

AVERAGE =AVERAGE(B2:H2)

查閱與參照函數

Excel函數類別中，與查詢資料較相關的就是「查閱與參照函數」。「查閱與參照函數」主要是查詢資料，並傳回特定的結果。如果想要在工作表中找尋數值或儲存格參照，可以使用這類函數來對工作表進行比對，取出想要的資料。以下將舉例介紹VLOOKUP、HLOOKUP、MATCH、INDEX等查閱與參照函數的使用。

♣ VLOOKUP函數

VLOOKUP函數可以在表格中進行上下搜尋，找出某項目，並傳回與該項目同一列的欄位內容。

作用	對表格進行垂直查詢
語法	**VLOOKUP(Lookup_value, Table_array, Col_index_num, Range_lookup)**
說明	**Lookup_value**：想要查詢的項目。是打算在陣列最左欄中搜尋的值，可以是數值、參照位址或文字字串。 **Table_array**：用來查詢的表格範圍。是要在其中搜尋資料的文字、數字或邏輯值的表格，通常是儲存格範圍的參照位址或類似資料庫或清單的範圍名稱。 **Col_index_num**：傳回同列中第幾個欄位。代表傳回值位於Table_array的第幾個欄位。引數值為1代表表格中第一欄的值。 **Range_lookup**：邏輯值，用來設定VLOOKUP函數要尋找完全符合(FALSE)或部分符合(TRUE)的值。若為TRUE或忽略不填，則表示找出第一欄中最接近的值(以遞增順序排序)；若為FALSE，則表示僅尋找完全符合的數值，若找不到，就會傳回#N/A。

請開啟「範例檔案\ch0\查閱與參照函數.xlsx」檔案中的「VLOOKUP函數」工作表，在本例中，在H4、I4、J4、K4儲存格中設定VLOOKUP函數，只要在G4儲存格中輸入想查詢的貨號，VLOOKUP函數就會在左邊的表格中搜尋該貨號，並傳回與貨號對應的品名、包裝、單位或售價。

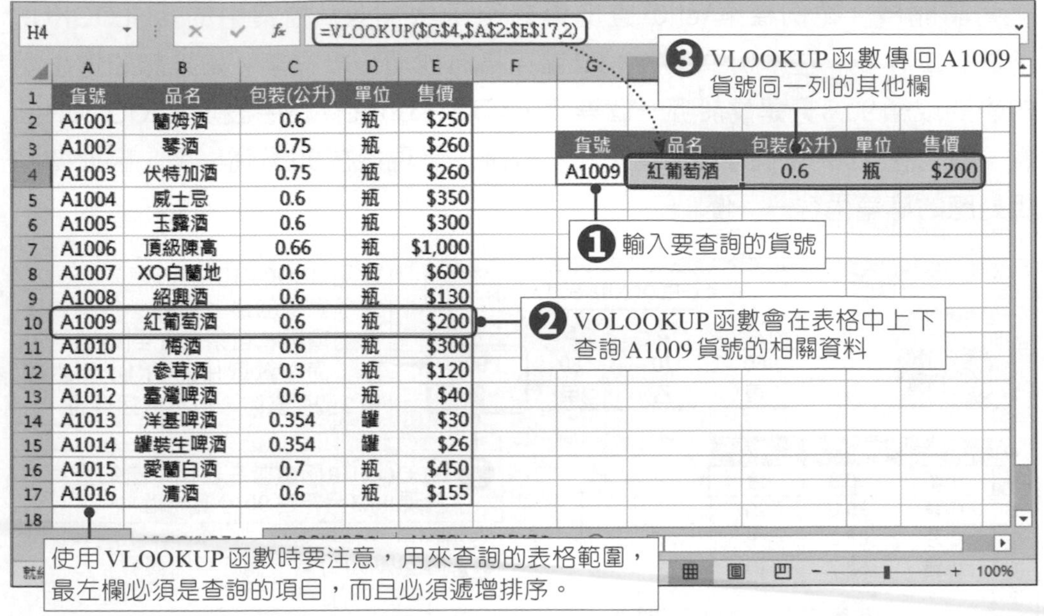

♣ HLOOKUP函數

HLOOKUP函數與VLOOKUP函數類似，可以用來查詢某項目，並傳回指定欄位，差別在於VLOOKUP函數是以上下垂直方式搜尋資料；而HLOOKUP函數則是以水平方式左右查詢，找到項目後，傳回同一欄的相關資料。

作用	對表格進行水平查詢
語法	**HLOOKUP(Lookup_value, Table_array, Row_index_num, Range_lookup)**
說明	**Lookup_value**：想要查詢的項目。是打算在陣列最上方進行搜尋的值，可以是數值、參照位址或文字字串。 **Table_array**：用來查詢的表格範圍。是要在其中搜尋資料的文字、數字或邏輯值的表格，通常是儲存格範圍的參照位址或類似資料庫或清單的範圍名稱。 **Row_index_num**：代表所要傳回的值位於Table_array的第幾列。引數值為1代表表格中第一列的值。 **Range_lookup**：邏輯值，用來設定HLOOKUP函數要尋找完全符合(FALSE)或部分符合(TRUE)的值。若為TRUE或忽略不填，則表示找出第一列中最接近的值(以遞增順序排序)；若為FALSE，則表示僅尋找完全符合的數值，若找不到，就會傳回#N/A。

請開啟「範例檔案\ch0\查閱與參照函數.xlsx」檔案中的「HLOOKUP函數」工作表，在本例中，A1：F2儲存格為成績分級標準，如果想知道小明的學期成績90.3分是屬於哪一個等第，可以在C5儲存格中設定HLOOKUP函數，讓它在A1：F2儲存格中進行左右查詢，發現落在90分這一區，因此傳回相對應的等第內容—「優」。

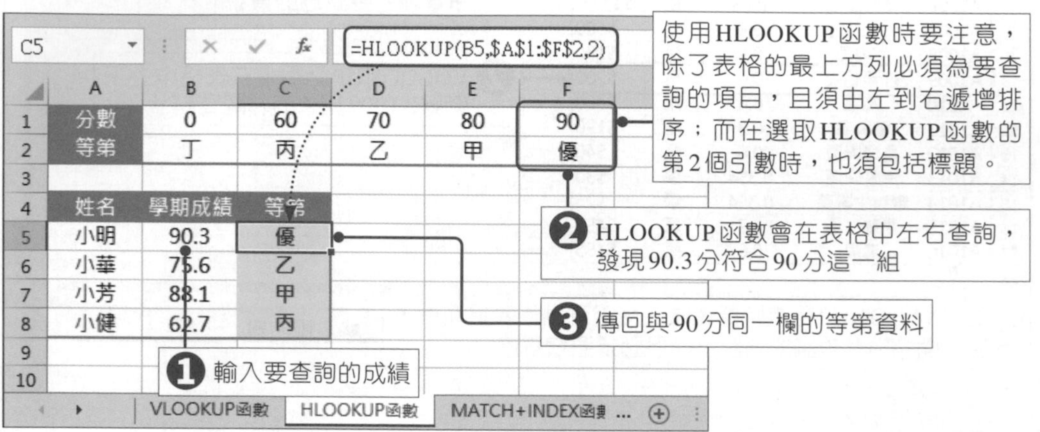

♣ MATCH函數

MATCH函數可以用來查詢某資料在陣列中是位於第幾欄或第幾列。

作用	找出資料在陣列中的位置
語法	**MATCH(Lookup_value, Lookup_array, Match_type)**
說明	**Lookup_value**：想要尋找的值。可以是數值、邏輯值、參照位址或文字。 **Lookup_array**：用來查詢的表格範圍。是要在其中搜尋資料的文字、數字或邏輯值的表格，通常是儲存格範圍的參照位址或類似資料庫或清單的範圍名稱。 **Match_type**：為1、0、-1，用來指定不同的比對方法。若輸入1，則用來查詢的陣列必須先遞增排序；輸入-1，則需遞減排序；輸入0，則不必排序。

請開啟「範例檔案\ch0\查閱與參照函數.xlsx」檔案中的「MATCH+INDEX函數」工作表，可利用MATCH函數來查詢各捷運的位置。

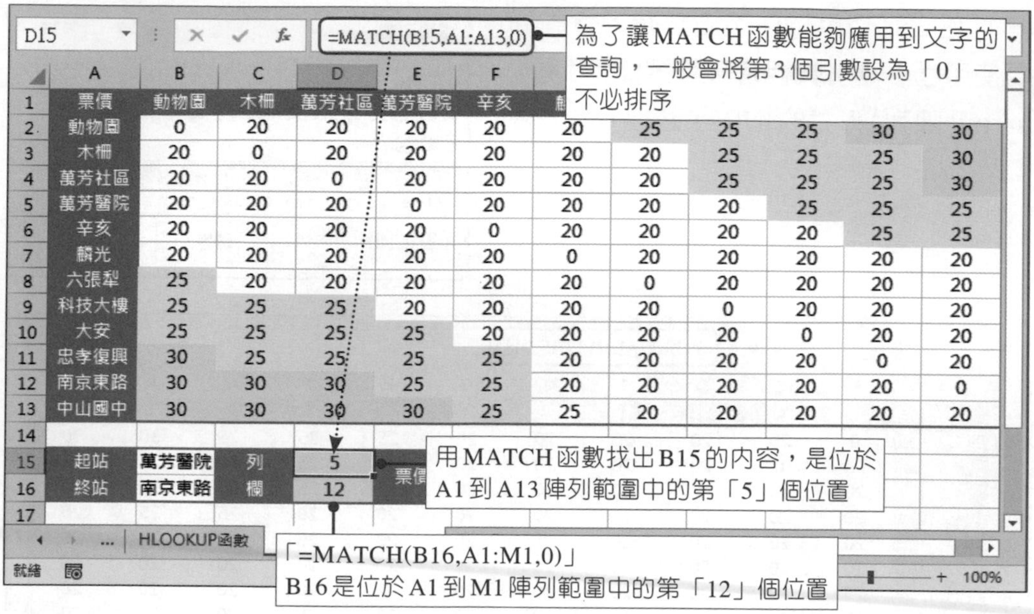

D15 | =MATCH(B15,A1:A13,0)

為了讓MATCH函數能夠應用到文字的查詢，一般會將第3個引數設為「0」─不必排序

	A	B	C	D	E	F	G	H	I	J	K	L
1	票價	動物園	木柵	萬芳社區	萬芳醫院	辛亥						
2	動物園	0	20	20	20	20	20	25	25	25	30	30
3	木柵	20	0	20	20	20	20	20	25	25	25	30
4	萬芳社區	20	20	0	20	20	20	20	25	25	25	30
5	萬芳醫院	20	20	20	0	20	20	20	20	25	25	25
6	辛亥	20	20	20	20	0	20	20	20	20	25	25
7	麟光	20	20	20	20	20	0	20	20	20	20	20
8	六張犁	25	20	20	20	20	20	0	20	20	20	20
9	科技大樓	25	25	25	20	20	20	20	0	20	20	20
10	大安	25	25	25	25	20	20	20	20	0	20	20
11	忠孝復興	30	25	25	25	25	20	20	20	20	0	20
12	南京東路	30	30	30	25	25	20	20	20	20	20	0
13	中山國中	30	30	30	30	25	25	20	20	20	20	20
14												
15	起站	萬芳醫院	列	5	票價							
16	終站	南京東路	欄	12								
17												

HLOOKUP函數

就緒 100%

用MATCH函數找出B15的內容，是位於A1到A13陣列範圍中的第「5」個位置

「=MATCH(B16,A1:M1,0)」
B16是位於A1到M1陣列範圍中的第「12」個位置

♣ INDEX函數

INDEX函數有兩種使用方法。如果想要傳回指定儲存格或儲存格陣列的值，應使用陣列形式的INDEX函數；如果想要傳回指定儲存格的參照，應使用參照形式的INDEX函數。

作用	在陣列中找出指定位置的資料
語法	**INDEX(Array, Row_num, Column_num)**
說明	**Array**：用來查詢的陣列範圍。 **Row_num**：是指要尋找第幾列。或省略則必須指定Column_num。 **Column_num**：是指要找第幾欄。或省略則必須指定Row_num。

請開啟「範例檔案\ch0\查閱與參照函數.xlsx」檔案中的「MATCH+INDEX函數」工作表，本例是利用INDEX函數來查詢捷運的票價。在本例中所使用的是陣列形式的INDEX函數，可在指定的陣列範圍中，傳回某個位置的資料值。

在設定使用INDEX函數時，會詢問要使用哪一種引數組合，請選擇第1種：array(陣列)形式的INDEX函數。

F15 =INDEX(A1:M13,D15,D16)

	A	B	C	D	E	F	G	H	I	J	K	L
1	票價	動物園	木柵	萬芳社區	萬芳醫院	辛亥	麟光	六張犁	科技大樓	大安	忠孝復興	南京東路
2	動物園	0	20	20	20	20	20	25	25	25	30	30
3	木柵	20	0	20	20	20	20	20	25	25	25	30
4	萬芳社區	20	20	0	20	20	20	20	25	25	25	30
5	萬芳醫院	20	20	20	0	20	20	20	20	25	25	25
6	辛亥	20	20	20	20	0	20	20	20	20	25	25
7	麟光	20	20	20	20	20	0	20	20	20	20	20
8	六張犁	25	20	20	20	20	20	0	20	20	20	20
9	科技大樓	25	25	25	20	20	20	20	0	20	20	20
10	大安	25	25	25	25	20	20	20	20	0	20	20
11	忠孝復興	30	25	25	25	25	20	20	20	20	0	20
12	南京東路	30	30	30	25	25	20	20	20	20	20	0
13	中山國中	30	30	30	30	25	25	20	20	20	20	20
14												
15	起站	萬芳醫院	列	5	票價	25						
16	終站	南京東路	欄	12								

HLOOKUP函數　MATCH+INDEX函數

在D15及D16儲存格中以MATCH函數找出起站和終站的位置後，再以INDEX函數，於A1到M13的陣列範圍中，找出第5列和第12欄的票價為$25。

0-3 資料排序

當資料量很多時，為了搜尋方便，通常會將資料按照順序重新排列，這個動作稱為「排序」。同一「列」的資料為一筆「紀錄」，排序時會以「欄」為依據，調整每一筆紀錄的順序。

單一排序

排序時，要先決定好以哪一欄作為排序依據，點選該欄中任何一個儲存格，按下**「常用→編輯→ 排序與篩選」**按鈕，即可選擇排序方式。

請開啟「範例檔案\ch0\學生成績.xlsx」檔案，假設本例要以所有學生的名次來做遞增排序，須先將滑鼠游標移至「名次」欄的任一儲存格，接著點選**「常用→編輯→排序與篩選→從最小到最大排序」**，名次會由第1名排到第10名，而且同一筆紀錄的各科成績及總分、平均分數等資料，也會跟著名次一併移動位置。

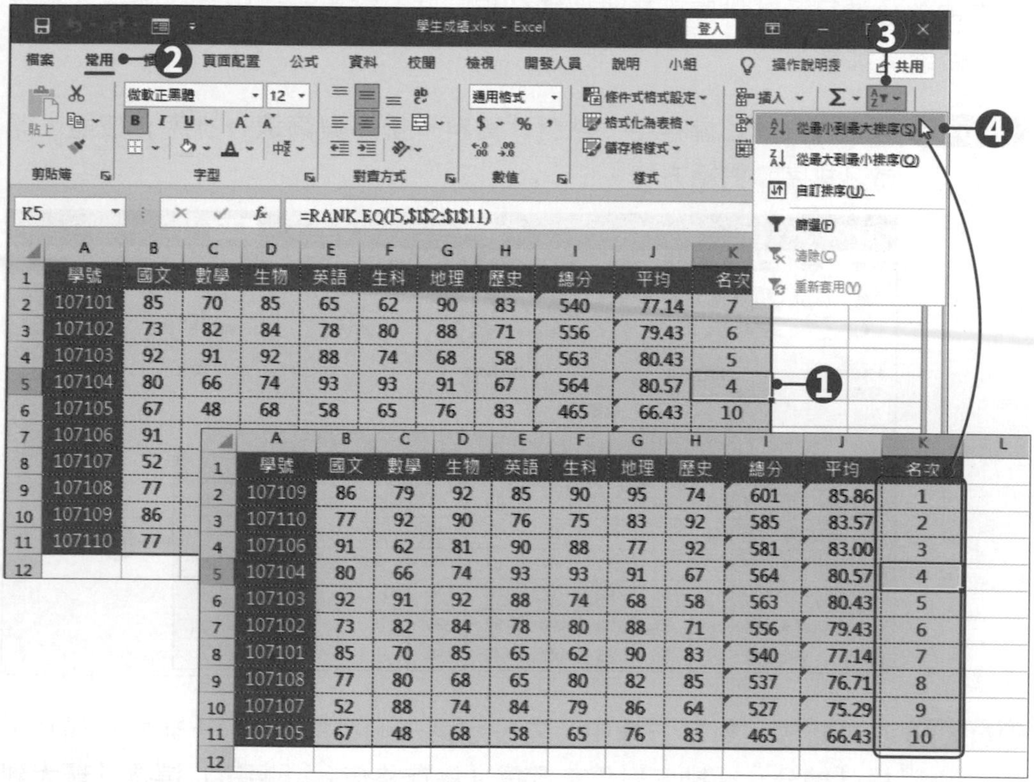

K5 =RANK.EQ(I5,$I$2:$I$11)

學號	國文	數學	生物	英語	生科	地理	歷史	總分	平均	名次
107101	85	70	85	65	62	90	83	540	77.14	7
107102	73	82	84	78	80	88	71	556	79.43	6
107103	92	91	92	88	74	68	58	563	80.43	5
107104	80	66	74	93	93	91	67	564	80.57	4
107105	67	48	68	58	65	76	83	465	66.43	10
107106	91									
107107	52									
107108	77									
107109	86									
107110	77									

學號	國文	數學	生物	英語	生科	地理	歷史	總分	平均	名次
107109	86	79	92	85	90	95	74	601	85.86	1
107110	77	92	90	76	75	83	92	585	83.57	2
107106	91	62	81	90	88	77	92	581	83.00	3
107104	80	66	74	93	93	91	67	564	80.57	4
107103	92	91	92	88	74	68	58	563	80.43	5
107102	73	82	84	78	80	88	71	556	79.43	6
107101	85	70	85	65	62	90	83	540	77.14	7
107108	77	80	68	65	80	82	85	537	76.71	8
107107	52	88	74	84	79	86	64	527	75.29	9
107105	67	48	68	58	65	76	83	465	66.43	10

或者也可點選**「資料→排序與篩選」**群組中的 **從最小到最大排序** 按鈕，進行遞增排序；按下 **從最大到最小排序** 按鈕，進行遞減排序。

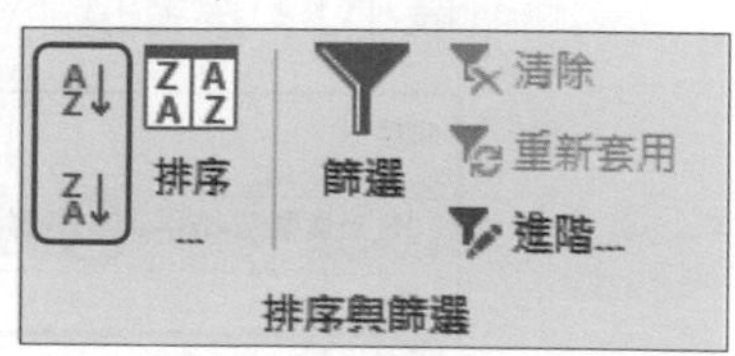

多重排序

在為資料進行排序時，有時會遇到相同的資料，此時可以再設定更多的排序依據，再對下層資料進行排序。

開啟「範例檔案\ch0\班級成績單.xlsx」檔案，在本範例中要使用排序功能先依總分進行遞減排序，若遇到總分相同時，就再根據國文、數學、英文成績做遞減排序。

step 01 選取A1：J31儲存格，點選**「資料→排序與篩選→排序」**按鈕，開啟「排序」對話方塊。

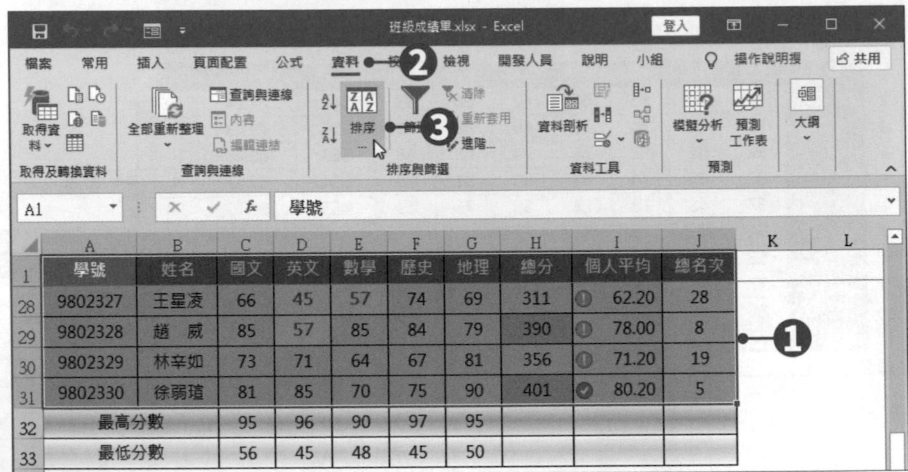

step 02 在「排序」對話方塊中，先設定第一個排序標準：「排序方式」選擇**「總分」**；「排序對象」選擇**「儲存格值」**；「順序」選擇**「最大到最小」**。接著按下**「新增層級」**按鈕，繼續新增第二個排序標準。

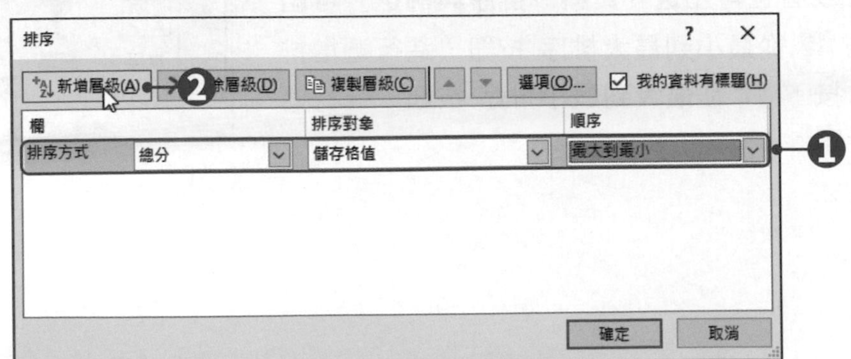

step 03 按照同樣方式，依序設定第二、三、四個排序標準為國文、數學、英文，排序順序同樣為**「最大到最小」**，都設定好後按下**「確定」**按鈕。

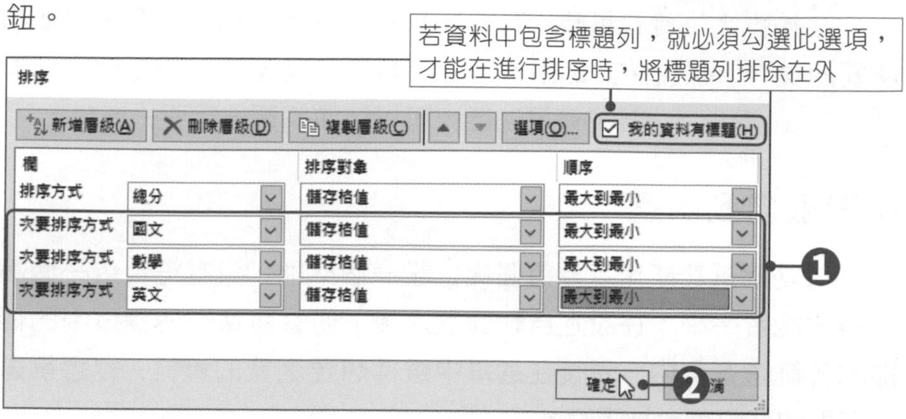

若資料中包含標題列，就必須勾選此選項，才能在進行排序時，將標題列排除在外

排序

新增層級(A)　刪除層級(D)　複製層級(C)　選項(O)...　☑ 我的資料有標題(H)

欄		排序對象	順序
排序方式	總分	儲存格值	最大到最小
次要排序方式	國文	儲存格值	最大到最小
次要排序方式	數學	儲存格值	最大到最小
次要排序方式	英文	儲存格值	最大到最小

❶

確定 ❷ 取消

step 04 完成設定後，資料會根據學生的總分高低排列順序。總分相同時，會以國文分數高低排列；若國文分數又相同時，會依數學分數的高低排列；若數學分數又相同時，會依英文分數的高低排列。

	A	B	C	D	E	F	G	H	I	J
1	學號	姓名	國文	英文	數學	歷史	地理	總分	個人平均	總名次
2	9802311	王紘宏	94	96	71	97	94	452	90.40	1
3	9802303	劉德軍	92	82	85	91	88	438	87.60	2
4	9802309	羅志翔	88	85	85	91	88	437	87.40	3
5	9802322	洪斤寶	91	84	72	74	95	416	83.20	4
6	9802330	徐麗瑾	81	85	70	75	90	401	80.20	5
7	9802304	吳吵偉	80	81	75	85	78	399	79.80	6
8	9802308	吳泳旗	78	74	90	74	78	394	78.80	7
9	9802328	趙　威	85	57	85	84	79	390	78.00	8
10	9802310	王淨盈	81	69	72	85	80	387	77.40	9
11	9802320	施只偉	67	75	77	79	85	383	76.60	10
12	9802317	王　飛	67	58	77	91	90	383	76.60	10
13	9802301	周杰鎬	72	70	68	81	90	381	76.20	12
14	9802312	張會妹	85	87	68	65	72	377	75.40	13
15	9802325	張雲友	95	72	67	64	70	368	73.60	14
16	9802316	孫彥姿	84	75	48	83	77	367	73.40	15
17	9802326	伍越天	72	68	70	88	68	366	73.20	16
18	9802323	成　龍	69	80	64	68	80	361	72.20	17
19	9802305	鄭依婷	61	77	78	73	70	359	71.80	18
20	9802329	林幸如	73	71	64	67	81	356	71.20	19
21	9802302	葉一零	75	66	58	67	75	341	68.20	20
22	9802324	楊紙璣	88	90	52	57	52	339	67.80	21
23	9802314	吳厭祖	65	75	54	67	78	339	67.80	21
24	9802306	林德玲	82	80	60	58	55	335	67.00	23
25	9802319	李心結	86	55	65	68	60	334	66.80	24
26	9802315	蔡康勇	79	68	68	58	54	327	65.40	25
27	9802321	周星馳	63	58	50	81	74	326	65.20	26
28	9802307	金城舞	56	80	58	65	60	319	63.80	27
29	9802327	王星凌	66	45	57	74	69	311	62.20	28
30	9802318	孫鞋志	59	67	62	45	54	287	57.40	29
31	9802313	吳中線	73	50	55	51	50	279	55.80	30

國文分數相同時，會依數學分數的高低排列；若數學分數又相同時，會依英文分數的高低排列。

0-4 自動篩選

在檢視大筆資料量時，有時候需要先透過簡單的篩選，只顯示某一部分需要的資料，然後將其餘用不著的資料暫時隱藏，以便檢視。針對這樣的需求，Excel提供了方便的篩選功能，可以快速篩選出需要的資料。

♣ 開啟自動篩選

自動篩選功能可以為每個欄位設一個準則，只有符合每一個篩選準則的資料才能留下來。在設定自動篩選之後，便會將每一個欄位中的儲存格內容都納入篩選選單中，然後在選單中選擇想要瀏覽的資料。經過篩選後，不符合準則的資料就會被隱藏。

請開啟「範例檔案\ch0\產品銷售表.xlsx」檔案，本例將使用自動篩選功能，來檢視「速食麵」的所有產品明細，作法如下：

step 01 選取工作表中資料範圍內的任一儲存格，點選**「資料→排序與篩選→篩選」**按鈕，或者直接按下**Ctrl+Shift+L**快速鍵，即可開啟自動篩選功能。

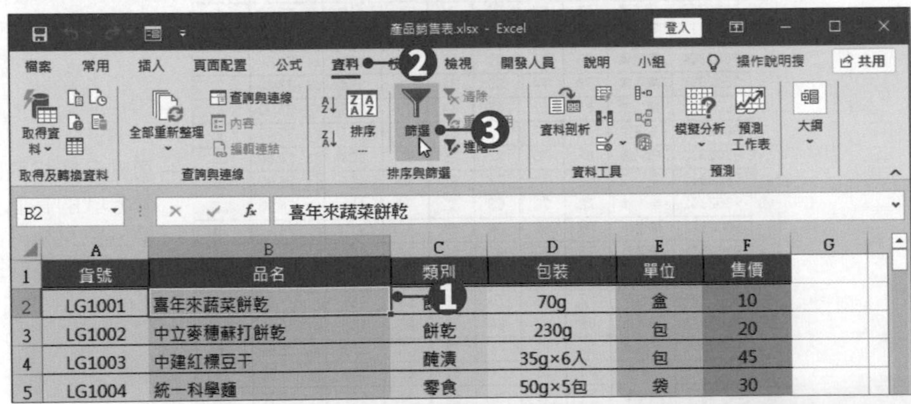

	A	B	C	D	E	F
1	貨號	品名	類別	包裝	單位	售價
2	LG1001	喜年來蔬菜餅乾	餅乾	70g	盒	10
3	LG1002	中立麥穗蘇打餅乾	餅乾	230g	包	20
4	LG1003	中建紅標豆干	醃漬	35g×6入	包	45
5	LG1004	統一科學麵	零食	50g×5包	袋	30

step 02 點選後，每一欄資料標題的右邊會出現一個 ▾ 選單鈕。

	A	B	C	D	E	F
1	貨號 ▾	品名 ▾	類別 ▾	包裝 ▾	單位 ▾	售價 ▾
2	LG1001	喜年來蔬菜餅乾	餅乾	70g	盒	10
3	LG1002	中立麥穗蘇打餅乾	餅乾	230g	包	20
4	LG1003	中建紅標豆干	醃漬	35g×6入	包	45

step 03 按下「類別」欄位的 ▾ 選單鈕，在選單中勾選想要檢視的項目，勾選好後按下**「確定」**按鈕。

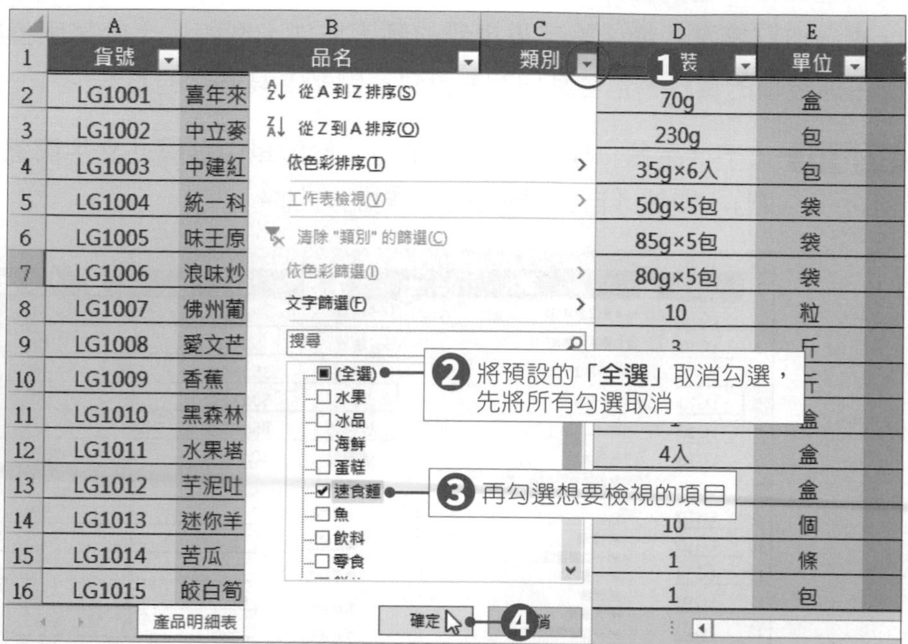

step 04 選擇好後，「類別」欄位的 ▾ 選單鈕會變成一個如漏斗形狀的 ▾ 選單鈕，表示該欄位設有篩選條件。而表格中會篩選出「速食麵」類別的資料，其餘資料則會被隱藏起來。

	A	B	C	D	E	F
1	貨號	品名	類別	包裝	單位	售價
6	LG1005	味王原汁牛肉麵	速食麵	85g×5包	袋	41
7	LG1006	浪味炒麵	速食麵	80g×5包	袋	39
32	LG1031	統一碗麵	速食麵	85g×3碗	組	38
33	LG1032	維力大乾麵	速食麵	100g×5包	袋	65
34	LG1033	揚豐肉燥3分拉麵	速食麵	300g×3包	組	69
53	LG1052	五木拉麵	速食麵	340g×3包	組	79
67						

產品明細表

多重篩選

在Excel工作表中設定自動篩選功能後，只要在不同的欄位上同時設定篩選條件，就可以達到多重篩選的效果。

♣ 自訂篩選條件

在設定「自動篩選」功能後，除了可點選欄位中既有的內容之外，也可以透過自訂篩選功能，設定更複雜的篩選條件，例如：大於某個值的資料，排名前幾項的資料、包含某個字的資料、開頭為某個字的資料。

step 01 按下「品名」欄位的 ▾ 選單鈕，於選單中選擇 **「文字篩選→自訂篩選」**，開啟「自訂自動篩選」對話方塊。

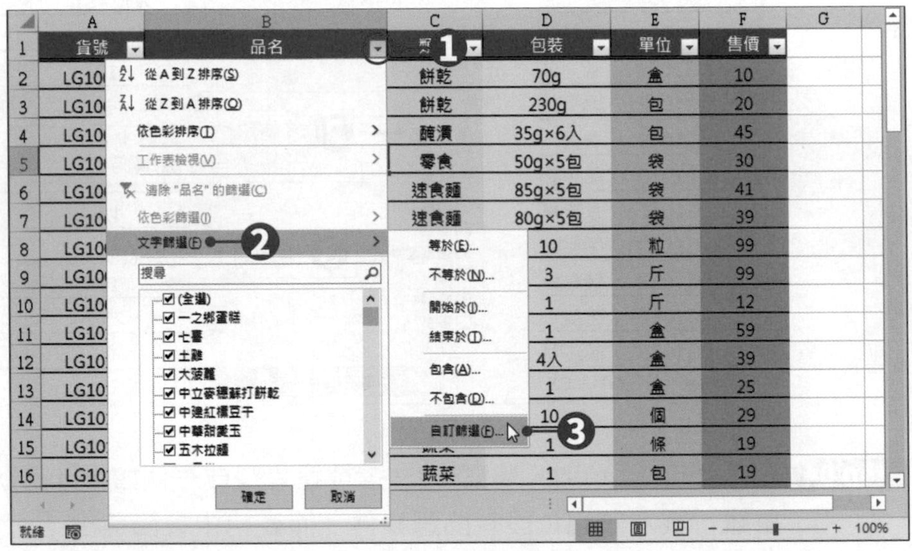

step 02 接著在「自訂自動篩選」對話方塊中進行篩選的設定。這裡要設定的篩選條件，是品名中含有「統一」或是「味王」文字的資料。

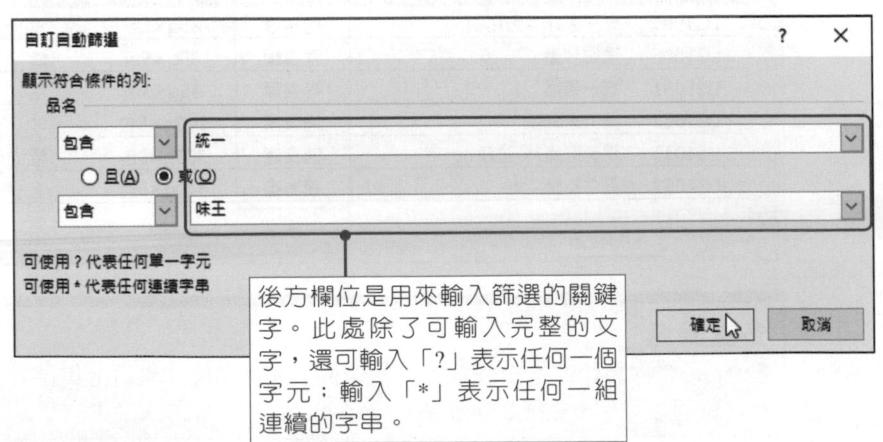

step 03 設定完成後，品名中有包含「統一」或是「味王」的資料，都會被篩選出來，而在狀態列也會顯示篩選的結果。

B5　統一科學麵

	A 貨號	B 品名	C 類別	D 包裝	E 單位	F 售價
5	LG1004	統一科學麵	零食	50g×5包	袋	30
6	LG1005	味王原汁牛肉麵	速食麵	85g×5包	袋	41
28	LG1027	統一冰戀草莓雪糕	冰品	75ml×5支	盒	55
32	LG1031	統一碗麵	速食麵	85g×3碗	組	38
48	LG1047	統一寶健	飲料	500cc×12瓶	箱	109
67						

產品明細表

就緒　從 65 中找出 5 筆記錄　100%

♣ 移除自動篩選

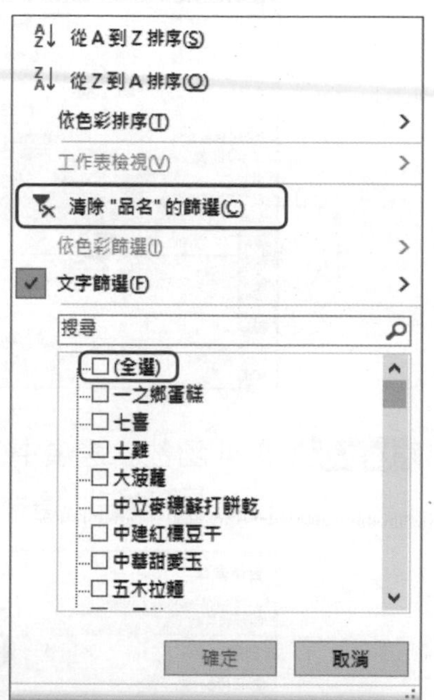

若要移除單一欄位的篩選設定，可以按下該欄位的 ▾ 選單鈕，點選**「清除 X X 的篩選」**，或者直接在選單中將**「(全選)」**項目勾選起來，即可重新顯示完整的資料，如右圖所示。

若要清除所有欄位的篩選設定時，可以點選**「資料→排序與篩選→清除」**按鈕，即可將所有欄位的篩選設定清除，此時所有資料也都會顯示出來，但篩選的清單鈕還是會存在。

若要將「自動篩選」功能取消時，可以點選**「資料→排序與篩選→篩選」**功能，則所有欄位的 ▾ 選單鈕就會消失。

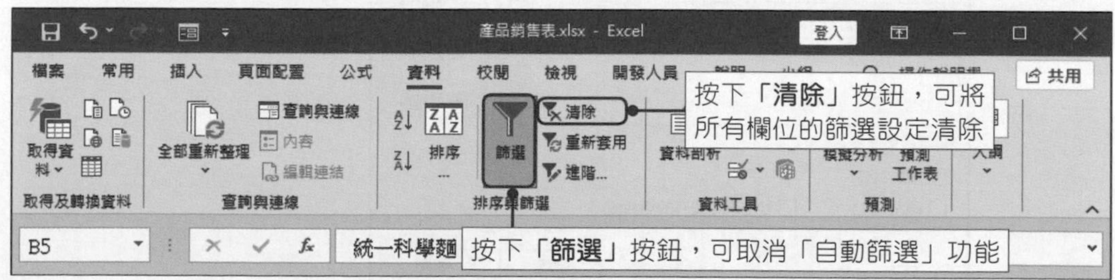

0-5 合併彙算

「合併彙算」功能可以將個別工作表的資料，自動合併彙整在同一個工作表中，方便進行後續的運算與處理。

請開啟「範例檔案\ch0\連鎖咖啡店營業額.xlsx」檔案，在檔案中有三個不同分店的營業額報表，我們要將這三個分店的營業額合併彙總至「總營業額」工作表中。

step 01 點選「總營業額」工作表標籤，選取A1儲存格，再點選**「資料→資料工具→ 合併彙算」**按鈕，開啟「合併彙算」對話方塊。

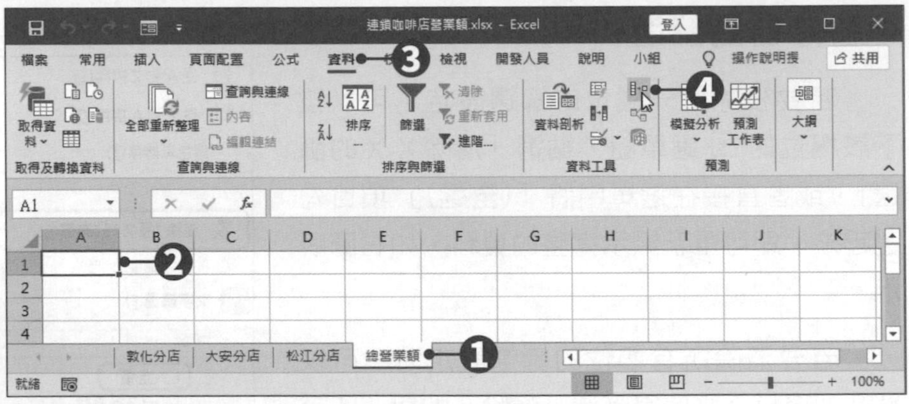

step 02 在「函數」選項中，選擇**「加總」**函數。接著按下「參照位址」欄位的 按鈕，選擇第一個要進行合併彙算的參照位址。

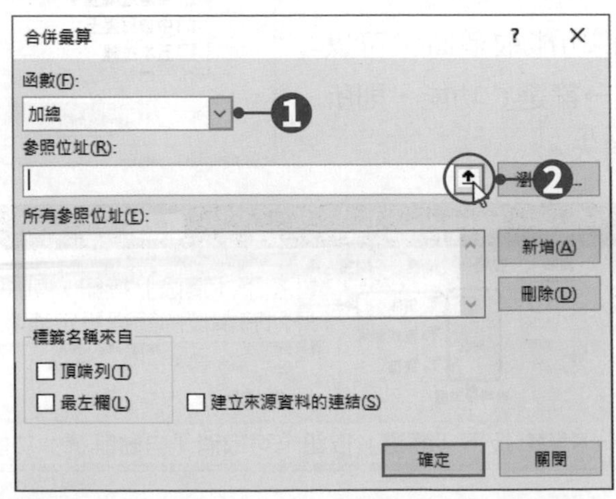

step 03 點選「敦化分店」工作表標籤，選取A1：F5儲存格範圍，選取好後按下 ▣ 按鈕，回到「合併彙算」對話方塊。

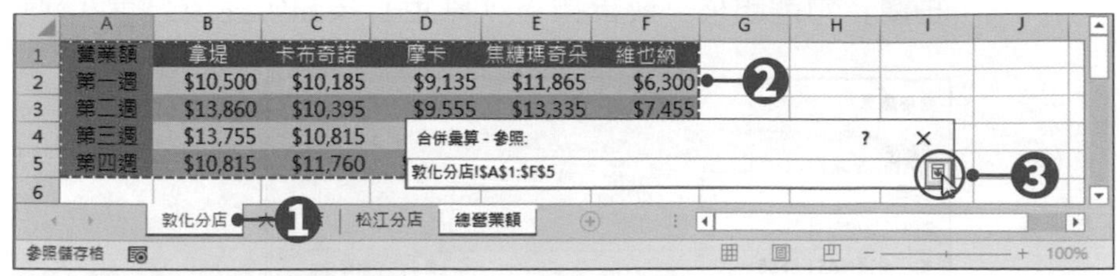

step 04 設定好第一個要彙算的儲存格範圍後，按下**「新增」**按鈕，將「敦化分店!$A$1:$F$5」加到「所有參照位址」的清單中。

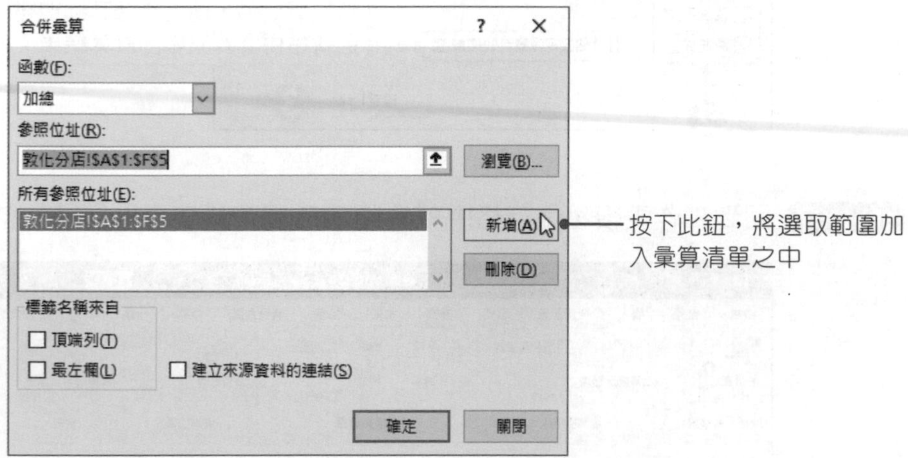

step 05 接著再按下「參照位址」欄位的 ⬆ 按鈕，依照同樣方式，繼續設定要進行合併彙算的「大安分店」及「松江分店」工作表參照位址。

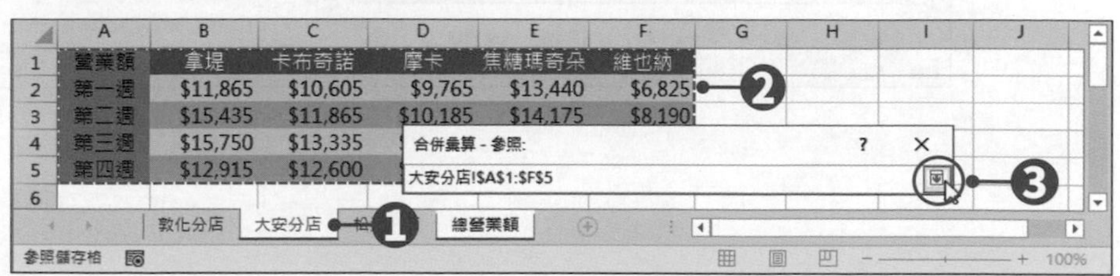

step 06 設定好各參照位址之後，若所選取的參照位址均包含相同的欄標題及列標題，就必須將「標籤名稱來自」選項中的**「頂端列」**和**「最左欄」**勾選起來，最後按下**「確定」**按鈕，完成設定。

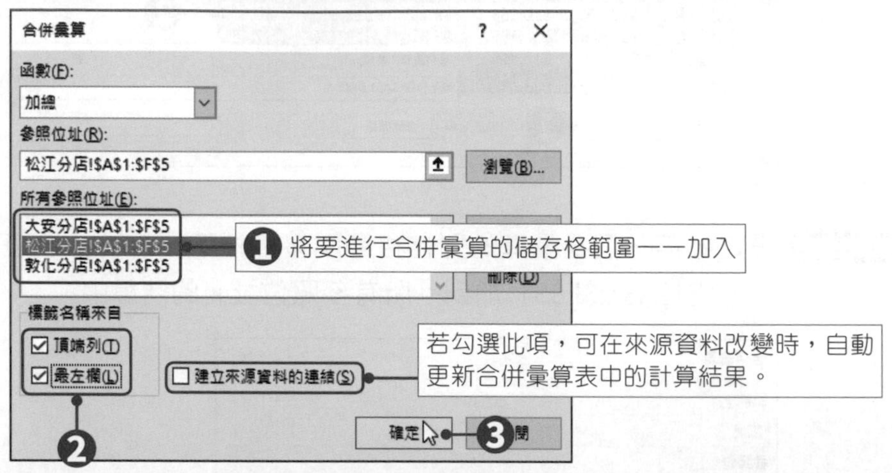

step 07 回到工作表後，儲存格中就會顯示三個資料表合併加總的結果。

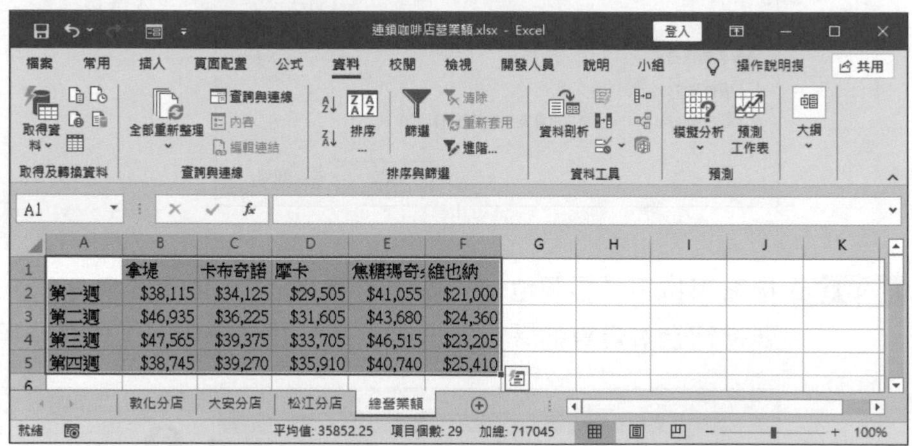

	A	B	C	D	E	F
1		拿堤	卡布奇諾	摩卡	焦糖瑪奇	維也納
2	第一週	$38,115	$34,125	$29,505	$41,055	$21,000
3	第二週	$46,935	$36,225	$31,605	$43,680	$24,360
4	第三週	$47,565	$39,375	$33,705	$46,515	$23,205
5	第四週	$38,745	$39,270	$35,910	$40,740	$25,410

0-6 開啟 Power BI 增益集

預載在Excel 2016/2019之中的Power BI增益集，是由**Power Pivot**、**Power Map**、**Power View**、**Power Query**等四個工具所組成(2010及2013版本則無內建，須另行下載安裝)，各功能說明如下：

- ⊕ Power Pivot：可建立資料模型、建立關聯，以及建立計算。
- ⊕ Power Map：可建立互動式3D地圖(Excel 2016/2019內建功能)。
- ⊕ Power View：可建立互動式圖表、圖形、地圖以及其他視覺效果，讓資料更加生動。
- ⊕ Power Query：可探索、連線、合併及精簡資料來源，以符合分析需求的資料連線技術。

其中Power Pivot、Power Map、Power View這三項工具，須先設定開啟Excel增益集才能使用，而Power Query則是已整合在**資料**索引標籤中，可以直接使用。本節將說明如何在Excel 2016/2019中開啟Power BI增益集工具。

♣ 開啟Power Pivot、Power Map、Power View增益集

step 01 在Excel中按下**「插入→增益集→我的增益集→管理其他增益集」**功能(或者也可以點選**「檔案→選項→增益集」**功能)。

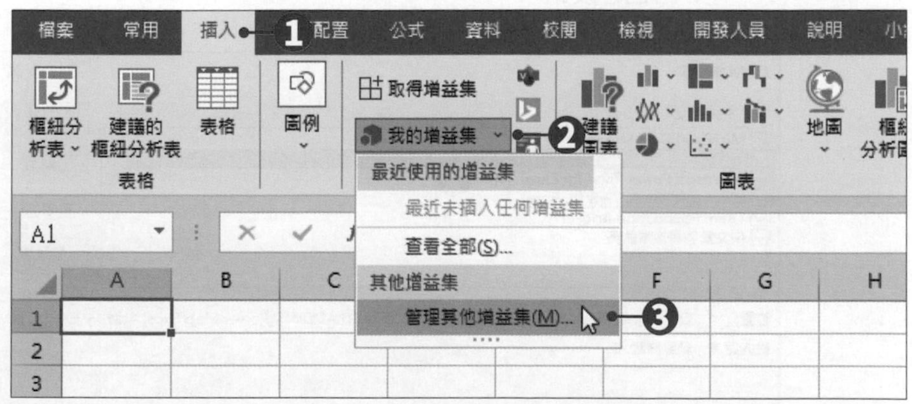

step 02 開啟進入「Excel選項」對話方塊的**「增益集」**標籤，於管理欄位選單中點選**「COM增益集」**，按下**執行**按鈕。

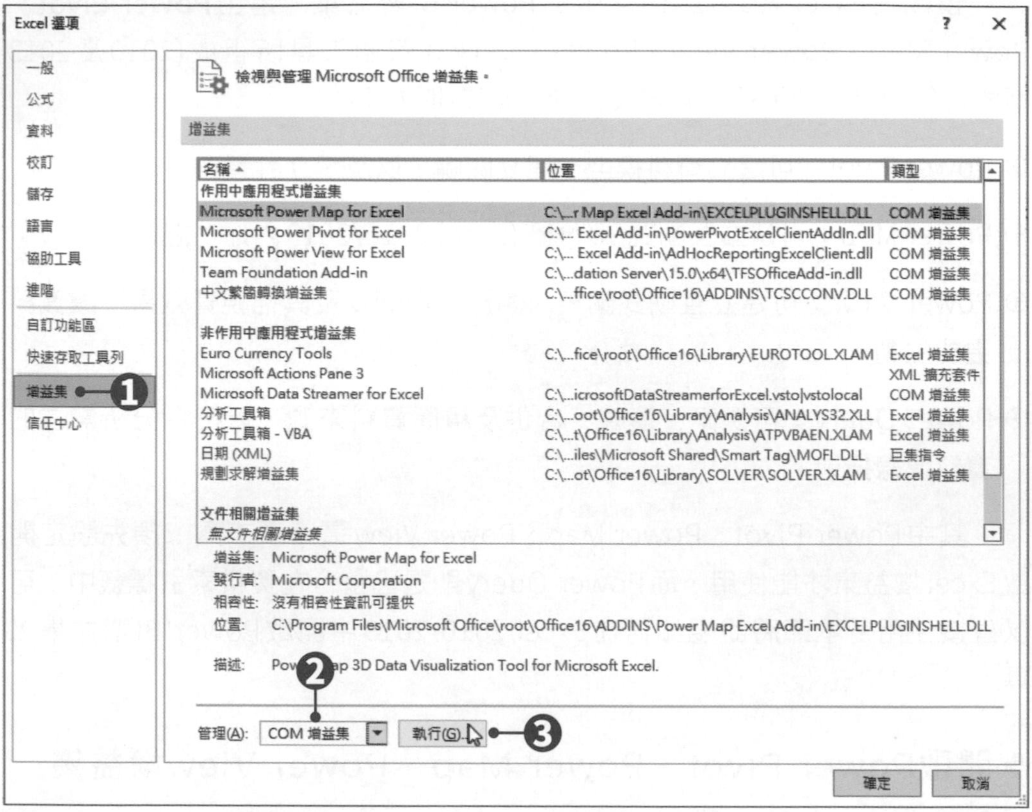

Excel 選項
一般
公式
資料
校訂
儲存
語言
協助工具
進階
自訂功能區
快速存取工具列
增益集
信任中心
檢視與管理 Microsoft Office 增益集。
增益集
名稱
位置
類型
作用中應用程式增益集
Microsoft Power Map for Excel
C:\...r Map Excel Add-in\EXCELPLUGINSHELL.DLL
COM 增益集
Microsoft Power Pivot for Excel
C:\... Excel Add-in\PowerPivotExcelClientAddIn.dll
COM 增益集
Microsoft Power View for Excel
C:\... Excel Add-in\AdHocReportingExcelClient.dll
COM 增益集
Team Foundation Add-in
C:\...dation Server\15.0\x64\TFSOfficeAdd-in.dll
COM 增益集
中文繁簡轉換增益集
C:\...ffice\root\Office16\ADDINS\TCSCCONV.DLL
COM 增益集
非作用中應用程式增益集
Euro Currency Tools
C:\...fice\root\Office16\Library\EUROTOOL.XLAM
Excel 增益集
Microsoft Actions Pane 3
XML 擴充套件
Microsoft Data Streamer for Excel
C:\...icrosoftDataStreamerforExcel.vsto|vstolocal
COM 增益集
分析工具箱
C:\...oot\Office16\Library\Analysis\ANALYS32.XLL
Excel 增益集
分析工具箱 - VBA
C:\...t\Office16\Library\Analysis\ATPVBAEN.XLAM
Excel 增益集
日期 (XML)
C:\...iles\Microsoft Shared\Smart Tag\MOFL.DLL
巨集指令
規劃求解增益集
C:\...ot\Office16\Library\SOLVER\SOLVER.XLAM
Excel 增益集
文件相關增益集
無文件相關增益集
增益集: Microsoft Power Map for Excel
發行者: Microsoft Corporation
相容性: 沒有相容性資訊可提供
位置: C:\Program Files\Microsoft Office\root\Office16\ADDINS\Power Map Excel Add-in\EXCELPLUGINSHELL.DLL
描述: Pow...ap 3D Data Visualization Tool for Microsoft Excel.
管理(A): COM 增益集
執行(G)...
確定
取消
1
2
3

step 03 在「COM增益集」對話方塊的增益集選單中，勾選想要開啟的工具，按下**確定**按鈕。

COM 增益集
現有增益集(D):
Microsoft Data Streamer for Excel
Microsoft Power Map for Excel
Microsoft Power Pivot for Excel
Microsoft Power View for Excel
Team Foundation Add-in
中文繁簡轉換增益集
確定
取消
新增(A)...
移除(R)
位置: C:\Program Files\Microsoft Office\root\Office16\ADDINS\Power Map Excel Add-in\EXCELPLU...
載入行為: 啟動時載入
1
2

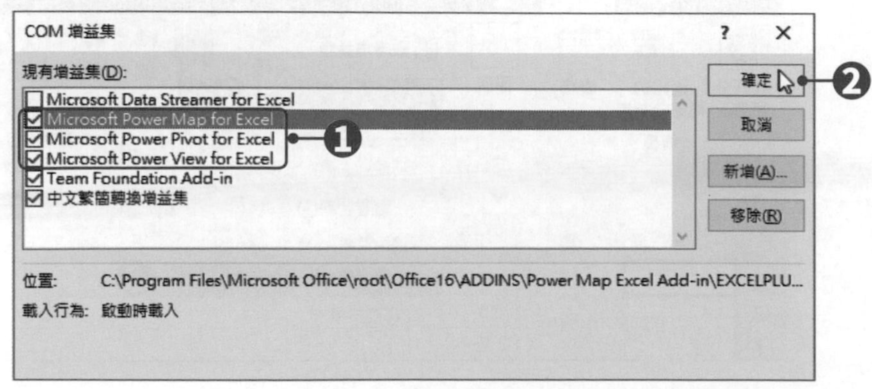

step 04 回到Excel操作視窗中，功能區便自動多了一個「Power Pivot」索引標籤；而Power Map指令按鈕則位於**「插入→導覽→3D地圖」**；至於Power View因為已從Excel功能區中移除，因此必須再自訂功能區，將指令新增至索引標籤中才能使用。

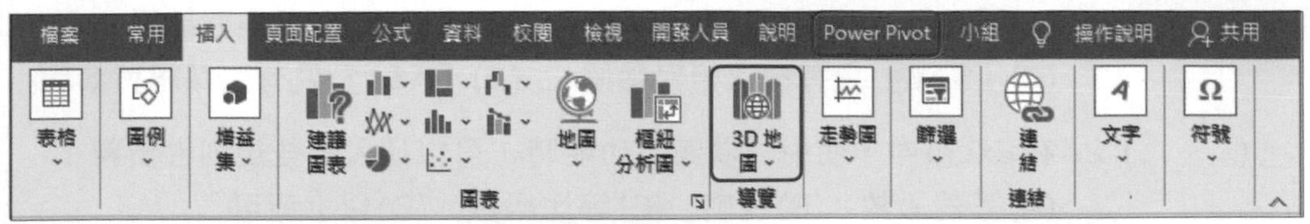

♣ 使用Power Query功能

使用Power Query功能不須開啟增益集，直接在Excel 2019中點選**「資料→取得及轉換資料→取得資料→啟動Power Query編輯器」**功能即可使用。(Excel 2016的Power Query功能則整合在**「資料→新查詢」**按鈕之中)。

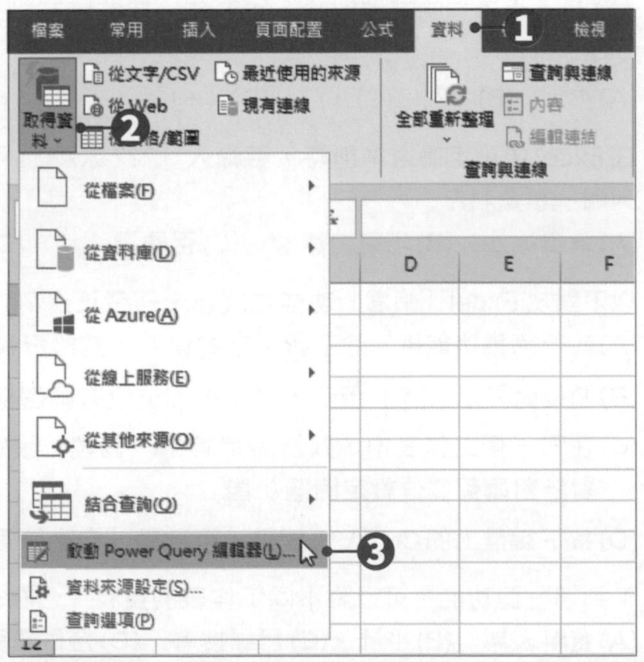

雖然Excel內建的Power BI增益集工具不需要再另行安裝另一套軟體，但在功能上有諸多限制，且Office 2019已不再提供Power View功能，因此建議使用Power BI Desktop才能取得最完備的功能。

✦ 選擇題

(　　) 1. 下列哪個說法不正確？
(A)「A1」是相對參照　(B)「$A$1」是絕對參照
(C)「$A6」只有欄採相對參照　(D)「A$1」只有列採絕對參照

(　　) 2. 在Excel中，使用「填滿」功能時，可以填入哪些規則性資料？
(A)等差級數　(B)日期　(C)等比級數　(D)以上皆可

(　　) 3. 函數裡不同的引數，是用下列哪一個符號分隔？
(A)「"」　(B)「:」　(C)「,」　(D)「'」

(　　) 4. 下列函數中，何者可在表格中進行垂直搜尋，並傳回指定欄位的內容？
(A)VLOOKUP　(B)HLOOKUP　(C)MATCH　(D)ABS

(　　) 5. 在Excel中設定篩選準則時，以下哪一個符號可以代表一組連續的文字？
(A)「*」　(B)「?」　(C)「/」　(D)「+」

(　　) 6. 在Excel中設定篩選準則時，若輸入「???冰沙」，不可能篩選出下列哪一筆資料？
(A)草莓冰沙　(B)巧克力冰沙　(C)百香果冰沙　(D)翡冷翠冰沙

(　　) 7. 以下對於Excel「篩選」功能之敘述，何者正確？
(A)執行篩選功能後，除了留下來的資料，其餘資料都會被刪除
(B)欄位旁顯示「」圖示，表示該欄位設有篩選條件
(C)在同一個工作表中，只能選定其中一個欄位設定篩選，無法同對針對兩個欄位設定篩選功能
(D)按下鍵盤上的Ctrl+L快速鍵，可啟動「自動篩選」功能。

(　　) 8. 下列哪一個功能，可以將不同工作表的資料，合在一起進行運算？
(A)資料表單　(B)小計　(C)目標搜尋　(D)合併彙算

(　　) 9. 下列Excel的Power BI工具中，何者不須開啟增益集就能使用？
(A) Power Pivot　(B) Power Map
(C) Power Query　(D) Power View

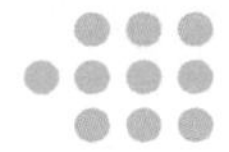

✦ 實作題

1. 開啟「範例檔案\ch0\體操選手成績.xlsx」檔案，進行以下設定。

   - 「總得分」欄位為每位選手的所有分數加總。
   - 將所有選手依總得分由高至低進行排序。

   結果請參考下圖。

選手	裁判							總得分
	日本籍	俄羅斯籍	美國籍	韓國籍	德國籍	法國籍	波蘭籍	
立陶宛選手	9.1	9.1	9.2	9	8.9	9.1	9.3	63.7
斯洛伐克選手	9	9.1	8.9	9.2	9	9.1	9.3	63.6
南斯拉夫選手	8.9	9.2	8.9	8.8	9.1	8.9	9.1	62.9
俄羅斯選手	8.8	8.9	8.7	8.9	9	8.9	8.8	62
日本選手	8.8	8.8	8.6	8.5	8.9	9	8.9	61.5
韓國選手	8.6	8.9	8.8	9	8.6	8.7	8.9	61.5
奧地利選手	8.6	8.9	8.8	8.7	8.5	8.8	8.6	60.9
芬蘭選手	8.8	8.9	8.6	8.7	8.6	8.7	8.6	60.9
美國選手	8.6	8.6	8.9	8.7	8.5	8.5	8.6	60.4
波蘭選手	8.7	8.6	8.6	8.5	8.5	8.7	8.8	60.4
加拿大選手	8.3	8.4	8.7	8.5	8.3	8.2	8.4	58.8
西班牙選手	8.3	8.1	8.3	8.5	8.4	8.5	8.1	58.2

2. 開啟「範例檔案\ch0\鐵路便當營業額.xlsx」檔案，將台北、台中、高雄分店的營業額合併彙算至「總營業額」工作表中，並自行設計美化彙算表格的格式，結果請參考下圖。

	A	B	C	D	E	F	G	H	I
1		排骨便當	爌肉便當	雞腿便當	鯖魚便當	素食便當	總計		
2	第一週	$84,430	$71,230	$82,610	$56,030	$38,780	$333,080		
3	第二週	$84,650	$84,050	$84,530	$61,100	$42,460	$356,790		
4	第三週	$88,460	$76,120	$84,800	$60,520	$43,620	$353,520		
5	第四週	$81,190	$67,830	$83,030	$56,930	$49,700	$338,680		
6	總計	$338,730	$299,230	$334,970	$234,580	$174,560	$1,382,070		
7									

台北分店 | 台中分店 | 高雄分店 | 總營業額

3. 開啟「範例檔案\ch0\拍賣交易紀錄.xlsx」檔案，利用「篩選」功能，進行以下設定。

- 找出商品名稱包含「場刊」的所有拍賣紀錄。

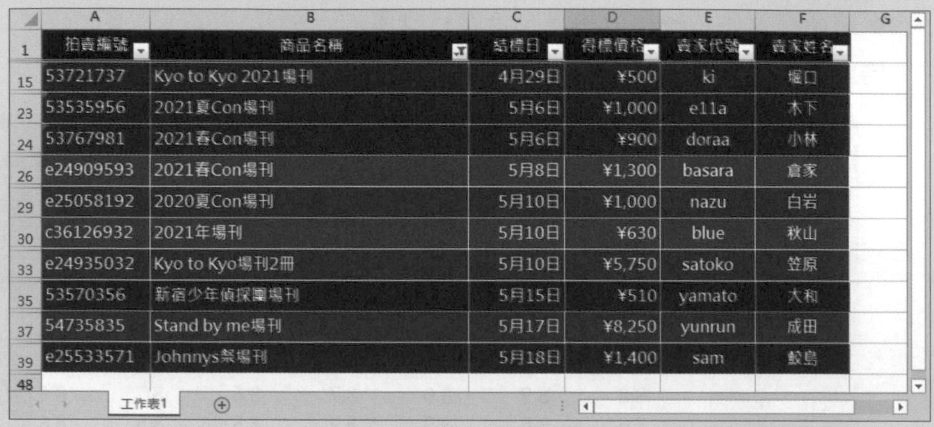

	A	B	C	D	E	F	G
1	拍賣編號	商品名稱	結標日	得標價格	賣家代號	賣家姓名	
15	53721737	Kyo to Kyo 2021場刊	4月29日	¥500	ki	堀口	
23	53535956	2021夏Con場刊	5月6日	¥1,000	e11a	木下	
24	53767981	2021春Con場刊	5月6日	¥900	doraa	小林	
26	e24909593	2021春Con場刊	5月8日	¥1,300	basara	倉家	
29	e25058192	2020夏Con場刊	5月10日	¥1,000	nazu	白岩	
30	c36126932	2021年場刊	5月10日	¥630	blue	秋山	
33	e24935032	Kyo to Kyo場刊2冊	5月10日	¥5,750	satoko	笠原	
35	53570356	新宿少年偵探團場刊	5月15日	¥510	yamato	大和	
37	54735835	Stand by me場刊	5月17日	¥8,250	yunrun	成田	
39	e25533571	Johnnys祭場刊	5月18日	¥1,400	sam	鮫島	
48							

工作表1

- 找出得標價格前5名的拍賣紀錄。

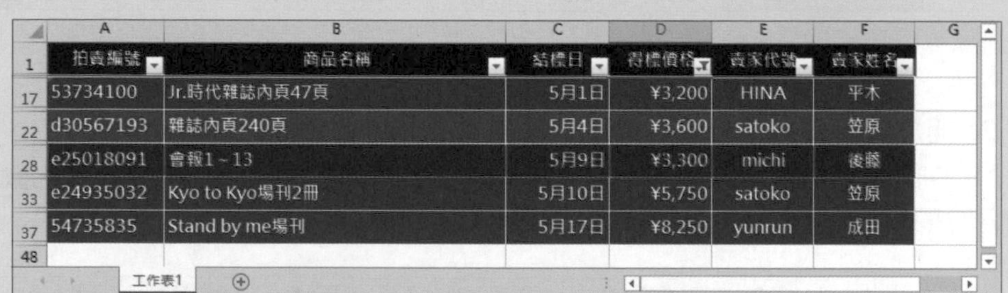

	A	B	C	D	E	F	G
1	拍賣編號	商品名稱	結標日	得標價格	賣家代號	賣家姓名	
17	53734100	Jr.時代雜誌內頁47頁	5月1日	¥3,200	HINA	平木	
22	d30567193	雜誌內頁240頁	5月4日	¥3,600	satoko	笠原	
28	e25018091	會報1～13	5月9日	¥3,300	michi	後藤	
33	e24935032	Kyo to Kyo場刊2冊	5月10日	¥5,750	satoko	笠原	
37	54735835	Stand by me場刊	5月17日	¥8,250	yunrun	成田	
48							

工作表1

淺談大數據

1-1　什麼是大數據

1-2　大數據應用案例

1-3　大數據分析工具

1-4　大數據資料視覺化工具

1-1 什麼是大數據

大數據(Big Data)又稱「巨量資料」、「海量資料」，顧名思義，它意指非常大量的資料，這些資料具有大量、多樣、即時、不確定等特性。大數據可應用於各種領域，如：公司內部資料分析、**商業智慧**(Business Intelligence, BI)和統計應用等，將龐大資料量進行集合、分析與運算，便能從解讀出的數據資訊中，找出潛藏的線索、趨勢，以及商機。

大數據的特性

一般而言，大數據所具備的特性定義從3V、4V到5V都有人提出，3V是指：**Volume(資料量)**、**Velocity(速度)**及**Variety(多樣性)**，也有人另外再加上**Veracity(真實性)**及**Value(價值)**兩個V，變成5V，如圖1-1所示。

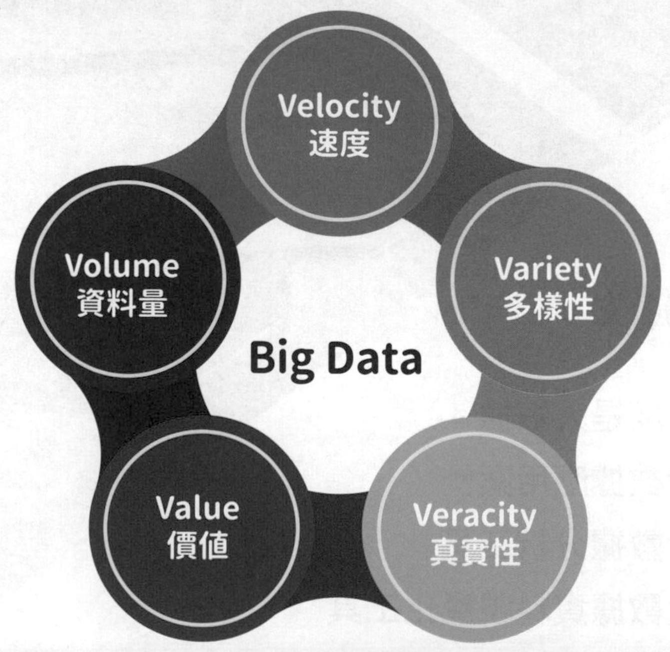

圖1-1　大數據的5V

大數據的資料和傳統資料最大的不同，是資料來源多元、種類繁多，大多是非結構化資料，而且更新速度非常快，導致資料量大增。大數據必須藉由電腦對資料進行統計、比對、解析才能得出客觀的結果。

而到底資料量要多大才能夠成為大數據呢？根據維基百科的定義，資料量的單位可從TB(terabyte，一兆位元組)到PB(petabyte，千兆位元組)不等，但到目前為止，還沒有一個標準來界定大數據的大小，而其實資料量的大小並非大數據的主要重點，能夠從這些資料中取出有用的資訊，才是大數據的「價值」。

1-2 大數據應用案例

大數據的應用早已滲透在你我生活之中，從網站的瀏覽紀錄，到社群網站上的貼文，只要留下數位訊息的地方，或許就能發展成大數據。舉例來說，當我們使用瀏覽器在購物平台搜尋瀏覽衣櫥商品後，瀏覽器上的廣告欄便不斷出現與衣櫥相關的物品，那是因為瀏覽歷程已經被瀏覽器和電商所記錄，透過對用戶瀏覽紀錄進行大數據分析，就可以推測出目前可能是什麼狀態，今後又將面臨哪些商品需求，於是，專為你定製的廣告就會在你需要的時候自動出現。

除了商業用途之外，在各產業領域或是公共事務上，皆可透過大數據分析來找出潛藏的資訊，藉此制定更精準的決策。

Amazon 用大數據鞏固電商龍頭

Amazon在全球有超過200萬的賣家與20億的消費者，他們透過大數據分析精準預測客戶的未來需求，追蹤消費者在網站以及App上的一切行為，以蒐集最多的資訊，因此更了解該客戶偏好的產品，並可對照其線上消費紀錄和瀏覽紀錄，發送相對的行銷訊息及客製化的促銷活動。藉由分析大數據預測推薦清單，能更準確地為消費者提供他們正在尋找的商品，以及真正想要買的商品，也為Amazon增進10%~30%的營收。

圖1-2 Amazon是全球最大的購物網站

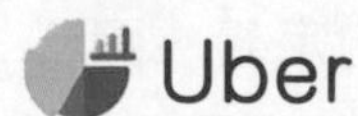

Uber

根據統計，Uber已在全球超過600個以上的城市營運，各國的Uber司機共累積了50億趟旅程，每天產生1,500萬筆交易數據，這些資訊堆積成龐大的行程資料。Uber擁有這些巨量資料後，也將數據資料公開給政府學術單位乃至於大眾，推出了「Uber Movement」網站(圖1-3)，該網站彙整分析出不同區域在不同時段的交通情況，希望能幫助政府解決交通問題，幫助大眾預估交通時間，讓城市的交通資源與規畫可更有效率地分配。

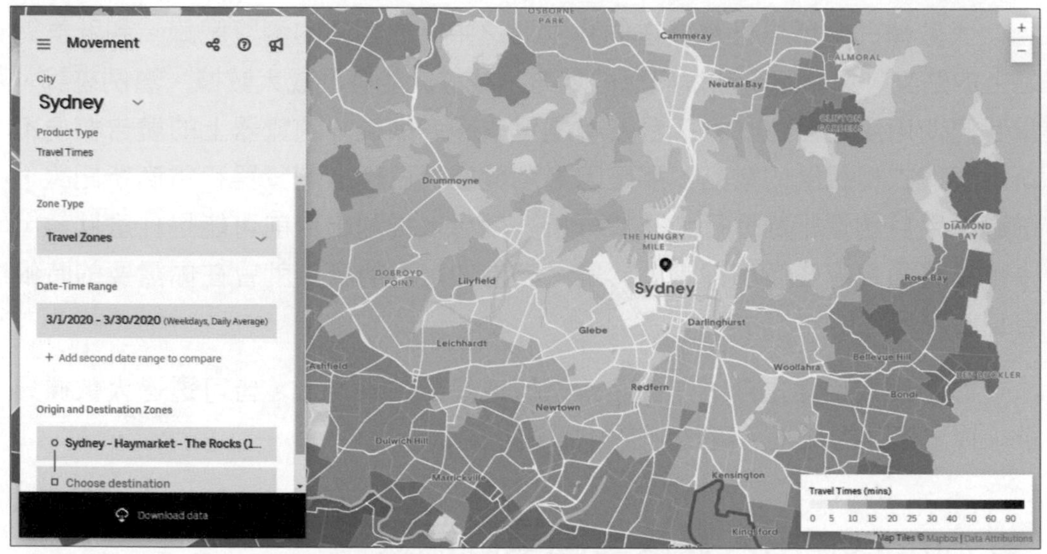

圖1-3　Uber Movement網站提供的資料可協助城市有效規劃和因應交通需求及緊急情況(https://movement.uber.com/)

電信詐騙犯罪資料庫

法務部以大數據建置「電信詐騙犯罪資料庫」，預先掌握其人流、金流、出入境動態，若發現出境異常即予境管，防範其再出境詐騙。資料庫內有詐欺案判決有罪定讞的1,700多人資料，運用大數據分析追查幕後金主及首腦，預先警示並即時蒐證，若發現被列管的詐欺犯，出現通聯、金流異常，出國天數過久，疑有出國設置機房可能時，即實施境管通報，將欲出國者帶回偵訊，並分案限制出境。

Netflix 影片推薦

美國Netflix線上影音服務公司根據消費者長期的收視習慣、觀看影片紀錄、評價等進行巨量資料分析，除了據此提供用戶個別的影片推薦名單，也能針對不同觀眾推出他們更加喜歡的節目。Netflix高層甚至曾經依照預測結果，決定重金購買美國影集「紙牌屋」(House of Cards)版權，該影集果然成為當時網路上最熱門的美國影集。

新型冠狀病毒 (COVID-19) 疫情控制

新型冠狀病毒(COVID-19)在全球大爆發，臺北市政府大數據中心為因應疫情監控決策需要，將中央及地方的公開疫情資訊、防疫物資庫存、公有場館人流等相關數據，建置視覺化的「疫情數據儀表板」（圖1-4）及「實聯制場館儀表板」，以便隨時掌握最新疫情發展，作為市府團隊的決策參考。疫情數據儀表板除了呈現國內、國外COVID-19疫情資訊，也提供從風險評估到資源調配等多面向資料，並以視覺化呈現，讓疫情小組迅速掌握疫情資訊，也做為評估風險值和研擬防疫決策的參考。

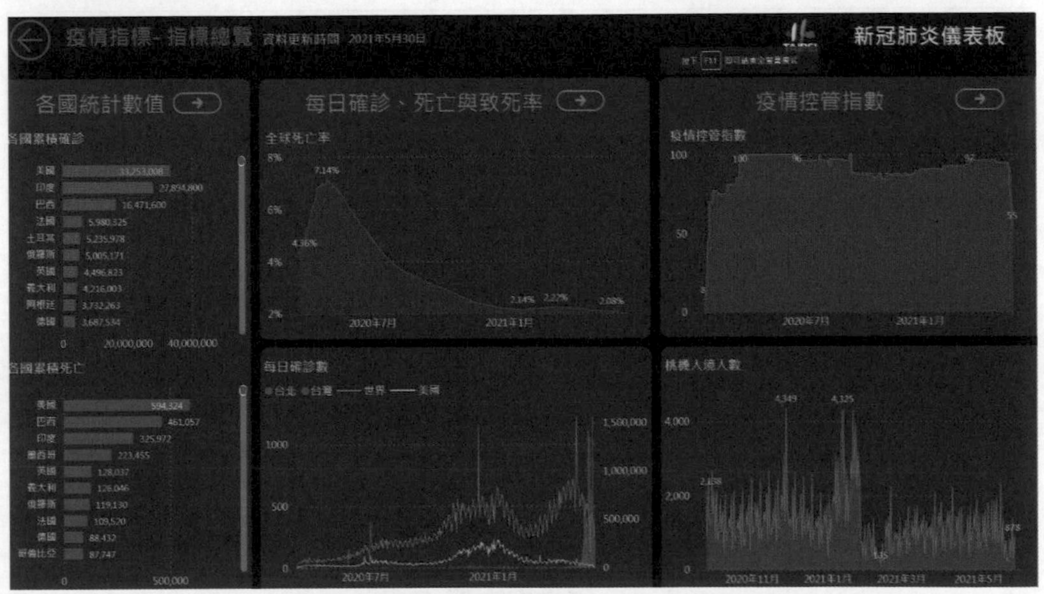

圖1-4　疫情數據儀表板(圖片來源：臺北市政府資訊局)

1-3 大數據分析工具

大數據的熱潮，讓許多處理資料分析與管理的技術也應運而生，以下將介紹一些熱門的大數據分析工具。

Apache Spark

Apache Spark是一種開放原始碼處理架構，可執行大規模資料分析的應用程式。Spark以Scala程式語言撰寫而成，支援多種程式語言所撰寫的相關應用程式，如：Java、Python、R、Clojure等。

Spark使用了**記憶體內運算技術**，其特色是可視需要將資料永久保存在記憶體和磁碟中，能在資料尚未寫入硬碟時，就在記憶體內進行分析運算，因此可對巨量資料展現高度的查詢效能。在資料排序基準競賽(Sort Benchmark Competition)中，Spark用23分鐘完成100TB的資料排序。

對Apache Spark有興趣的讀者，可至Apache Spark官方網站(圖1-5)查詢相關資訊。

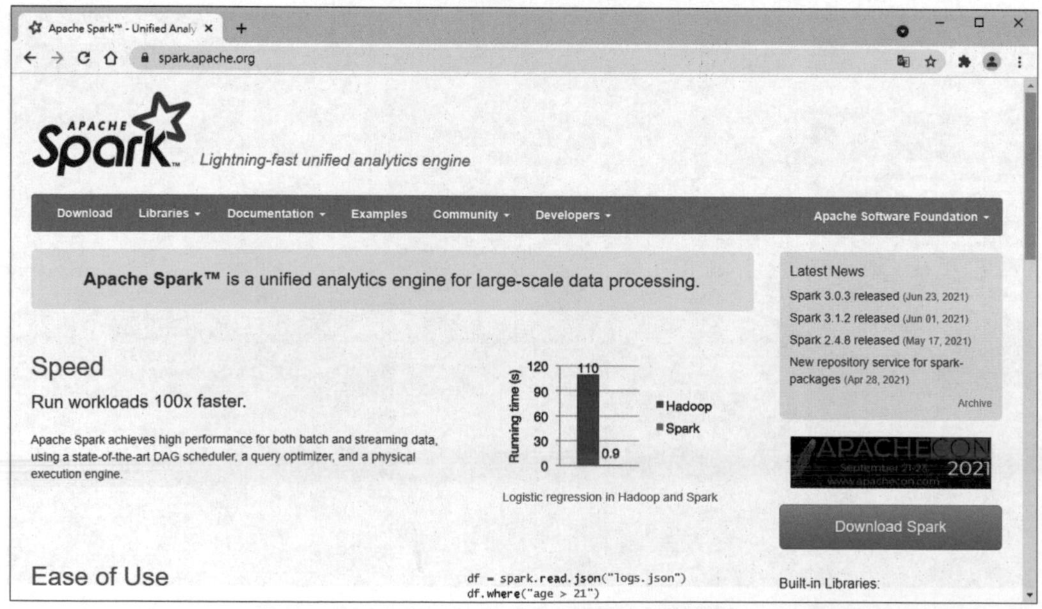

圖1-5　Spark網站(https://spark.apache.org/)

Apache Hadoop

Apache Hadoop是一個開放原始碼軟體，能夠讓用戶輕鬆架構和使用的分布式計算平台，使用者可以輕鬆地在Hadoop上開發和執行處理巨量數據的應用程式，具有可靠性、擴展性、高效性及高容錯性等優點。

Hadoop的主要核心是以Java開發撰寫，使用者端則提供C++、Java、Shell、Command等程式開發介面，可在Linux、Mac OS X、Windows及Solaris等作業系統平台執行。

它不使用單一大型電腦來處理和存放資料，而是將商用硬體結合成叢集，以平行方式分析大量資料集。而Hadoop在進行運算時，需要將資料儲存在硬碟中，因此其讀取與分析資料的速度上，與Spark相比會稍有延遲。

Hadoop是許多大型企業所採用的大數據分析工具，目前IBM、Adobe、eBay、Amazon、AOL、Facebook、Yahoo、Twitter、紐約時報、中華電信等企業，皆採用Hadoop運算平台。對Hadoop有興趣的讀者，可至Hadoop官方網站(圖1-6)查詢相關資訊。

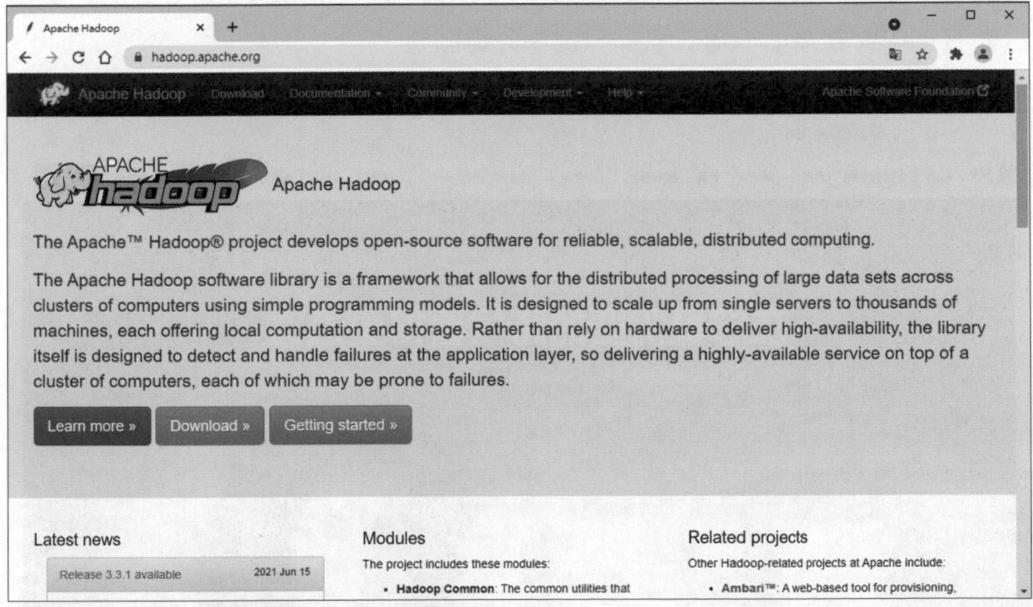

圖1-6　Hadoop網站(https://hadoop.apache.org/)

1-4 大數據資料視覺化工具

資訊科技的進步，讓各種決策有了客觀及重要的資訊可以參考，而大數據資料蒐集與分析技術的引入，更是影響決策速度與品質的關鍵，要如何快速處理與分析大量資料，產生簡單易懂的圖表結果，而能廣泛應用至各個領域，已是目前大家所重視的一環。**資料視覺化**(Data Visualization)是指運用特殊的運算模式、演算法將各種數據、文字、資料轉換為各種圖表、影像，成為易於吸收，容易讓人理解的內容。

Power BI

Power BI是Microsoft所推出的視覺化數據商務分析工具，可用來分析資料及共用深入資訊，並將複雜的靜態數據資料製作成動態的圖表。它提供了「Power BI服務」、「Power BI Desktop」及「Power BI Mobile」三大平台。其中「Power BI服務」是雲端平台，只要進入官方網站(圖1-7)進行註冊的動作，登入後即可使用該平台；「Power BI Desktop」(圖1-8)是Windows桌面應用程式，須安裝於電腦中使用；「Power BI Mobile」(圖1-9)則是要在行動裝置中安裝App，這三者都有提供免費服務。

圖1-7　Power BI服務網站(https://powerbi.microsoft.com/zh-tw/)

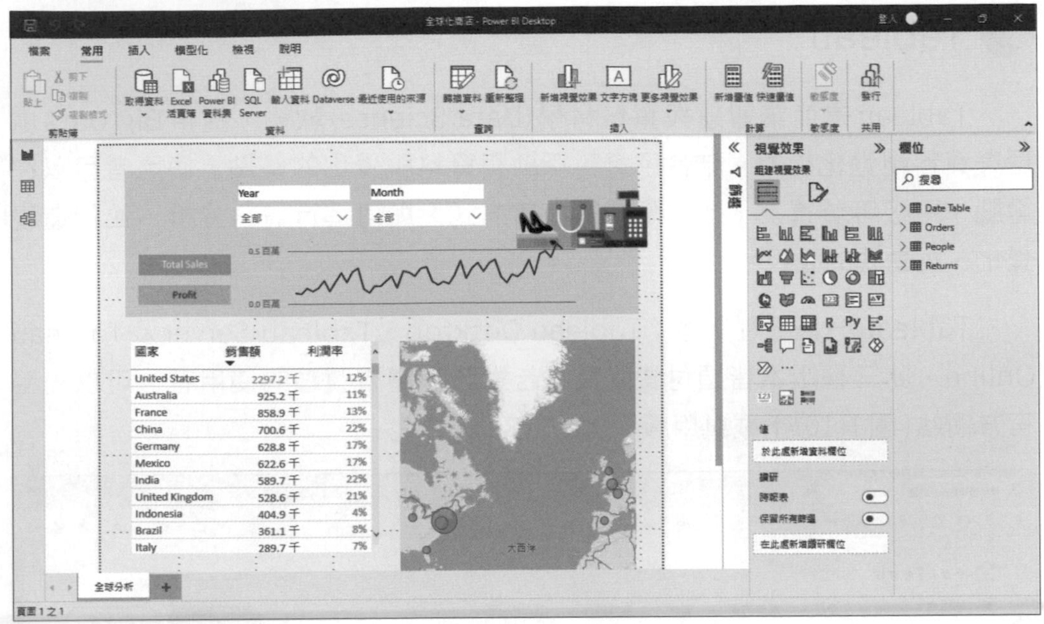

圖1-8　Power BI Desktop操作視窗

圖1-9　Power BI Mobile可透過行動裝置與雲端資料進行連線及互動(圖片來源：Microsoft)

其中，Power BI Desktop可取得的資料來源包括Excel檔案、CSV檔案、Access資料庫等，除此之外，還可以透過XML、CSV、文字和ODBC來連接一般資料來源，或是透過線上服務(如：Facebook、Google Analytics)取得資料，也是本書主要講述及使用的應用程式。

Tableau

Tableau是商業智慧與資料科學(Data Science)軟體，提供Big Data處理與資料視覺化能力。結合了資料探勘和資料視覺化的優點，使用者可以在電腦、平板等裝置上，透過簡單的拖放方式，即可進行資料分析，並創造視覺化、互動式的圖表。

Tableau分為三種版本：Tableau Desktop、Tableau Server及Tableau Online，此三種版本皆須付費購買，若對該軟體有興趣的使用者，可以先至官方網站(圖1-10)下載試用版。

圖1-10 Tableau官方網站(https://www.tableau.com/zh-tw)

Data Studio

Data Studio是Google推出的線上版數據分析工具，用戶只要以個人的Google帳戶登入網站，無須安裝軟體，透過瀏覽器便能免費使用。它提供強大的視覺化編輯工具，只要把資料匯入，就可以輕鬆產生專業的圖表，並與他人共享視覺化資料圖表，如圖1-11所示。

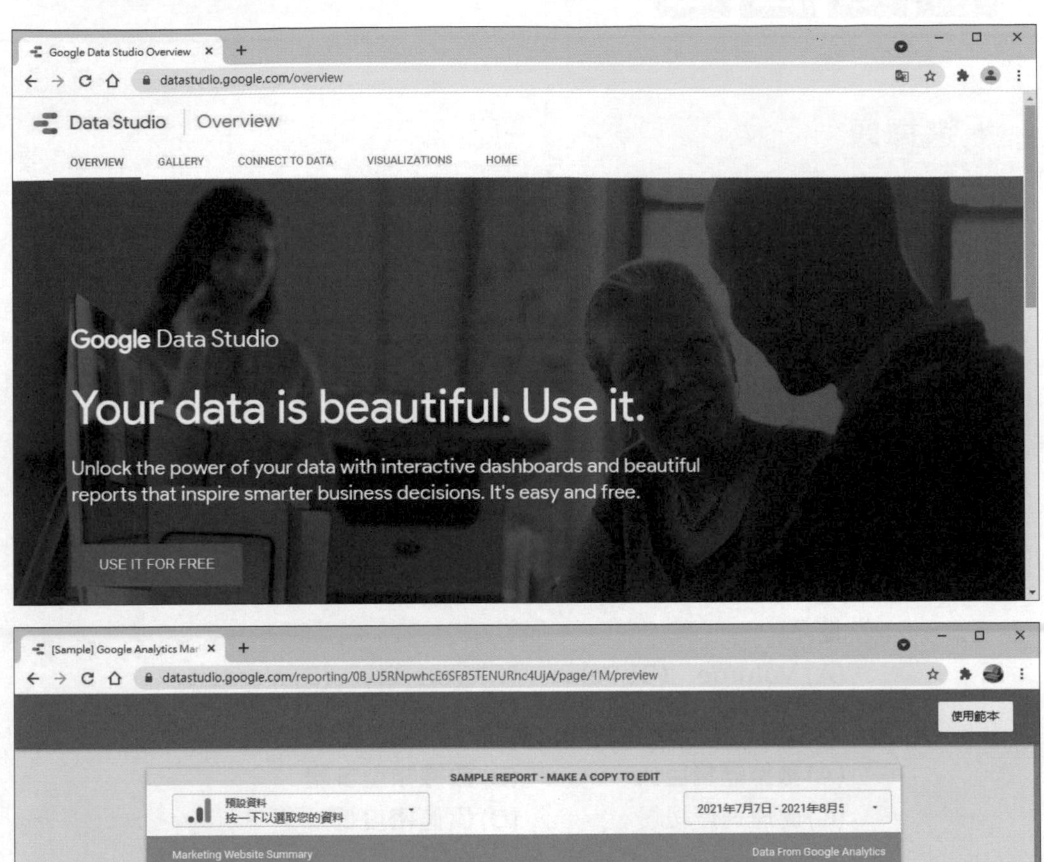

圖 1-11　Data Studio網站(https://datastudio.google.com)

Data Studio可串接多種Google資料來源，包括：AdWords API、Attribution 360、BigQuery、DoubleClick Campaign Manager、Google Analytics、Google Sheets及YouTube Analytics等。圖表種類則提供了橫條圖、圓餅圖和時間序列、重點式圖表等圖表樣式，也內建多種資料報表範本可供套用。

章末習題

✦ 選擇題

(　　) 1. 下列名詞中，何者可應用於各種領域，將龐大資料量進行集合、分析與運算，便能從解讀出的數據資訊中，找出潛藏的線索、趨勢，以及商機？
(A) Big Date　(B) IoT　(C) RFID　(D) GPS

(　　) 2. 大數據的3V，不包含下列何者？
(A) Variety　(B) Value　(C) Velocity　(D) Volume

(　　) 3. 大數據分析中的「大量數據」，指的是下列哪一個特性？
(A) Volume　(B) Value　(C) Velocity　(D) Veracity

(　　) 4. 大數據對於即時性的資料可以快速加入分析，指的是下列哪一個特性？
(A) Volume　(B) Value　(C) Velocity　(D) Veracity

(　　) 5. 下列關於巨量資料特點之敘述，何者錯誤？
(A)數據體量巨大　(B)數據類型多變
(C)處理速度緩慢　(D)價值密度低

(　　) 6. 下列何者經常成為巨量資料計算的單位？
(A) KB　(B) GB　(C) MB　(D) TB

(　　) 7. 關於Apache Spark運作之敘述，下列何者正確？
(A)在讀取與分析資料的速度上較Apache Hadoop緩慢
(B)程式只能在磁碟內做運算
(C)程式只能在記憶體內做運算
(D)能將資料加載至記憶體內，並可多次對其進行查詢

(　　) 8. 大數據分析中，下列何者方式最能直觀呈現資料分析結果？
(A)資料視覺化　(B)資料探勘
(C)蒐集大量圖片資料　(D)資料清理

(　　) 9. 下列何者不屬於大數據資料視覺化工具？
(A) Power BI　(B) Access　(C) Tableau　(D) Data Studio

2

初探 Power BI

學習目標 »

- 2-1　下載安裝 Power BI Desktop
- 2-2　Power BI Desktop 視窗環境
- 2-3　匯入資料
- 2-4　建立視覺化圖表
- 2-5　報告模式下的檢視設定
- 2-6　儲存檔案

2-1 下載安裝 Power BI Desktop

在大數據資料視覺化工具中，微軟的Power BI是坊間常用的軟體之一。在上一個章節，我們有提到Power BI提供了「Power BI服務」、「Power BI Desktop」及「Power BI Mobile」三大平台。其中「Power BI Desktop」只要下載安裝在電腦中，不須註冊就能使用，是十分適合新手學習的平台，也是本書後續示範所使用的平台。而「Power BI Desktop」各項操作方式也與Power BI雲端平台大同小異，因此本書操作教學內容，基本上在「Power BI服務」上亦能通用。

下載 Power BI Desktop

Power BI Desktop是Windows桌面應用程式，可在電腦中輕鬆讀取各種資料來源、分析資料，並將數據視覺化。微軟的下載中心每月都會更新並釋出Power BI Desktop最新版本，可至官方網站下載並安裝使用。

step 01 進入Power BI Desktop的官網頁面中(https://powerbi.microsoft.com/zh-tw/desktop/)，按下**「查看下載或語言選項」**按鈕。

Power BI Desktop 系統需求

在安裝Power BI Desktop之前，請先確認電腦系統是否符合以下軟硬體需求：

- 適用於Windows 10 / Windows Server 2016 或更新版本作業系統。
- 硬碟：Power BI報表伺服器至少需1 GB可用硬碟空間，資料庫伺服器則需要額外空間。
- 記憶體(RAM)：至少2 GB，建議 4 GB 以上為佳。
- CPU：運轉時脈 1.4 GHz 以上CPU的64-bit處理器。

step 02 進入英文版的下載中心頁面中，可在Microsoft Power BI Desktop 的Select Language選單中選擇「Chinese (Traditional)」。頁面會變更顯示為繁體中文。

step 03 按下「下載」按鈕，即可進行下載。

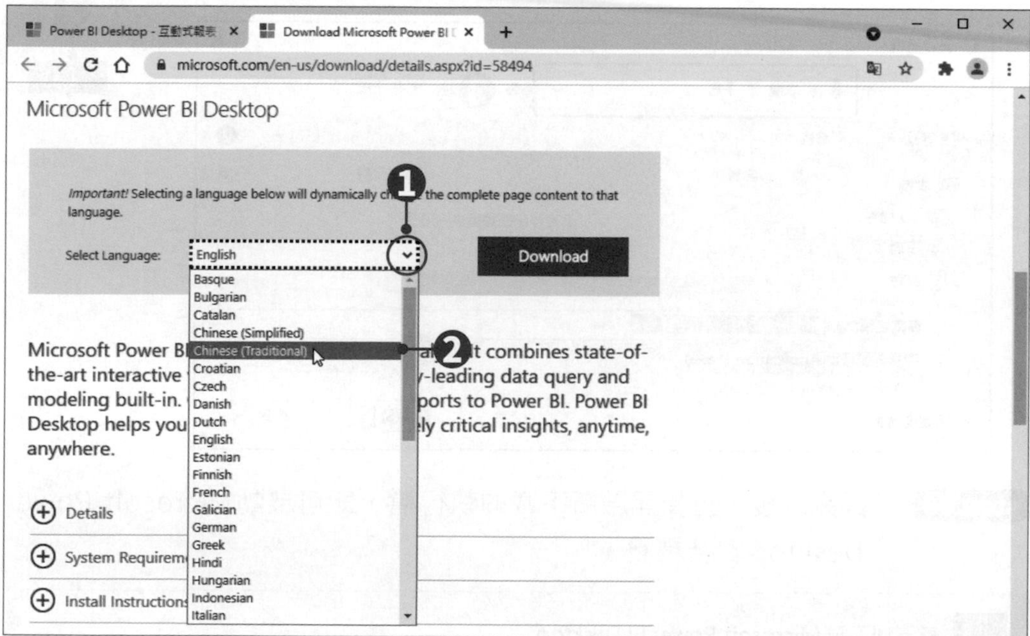

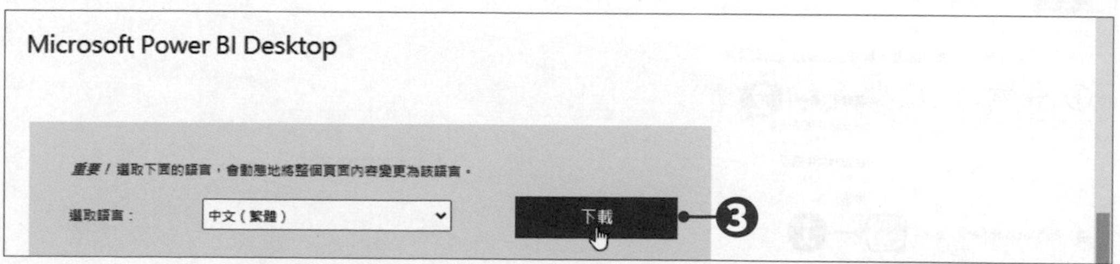

step 04 Power BI Desktop 適用於 32 位元 (x86) 及 64 位元 (x64) 的電腦系統平台，並提供兩種不同的安裝軟體可供下載，可依照自身電腦規格選擇適合的安裝軟體，勾選好後按下「Next」按鈕。

step 05 在開啟的「另存新檔」對話方塊中，選擇檔案欲存放的位置，接著按下「存檔」按鈕即可進行下載。

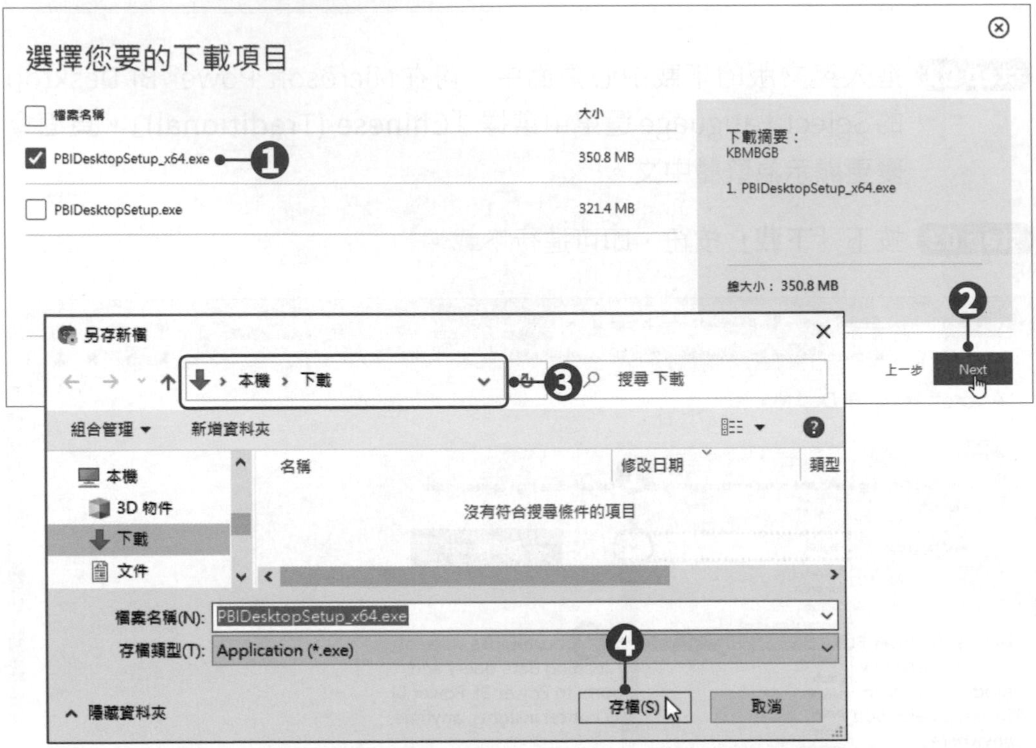

step 06 下載完成後，直接開啟所下載的執行檔，即可啟動 Microsoft Power BI Desktop 安裝精靈。

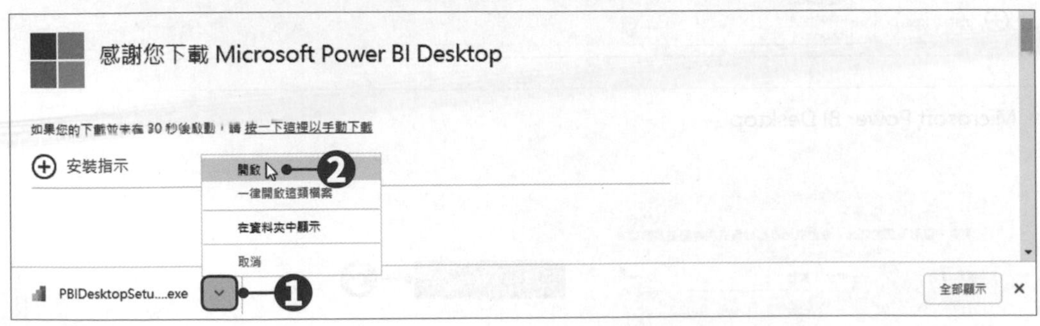

step 07 接著逐步按照安裝精靈的指示，按「下一步」繼續，直到完成安裝動作。

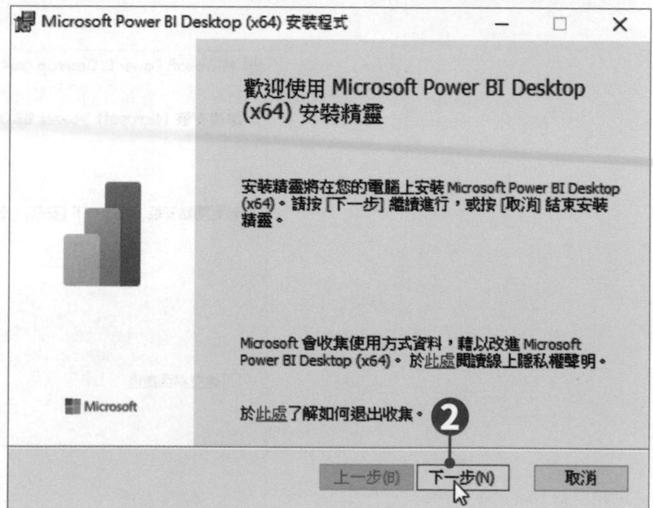

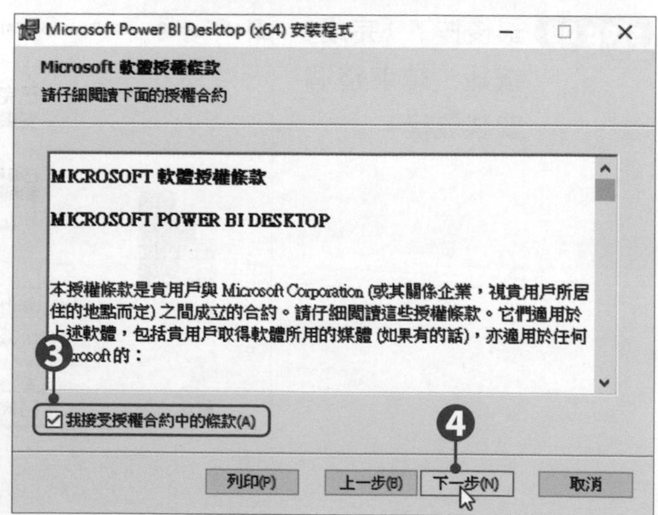

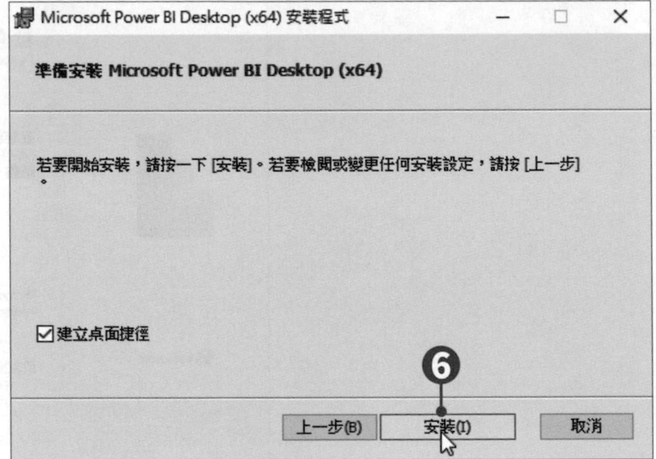

step 08 最後按下「完成」按鈕，結束整個安裝流程。

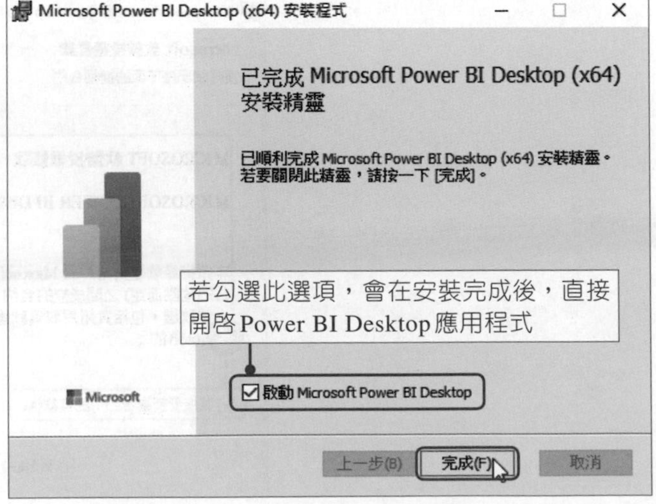

更新 Power BI Desktop

Power BI Desktop官方網站會不時更新並釋出最新版本。在本機下載並安裝Power BI Desktop軟體後，每次在連網狀態下啟動應用程式，系統都會自動檢查軟體版本，若有更新版本，便會在畫面右下角自動出現更新訊息，提醒使用者下載並升級為最新版本。

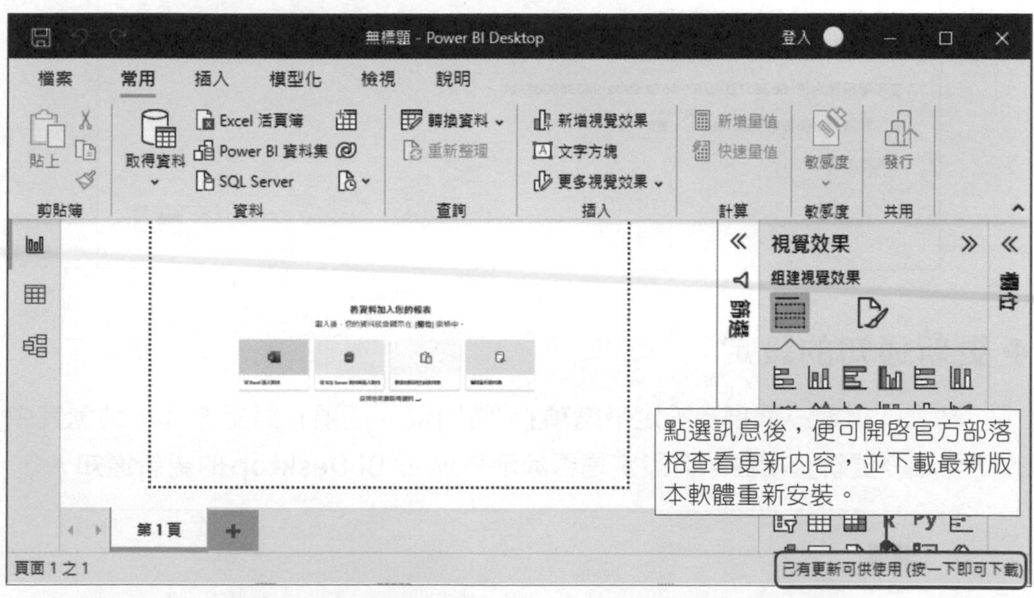

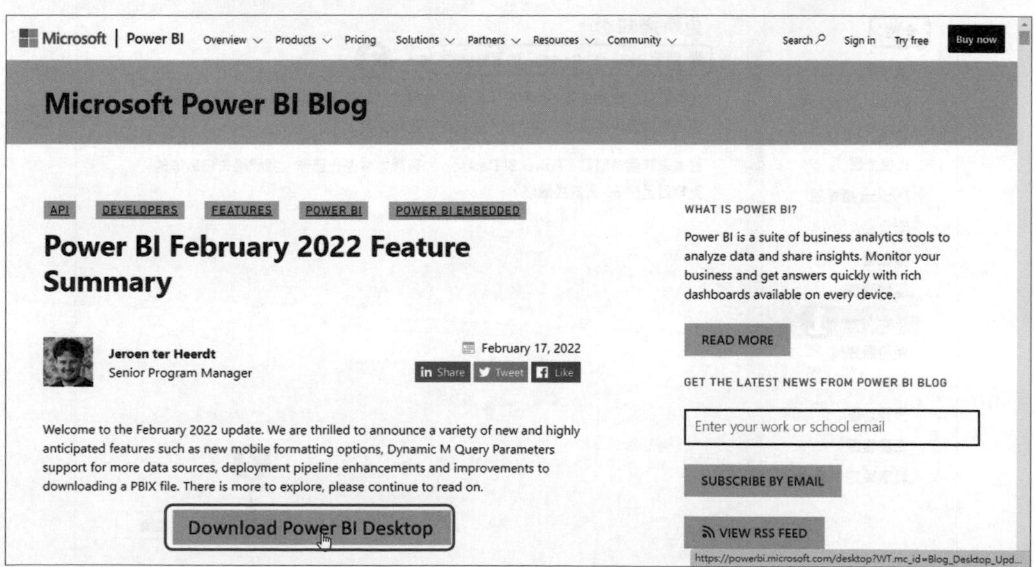

♣ 查看軟體版本

若想知道目前本機安裝的版本為何，可點選「檔案→關於」或「說明→關於」，檢視目前軟體版本相關訊息。

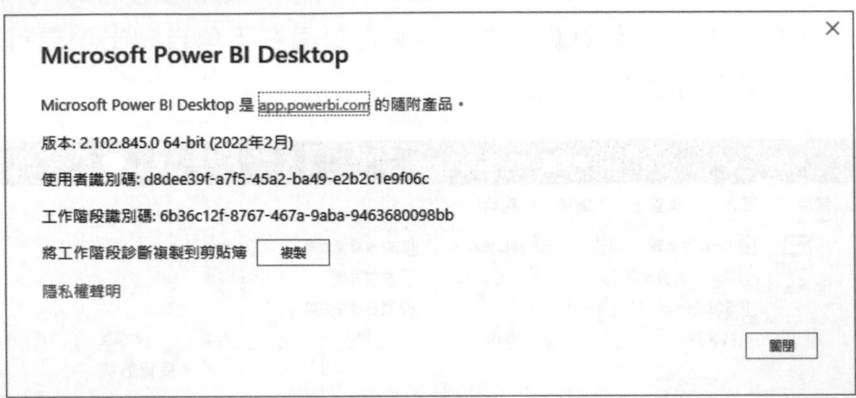

♣ 更新通知的設定

點選「檔案→選項及設定→選項」，將開啟「選項」對話方塊，點選其中的「全域→更新」項目，可設定是否顯示Power BI Desktop的更新通知。

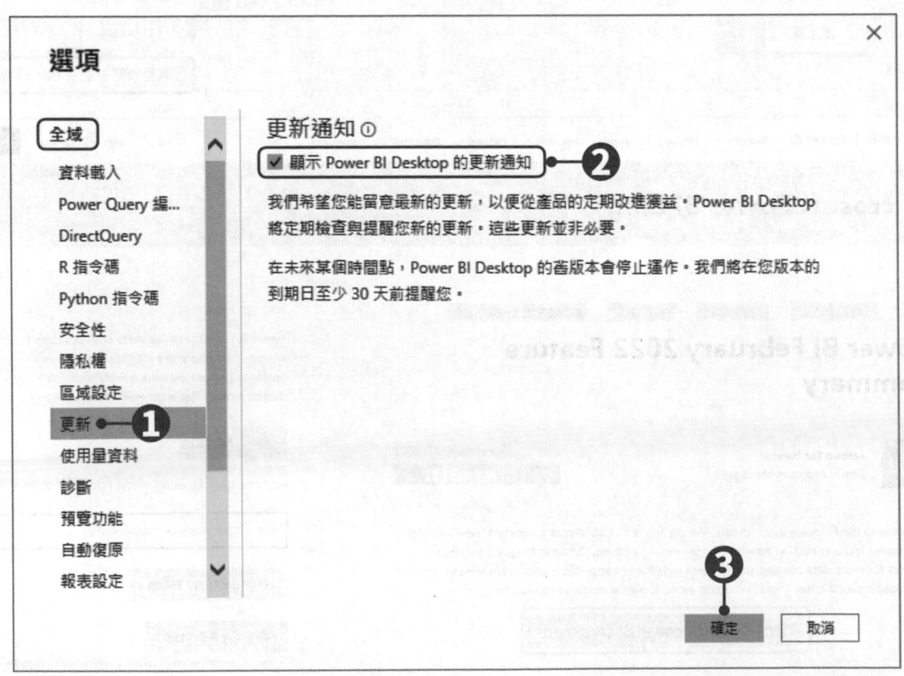

2-2 Power BI Desktop 視窗環境

啟動Power BI Desktop應用程式後，會先開啟一個如下圖所示的歡迎視窗，只要按下視窗右上角的 ☒ 鈕，即可關閉歡迎視窗，進入操作視窗中。

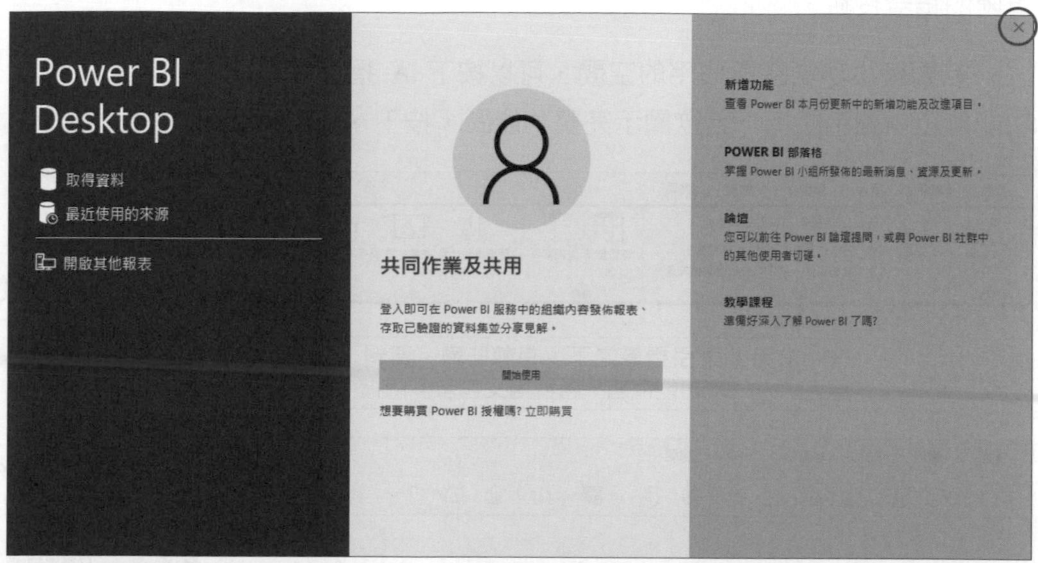

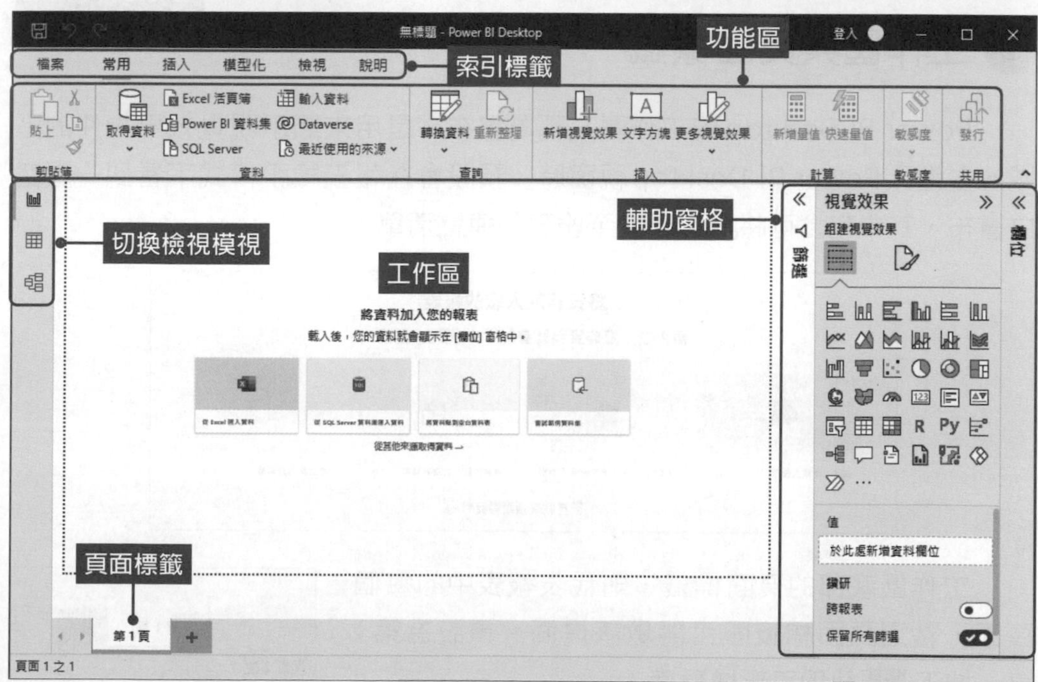

索引標籤與功能區

Power BI Desktop的介面設計與微軟OFFICE軟體類似，將所有控制項依照功能以群組方式分類，只要按下**索引標籤**，功能區中就會顯示與該功能相對應的指令按鈕。

若要縮小功能區所佔用的空間，可以按下 ^ **摺疊功能區**按鈕，即可將各功能群組以圖示顯示；若欲顯示完整功能區，按下 ˅ **功能區顯示**按鈕即可。

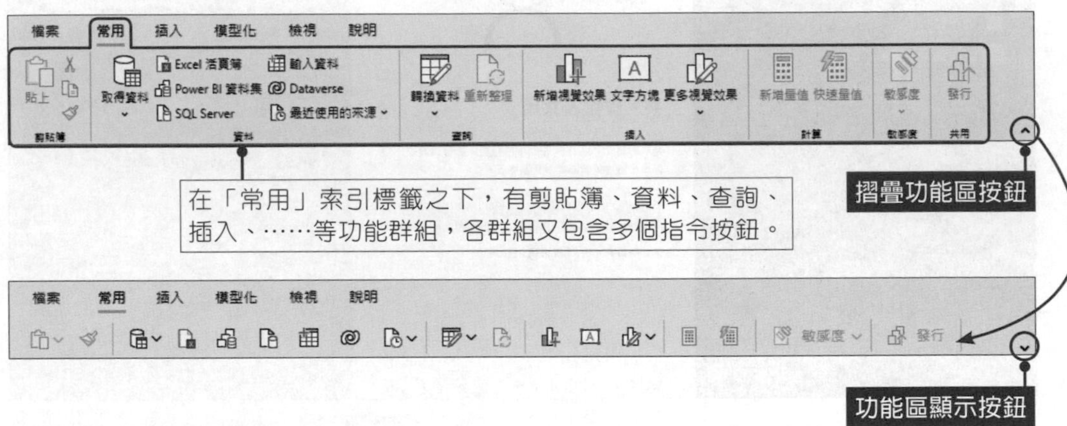

工作區與頁面標籤

Power BI Desktop的工作區又稱為**畫布**，是用來顯示視覺效果物件的區域。在進入Power BI Desktop視窗時，預設會在報表檢視模式下看到一張空白畫布，其中包含可將資料新增至報表的連結清單。

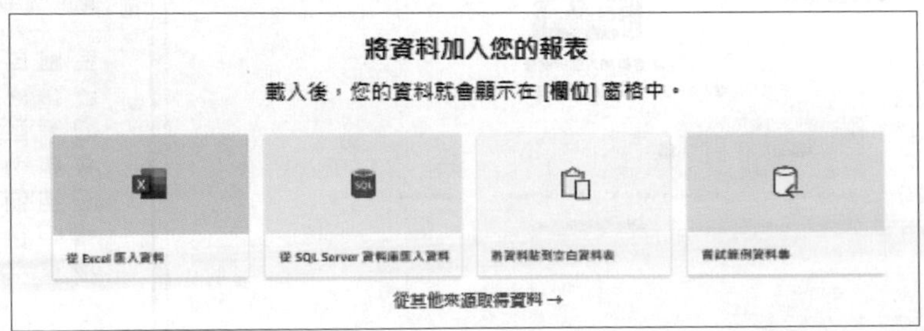

工作區底部的頁面標籤，則代表報表中的每個頁面，點選頁面標籤即可開啟該頁面。預設為第1頁，按下 + 鈕即可新增頁面。

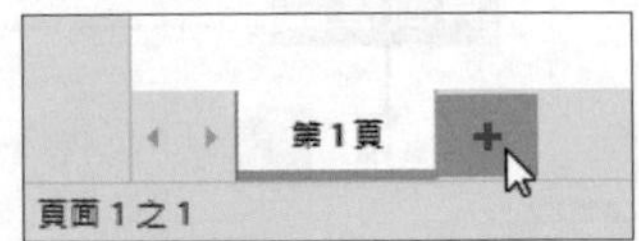

Power BI Desktop 的檢視模式

Power BI Desktop視窗左邊的瀏覽窗格中，有 **報告**、**資料**、**模型** 按鈕，是用來切換三種檢視模式。在不同的檢視模式下，功能區的索引標籤以及右側的輔助窗格，也會顯示相對應的不同內容。各檢視模式分別說明如下：

- 報告檢視模式：可在頁面中建立各種視覺效果類型，如圖2-1。
- 資料檢視模式：可以檢查、瀏覽及修改Power BI Desktop模型中的資料內容，如圖2-2。
- 模型檢視模式：可檢視現有的模型視圖，模型視圖中會顯示模型中所有的資料表、資料行及關聯性，如圖2-3。此模式在模型中包含許多資料表，且其關聯複雜時特別受用。

圖2-1　報告檢視模式

圖 2-2　資料檢視模式

圖 2-3　模型檢視模式

輔助窗格

輔助窗格會依照所處的檢視模式，而顯示相對應的窗格。以製作視覺化圖表時最常使用的**報告**檢視模式為例，在此模式下，預設會開啟**篩選**、**視覺效果**、**欄位**三個輔助窗格，窗格中所顯示的內容也會隨著選取的工作區選項而有所不同。各窗格主要作用說明如下：

⊕ 篩選窗格：可新增或檢視報表設計師新增到報表中的所有篩選條件。依據所設定的篩選條件，可與視覺效果的顯示結果產生互動。

⊕ 視覺效果窗格：主要是建立視覺效果物件，並控制其外觀與格式。在未選取視覺效果的狀態下，會顯示 **欄位** 與 **頁面格式** 兩個分頁；在選取視覺效果的狀態下，則會顯示 **欄位**、**格式** 與 **分析** 三個分頁。

⊕ 欄位窗格：是唯一在三個檢視模式下都會顯現的輔助窗格，用來管理視覺效果中所用到的資料。窗格中會列示目前匯入的資料來源中包含的所有工作表及其欄位。工作表預設為收合狀態，點選工作表名稱，即可將表格中的所有欄位展開。

按下窗格上方的 > 鈕，可將窗格內容摺疊起來；按下 < 鈕，可將窗格展開。

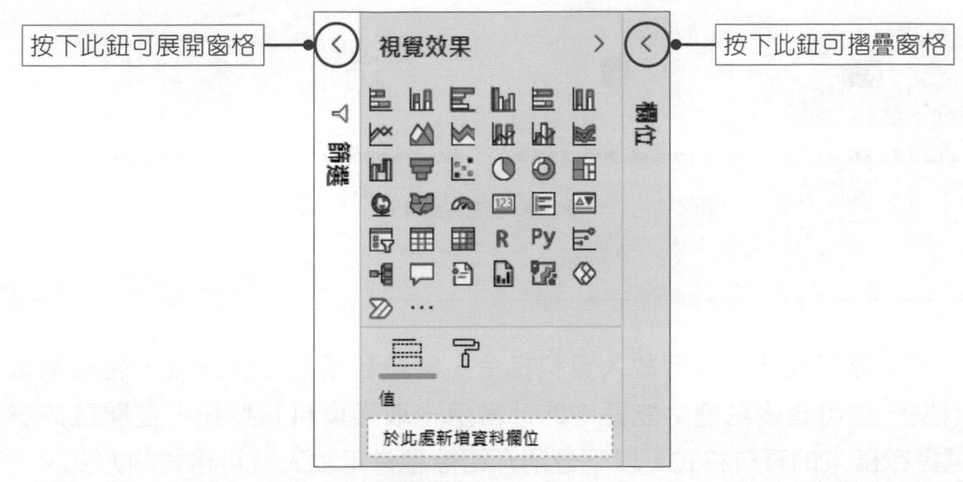

2-3 匯入資料

Power BI Desktop可取得的資料來源包括Excel檔案、CSV檔案、Access資料庫、XML、JSON等，除此之外，也可以透過線上服務(例如：Facebook、Google Analytics)取得資料。

在開啟Power BI Desktop操作視窗時，工作區中會顯示可將資料新增至報表的連結清單，由左至右依序是：

⊕ 從Excel匯入資料

⊕ 從SQL Server資料庫匯入資料

⊕ 將資料貼到空白資料表

⊕ 嘗試範例資料集

⊕ 從其他來源取得資料

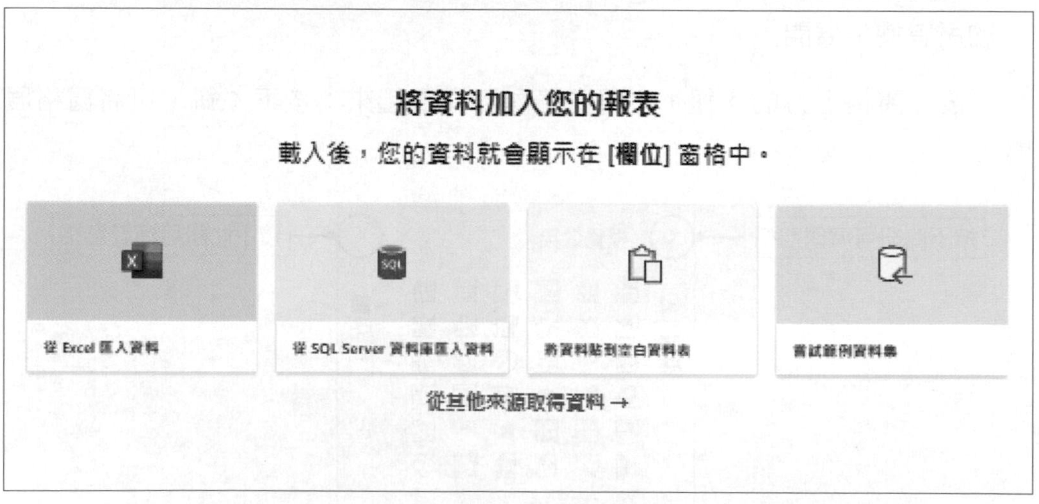

可以直接在此處執行載入資料指令，當資料載入工作區後，連結清單就會消失。也可直接點選功能區中的**「常用→取得資料」**按鈕，在開啟的選單中選擇欲匯入的資料格式。以下分別介紹幾種常用載入資料格式的方式。

載入 Excel 活頁簿

step 01 在Power BI Desktop操作視窗中，按下**「常用→資料→取得資料」**按鈕，於選單中點選**「Excel活頁簿」**。

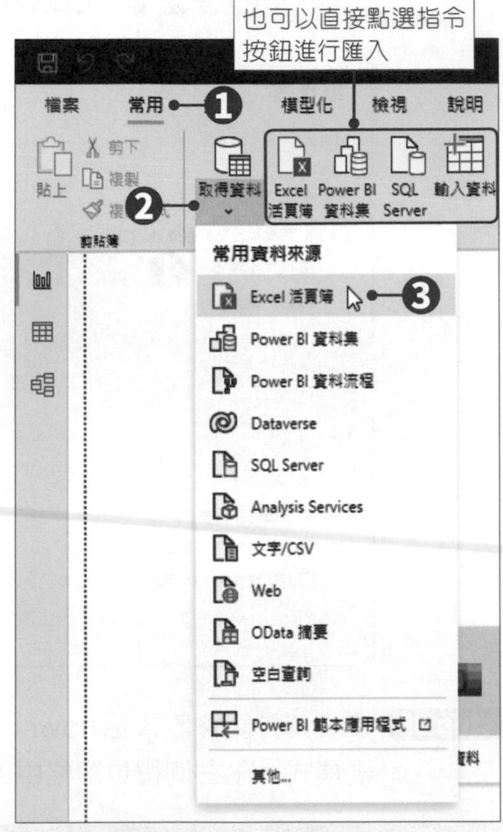

step 02 進入「開啟」對話方塊後，選擇要載入的資料（範例檔案\ch2\蔬果單日交易行情.xlsx），按下**「開啟」**按鈕。

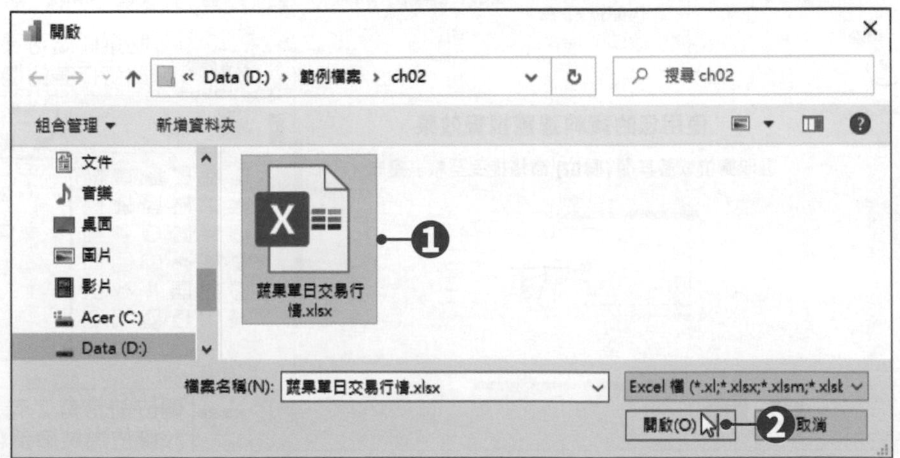

step 03 進入**導覽器**視窗後，點選工作表可在視窗右側顯示該工作表的資料內容。勾選要載入的工作表後，按下**「載入」**按鈕。

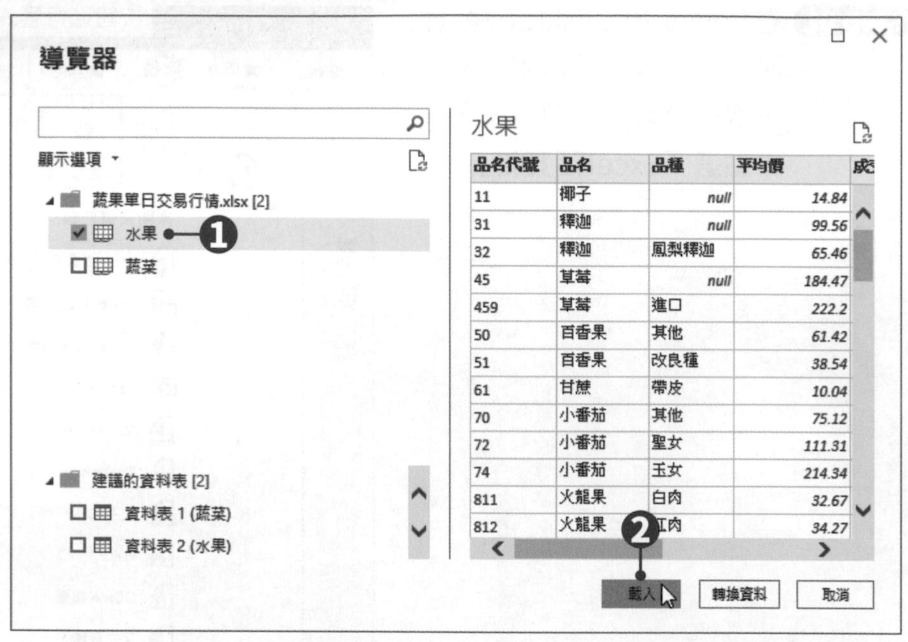

step 04 接著資料便會載入至Power BI Desktop操作視窗中，並進入**報告**檢視模式，在右側**欄位**窗格中即可看到剛剛載入的工作表欄位。

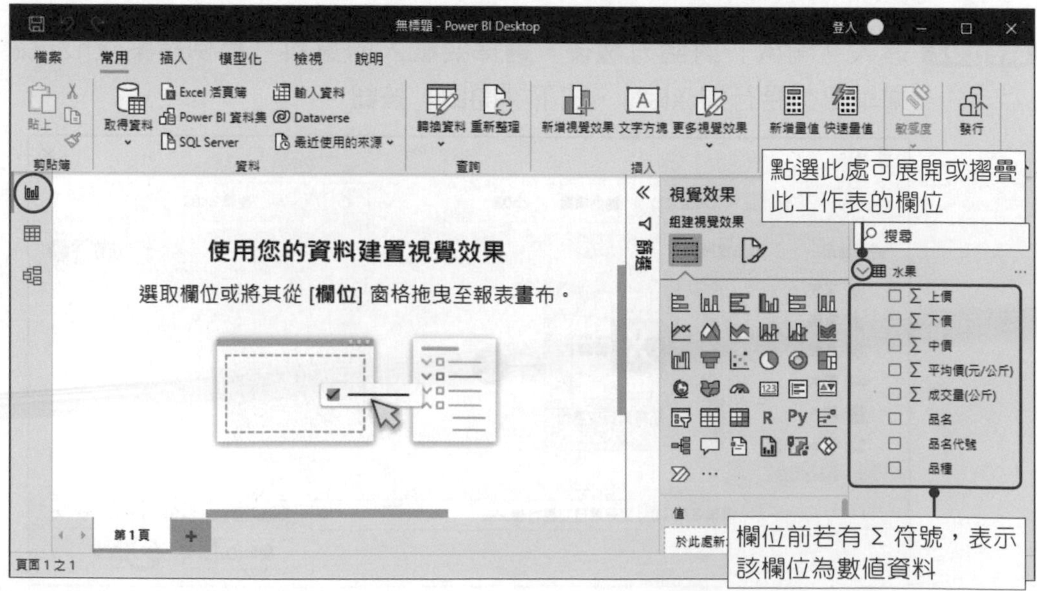

載入 CSV 文字檔格式

CSV格式檔案是以純文字形式來儲存表格資料，並以特定字元或符號來分隔各欄位的資料，其載入方式與Excel檔案大致相同。

step 01 進入Power BI Desktop操作視窗中，按下**「常用→資料→取得資料」**按鈕，於選單中點選**「文字/CSV」**。

step 02 進入開啟對話方塊後，選擇要載入的資料（範例檔案\ch2\空氣品質指標.csv），按下**「開啟」**按鈕。

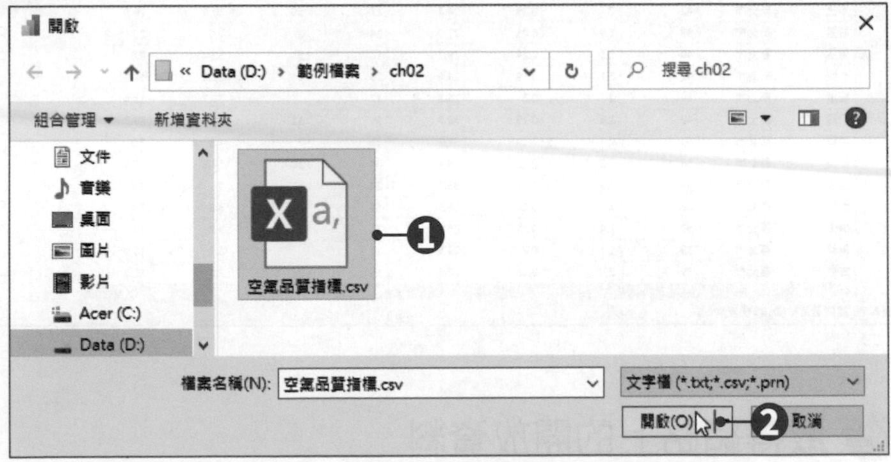

step 03 接著會開啟該檔案的預覽視窗，於**分隔符號**選項中可以選擇檔案所使用的分隔符號，選擇好後按下**「載入」**按鈕。

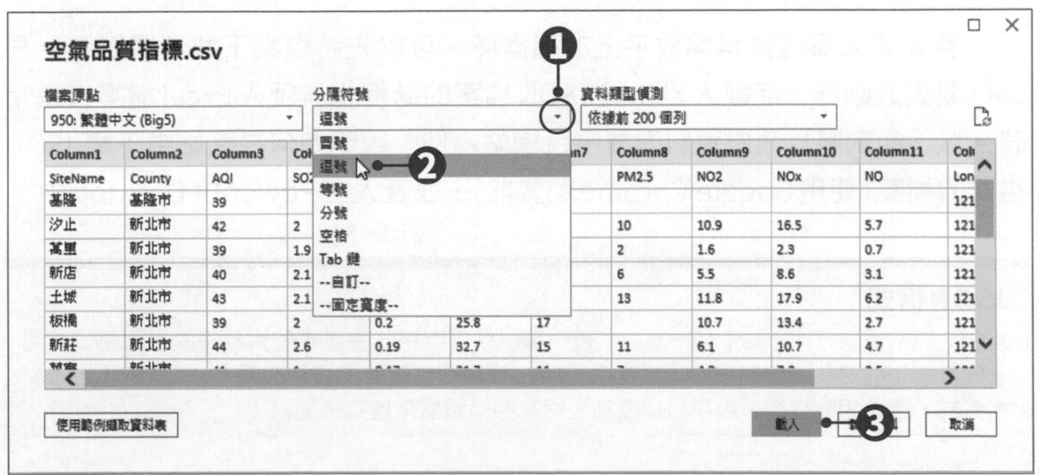

step 04 接著資料便會載入至Power BI Desktop操作視窗中，在右側欄位窗格中可以看到剛剛載入的工作表欄位；若進入**資料**檢視模式中，則可觀看資料內容。

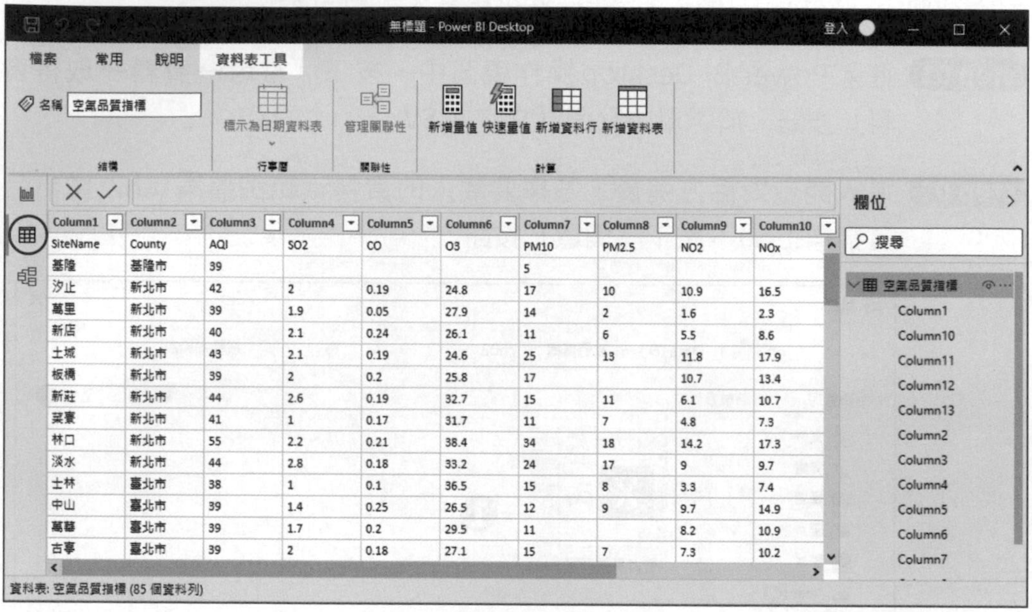

Column1	Column2	Column3	Column4	Column5	Column6	Column7	Column8	Column9	Column10
SiteName	County	AQI	SO2	CO	O3	PM10	PM2.5	NO2	NOx
基隆	基隆市	39				5			
汐止	新北市	42	2	0.19	24.8	17	10	10.9	16.5
萬里	新北市	39	1.9	0.05	27.9	14	2	1.6	2.3
新店	新北市	40	2.1	0.24	26.1	11	6	5.5	8.6
土城	新北市	43	2.1	0.19	24.6	25	13	11.8	17.9
板橋	新北市	39	2	0.2	25.8	17		10.7	13.4
新莊	新北市	44	2.6	0.19	32.7	15	11	6.1	10.7
菜寮	新北市	41	1	0.17	31.7	11	7	4.8	7.3
林口	新北市	55	2.2	0.21	38.4	34	18	14.2	17.3
淡水	新北市	44	2.8	0.18	33.2	24	17	9	9.7
士林	臺北市	38	1	0.1	36.5	15	8	3.3	7.4
中山	臺北市	39	1.4	0.25	26.5	12	9	9.7	14.9
萬華	臺北市	39	1.7	0.2	29.5	11		8.2	10.9
古亭	臺北市	39	2	0.18	27.1	15	7	7.3	10.2

資料表: 空氣品質指標 (85 個資料列)

取得網路上的開放資料

網路上的開放資料平台中最常使用的資料格式有XML、CSV、JSON等，這些格式都可以輕鬆匯入至Power BI Desktop中。

若要載入網路資料開放平上的檔案時，可以先將檔案下載至電腦中，再進行載入的動作，而載入XML與JSON檔案的過程也與匯入Excel檔案大致相同。以下範例將以政府資料開放平台網站為例，說明如何在網站中下載JSON格式的檔案(使用Google Chrome瀏覽器)，並匯入至Power BI Desktop中。

JSON格式

JSON（JavaScript Object Notation）是一種以純文字格式為基礎的資料交換檔案格式，可以儲存簡單的資料結構和物件，經常用於Web應用程式之間的資料交換。JSON的內容是文字格式，因此相容性高，幾乎可以使用任何文字編輯器來建立或開啓。

step 01 在政府資料開放平台網站(https://data.gov.tw/)中點選要下載的檔案格式，可將檔案直接下載至電腦中。

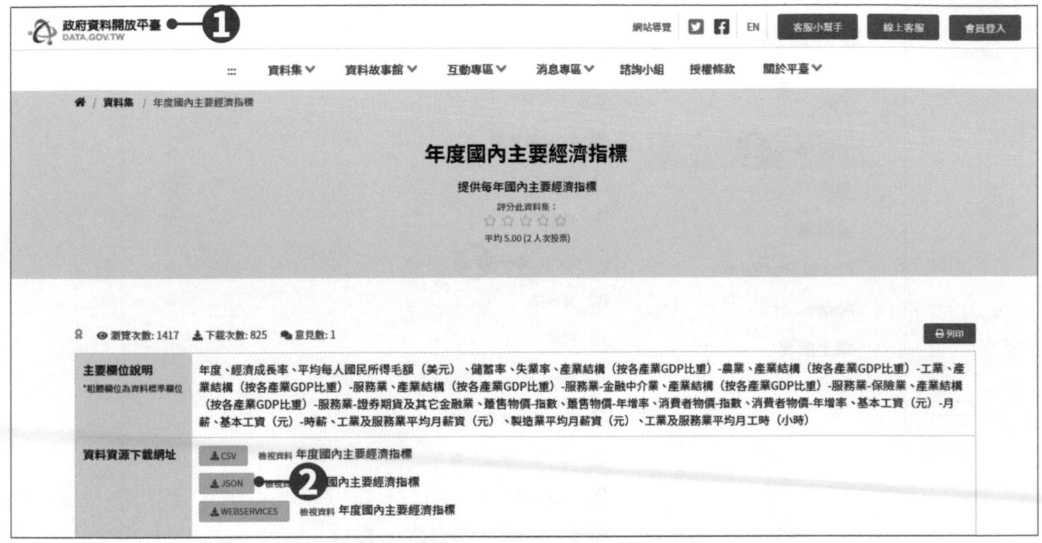

step 02 開 啟Power BI Desktop操作視窗，按下「**常用→資料→取得資料**」按鈕，於選單中點選「**其他**」。

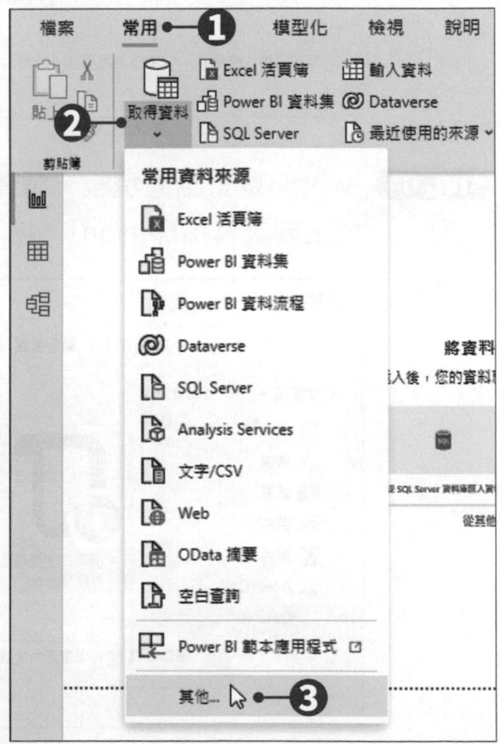

step 03 開啟取得資料視窗，按下「全部」選項，於清單中點選「JSON」，點選後按下「連接」按鈕。

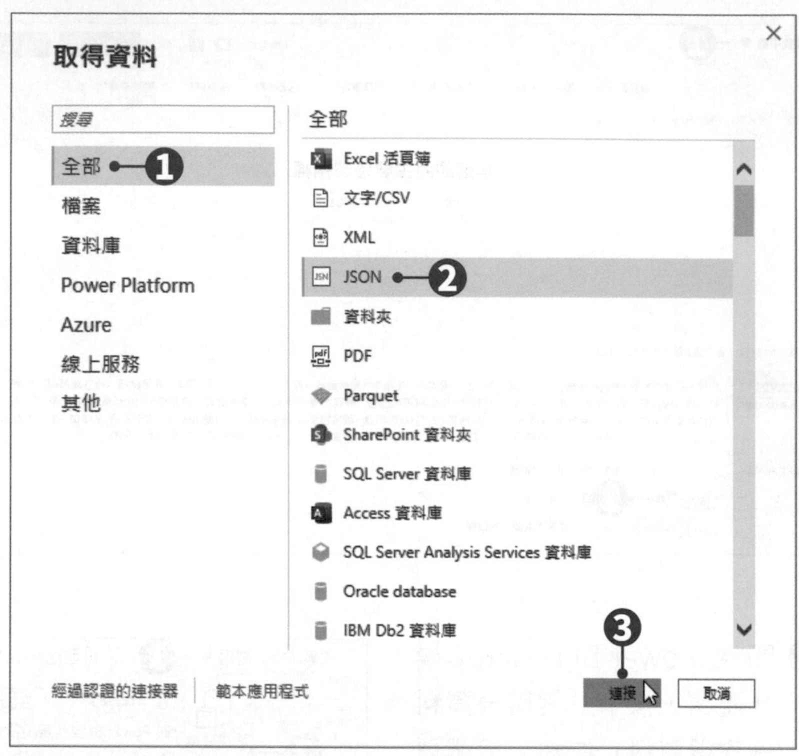

step 04 進入開啟對話方塊後，選擇要載入的資料（範例檔案\ch2\年度國內主要經濟指標.json），按下「開啟」按鈕。

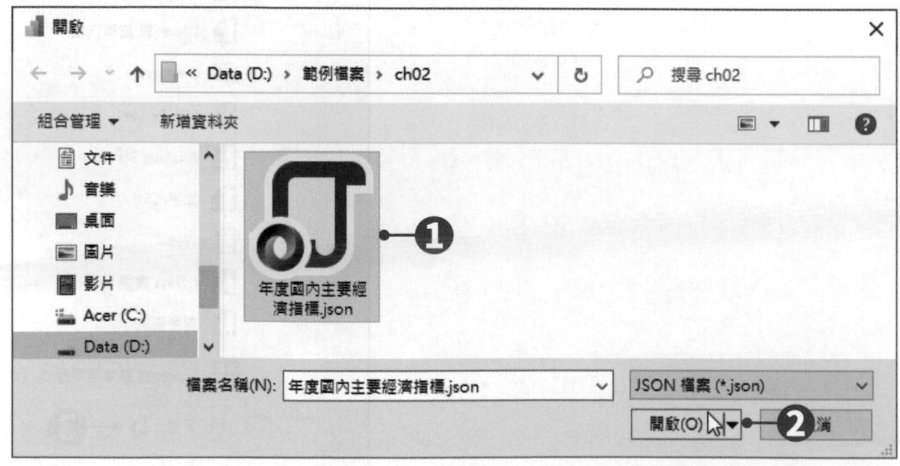

step 05 載入JSON檔案時，會自動啟動Power Query編輯器，並將資料轉換為表格。若確認資料沒問題，可按下**「常用→關閉→關閉並套用」**下拉鈕，於選單中點選**「關閉並套用」**，進行資料匯入的動作。

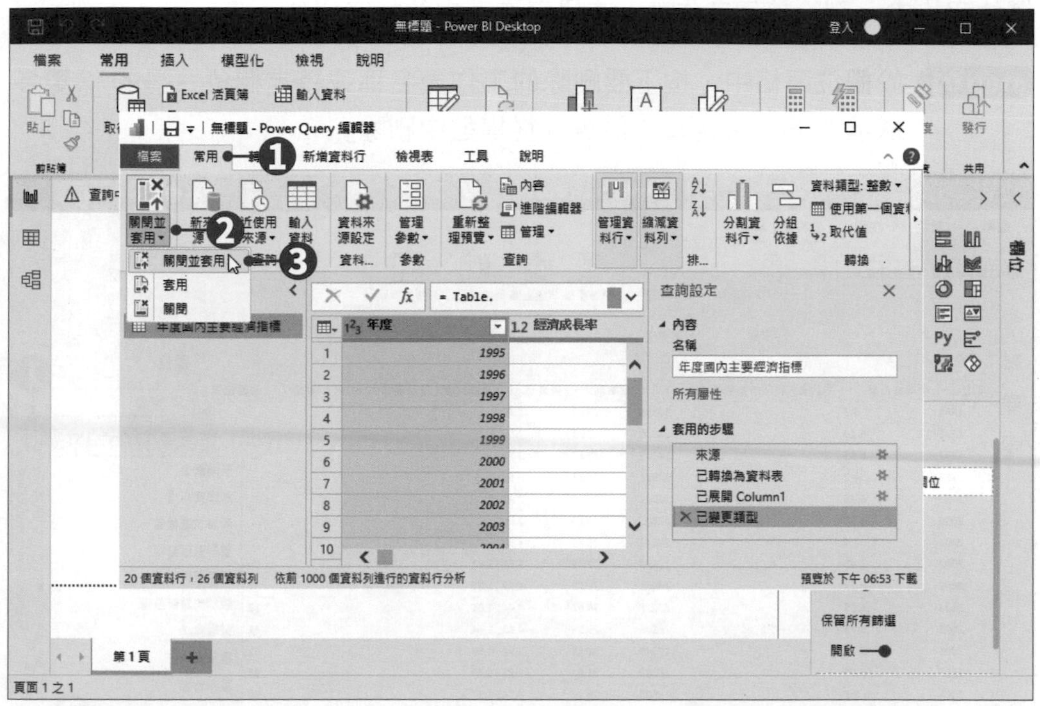

step 06 再回到Power BI Desktop操作視窗中，資料已完成載入。

刪除載入的資料

若是不小心載入錯誤的資料，或是想刪除工作表中的某個欄位，則可在**欄位**窗格中，刪除整個工作表，或是工作表中的特定欄位。

step 01 於**欄位**窗格中，按下要刪除的工作表名稱或特定欄位右邊的 **⋯更多選項** 按鈕，在選單中點選**「從模型中刪除」**。

step 02 在出現的訊息方塊中按下**「確定」**按鈕，即可將載入至模型中的工作表資料或欄位，從模型中移除。

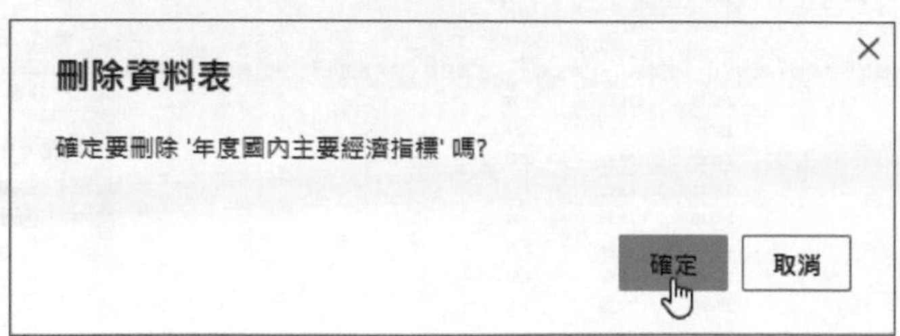

2-4 建立視覺化圖表

在Power BI Desktop中匯入資料後，接下來就可以將資料以簡單易懂的視覺化圖表來呈現，可幫助查看及理解資料中所隱含的趨勢、異常值或模式。

在報表中建立視覺效果物件

Power BI Desktop提供了多種視覺效果類型，如：橫條圖、直條圖、折線圖、區域圖、圓形圖、環圈圓、漏斗圖、地圖、區域分布圖、卡片、量測計、樹狀圖、資料表、矩陣、交叉分析篩選器、KPI等。

Power BI Desktop要在**報告**檢視模式下的畫布中建立視覺效果，而一個畫布允許新增多個視覺效果物件。本小節請先載入「範例檔案\ch2\來台旅客統計2015-2020.csv」檔案資料，再進行以下練習。

step 01 按下左側瀏覽窗格中的 按鈕，進入**報告**檢視模式，接著於**視覺效果**窗格中，點選要使用的圖表類型(此處選擇 **群組直條圖**)，該類型便會加入至畫布中。

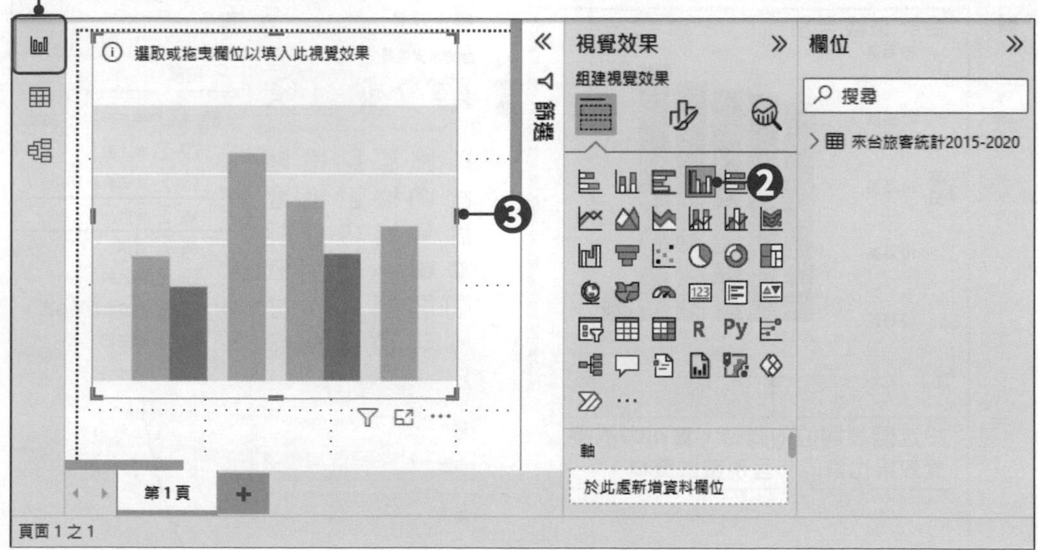

step 02 將**欄位**窗格中的**年別**欄位拖曳至**視覺效果**窗格中的**軸**項目中；將合計欄位拖曳至**值**項目中。(依據不同的視覺效果物件，視覺效果窗格中所顯示的設定項目也會有所不同。)

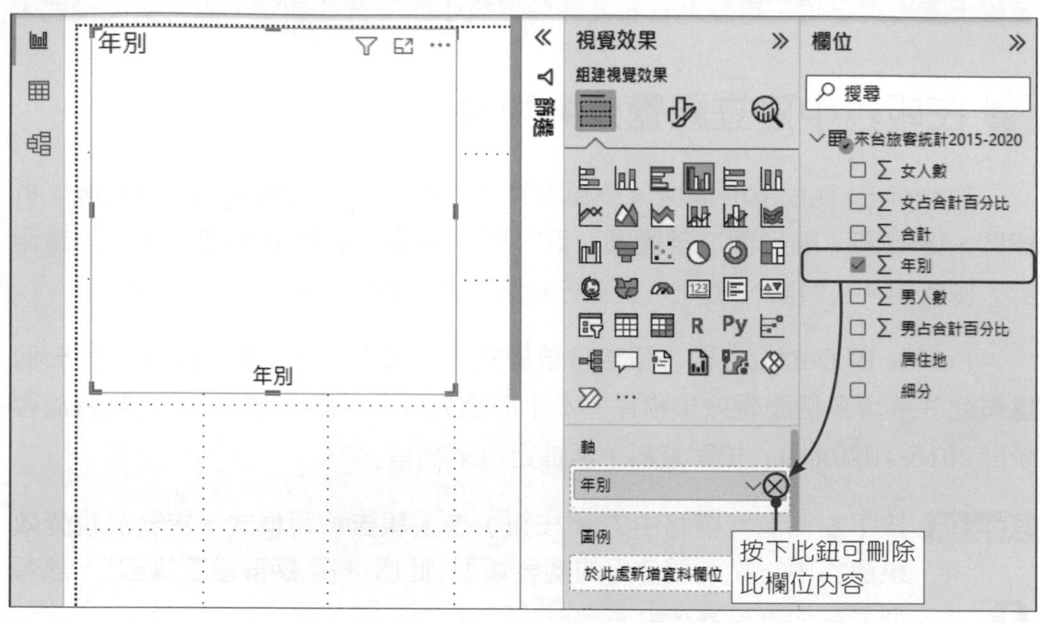

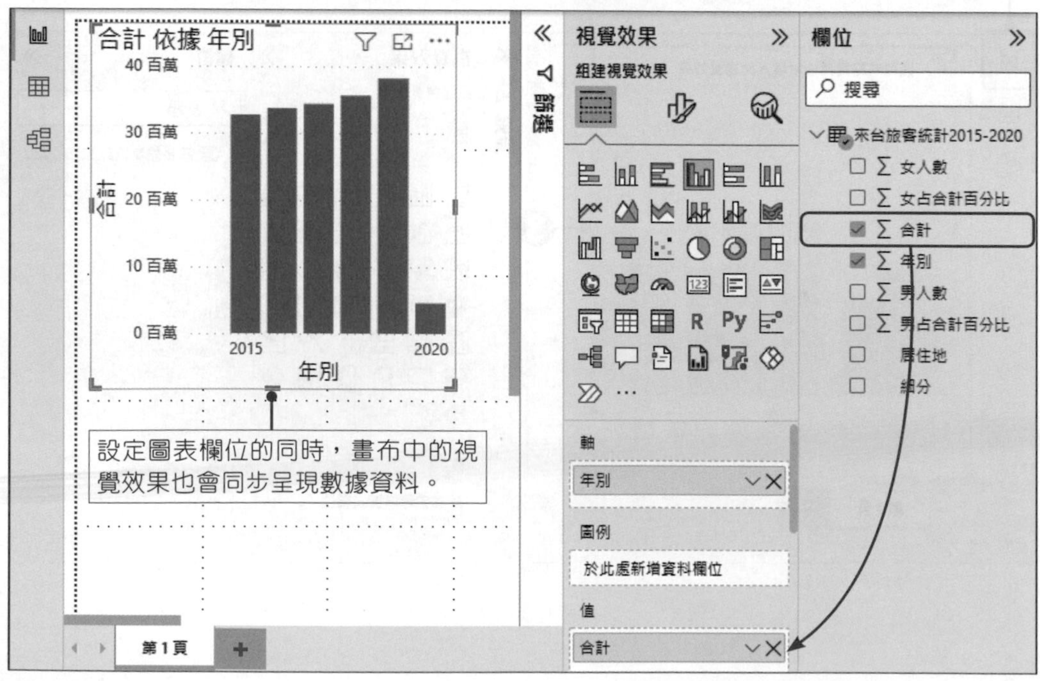

建立多個視覺效果物件

step 01 在建立第二個視覺效果物件之前，必須在畫布空白處按一下滑鼠左鍵，先取消選取任一視覺效果物件。

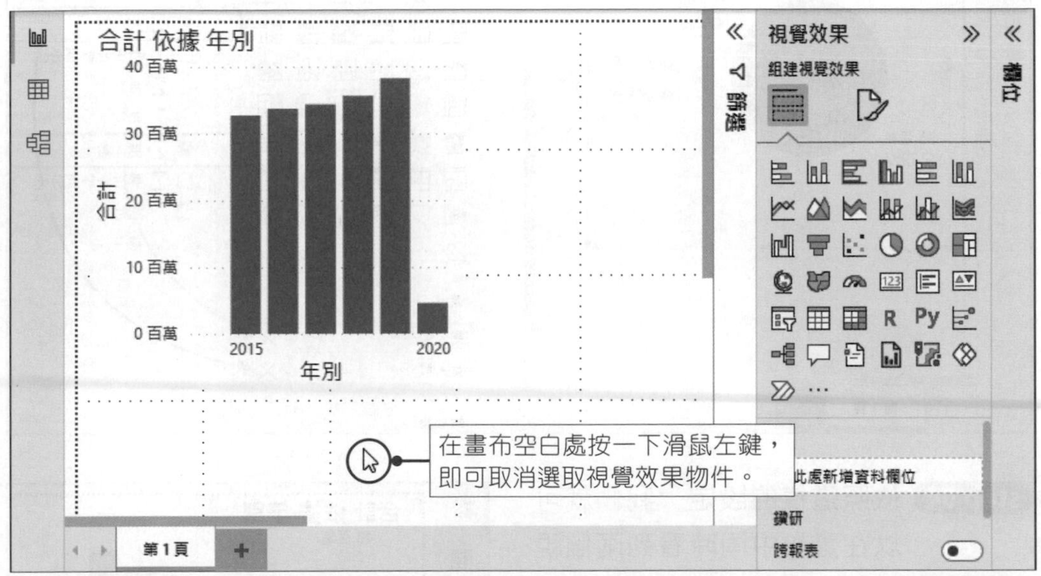

step 02 接著於**視覺效果**窗格中，點選第二個想要建立的圖表類型（此處選擇圓形圖），該類型便會加入至畫布中。

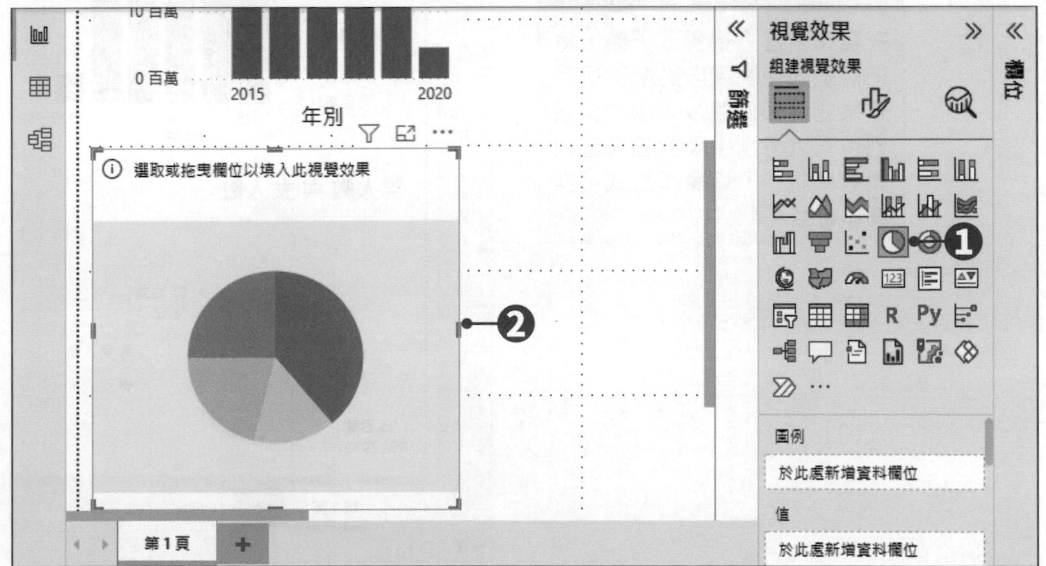

step 03 將**欄位**窗格中的**男人數**及**女人數**欄位，依序拖曳至**值**項目中。

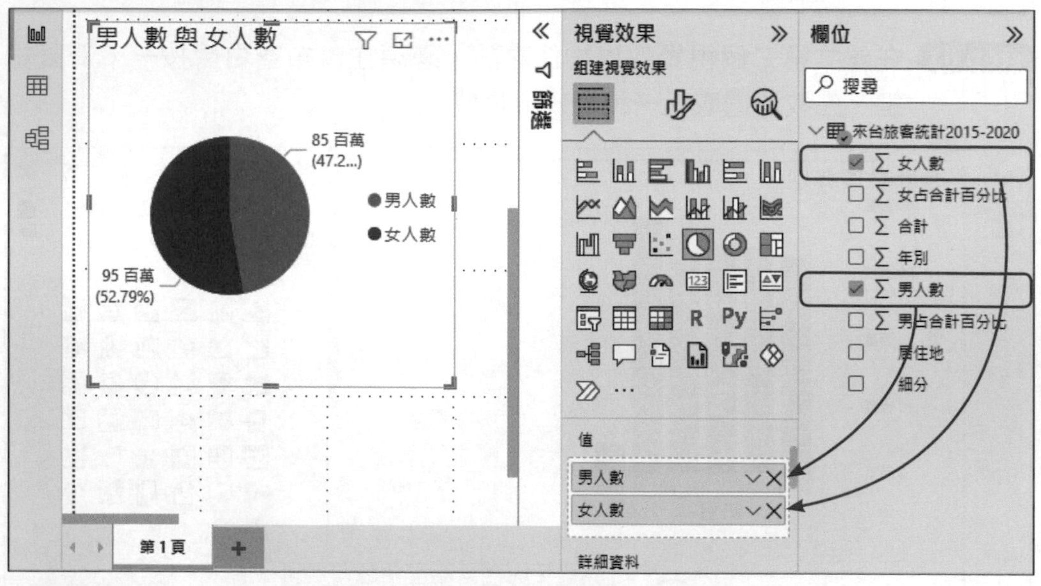

step 04 依照這樣的設定，我們就可以在畫布中同時看到兩個視覺效果物件，分別顯示著不同的資訊。

在畫布中建立視覺效果時，會依照版面空間來自動配置視覺效果物件的位置及大小，但我們也可以分別手動調整每個視覺效果物件，其操作方式可詳閱本書第4章。

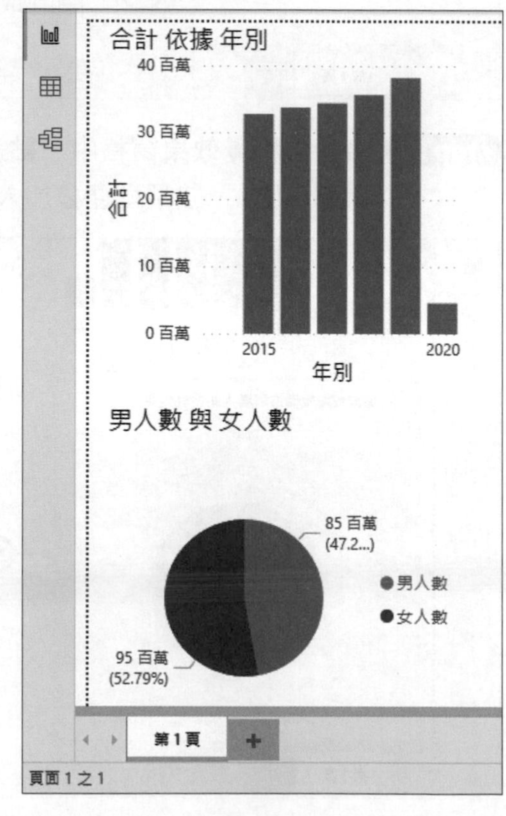

2-5 報告模式下的檢視設定

Power BI Desktop為**報告**檢視模式下的畫布及畫布中的視覺效果物件，提供多種檢視模式，使用者可依照操作的檢視需求，選擇適合的檢視模式。

焦點模式

在單一報表頁面上可以製作多個視覺效果，當需要放大其中一個視覺效果時，可以使用**焦點模式**來將該視覺效果展開至整個頁面的大小。

step 01 將滑鼠移至想放大檢視的視覺效果物件之上，會出現選項按鈕，按下 ⤢ **焦點模式**鈕，即可進入焦點模式中。

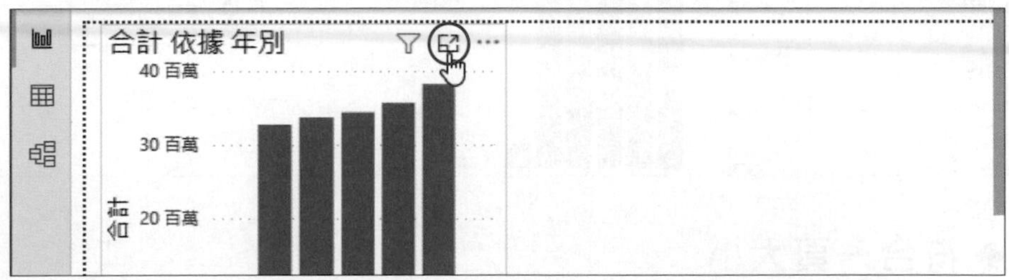

step 02 在焦點模式下能與視覺效果互動，可對物件進行視覺效果、欄位等編輯設定。按下左上角的**「回到報表」**，即可返回報表頁面。

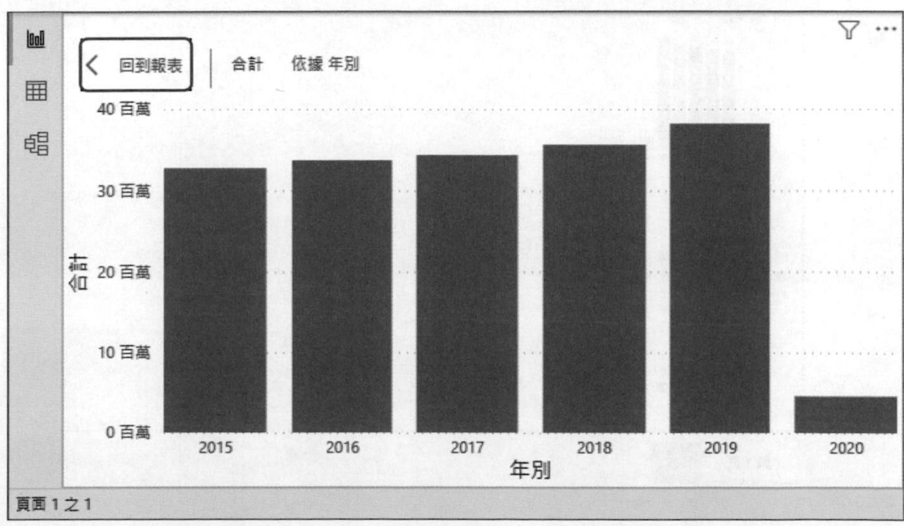

畫布檢視模式

Power BI Desktop為**報告**檢視模式下的報表工作區提供三種檢視模式，可控制報表頁面相對於瀏覽器視窗的顯示。按下**「檢視→縮放至適當比例→整頁模式」**下拉鈕，即可選擇要套用的檢視模式。

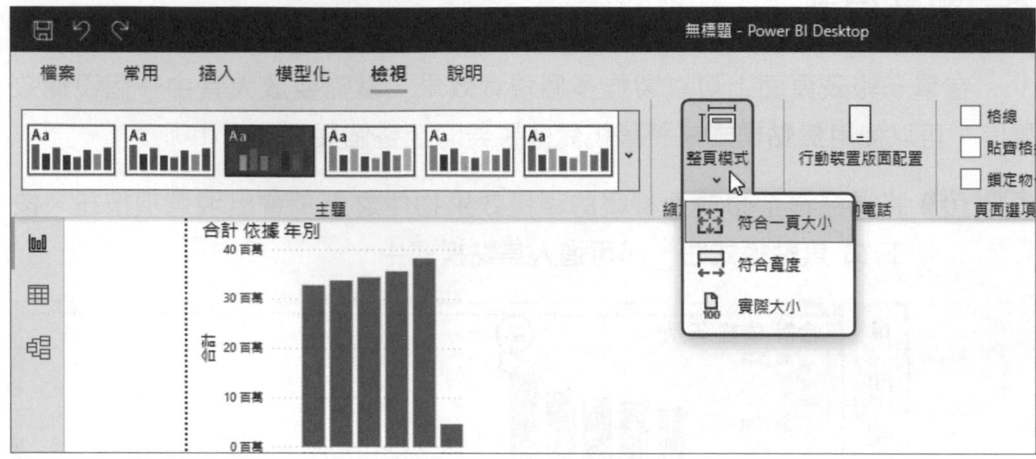

♣ 符合一頁大小

會將工作區縮放至一頁的大小，以便顯示頁面中的完整內容，是Power BI預設的檢視模式。

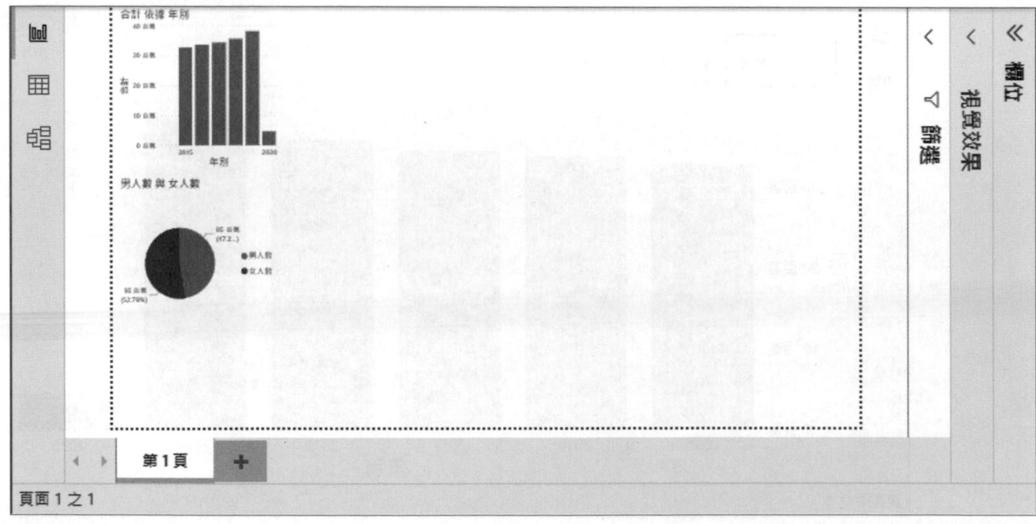

♣ 符合寬度

會依照頁面寬度來縮放顯示工作區大小，因此可能會出現垂直捲軸。

♣ 實際大小

會依頁面實際大小顯示，因此可能會出現水平捲軸與垂直捲軸，以便捲動捲軸檢視頁面中的其他內容。

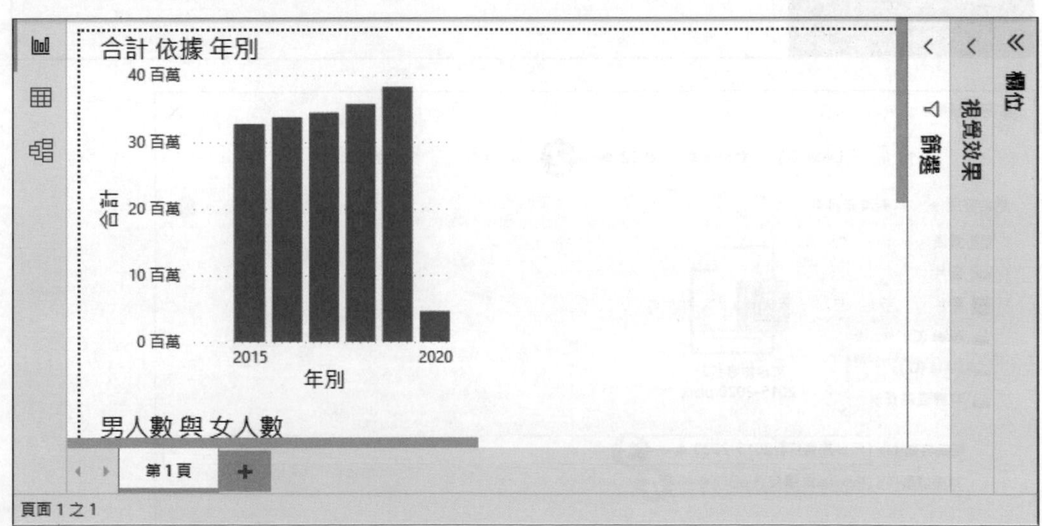

2-5 儲存檔案

點選**「檔案→儲存」**或是**「檔案→另存新檔」**，開啟「另存新檔」對話方塊，即可進行儲存的設定。Power BI Desktop的報表檔案格式為pbix（副檔名為.pbix）。

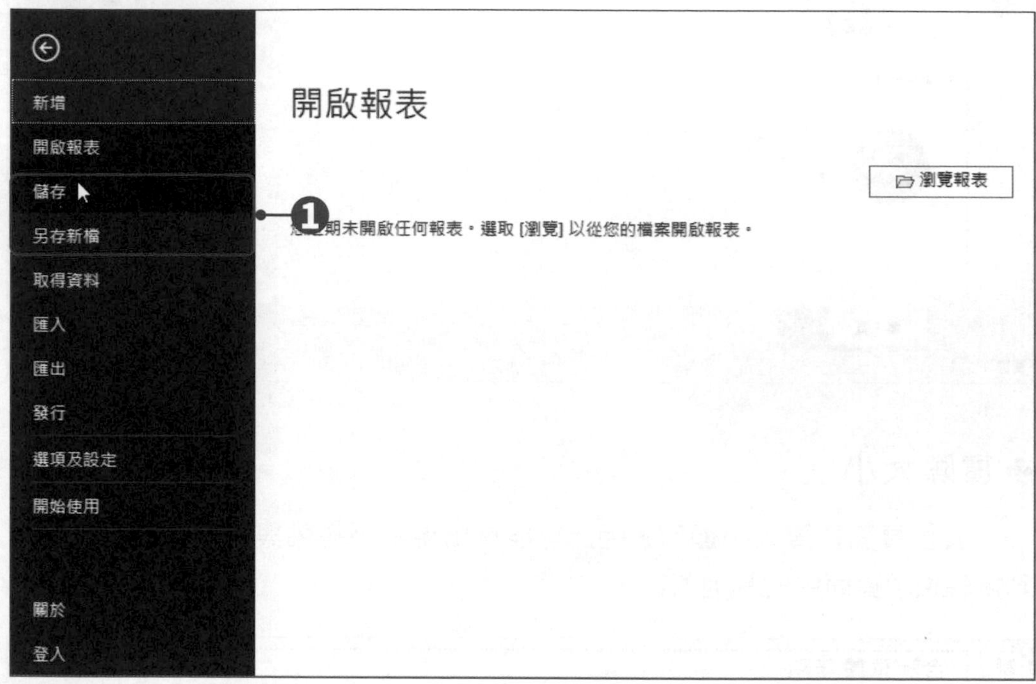

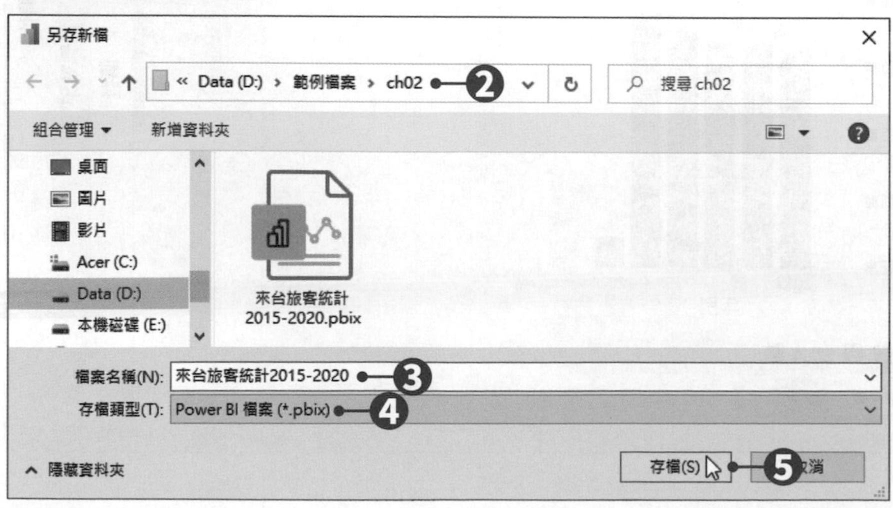

章末習題

✦ 選擇題

(　　) 1. 下列有關Power BI Desktop之敘述，何者有誤？
(A)為微軟推出的視覺化工具，可免費下載使用
(B)不須註冊Power BI帳號就能使用
(C)目前只提供英文版介面
(D)官網會每月更新並釋出最新版本

(　　) 2. 下列何者非Power BI Desktop瀏覽窗格中所提供的檢視模式？
(A)特效　(B)報告　(C)資料　(D)模型

(　　) 3. 下列檢視模式中，何者可用來顯示視覺效果物件？
(A)特效　(B)報告　(C)資料　(D)模型

(　　) 4. 下列檢視模式中，何者可用來顯示工作表之間的關聯性？
(A)特效　(B)報告　(C)資料　(D)模型

(　　) 5. 下列何種檔案格式可匯入Power BI Desktop做為資料來源？
(A) CSV檔案　(B) Access資料庫　(C) JSON檔案　(D)以上皆可

(　　) 6. 下列哪一個檔案不屬於純文字格式的檔案類型？
(A)員工名冊.csv　(B)員工名冊.xlsx
(C)員工名冊.txt　(D)員工名冊.json

(　　) 7. 在欄位窗格中，看到欄位前若顯示 Σ 符號，表示該欄位屬於何種資料類型？
(A)文字資料　(B)日期資料　(C)數值資料　(D)布林值

(　　) 8. 下列有關Power BI Desktop視覺效果物件之敘述，何者有誤？
(A) Power BI Desktop所提供的視覺效果類型皆為付費才能新增
(B)須切換至報告檢視模式下，才能在畫布中建立視覺效果
(C)設定圖表欄位時，畫布中的視覺效果也會同步呈現數據資料
(D)一張畫布允許新增多個視覺效果物件

(　　) 9. 下列何者為Power BI Desktop的報表檔案格式？
(A) xlsx　(B) pdf　(C) pbix　(D) pi

✦ 實作題

1. 請開啟你電腦中的Power BI Desktop軟體，操作檢視並回答以下問題：
   - 你的Power BI Desktop軟體版本為何？
   - 目前是否有更新的版本可供下載？

2. 開啟一個新檔案，並進行以下設定。
   - 將「範例檔案\ch2\臺南市觀光據點遊客人次統計.xlsx」檔案資料匯入。
   - 建立一個視覺化圖表，圖表類型為「折線圖」，圖表主要呈現為每個月假日與非假日遊客人次的總人數變化，可參考下圖。

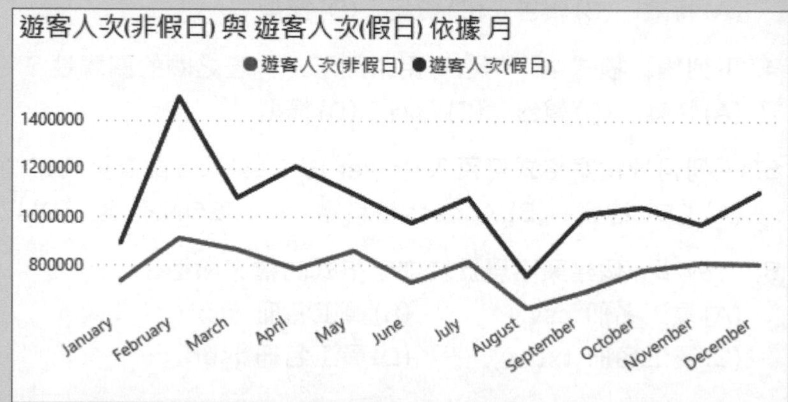

   - 在畫布上再新增另一個視覺化圖表，圖表類型為「圓形圖」，圖表主要呈現為需購票與免門票的遊客比例，可參考下圖。

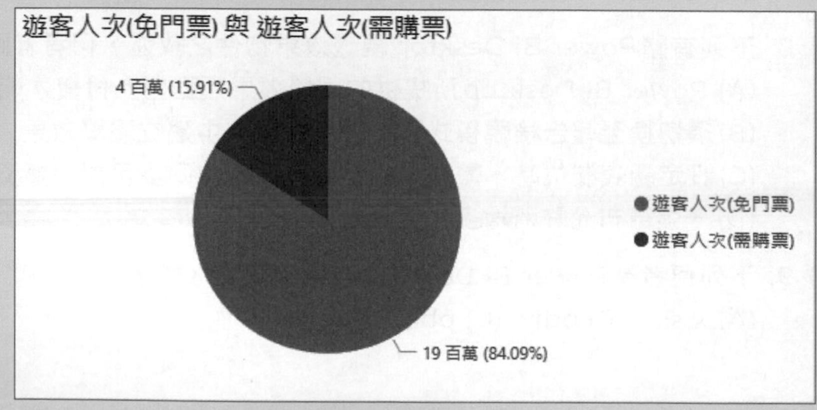

   - 將製作結果儲存為「臺南市觀光據點遊客人次統計.pbix」檔案。

Power Query 資料整理技巧

3-1 認識 Power Query 編輯器

本書2-3節說明了如何在Power BI Desktop中匯入外部資料，當資料匯入之後，可以透過內建的Power Query編輯器，進行資料的合併、整理或轉換。使用Power Query編輯器可以變更資料表名稱或資料行標題名稱、移除不需要的資料行、變更資料來源、變更資料類型等。

進入 Power Query 編輯器

在Power BI Desktop中匯入資料時（以「範例檔案\ch3\紫外線觀測資料.csv」為例），在匯入之前會先開啟**導覽器**視窗，以便事先預覽資料，按下其中的**「轉換資料」**按鈕，即可進入Power Query編輯器操作視窗。

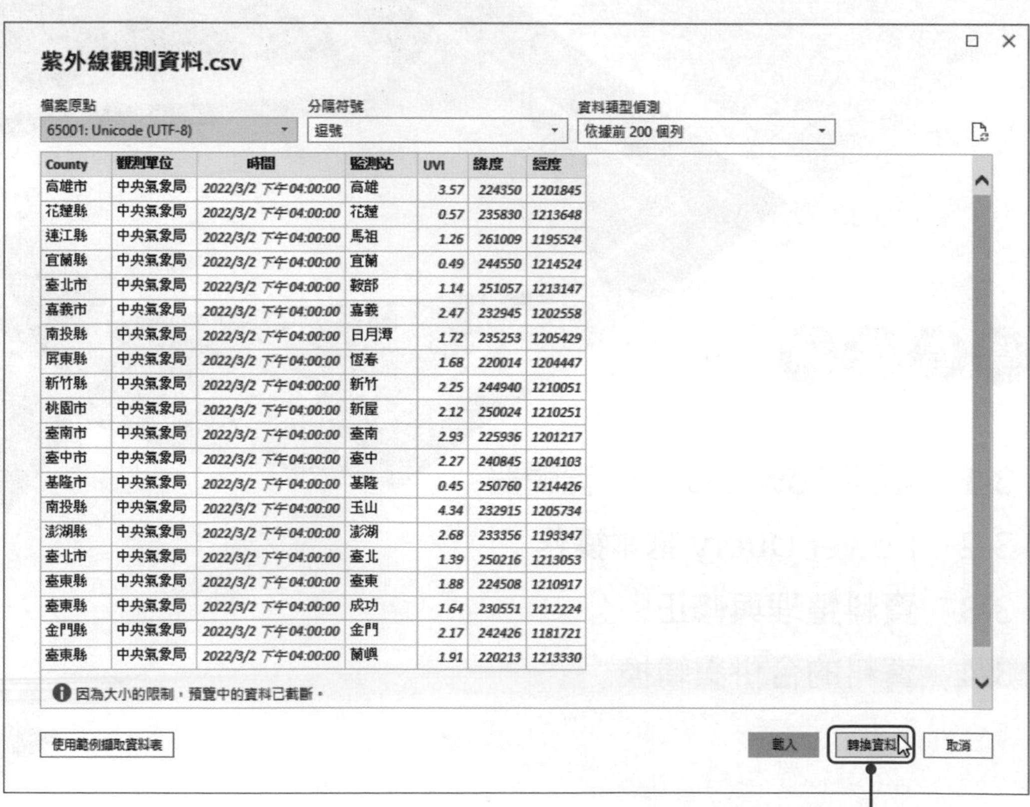

County	觀測單位	時間	監測站	UVI	緯度	經度
高雄市	中央氣象局	2022/3/2 下午04:00:00	高雄	3.57	224350	1201845
花蓮縣	中央氣象局	2022/3/2 下午04:00:00	花蓮	0.57	235830	1213648
連江縣	中央氣象局	2022/3/2 下午04:00:00	馬祖	1.26	261009	1195524
宜蘭縣	中央氣象局	2022/3/2 下午04:00:00	宜蘭	0.49	244550	1214524
臺北市	中央氣象局	2022/3/2 下午04:00:00	鞍部	1.14	251057	1213147
嘉義市	中央氣象局	2022/3/2 下午04:00:00	嘉義	2.47	232945	1202558
南投縣	中央氣象局	2022/3/2 下午04:00:00	日月潭	1.72	235253	1205429
屏東縣	中央氣象局	2022/3/2 下午04:00:00	恆春	1.68	220014	1204447
新竹縣	中央氣象局	2022/3/2 下午04:00:00	新竹	2.25	244940	1210051
桃園市	中央氣象局	2022/3/2 下午04:00:00	新屋	2.12	250024	1210251
臺南市	中央氣象局	2022/3/2 下午04:00:00	臺南	2.93	225936	1201217
臺中市	中央氣象局	2022/3/2 下午04:00:00	臺中	2.27	240845	1204103
基隆市	中央氣象局	2022/3/2 下午04:00:00	基隆	0.45	250760	1214426
南投縣	中央氣象局	2022/3/2 下午04:00:00	玉山	4.34	232915	1205734
澎湖縣	中央氣象局	2022/3/2 下午04:00:00	澎湖	2.68	233356	1193347
臺北市	中央氣象局	2022/3/2 下午04:00:00	臺北	1.39	250216	1213053
臺東縣	中央氣象局	2022/3/2 下午04:00:00	臺東	1.88	224508	1210917
臺東縣	中央氣象局	2022/3/2 下午04:00:00	成功	1.64	230551	1212224
金門縣	中央氣象局	2022/3/2 下午04:00:00	金門	2.17	242426	1181721
臺東縣	中央氣象局	2022/3/2 下午04:00:00	蘭嶼	1.91	220213	1213330

按下此鈕可進入Power Query編輯器

若是匯入資料之後才要開啟Power Query編輯器，那麼只要按下**「常用→查詢→轉換資料」**按鈕，於選單中點選**「轉換資料」**，即可開啟Power Query編輯器操作視窗。

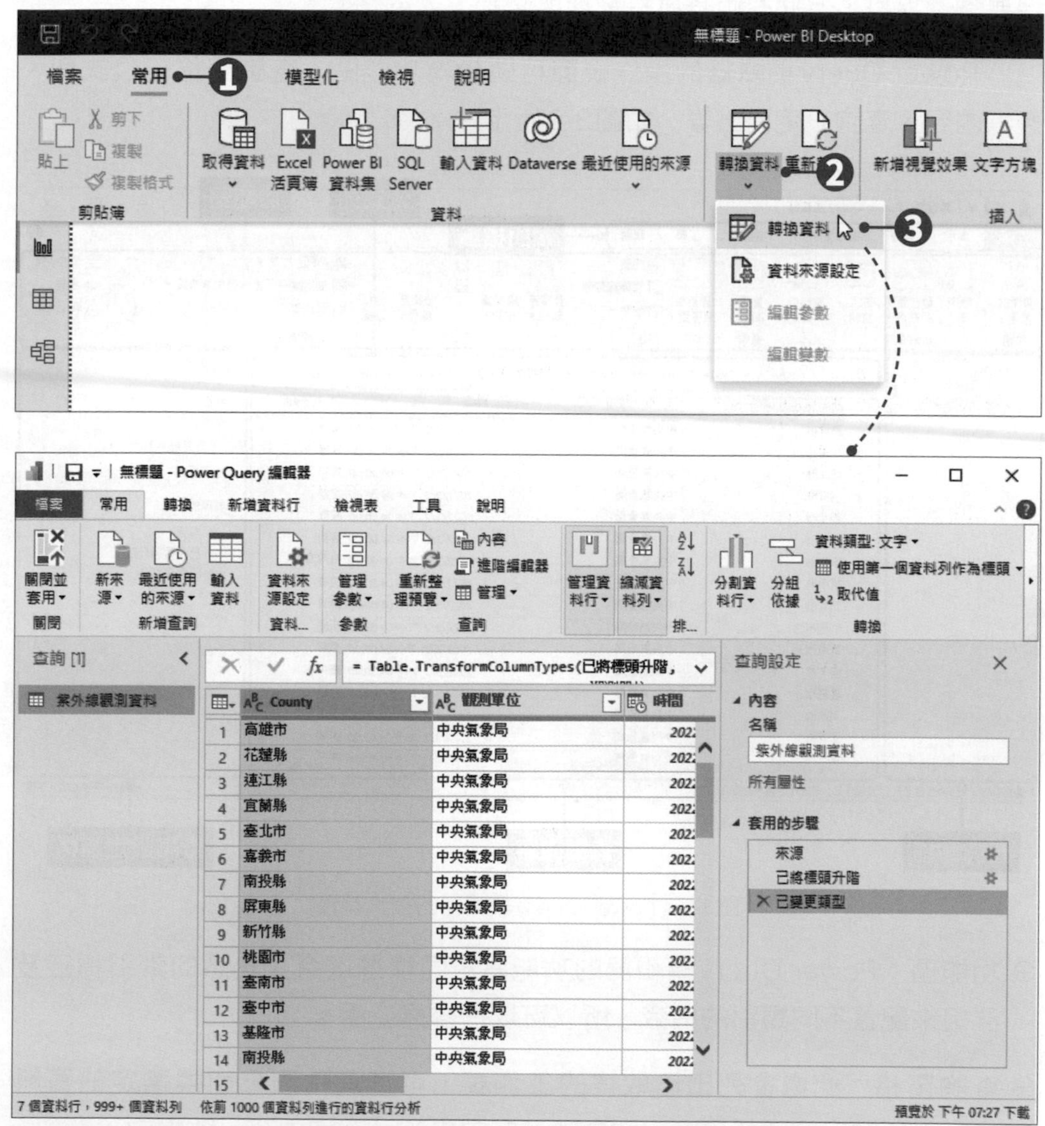

Excel內建的Power Query編輯器

除了Power BI之外，微軟在Excel 2019、2016版本中也有內建Power Query工具，而Excel 2013及2010版本則必須到微軟官網另行下載安裝，開啓增益集功能才能使用。

Power Query 編輯器視窗環境

Power Query編輯器是Power BI Desktop內建的資料編輯工具，負責清理與轉換資料，方便我們將資料整理成想要導入的格式。

Power Query編輯器的操作視窗可區分為功能區、查詢窗格、公式列、查詢內容、查詢設定窗格等，如圖3-1所示。

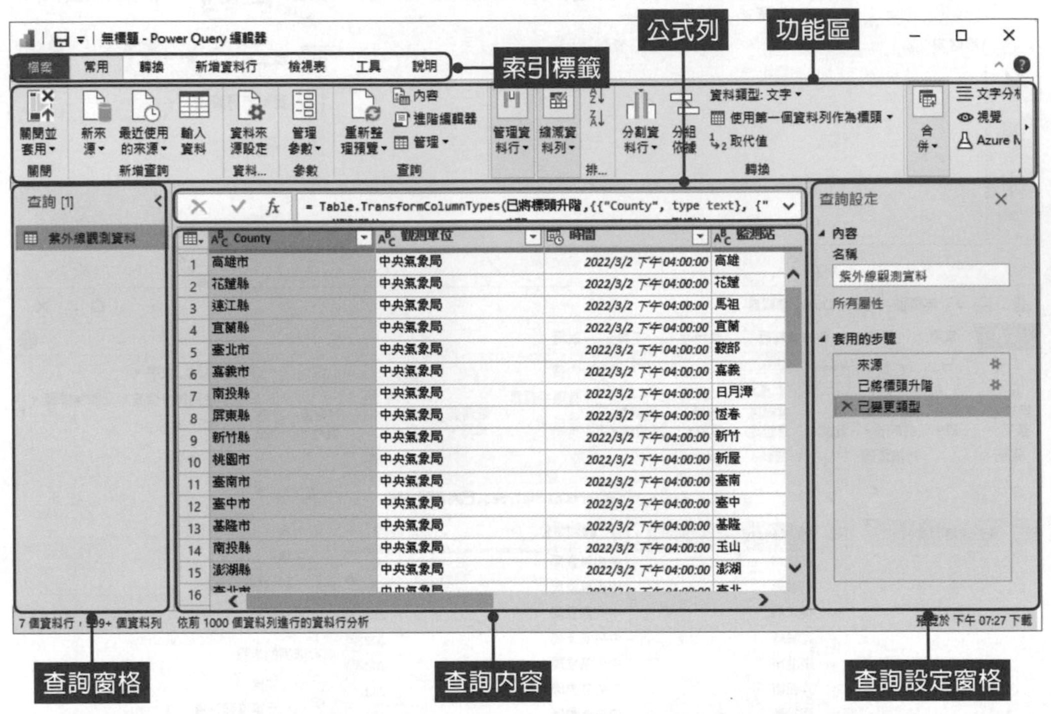

圖3-1　Power Query編輯器的操作視窗

⊕ 功能區：Power Query編輯器的功能區，同樣是以令人熟悉的索引標籤及群組來配置不同類別的指令，所以可以很容易上手。

⊕ 查詢窗格：此處會列出已取得的工作表，可透過點選來切換選定的資料表，而所選定的資料表內容則會顯示在中央的「查詢內容」窗格中。

⊕ 查詢設定窗格：顯示所查詢的資料表名稱。而在Power Query編輯器中的所有變更動作，皆會記錄在「套用的步驟」清單中。

⊕ 公式列：Power Query編輯器是使用「M語言」來定義查詢模組，我們可以在Power Query的函數公式列中，看到每個步驟的公式。(若是熟悉M語言的語法，也可以直接在此輸入M語言公式進行查詢操作。)

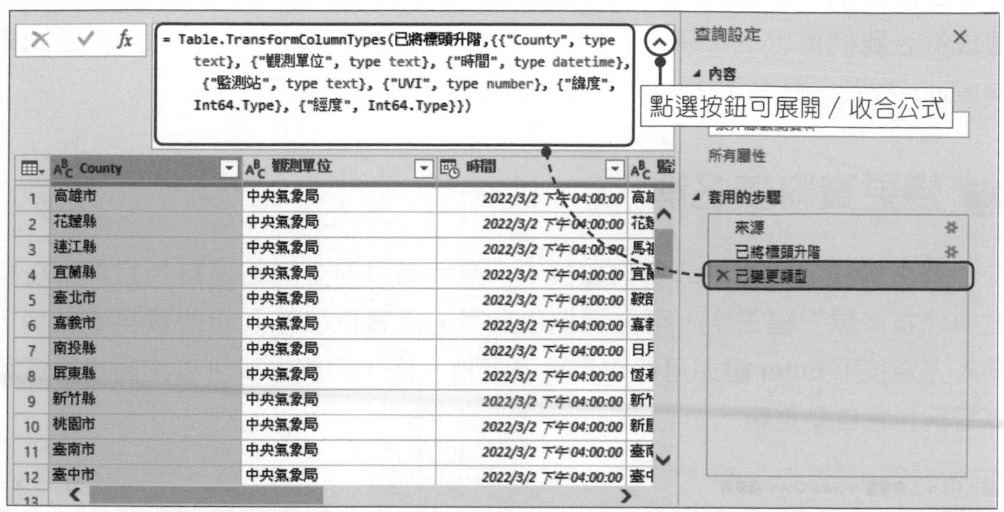

⊕ 查詢內容：列出所查詢的內容。在Power Query編輯器中的資料內容，直行稱為「資料行」，橫列稱為「資料列」。在匯入資料時，Power BI通常會將工作表第一列轉換為欄位名稱，也就是標頭。

	County	觀測單位	時間	監測站	UVI
1	高雄市	中央氣象局	2022/3/2 下午 04:00:00	高雄	3.57
2	花蓮縣	中央氣象局	2022/3/2 下午 04:00:00	花蓮	0.57
3	連江縣	中央氣象局	2022/3/2 下午 04:00:00	馬祖	1.26
4	宜蘭縣	中央氣象局	2022/3/2 下午 04:00:00	宜蘭	0.49
5	臺北市	中央氣象局	2022/3/2 下午 04:00:00	鞍部	1.14
6	嘉義市	中央氣象局	2022/3/2 下午 04:00:00	嘉義	2.47
7	南投縣	中央氣象局	2022/3/2 下午 04:00:00	日月潭	1.72
8	屏東縣	中央氣象局	2022/3/2 下午 04:00:00	恆春	1.68
9	新竹縣	中央氣象局	2022/3/2 下午 04:00:00	新竹	2.25
10	桃園市	中央氣象局	2022/3/2 下午 04:00:00	新屋	2.12
11	臺南市	中央氣象局	2022/3/2 下午 04:00:00	臺南	2.93
12	臺中市	中央氣象局	04:00:00	臺中	2.27
13	基隆市	中央氣象局	04:00:00	基隆	0.45
14	南投縣	中央氣象局	2022/3/2 下午 04:00:00	玉山	4.34
15	澎湖縣	中央氣象局	2022/3/2 下午 04:00:00	澎湖	2.68
16	臺北市	中央氣象局	2022/3/2 下午 04:00:00	臺北	1.39
17	臺東縣	中央氣象局	2022/3/2 下午 04:00:00	臺東	1.88
18	臺東縣	中央氣象局	2022/3/2 下午 04:00:00	成功	1.64
19					

標頭

資料列

資料行

3-2 Power Query 基本操作

Power Query功能區中的每個指令都代表一段公式，我們即使不熟悉M語言的語法，也能透過Power Query編輯器的指令，將來源資料輕鬆整理成符合我們需求的樣子。本小節請先匯入「範例檔案\ch3\紫外線觀測資料.csv」檔案，並開啟Power Query編輯器進行以下練習。

變更資料表名稱

在**查詢設定**窗格中的**名稱**欄位中，顯示為目前查詢的資料表名稱。在欄位中連按滑鼠左鍵三次，可全選欄位文字，接著直接輸入新的資料表名稱，輸入完後按下**Enter**鍵即可修改資料表名稱。修改完成之後，查詢窗格的資料表名稱也會自動更新。

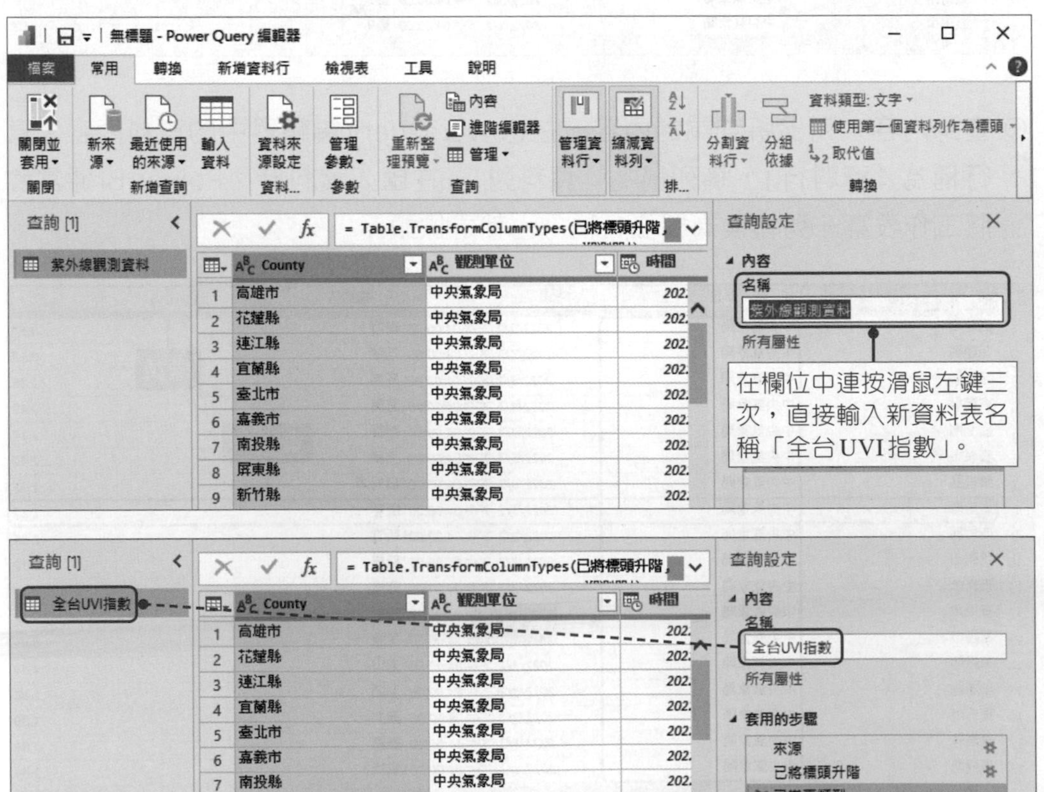

變更資料行標題名稱

要變更資料行標題名稱時，只要在欄位標頭上雙擊滑鼠左鍵，即可輸入新的標題名稱，輸入完後按下**Enter**鍵即可。

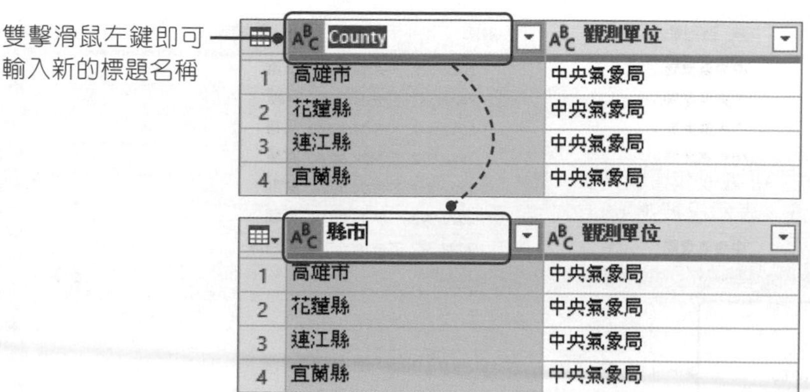

選取資料行

要選取單一資料行時，直接點選資料行的標頭，即可選取該資料行；若要選取多個資料行時，按住**SHIFT**鍵進行點選，可同時選取相鄰的多個資料行；按住**CTRL**鍵進行點選，可同時選取不相鄰的多個資料行。

	縣市	觀測單位	時間	監測站	1.2 UVI
1	高雄市	中央氣象局	2022/3/2 下午04:00:00	高雄	
2	花蓮縣	中央氣象局			
3	連江縣	中央氣象局			
4	宜蘭縣	中央氣象局			
5	臺北市	中央氣象局	2022/3/2 下午04:00:00	鞍部	

點選資料行標頭，即可選取該資料行（當標頭顯示為黃底，表示已被選取）

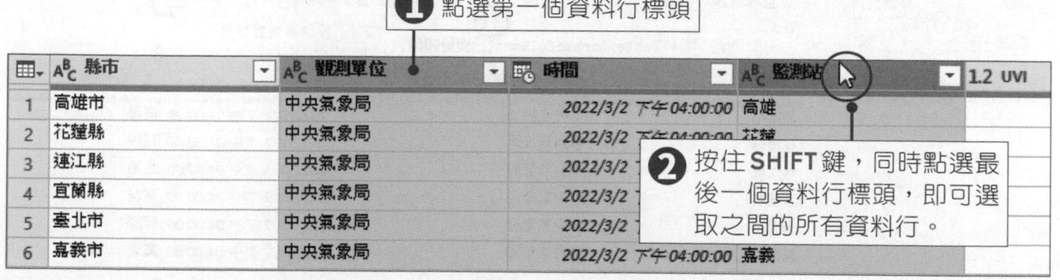

選取資料列

要選取單一資料列時，直接點選資料列的列號，即可選取該資料列，而下方則會出現該資料列的內容。

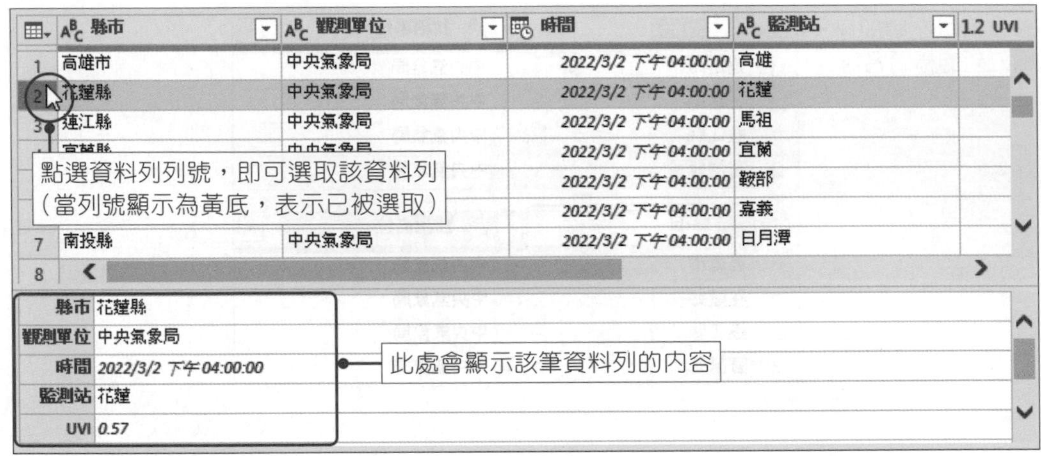

移除資料行

♣移除單一資料行

若想要刪除不需要的資料行，只要選取該資料行，再按下「常用→管理資料行→移除資料行」下拉按鈕，於選單中點選「移除資料行」即可。

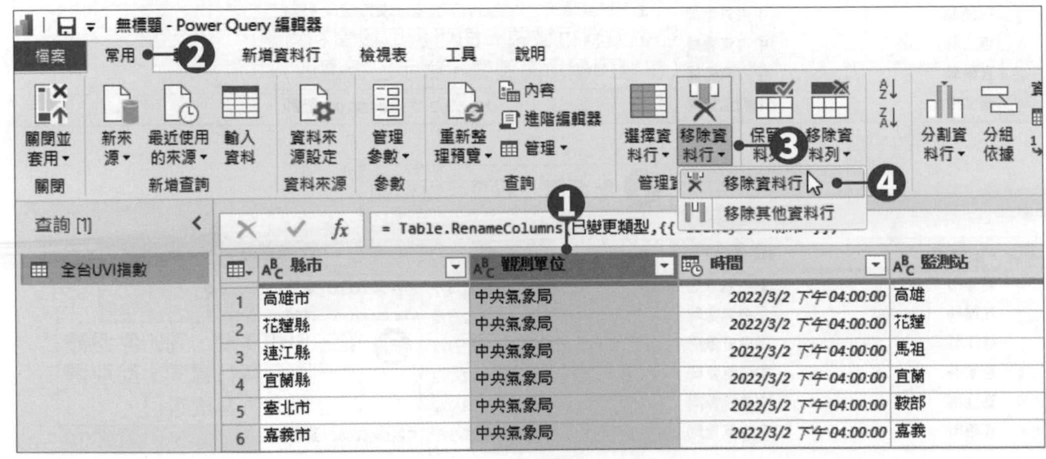

♣ 一次移除多個資料行

step 01 按下「常用→管理資料行→選擇資料行」按鈕，於選單中點選「選擇資料行」，開啟「選擇資料行」對話方塊。

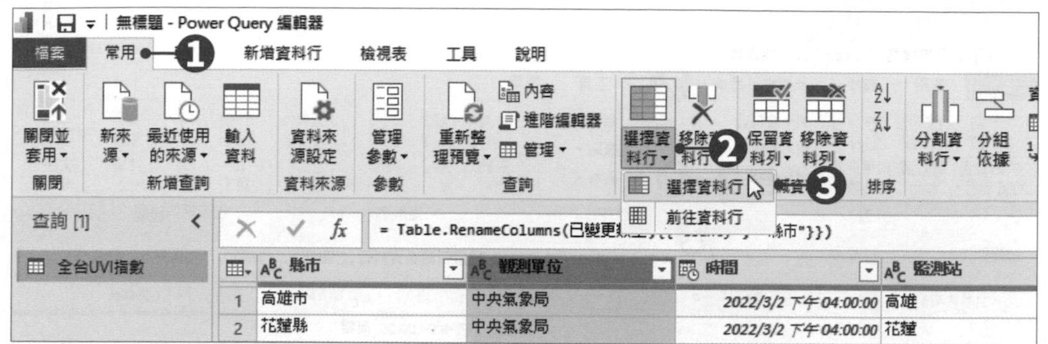

step 02 在「選擇資料行」對話方塊中，將不要的資料行勾選取消（表示要移除），取消勾選後按下**確定**按鈕即可。

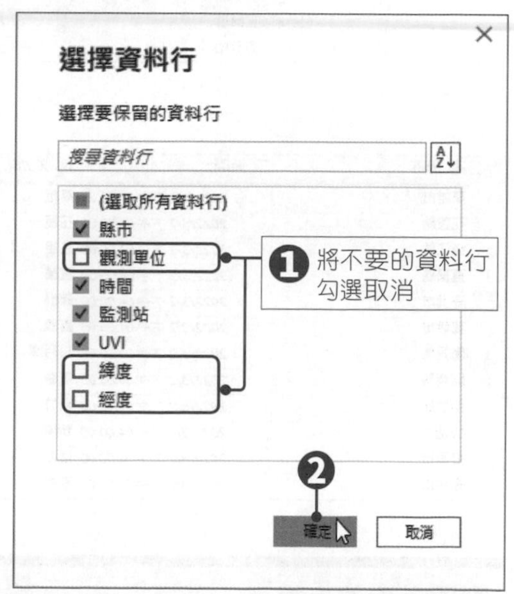

step 03 回到資料表中，未勾選的資料行已移除，只會保留有勾選的資料行。

	縣市	時間	監測站	1.2 UVI
1	高雄市	2022/3/2 下午 04:00:00	高雄	3.57
2	花蓮縣	2022/3/2 下午 04:00:00	花蓮	0.57
3	連江縣	2022/3/2 下午 04:00:00	馬祖	1.26
4	宜蘭縣	2022/3/2 下午 04:00:00	宜蘭	0.49
5	臺北市	2022/3/2 下午 04:00:00	鞍部	1.14

複製資料行

想要複製某一資料行時，先選取該資料行，再按下**「新增資料行→一般→複製資料行」**按鈕即可，所複製的資料行就會出現在資料表的最右側。

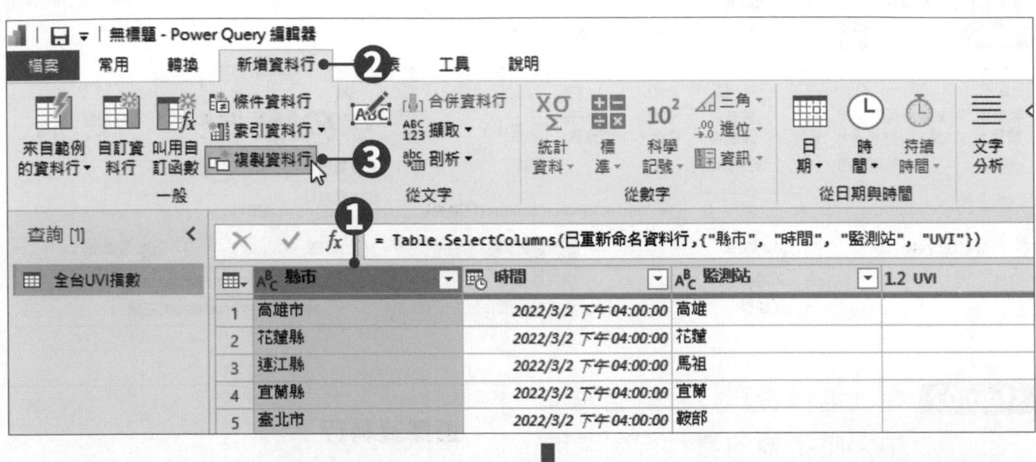

	縣市	時間	監測站	1.2 UVI	縣市 - 複製
1	高雄市	2022/3/2 下午04:00:00	高雄	3.57	高雄市
2	花蓮縣	2022/3/2 下午04:00:00	花蓮	0.57	花蓮縣
3	連江縣	2022/3/2 下午04:00:00	馬祖	1.26	連江縣
4	宜蘭縣	2022/3/2 下午04:00:00	宜蘭	0.49	宜蘭縣
5	臺北市	2022/3/2 下午04:00:00	鞍部	1.14	臺北市
6	嘉義市	2022/3/2 下午04:00:00	嘉義	2.47	嘉義市
7	南投縣	2022/3/2 下午04:00:00	日月潭	1.72	南投縣
8	屏東縣	2022/3/2 下午04:00:00	恆春	1.68	屏東縣
9	新竹縣	2022/3/2 下午04:00:00	新竹	2.25	新竹縣
10	桃園市	2022/3/2 下午04:00:00	新屋	2.12	桃園市
11	臺南市	2022/3/2 下午04:00:00	臺南	2.93	臺南市
12	臺中市	2022/3/2 下午04:00:00	臺中	2.27	臺中市

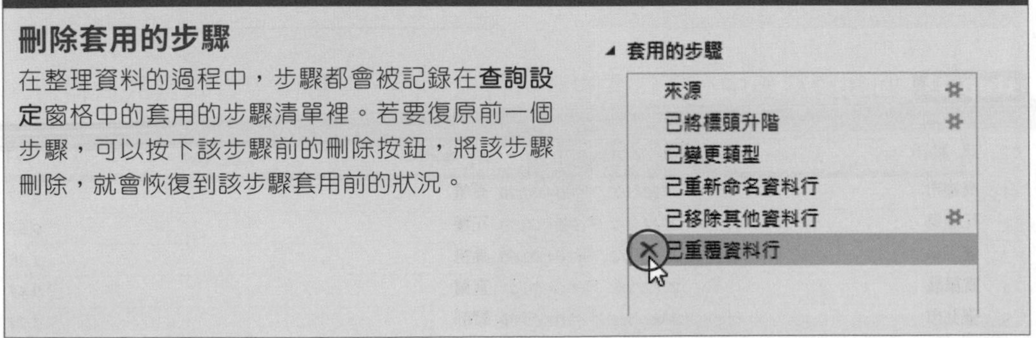

刪除套用的步驟

在整理資料的過程中，步驟都會被記錄在**查詢設定**窗格中的套用的步驟清單裡。若要復原前一個步驟，可以按下該步驟前的刪除按鈕，將該步驟刪除，就會恢復到該步驟套用前的狀況。

複製資料表

只要在想複製的資料表上按下滑鼠右鍵，在開啟的快捷選單中點選「重複」指令，就會將該資料表複製新增為另一個編號(2)的資料表。

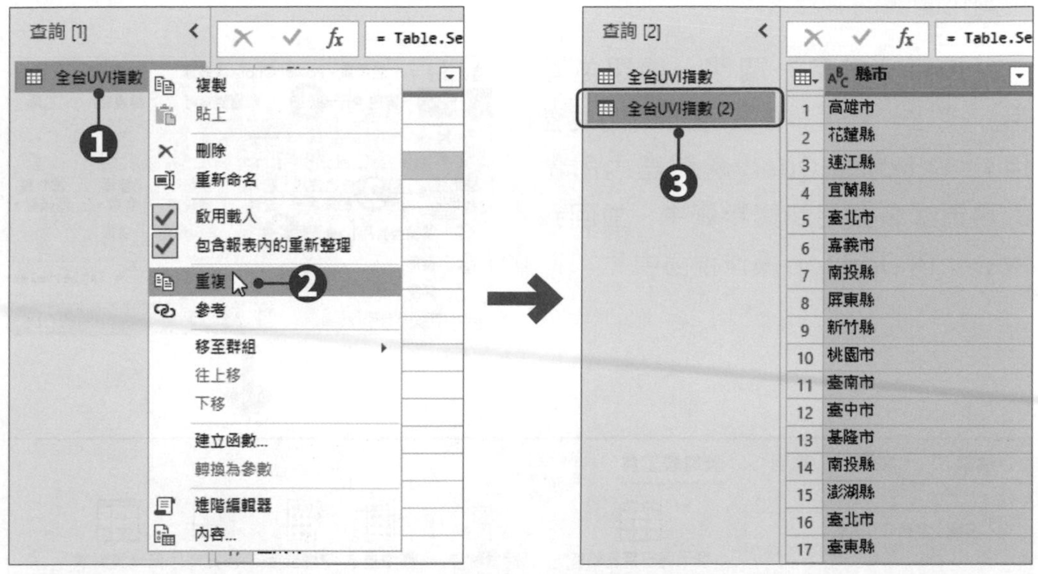

刪除資料表

只要在想刪除的資料表上按下滑鼠右鍵，在開啟的快捷選單中點選「刪除」指令，就可將該資料表刪除。

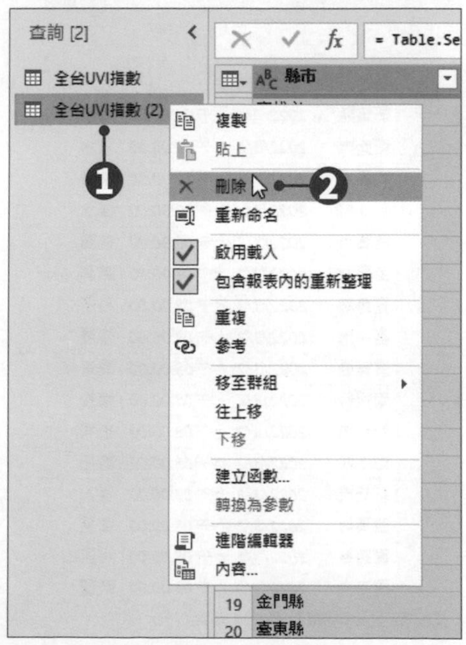

套用 Power Query 編輯器內的調整

在Power Query編輯器內整理好資料後，最後須執行套用，才會將整個調整結果套用至資料表，回到Power BI Desktop時，才能使用該份資料進行視覺化圖表的製作。

按下「**常用→關閉→關閉並套用**」按鈕，於選單中點選「**關閉並套用**」，在Power Query編輯器內所做的變更都會套用到資料表中，並回到Power BI Desktop操作視窗中。

無標題 - Power Query 編輯器
檔案
常用
新增資料行
檢視表
工具
關閉並套用
最近使用的來源
輸入資料
資料來源設定
資料來源
管理參數
參數
重新整理預覽
關閉並套用
套用
關閉
全台UVI指數
= Table.Select
縣市
1
2
3

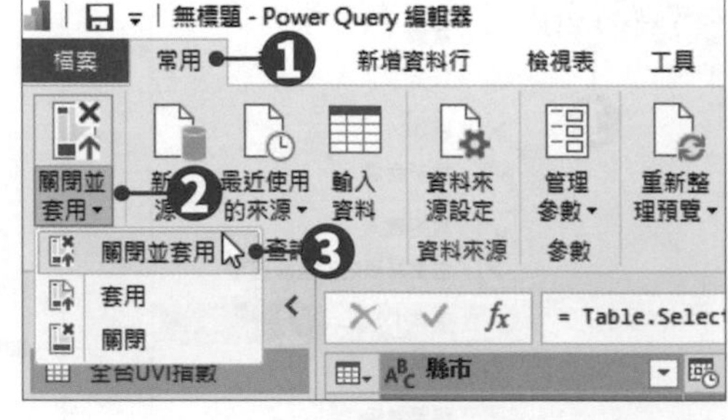

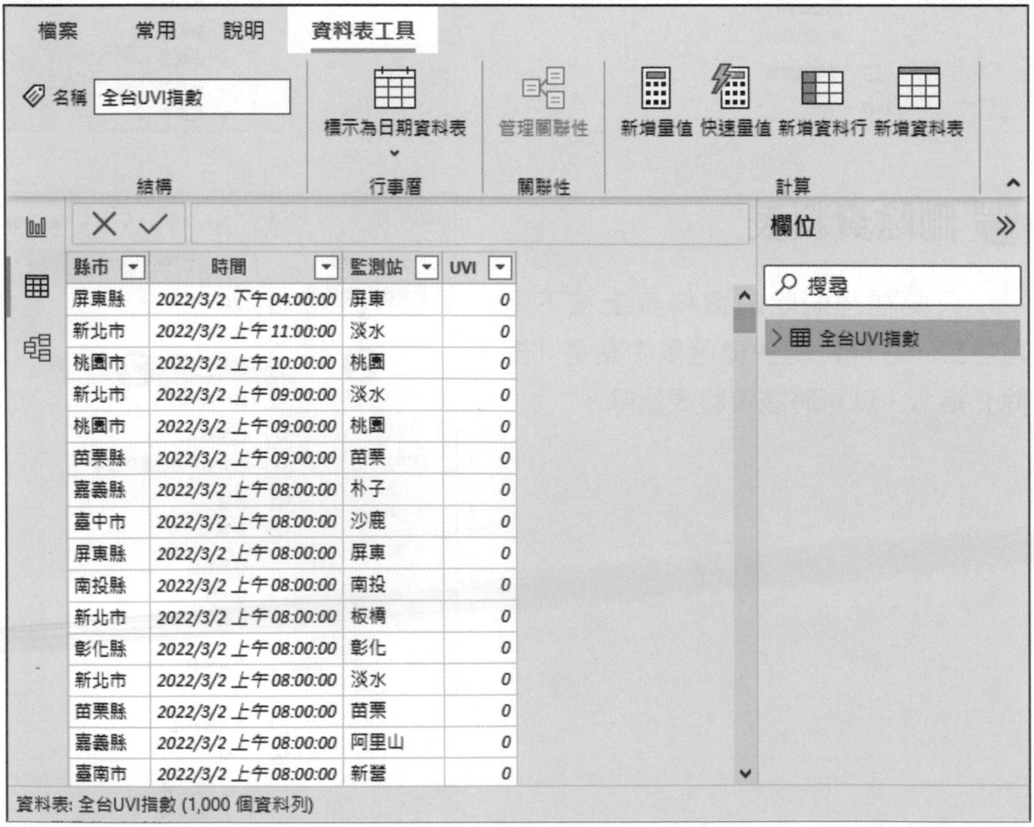

檔案
常用
說明
資料表工具
名稱 全台UVI指數
結構
標示為日期資料表
行事曆
管理關聯性
關聯性
新增量值
快速量值
新增資料行
新增資料表
計算
欄位
搜尋
全台UVI指數
縣市 時間 監測站 UVI
屏東縣 2022/3/2 下午04:00:00 屏東 0
新北市 2022/3/2 上午11:00:00 淡水 0
桃園市 2022/3/2 上午10:00:00 桃園 0
新北市 2022/3/2 上午09:00:00 淡水 0
桃園市 2022/3/2 上午09:00:00 桃園 0
苗栗縣 2022/3/2 上午09:00:00 苗栗 0
嘉義縣 2022/3/2 上午08:00:00 朴子 0
臺中市 2022/3/2 上午08:00:00 沙鹿 0
屏東縣 2022/3/2 上午08:00:00 屏東 0
南投縣 2022/3/2 上午08:00:00 南投 0
新北市 2022/3/2 上午08:00:00 板橋 0
彰化縣 2022/3/2 上午08:00:00 彰化 0
新北市 2022/3/2 上午08:00:00 淡水 0
苗栗縣 2022/3/2 上午08:00:00 苗栗 0
嘉義縣 2022/3/2 上午08:00:00 阿里山 0
臺南市 2022/3/2 上午08:00:00 新營 0
資料表: 全台UVI指數 (1,000 個資料列)

3-3 資料整理與修正

本節將介紹Power Query編輯器在資料整理方面的相關操作，如變更資料類型、取代資料、統一字母大小寫、去除空白字元、重新整理資料及變更資料來源等功能。本小節請先匯入「範例檔案\ch3\產品銷售表.xlsx」檔案，並開啟Power Query編輯器進行以下練習。

變更資料類型

當資料被載入至Power BI Desktop之後，會自動設定為適當的資料類型，我們也可以進入Power Query編輯器手動變更資料的資料類型。Power Query編輯器提供了小數、整數、百分比、日期/時間、文字等資料類型，表3-1介紹幾種常用的資料型態。

表3-1 Power Query編輯器常用的資料型態

資料型態	圖示	說明
文字	ABC	Unicode字元資料字串，可以是字串或數字，或以文字格式表示的日期。字串長度上限為268435456的Unicode字元或536870912個位元組。
True/False	✗✓	True或False的布林值。
小數	1.2	是最常見的數字類型，可處理帶小數值的數字，也可以處理整數。
貨幣	$	與小數資料類型相似，但它的小數分隔符號有固定位置，因此適用於需要對齊位數的貨幣資料。小數分隔符號右邊一律為4位數，並允許19位數的有效位數。
整數	123	因為它是一個整數，所以小數點右邊沒有任何數位，適用於需要控制四捨五入的情況下。
百分比	%	可將小數資料行中的值格式化為百分比，例如數值0.5會顯示為50%。
日期/時間		表示日期和時間值。日期的時間部分會儲存為整數的小數1/300秒(3.33毫秒)；支援年份1900～9999之間的日期。
任何	ABC 123	可指定給沒有明確資料類型定義之資料行。

方法一

先選取要轉換的資料行，按下「轉換→任何資料行→變更資料類型」按鈕，於選單中點選要轉換的資料類型。

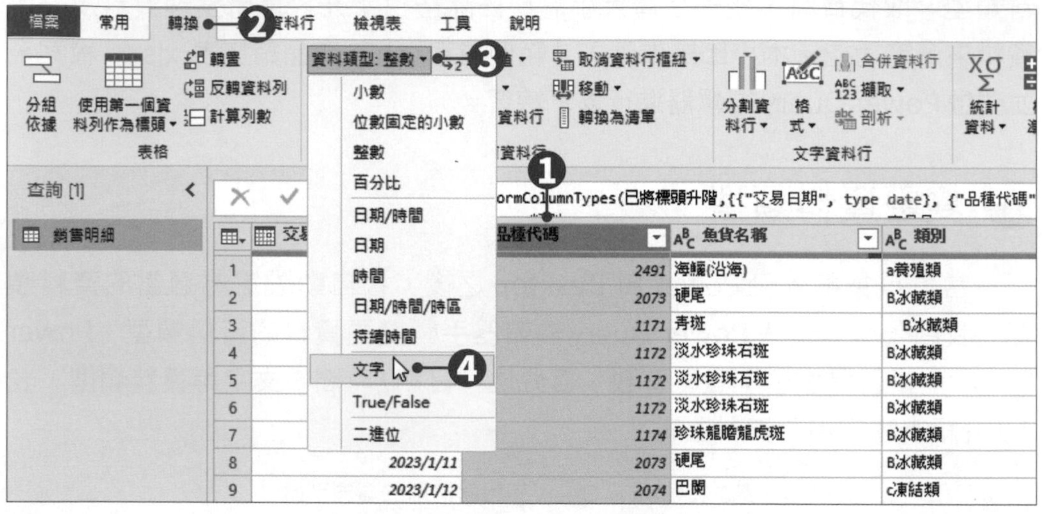

方法二

在每個資料行的標題名稱旁都會直接顯示該資料的資料類型圖示，從圖示中可以看出此資料行的資料類型，而按下圖示會開啟資料類型選單，也可以在選單中直接切換為其他資料類型。

	交易日期	品種代碼	魚貨名稱	類別
1	2023/1/6		海鱺(沿海)	a養殖類
2	2023/1/7		硬尾	B冰藏類
3	2023/1/8		青斑	B冰藏類
4	2023/1/9		淡水珍珠石斑	B冰藏類
5	2023/1/9		淡水珍珠石斑	B冰藏類
6	2023/1/9		淡水珍珠石斑	B冰藏類
7	2023/1/10		珍珠龍膽龍虎斑	B冰藏類
8	2023/1/11		硬尾	B冰藏類
9	2023/1/12		巴鬫	c凍結類
10	2023/2/7		白鯧(凍)	c凍結類
11	2023/2/8		黑鯧	c凍結類
12	2023/2/9		勿仔	c凍結類
13	2023/2/10		長鰭鮪	a養殖類
14	2023/2/11		黃錫鯛	B冰藏類
15	2023/2/12		花鰹	B冰藏類
16	2023/2/13	2122	花鰹	c凍結類

1.2 小數
$ 位數固定的小數
123 整數
% 百分比
日期/時間
日期
時間
日期/時間/時區
持續時間
文字
True/False
二進位
使用地區設定...

執行轉換之後，會出現「變更資料行類型」訊息方塊，此處點選「取代現有」，即可取得轉換結果。

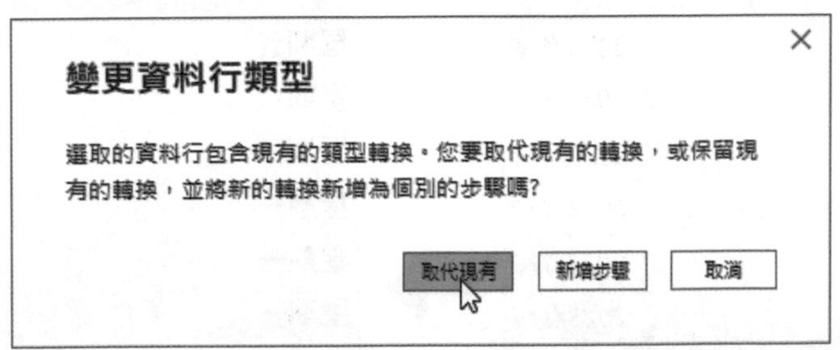

♣ 轉換日期資料

Power Query編輯器特別針對日期資料，提供可擷取為**年**、**月**、**季**、**週**、**日**等格式的轉換選項，各選項之下又有更精細的細項，可依需求設定為想要顯示的日期格式。

step 01 先選取**「交易日期」**資料行，按下**「新增資料行→一般→複製資料行」**按鈕，複製另一個交易日期資料行，並將它拖曳至**「交易日期」**資料行旁。

step 02 再選取複製好的日期資料行，按下**「轉換→日期與時間資料行→日期」**按鈕，於選單中點選**「日→星期幾名稱」**。

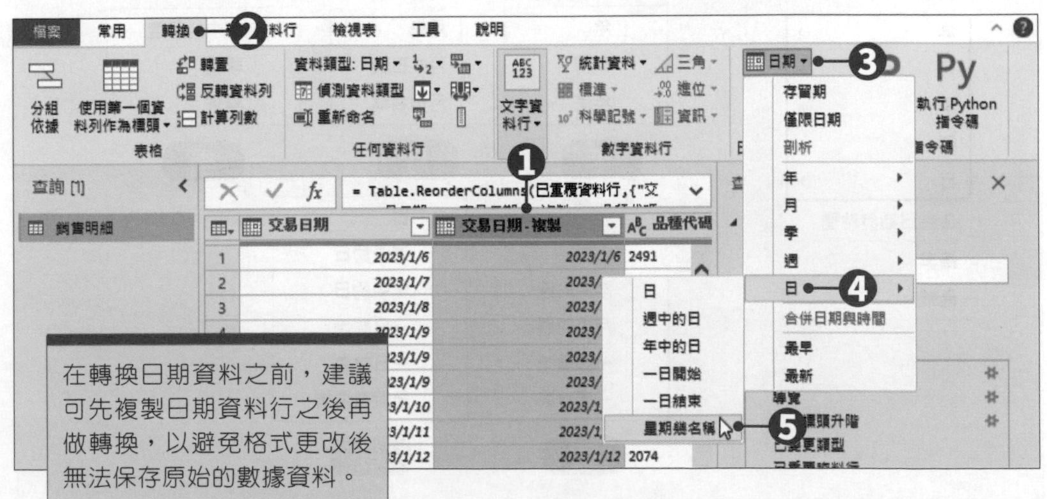

step 02 回到資料表中，即完成日期資料的轉換。

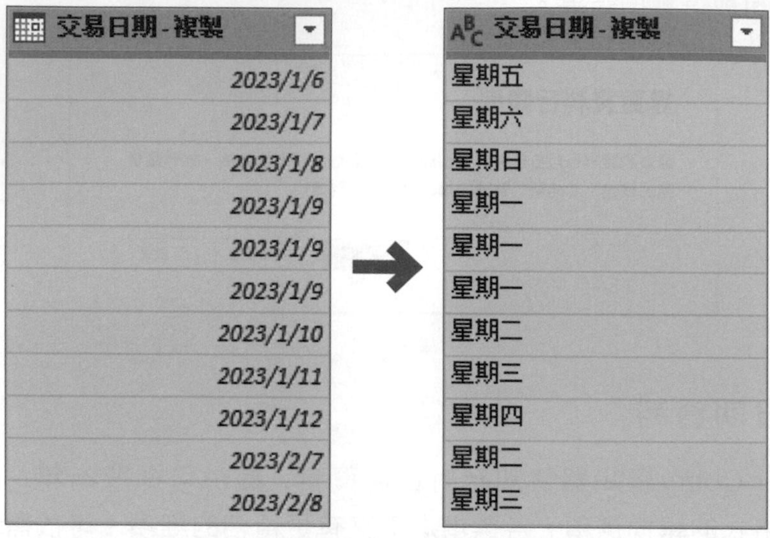

交易日期 - 複製	交易日期 - 複製
2023/1/6	星期五
2023/1/7	星期六
2023/1/8	星期日
2023/1/9	星期一
2023/1/9	星期一
2023/1/9	星期一
2023/1/10	星期二
2023/1/11	星期三
2023/1/12	星期四
2023/2/7	星期二
2023/2/8	星期三

日期資料的子選單

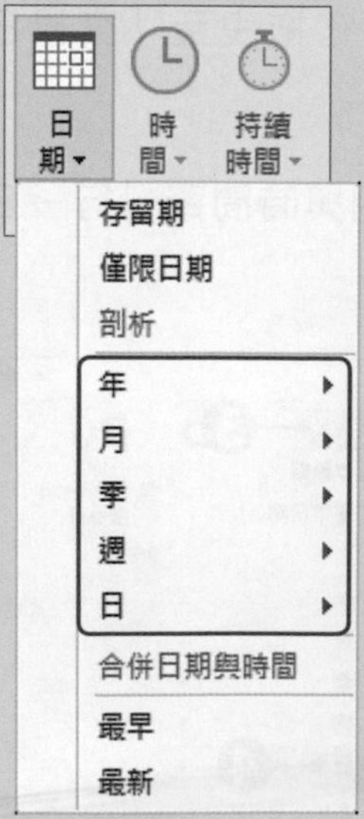

在數據分析的資料表中，日期資料是常常使用到的資料格式。Power Query編輯器為日期資料依照年、月、季、週、日等不同日期層級之下，更提供了各種不同的日期格式可供轉換，讓使用者可以將原本固定的日期格式，輕鬆轉換成想要呈現的內容。

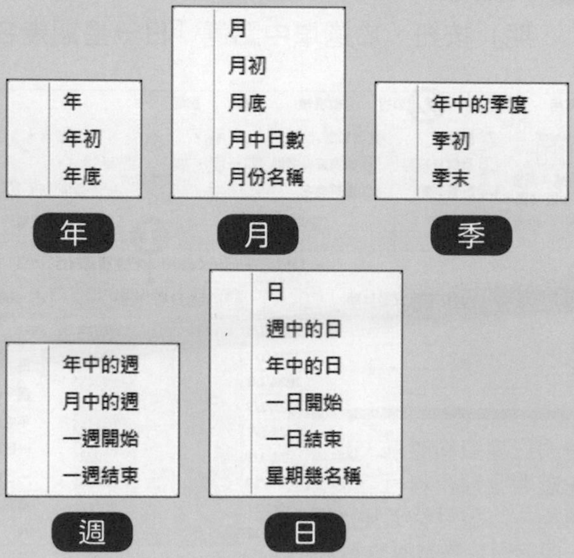

日期 時間 持續時間

- 存留期
- 僅限日期
- 剖析
- 年 ▸
- 月 ▸
- 季 ▸
- 週 ▸
- 日 ▸
- 合併日期與時間
- 最早
- 最新

年：年、年初、年底

月：月、月初、月底、月中日數、月份名稱

季：年中的季度、季初、季末

週：年中的週、月中的週、一週開始、一週結束

日：日、週中的日、年中的日、一日開始、一日結束、星期幾名稱

取代資料

若是資料表中有大量相同的文字需要修改，可以善用Power Query編輯器提供的「取代」功能，協助我們批次執行大量的文字修改。

step 01 先選取想要進行取代的資料行，按下**「常用→轉換→取代值」**按鈕，開啟「取代值」對話方塊。

step 02 在「取代值」對話方塊中，於「要尋找的值」及「取代為」欄位中依序輸入原來的文字以及要取代的文字，輸入完後按下**「確定」**按鈕關閉對話方塊。

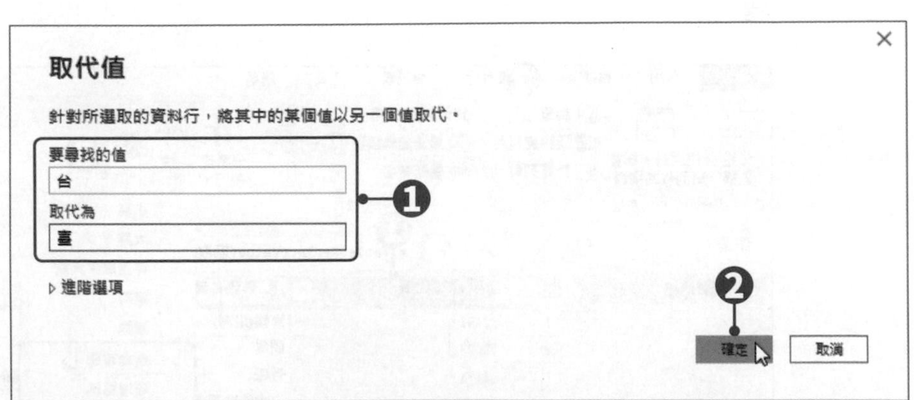

step 03 回到資料表中，即完成文字的取代。

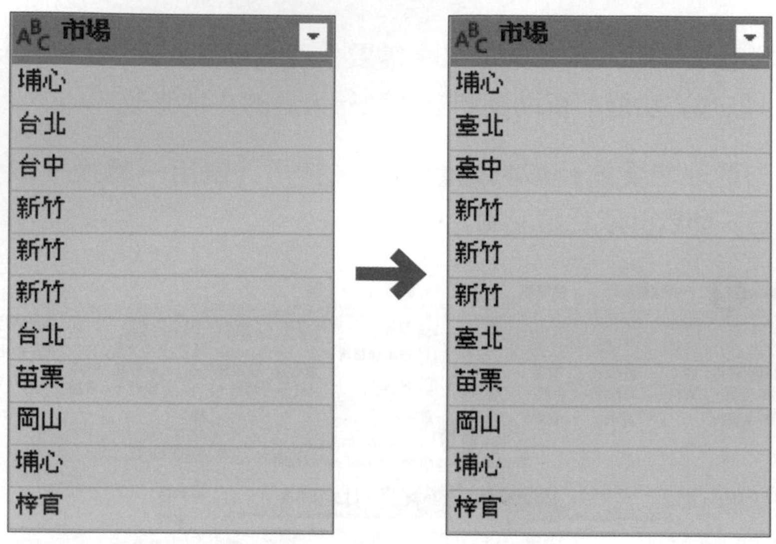

市場
埔心
台北
台中
新竹
新竹
新竹
台北
苗栗
岡山
埔心
梓官

市場
埔心
臺北
臺中
新竹
新竹
新竹
臺北
苗栗
岡山
埔心
梓官

新增首碼 / 新增尾碼

如果想為資料表中的資料前後加上特定字串，可以善用Power Query編輯器提供的「新增首碼」及「新增尾碼」功能。兩者操作方式雷同，作法如下：

step 01 先選取想要進行修改的資料行，按下**「轉換→文字資料行→格式」**按鈕，於選單中點選**「新增首碼」**按鈕，開啟「首碼」對話方塊。

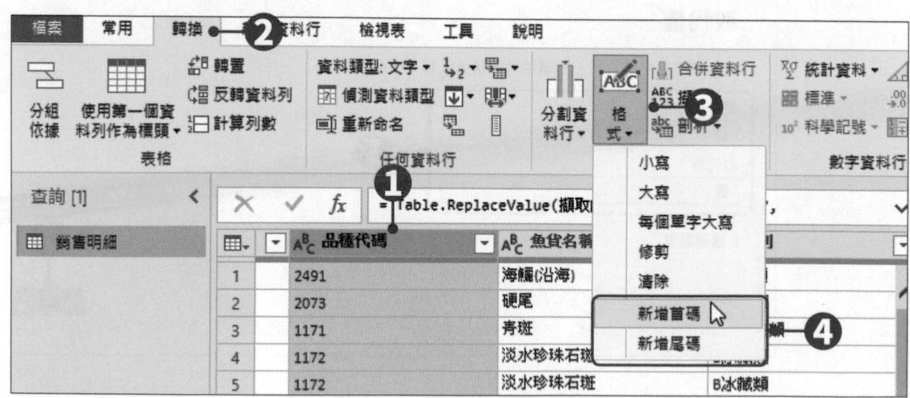

step 02 在「首碼」對話方塊的「值」欄位中，輸入想要加在資料前方的文字，輸入完後按下**「確定」**按鈕關閉對話方塊。

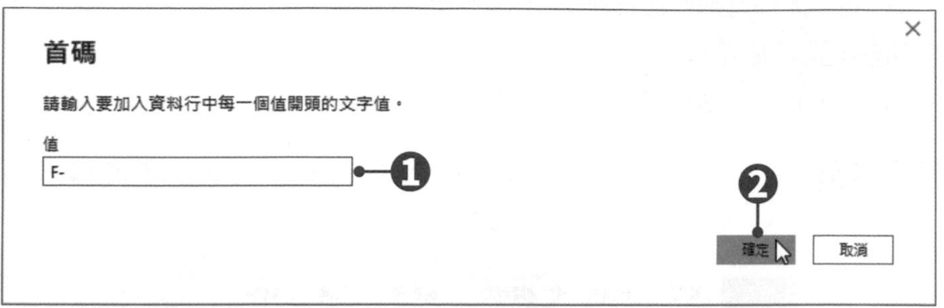

step 03 回到資料表中，即完成文字首碼的新增。

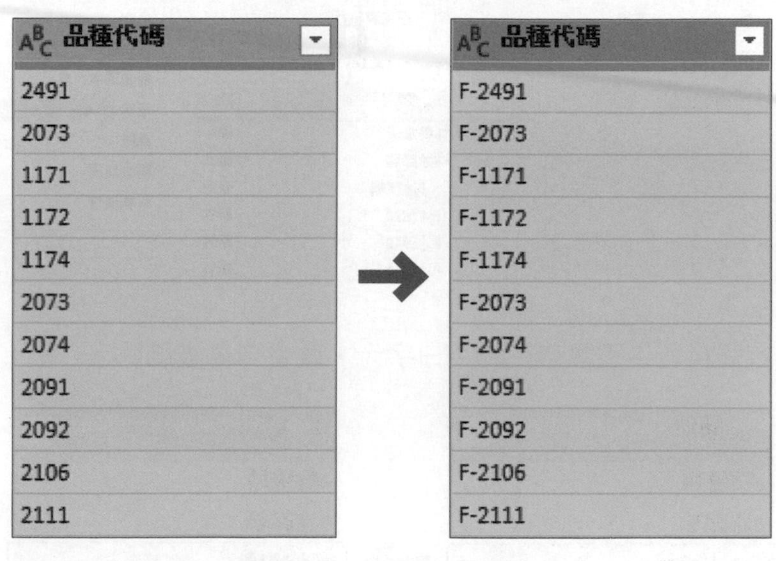

刪除不必要的空白

若資料未經檢查就匯入，萬一輸入的資料字串參雜了不必要的空白，就可能被誤判成不同的資料，此時可利用Power Query編輯器中的「修剪」功能，自動抓出字串前面或後面不必要的空格並去除，以修正此種狀況。

step 01 先選取想要修正的資料行，按下**「轉換→文字資料行→格式」**按鈕，於選單中點選**「修剪」**。

step 02 該資料行中不應存在的空白字元，就會自動被刪除。

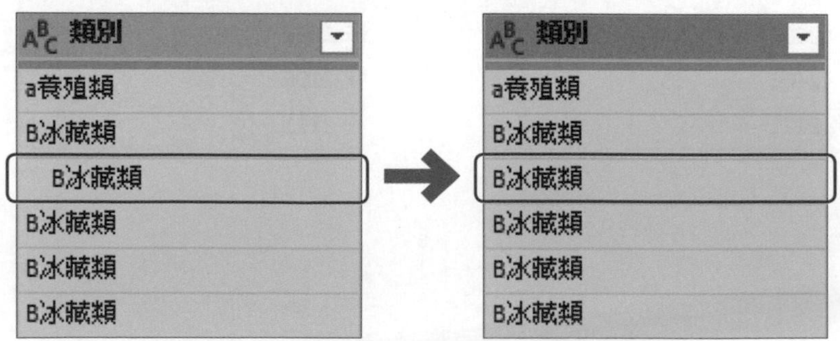

統一字母大小寫

針對英文字母的資料格式，Power Query編輯器有提供**小寫**、**大寫**、**每個單字大寫**三種選項可供套用，方便我們統一資料表中的英文字母大小寫。

⊕ 小寫：每個英文字母都轉換為小寫

⊕ 大寫：每個英文字母都轉換為大寫

⊕ 每個單字大寫：每個英文單字的第一個字母轉換為大寫，其餘小寫。

step 01 先選取想要套用的資料行，按下**「轉換→文字資料行→格式」**按鈕，於選單中點選**「大寫」**按鈕，開啟「首碼」對話方塊。

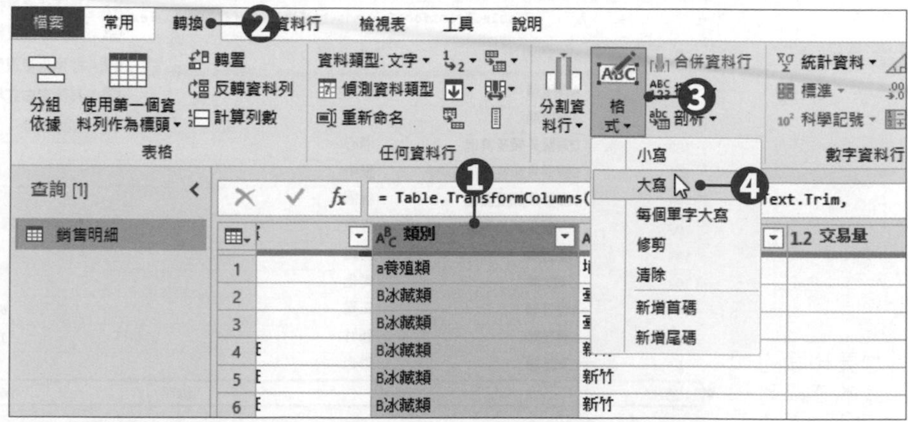

step 02 該資料行中的所有英文字母，就會統一改為大寫。

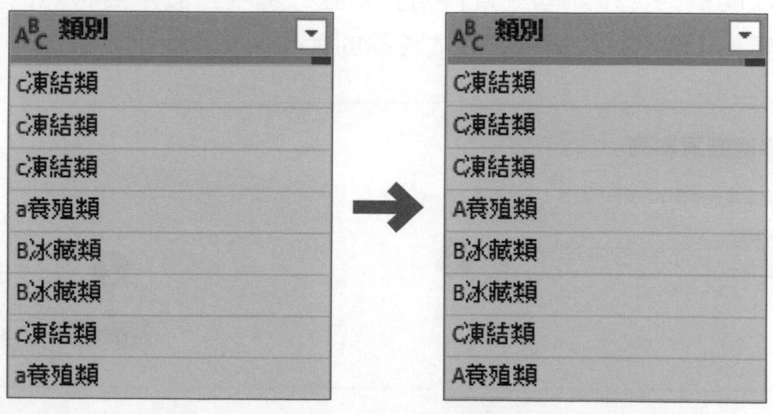

移除資料列

♣ 移除頂端/底端資料列

在來源資料的統計表中，有時會出現表頭的標題列或是表尾的結算列，若想要移除這些不需要匯入的資料列，可以點選**「常用→縮減資料列→移除資料列」**下拉按鈕，於選單中點選**「移除頂端資料列」**或**「移除底端資料列」**。

接著在開啟的「移除底端資料列」對話方塊中，設定要移除的資料列數目，最後按下**「確定」**按鈕，即完成移除的動作。

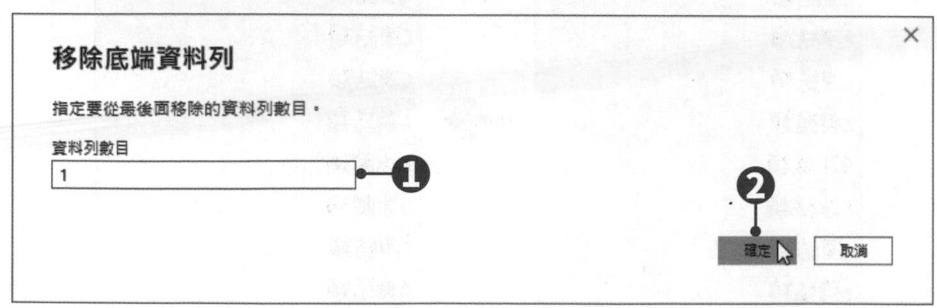

♣ 移除空值(null)資料列

當資料中出現空值時，會自動填上「null」，表示該資料列有資料缺漏，此時可以利用**移除空白**功能將該空值資料列移除。

	品種代碼	魚貨名稱	類別
15	F-2122	花鰹	B冰藏類
16	F-2122	花鰹	C凍結類
17	F-2124	煙仔虎	A養殖類
18	F-2063	null	C凍結類
19	F-2141	土魠	C凍結類
20	F-2143	白北	B冰藏類

只要按下標頭的▾**篩選**鈕，於選單中點選**移除空白**，或是直接將選單中的(null)勾選取消，再按下**確定**按鈕，即可將空值資料列移除。

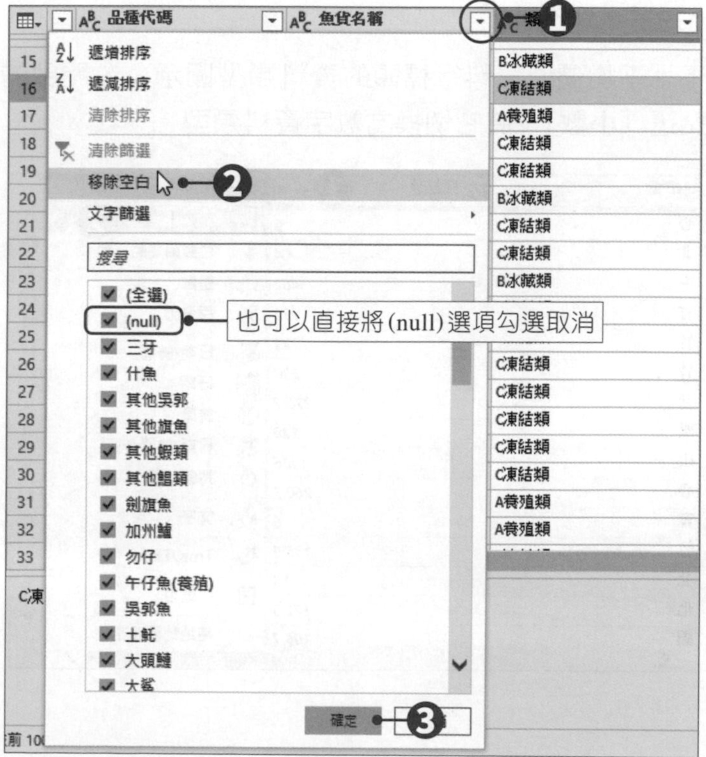

此時資料列只是暫時被隱藏起來，並不是真的被刪除。若想要再次顯示空值資料列，只要按下▾**篩選**鈕，於選單中點選**清除篩選**，便可再次顯示所有資料列。

♣ 移除錯誤資料列

當資料表中出現格式錯誤的資料時，會顯示「error」，此時可以利用**移除空白**功能將該空值資料列移除。

step 01 按下「平均價」資料行標頭的資料類型圖示，在開啟的資料類型選單點選**「小數」**，將它切換為數字資料類型。

step 02 「平均價」資料行的資料類型圖示就會由 **ABC123任何**變成**1.2小數**，而原本第21列的平均價內容為文字「無」，在切換為數字資料類型後產生格式上的錯誤，因此顯示為「Error」。

	市場	1.2 交易量	ABC123 平均價
19	栗	17.9	323.6
20	中	48	158
21	北	1527.3	無
22	重	25	210
23	里	107.6	281.7
24	南	96	220

修正資料類型之後，文字資料即顯示「error」

	市場	1.2 交易量	1.2 平均價
19	栗	17.9	323.6
20	中	48	158
21	北	1527.3	Error
22	重	25	210
23	里	107.6	281.7
24	南	96	220

step 03 若要刪除這類含有錯誤資料的資料列，可以點選**「常用→縮減資料列→移除資料列」**下拉按鈕，於選單中點選**「移除錯誤」**，就可將錯誤資料列從資料表中移除。

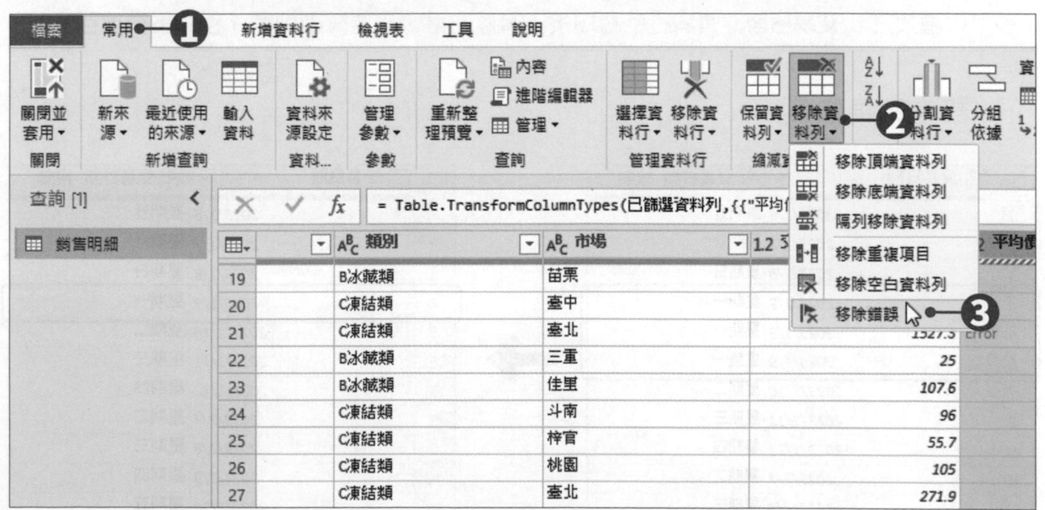

♣ 移除重複的資料列

有些資料表的欄位可能只允許一筆資料（例如：學籍資料中的身分證字號），但是當資料被合併起來，就可能產生多筆重複資料列，此時必須移除重複的資料列，才能維持資料正確性。

以本例來說，假設每天統一只彙整一筆交易紀錄，因此若發現同一天有多筆重複資料，只要選取**「交易日期」**資料行，點選**「常用→縮減資料列→移除資料列」**下拉按鈕，於選單中點選**「移除重複項目」**，即可將重複的資料列整筆刪除。

也可以直接在**「交易日期」**資料行的標頭按下滑鼠右鍵，在選單中點選**「移除重複項目」**。

設定結果如下。

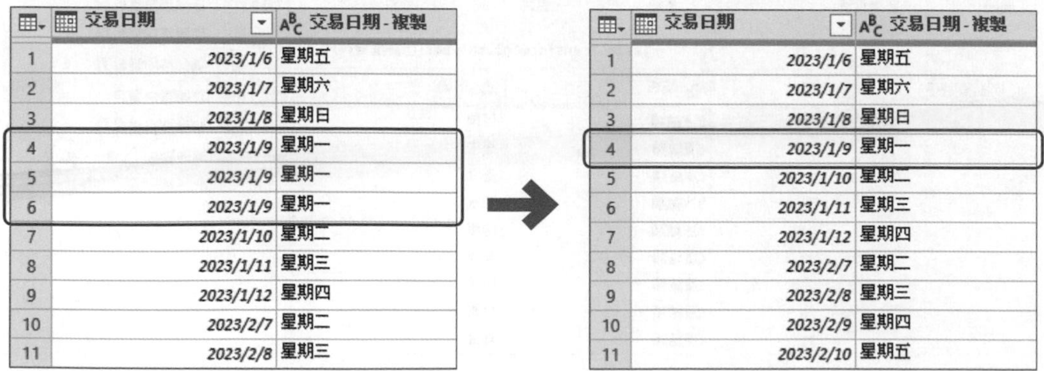

	交易日期	交易日期 - 複製
1	2023/1/6	星期五
2	2023/1/7	星期六
3	2023/1/8	星期日
4	2023/1/9	星期一
5	2023/1/9	星期一
6	2023/1/9	星期一
7	2023/1/10	星期二
8	2023/1/11	星期三
9	2023/1/12	星期四
10	2023/2/7	星期二
11	2023/2/8	星期三

	交易日期	交易日期 - 複製
1	2023/1/6	星期五
2	2023/1/7	星期六
3	2023/1/8	星期日
4	2023/1/9	星期一
5	2023/1/10	星期二
6	2023/1/11	星期三
7	2023/1/12	星期四
8	2023/2/7	星期二
9	2023/2/8	星期三
10	2023/2/9	星期四
11	2023/2/10	星期五

資料重新整理

若資料來源的資料內容有所變動，或是可能會定期更新，可先執行「重新整理預覽」功能，以確保資料為最新內容。只要點選**「常用→查詢→重新整理預覽」**下拉按鈕，於選單中點選**「重新整理預覽」**，即可取得最新的資料內容。

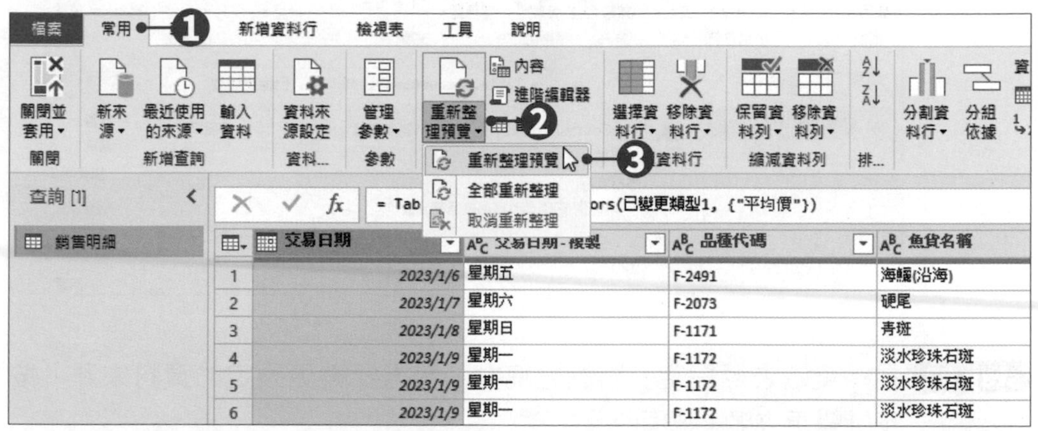

變更資料來源

由於Power BI是以絕對路徑的方式連結資料來源，所以萬一資料來源的檔名不同或是儲存路徑不同，當開啟Power Query編輯器時，就會出現找不到檔案的錯誤訊息。

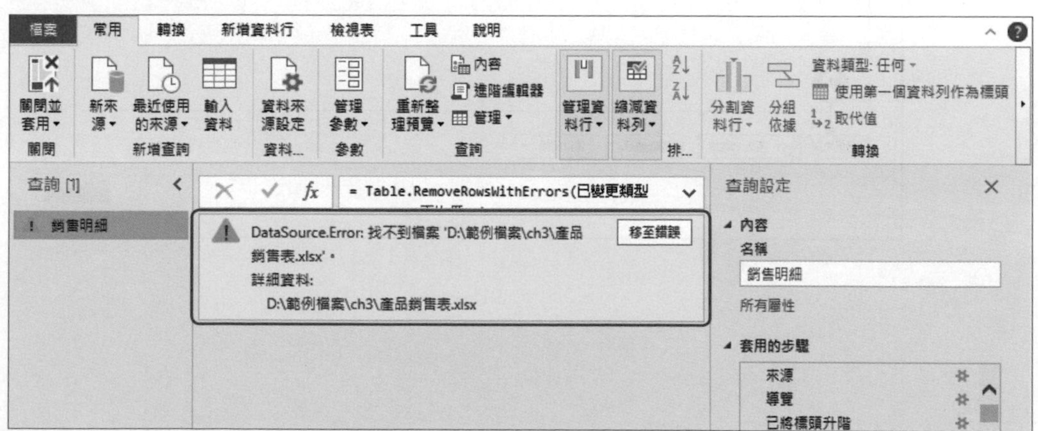

此時需要修改來源資料的設定，作法如下：

step 01 點選**「常用→資料來源→資料來源設定」**按鈕，開啟「資源來源設定」對話方塊。

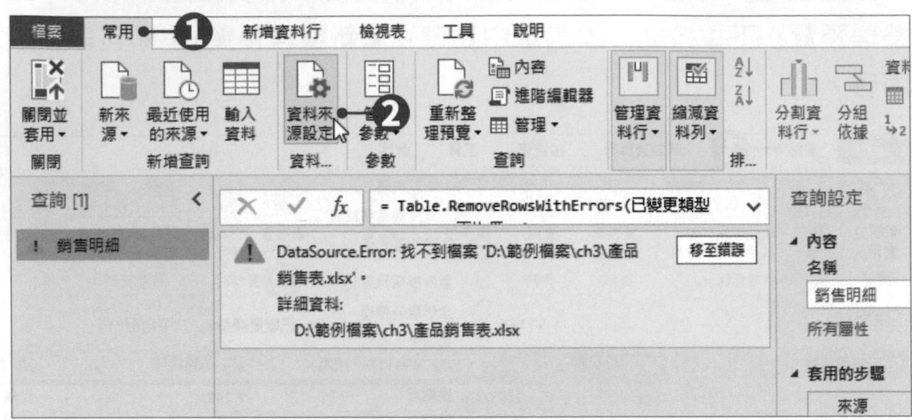

step 02 在「資源來源設定」對話方塊中，點選要變更設定的資料來源，按下「變更來源」按鈕。

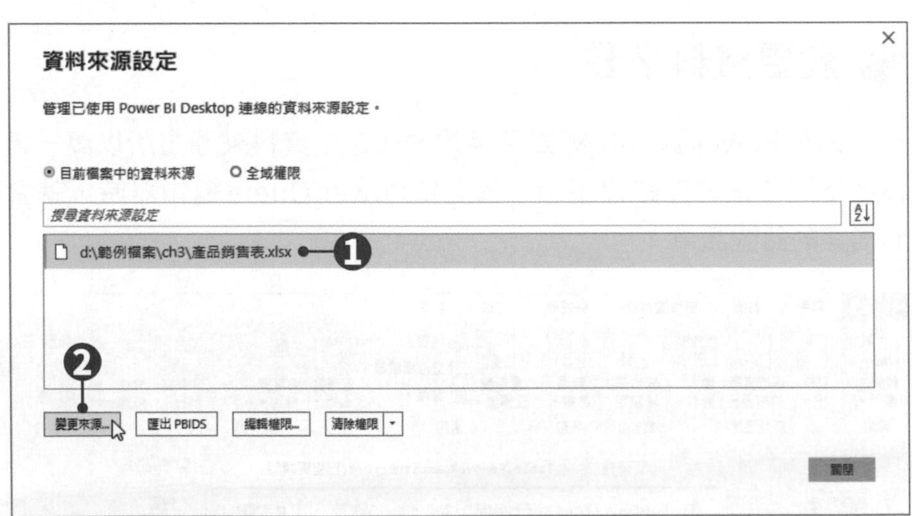

step 03 接著按下「瀏覽」按鈕，設定新的資料來源位置與檔案，設定好後按下**「確定」**按鈕，再按下**「關閉」**按鈕完成設定。

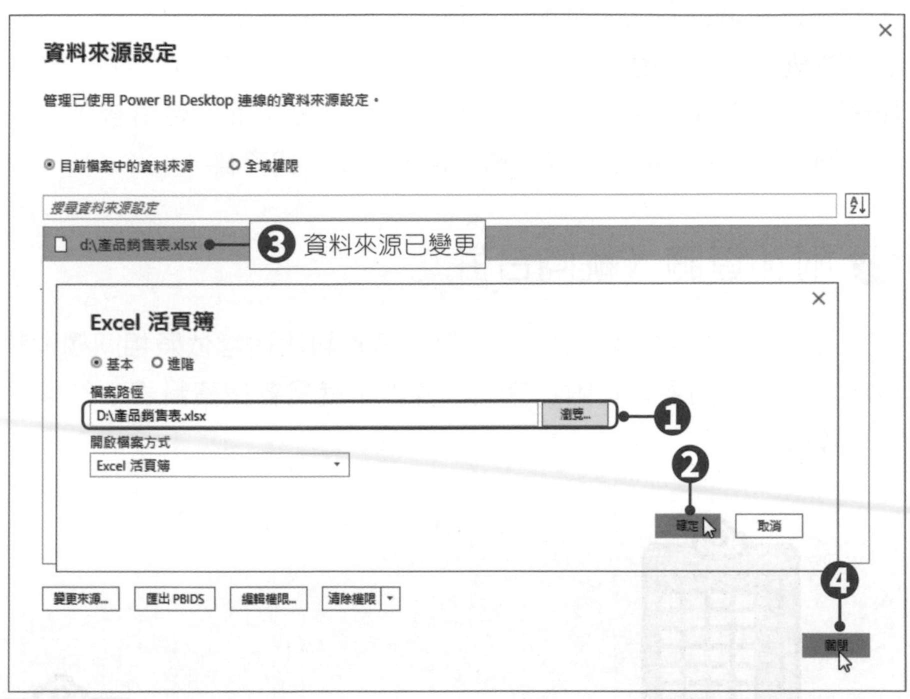

step 04 回到Power Query編輯器，點選**「常用→查詢→重新整理預覽」**下拉按鈕，於選單中點選**「重新整理預覽」**，更新資料來源即可。

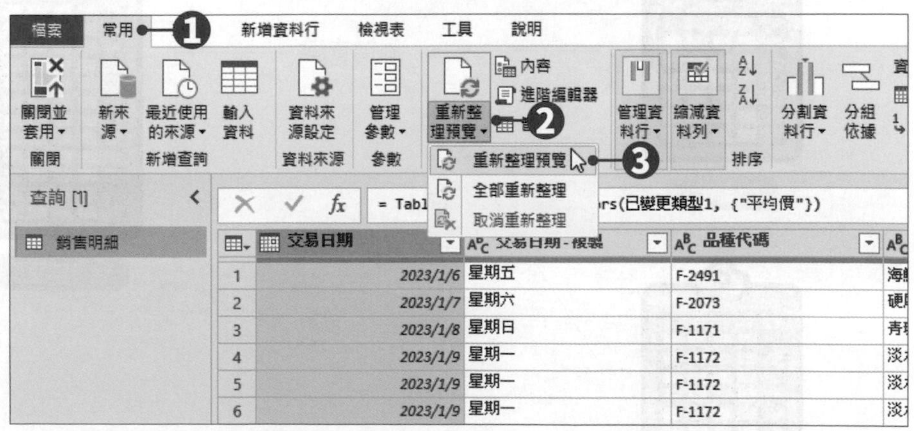

3-4 資料的合併與轉換

透過Power Query編輯器，可以將分散在各個檔案或不同資料表的資料合併查詢。其中「附加查詢」與「合併查詢」是相當實用且重要的工具，「附加查詢」可用來合併相同欄位結構的多個表格；而「合併查詢」則是用來合併不同資料內容，但至少有一欄位相同的關聯式資料。

附加查詢（縱向合併）

「附加查詢」是縱向合併，會將多個資料表內容依照相同欄位整併在一個資料表中，因此要進行附加查詢的條件，就是各個資料表中的欄位必須完全一致才行。

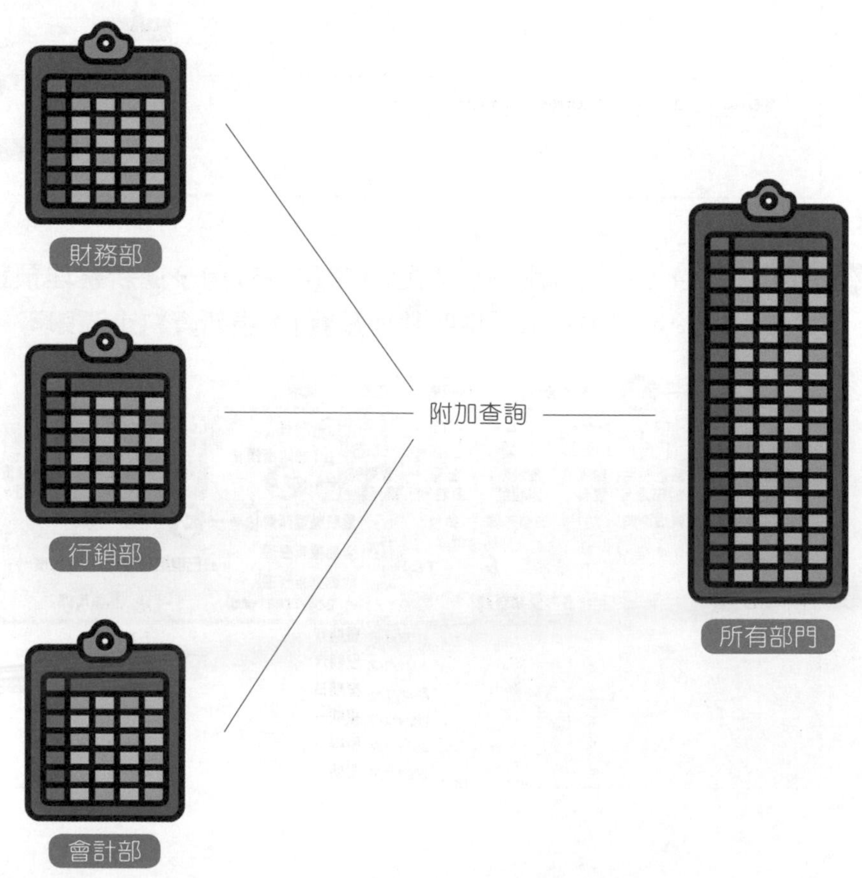

step 01 在Power BI Desktop操作視窗中，按下「**常用→資料→取得資料**」按鈕，於選單中點選「**Excel活頁簿**」。

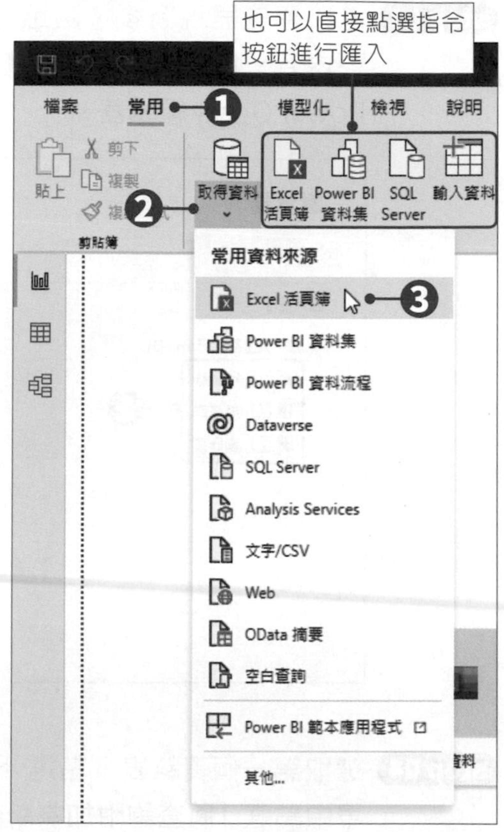

step 02 進入「開啟」對話方塊後，選擇要載入的資料（範例檔案\ch3\員工到職日.xlsx），按下「**開啟**」按鈕。

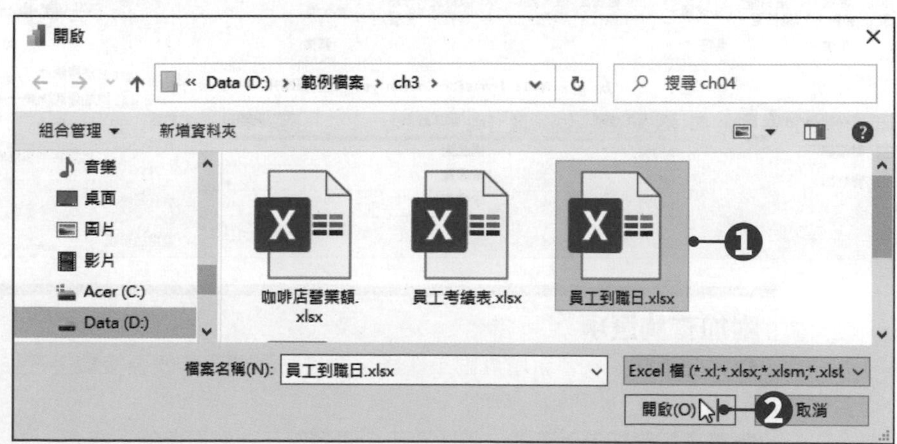

step 03 進入**導覽器**視窗後，點選工作表可在視窗右側顯示該工作表的資料內容。此處勾選所有工作表後，按下**「轉換資料」**按鈕，開啟 Power Query 編輯器。

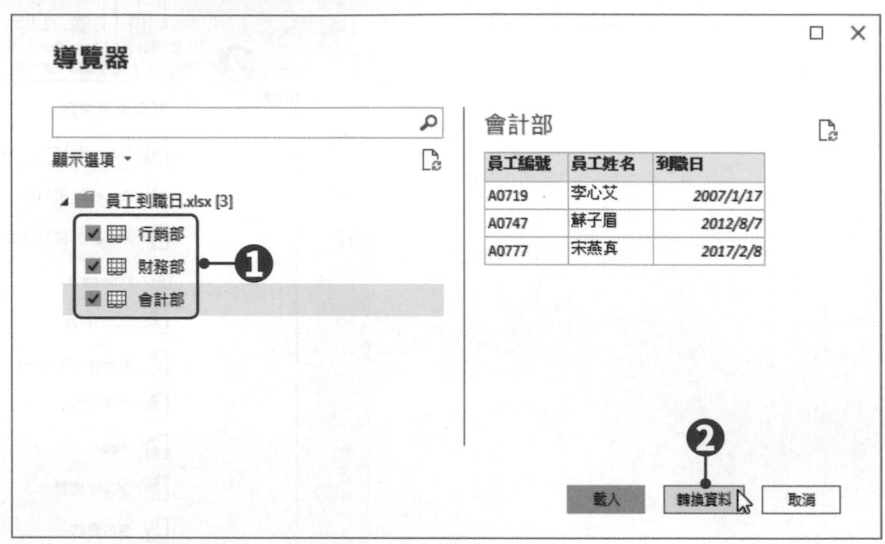

step 04 選取第一個資料表，點選**「常用→合併→附加查詢」**下拉鈕，在選單中點選**「將查詢附加為新查詢」**按鈕，開啟「附加」對話方塊。

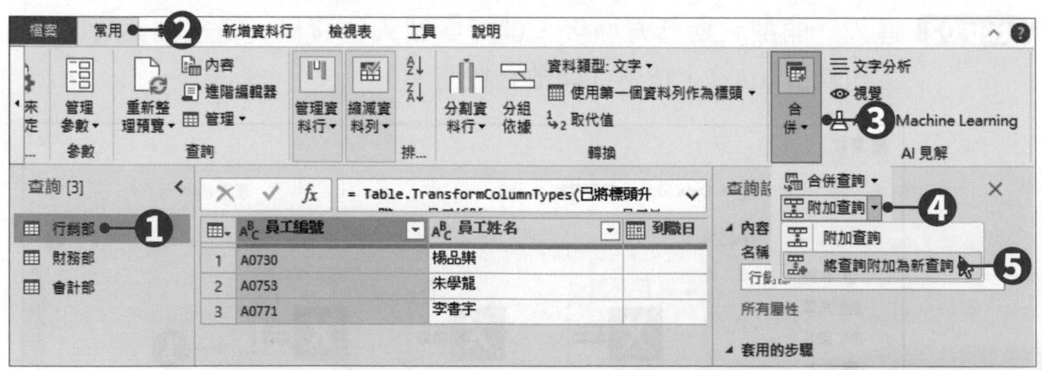

附加查詢選項

- **附加查詢**：不會新增查詢工作表，而是將其他工作表直接續接在這個工作表的末端。
- **將查詢附加為新查詢**：將所有工作表合併在一個新增的工作表。

step 05 在「附加」對話方塊中，依照情況選擇要合併的資料表數量。本例點選**「三(含)個以上的資料表」**，接著依序選取資料表並按下**「新增」**按鈕，將要附加的資料表一一加入，最後按下**「確定」**按鈕。

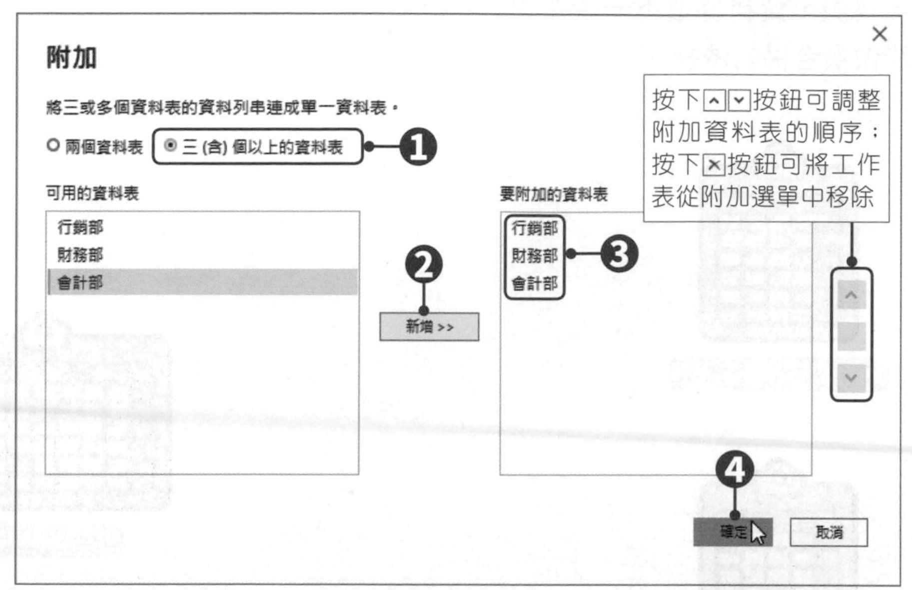

step 06 回到Power Query編輯器，便產生一個新的附加查詢資料表，內容包含三個工作表，共計十個資料列的合併內容。

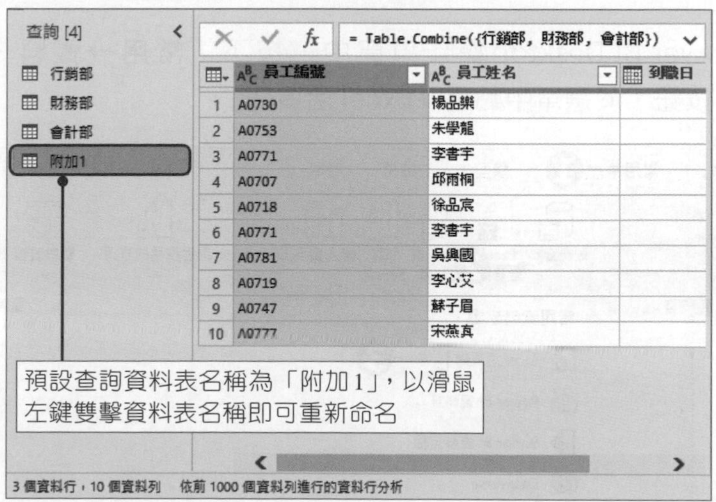

合併查詢（橫向合併）

「合併查詢」是橫向合併，也就是關聯資料庫的整併。要執行合併查詢的資料表，資料欄位不一定要相同，但至少要有一個欄位是相關聯的資料，才能做為合併的依據。

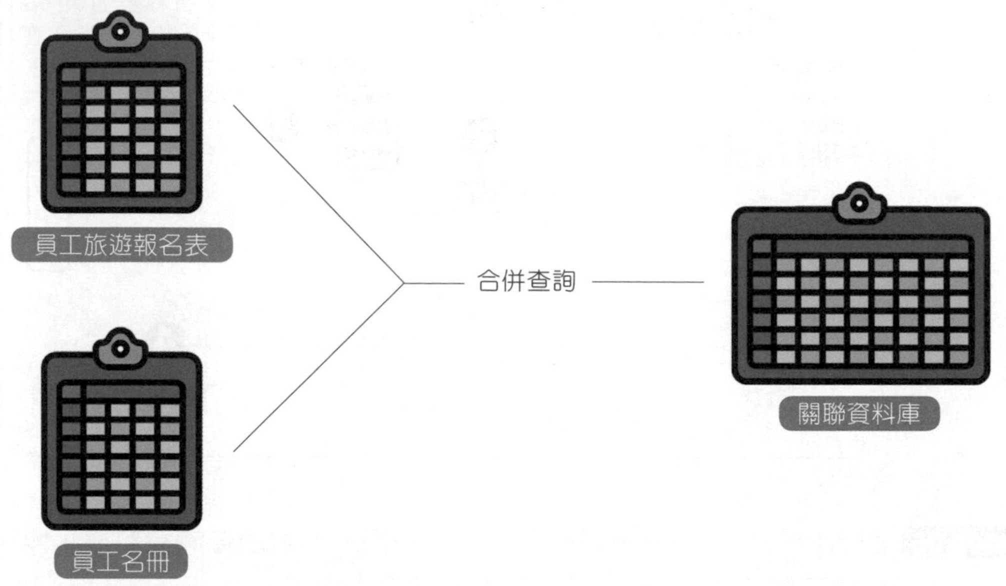

step 01 在Power BI Desktop操作視窗中，按下「**常用→資料→取得資料**」按鈕，於選單中點選「**Excel活頁簿**」。

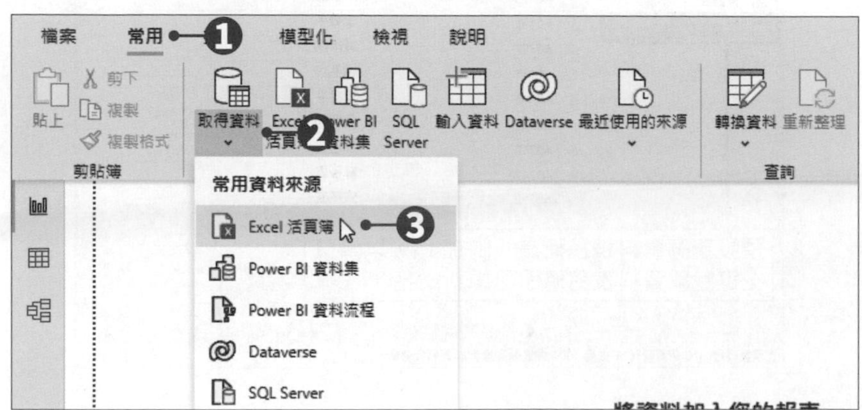

step 02 進入「開啟」對話方塊後，選擇要載入的資料（範例檔案\ch3\員工旅遊報名表.xlsx），按下**「開啟」**按鈕。

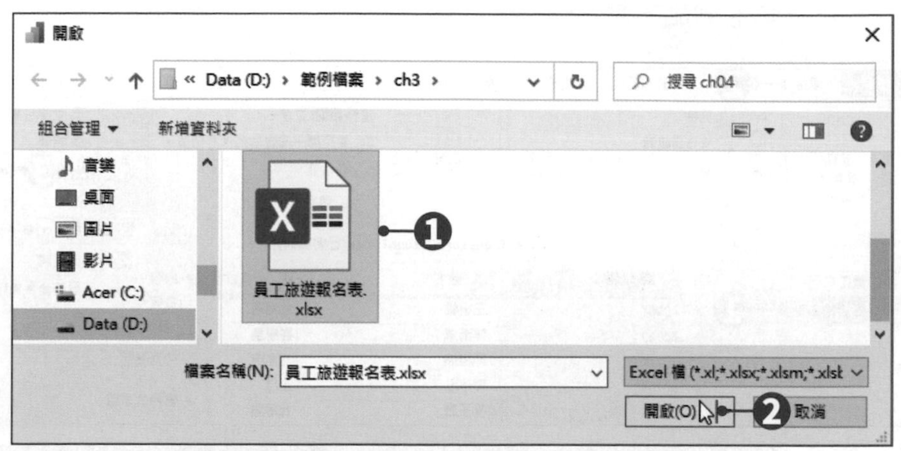

step 03 進入**導覽器**視窗後，點選工作表可在視窗右側顯示該工作表的資料內容。此處勾選所有工作表後，按下**「轉換資料」**按鈕，開啟 Power Query 編輯器。

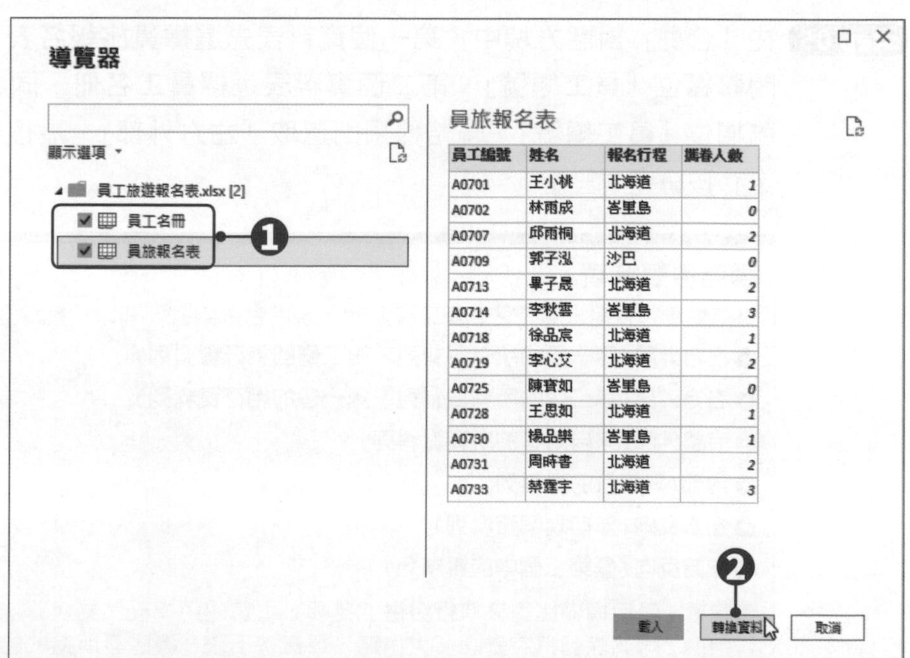

員工編號	姓名	報名行程	攜眷人數
A0701	王小桃	北海道	1
A0702	林雨成	峇里島	0
A0707	邱雨桐	北海道	2
A0709	郭子泓	沙巴	0
A0713	畢子晨	北海道	2
A0714	李秋雲	峇里島	3
A0718	徐品宸	北海道	1
A0719	李心艾	北海道	2
A0725	陳寶如	峇里島	0
A0728	王思如	北海道	1
A0730	楊品樂	峇里島	1
A0731	周時書	北海道	2
A0733	蔡霆宇	北海道	3

step 04 先選取「員旅報名表」資料表，點選**「常用→合併→合併查詢」**下拉鈕，在選單中點選**「將查詢附加為新查詢」**按鈕，開啟「合併」對話方塊。

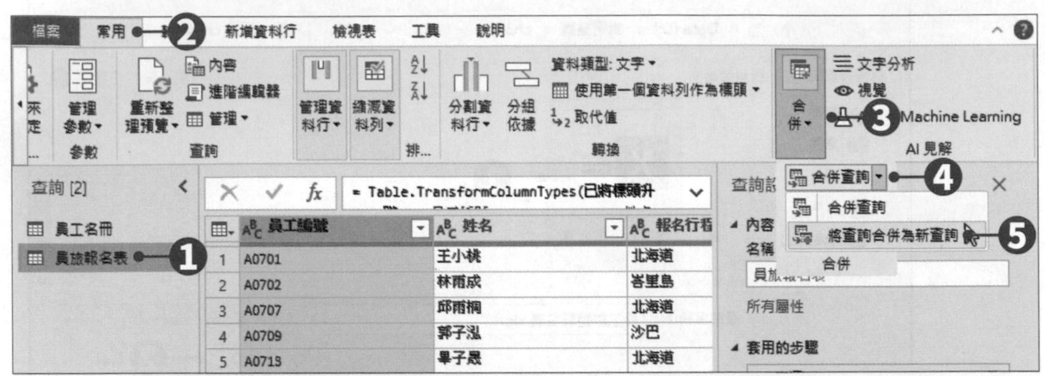

合併查詢選項

- **合併查詢**：不會新增查詢工作表，而是將其他工作表的欄位續接在這個工作表的右邊。
- **將查詢合併為新查詢**：將所有工作表合併在一個新增的工作表。

step 05 在「合併」對話方塊中，第一個資料表先選擇**員旅報名表**，並點選關聯欄位**「員工編號」**，第二個資料表選擇**員工名冊**，同樣點選關聯欄位**「員工編號」**。聯結種類則選取**「左方外部」**，最後按下**「確定」**按鈕完成設定。

聯結種類選項

聯結種類的設定，關係著查詢工作表所呈現的合併內容，有以下幾種選項：

- 左方外部(第一個的所有資料列、第二個的相符資料列)
- 右方外部(第二個的所有資料列、第一個的相符資料列)
- 完整外部(來自兩者的所有資料列)
- 內部(只相符的資料列)
- 左方反向(僅前幾個資料列)
- 左方反向(僅第二個中的資料列)

若勾選**「使用模糊比對來執行合併」**選項，則會使用模糊比對演算法來進行資料合併，可消除因打字錯誤、大小寫、單複數不統一等因素所造成的比對不相符情形。

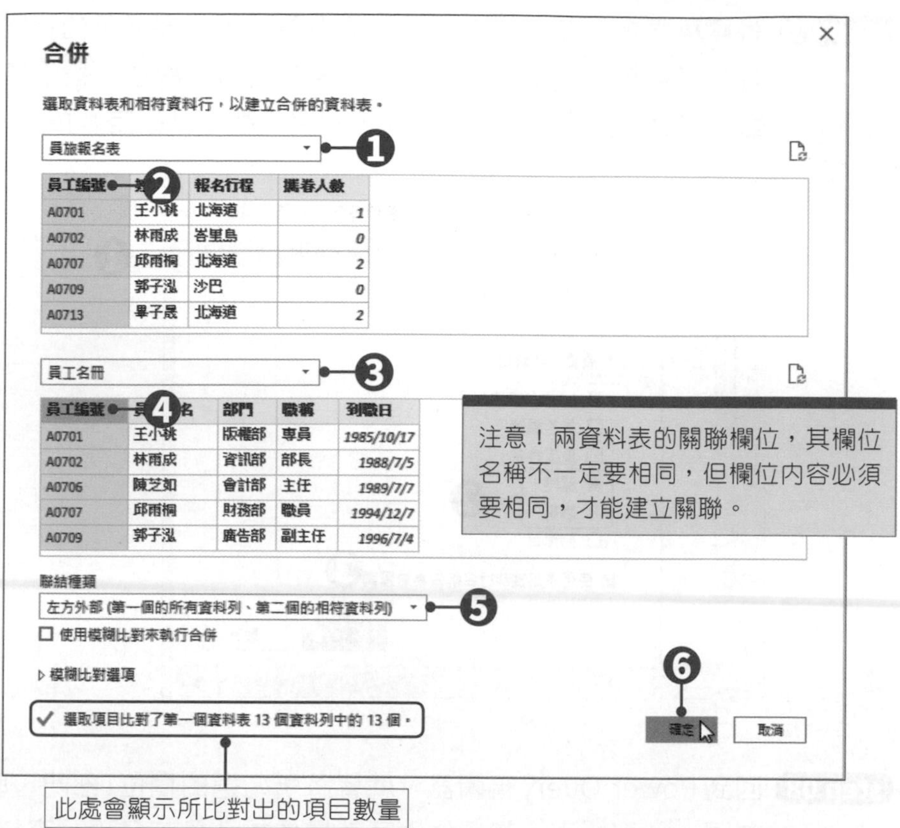

step 06 回到Power Query編輯器，將產生一個新的合併查詢資料表，內容共有5個資料行、13個資料列的合併內容。

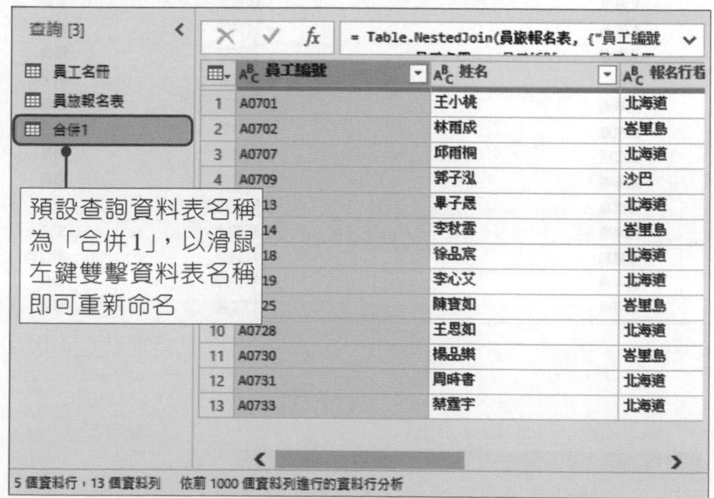

step 07 將資料表合併在一起之後，接下來要挑選想要顯示的資料行欄位。將合併資料表捲動到最右邊的**「員工名冊」**欄位，按下標頭的按鈕，接著將要合併的資料行勾選起來，按下**「確定」**按鈕。

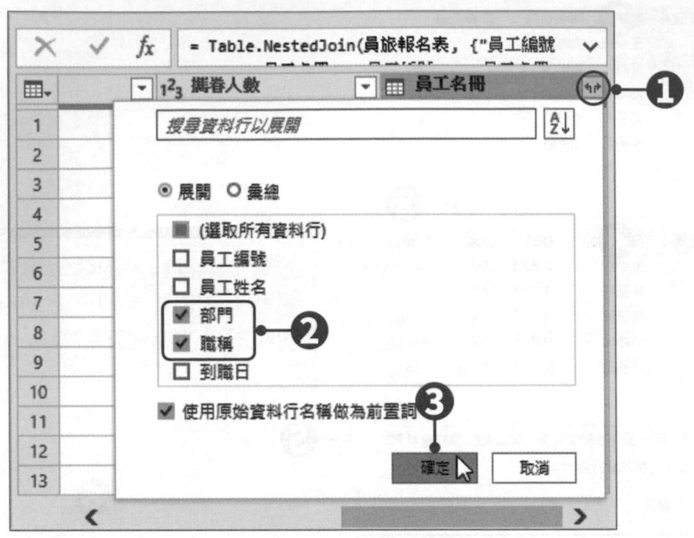

step 08 回到Power Query編輯器，就會將所勾選的欄位(部門、職稱)合併在同一個資料表，其欄位內容就是依據「員工名稱」資料表中的員工編號所自動比對出來的。

	姓名	報名行程	攜眷人數	員工名冊.部門	員工名冊.職稱
1	王小桃	北海道	1	版權部	專員
2	林雨成	峇里島	0	資訊部	部長
3	邱雨桐	北海道	2	財務部	職員
4	郭子泓	沙巴	0	廣告部	副主任
5	畢子晟	北海道	2	管理部	專員
6	李秋雲	峇里島	3	會計部	部長
7	徐品宸	北海道	1	財務部	職員
8	李心艾	北海道	2	會計部	職員
9	陳寶如	峇里島	0	總經理室	助理
10	王思如	北海道	1	秘書處	主任
11	楊品樂	峇里島	1	行銷部	副組長
12	周時書	北海道	2	製作部	職員
13	蔡霆宇	北海道	3	秘書處	助理

將同一資料夾內的資料合併匯入

Power BI Desktop可將儲存在同一個資料夾中的多個相同架構的檔案，合併在同一個資料表中。舉例來說，假設冰箱的銷售紀錄統一放置在同一資料夾，我們可以將資料夾中的第1季、第2季、第3季……各季的銷售紀錄，縱向合併在一個查詢資料表中。作法如下：

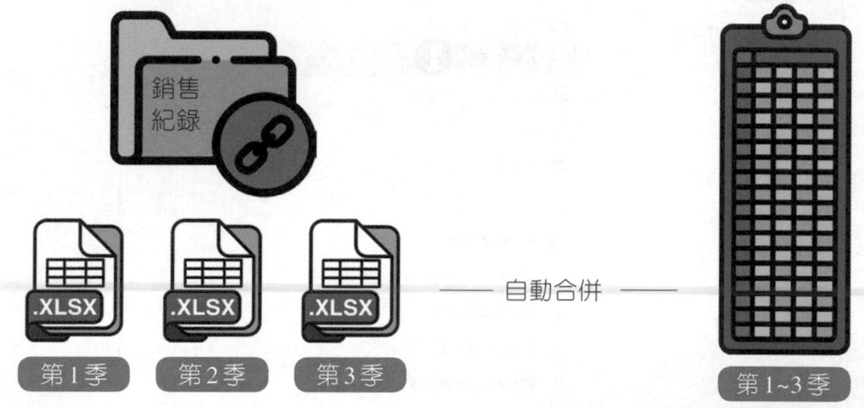

step 01 在Power BI Desktop操作視窗中，按下**「常用→資料→取得資料」**按鈕，於選單中點選**「其他」**。

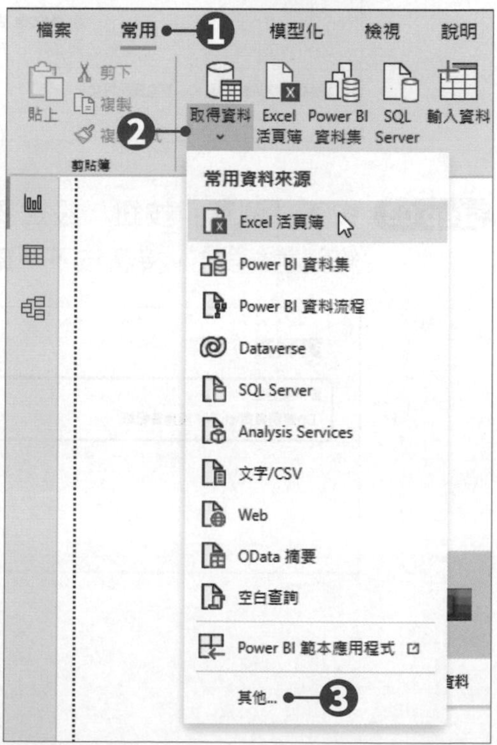

step 02 進入「取得資料」對話方塊後，點選**資料夾**，按下**「連接」**按鈕。

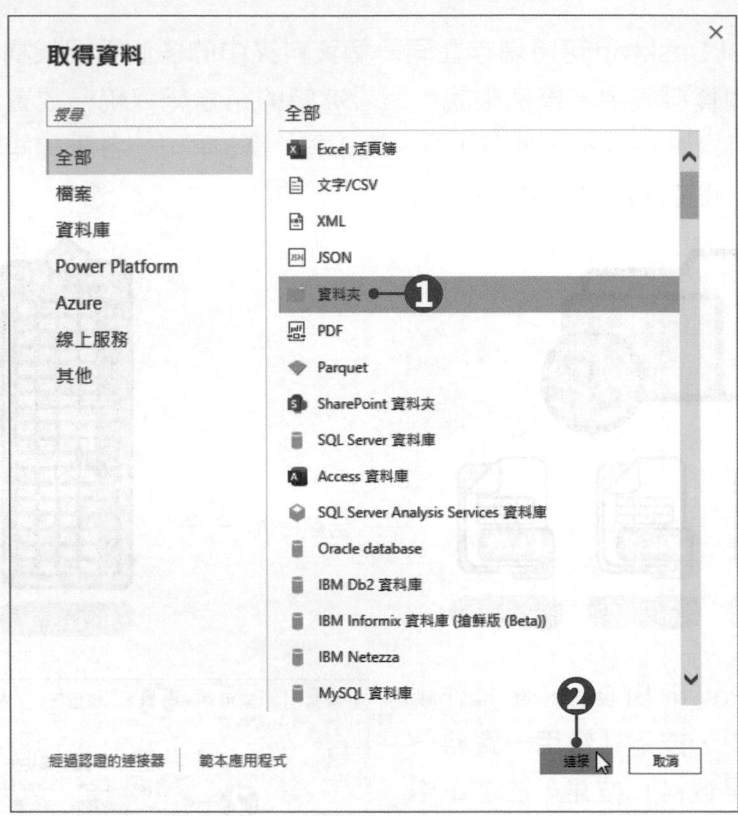

step 03 按下**「瀏覽」**按鈕，設定要載入的資料夾路徑（範例檔案\ch3\冰箱銷售紀錄），接著按下**「確定」**。

step 04 接著會列出該資料夾中所有檔案明細，點選**「合併與轉換資料」**按鈕，會將這些檔案資料合併，並開啟Power Query編輯器。

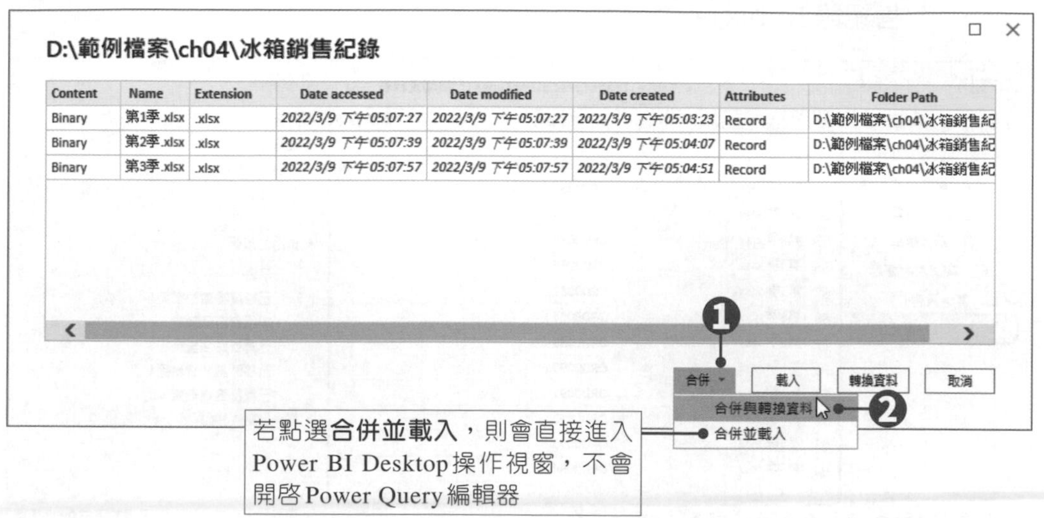

step 05 在「合併」對話方塊中，先點選指定以哪一個工作表做為合併標準(本例只有一個工作表)，按下**「確定」**按鈕即可進行合併。

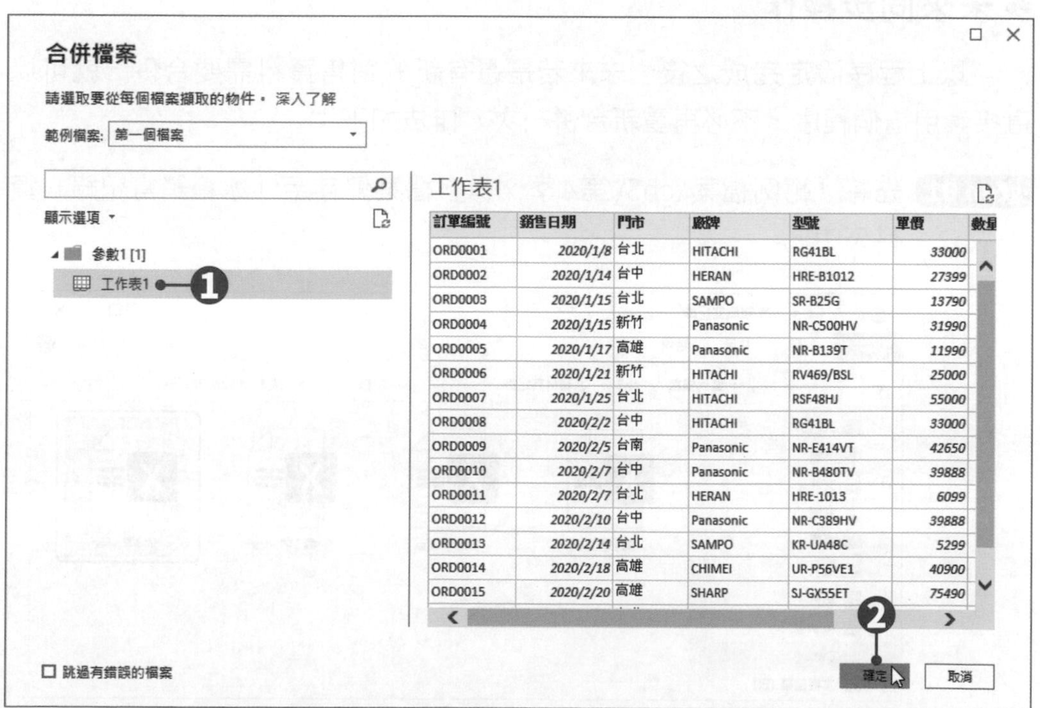

step 06 在Power Query編輯器中，將產生一個新的合併查詢資料表，內容即為第1季、第2季、第3季的合併資料，將此結果儲存為「冰箱銷售紀錄1.pbix」。

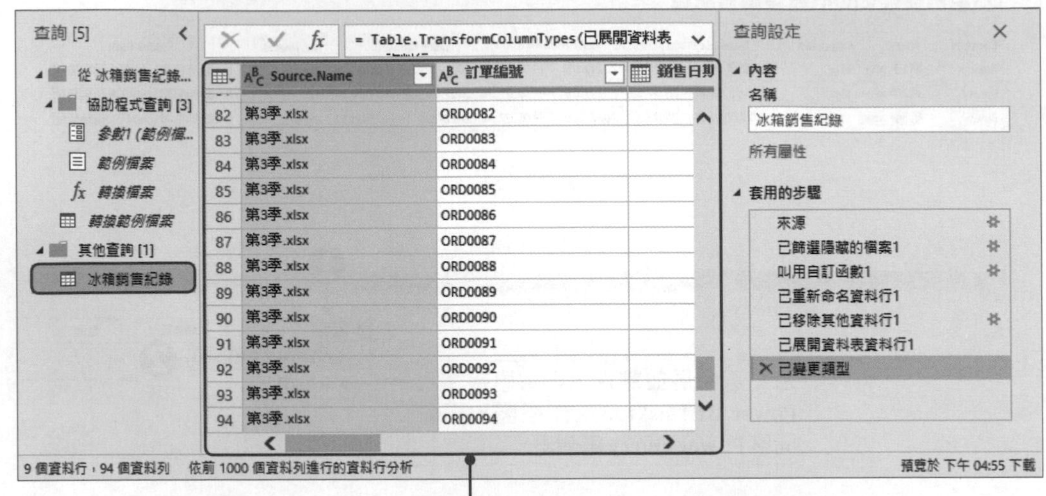

包含第1季、第2季、第3季的所有銷售資料

♣ 未來同步操作

以上程序設定完成之後，未來若是還有新的銷售資料需要合併，就可以直接套用這個程序，不必再重新合併一次。作法如下：

step 01 先將「範例檔案\ch3\第4季.xlsx」檔案儲存至「冰箱銷售紀錄」資料夾中。

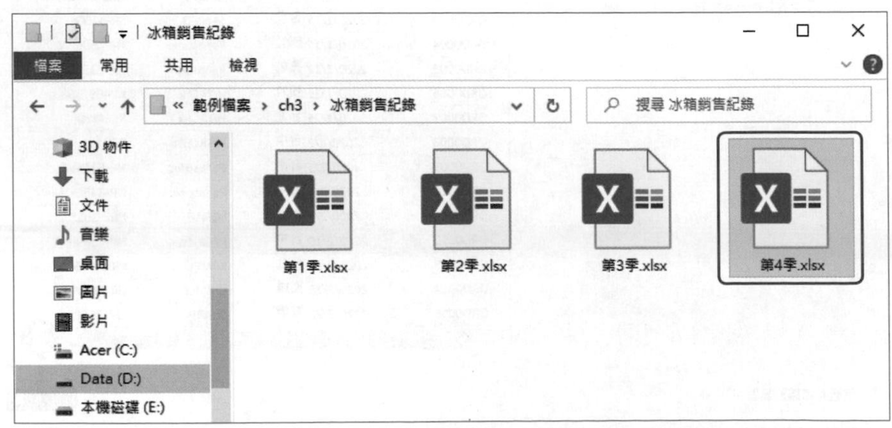

step 02 開啟「冰箱銷售紀錄1.pbix」，按下**「常用→查詢→重新整理」**按鈕，即可自動完成合併。將此結果儲存為「冰箱銷售紀錄2.pbix」。

檔案　常用 ❶　資料表工具

貼上　剪下　複製　取得資料　Excel 活頁簿　Power BI 資料集　SQL Server　輸入資料　Dataverse　最近使用的來源　轉換資料　重新整理 ❷

剪貼簿　資料　查詢　關聯性

Source.Name	訂單編號	銷售日期	門市	廠牌	型號	單價	數量	銷售金額
第3季.xlsx	ORD0094	2020年9月27日	高雄	HERAN	HRE-B1012	27399	1	27399
第4季.xlsx	ORD0095	2020年10月2日	高雄	SHARP	SJ-GX32-SL	18000	1	18000
第4季.xlsx	ORD0096	2020年10月8日	台南	LG	GN-BL497GV	21999	2	43998
第4季.xlsx	ORD0097	2020年10月11日	台北	HERAN	HRE-B3581V	9900	1	9900
第4季.xlsx	ORD0098	2020年10月19日	高雄	Panasonic	NR-B139T	11990	2	23980
第4季.xlsx	ORD0099	2020年10月25日	台中	SAMPO	KR-UA48C	5299	1	5299
第4季.xlsx	ORD0100	2020年11月2日	台南	Panasonic	NR-C500HV	31990	2	63980
第4季.xlsx	ORD0101	2020年11月8日	台中	SHARP	SJ-GX55ET	75490	3	226470
第4季.xlsx	ORD0102	2020年11月11日	台南	HERAN	HRE-B5822V	27900	6	167400
第4季.xlsx	ORD0103	2020年11月11日	新竹	HITACHI	RG41BL	33000	2	66000
第4季.xlsx	ORD0104	2020年11月14日	台南	LG	GR-FL40SV	31230	2	62460
第4季.xlsx	ORD0105	2020年11月16日	台北	SAMPO	SR-B25G	13790	5	68950
第4季.xlsx	ORD0106	2020年11月20日	台北	Panasonic	NR-C489TV	6099	1	6099
第4季.xlsx	ORD0107	2020年11月21日	高雄	HITACHI	RSF48HJ	55000	4	220000
第4季.xlsx	ORD0108	2020年11月24日	台北	SAMPO	SR-B25G00	12900	2	25800
第4季.xlsx	ORD0109	2020年12月3日	台中	Panasonic	NR-E414VT	42650	1	42650
第4季.xlsx	ORD0110	2020年12月3日	高雄	CHIMEI	UR-P56VC1	34900	2	69800
第4季.xlsx	ORD0111	2020年12月6日	台中	SHARP	SJ-GX32-SL	18000	1	18000
第4季.xlsx	ORD0112	2020年12月7日	台南	Panasonic	NR-C389HV	39888	2	79776
第4季.xlsx	ORD0113	2020年12月8日	台北	SAMPO	KR-UA48C	5299	2	10598
第4季.xlsx	ORD0114	2020年12月9日	台中	SHARP	SJ-GX32	18800	2	37600
第4季.xlsx	ORD0115	2020年12月15日	新竹	LG	GN-BL497GV	21999	1	21999
第4季.xlsx	ORD0116	2020年12月17日	高雄	CHIMEI	UR-P38VC1	30900	4	123600
第4季.xlsx	ORD0117	2020年12月20日	台北	HERAN	HRE-1013	6099	2	12198
第4季.xlsx	ORD0118	2020年12月23日	台南	LG	GR-FL40SV	31230	1	31230

資料表: 冰箱銷售紀錄 (118 個資料列)

❸ 第4季的資料已合併

分組合併

Power Query編輯器的「分組依據」功能，可以將一或多個資料行中的相同值，分組到單一群組列中。請開啟「冰箱銷售紀錄2.pbix」檔案，並開啟Power Query編輯器進行以下練習。

step 01 點選「冰箱銷售紀錄」資料表，點選**「常用→轉換→分組依據」**按鈕，開啟「分組依據」對話方塊。

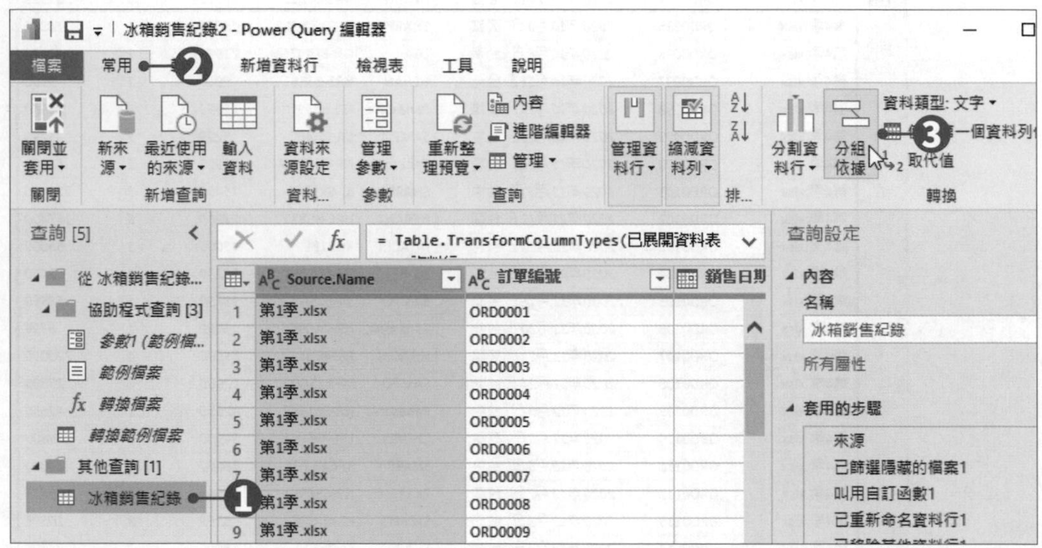

step 02 在「分組依據」對話方塊中，設定分組依據的條件如下(本範例的目的為計算各廠商冰箱的總銷售金額)，設定完成後按下**「確定」**。

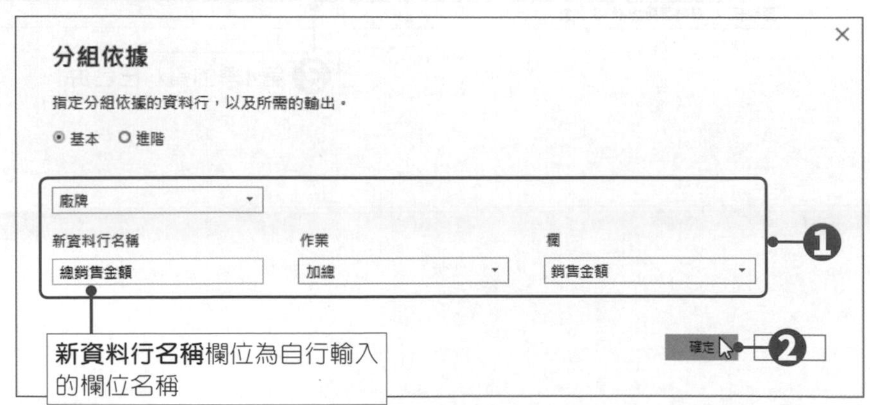

step 03 工作表中會產生新的資料行，是依據廠牌分組並加總計算銷售金額的產出結果。

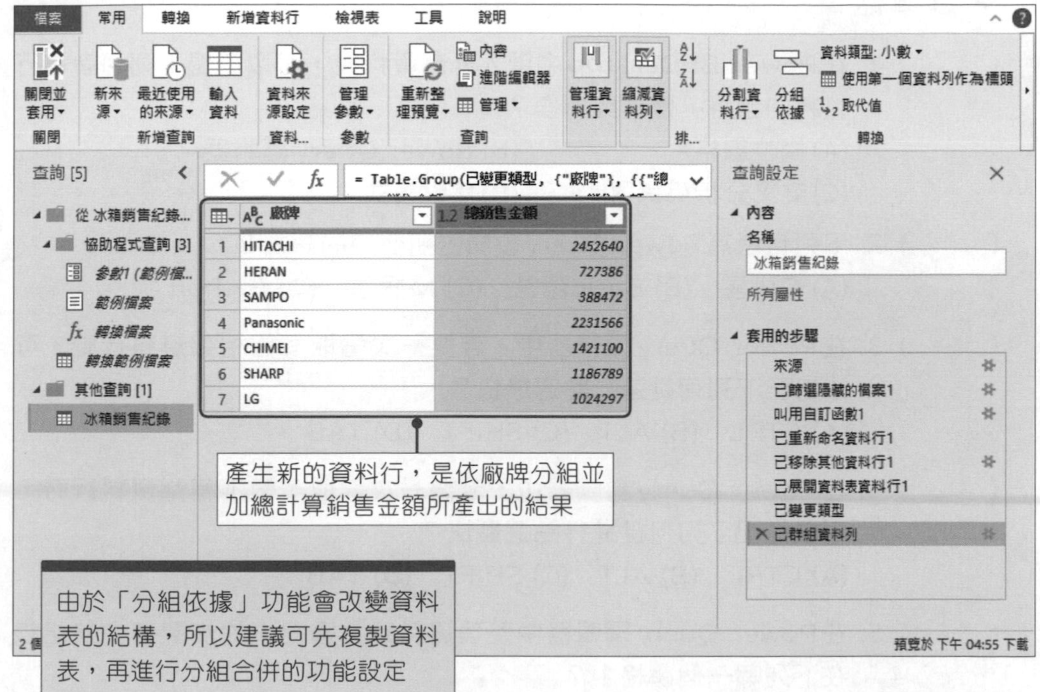

章末習題

✦ 選擇題

(　　) 1. 在Power BI Desktop中匯入外部資料後，可以透過下列何者進行資料的合併、整理與轉換？
(A)欄位窗格　(B) Power Query編輯器
(C)交叉分析篩選器　(D)焦點模式

(　　) 2. 下列何者為Power Query編輯器所使用的語言？
(A) C語言　(B) Basic語言　(C) M語言　(D) Python

(　　) 3. 在Power Query編輯器中，若要一次選取多個相鄰資料行時，可以搭配下列何鍵進行點選最快？
(A) CTRL　(B) ALT　(C) SHIFT　(D) TAB

(　　) 4. 在Power Query編輯器中，若要一次選取多個不相鄰資料行時，可以搭配下列何鍵進行點選最快？
(A) CTRL　(B) ALT　(C) SHIFT　(D) TAB

(　　) 5. 在Power Query編輯器中整理資料時，過程中的步驟都會被記錄在下列哪一個窗格中？
(A)視覺效果窗格　(B)欄位窗格　(C)查詢窗格　(D)查詢設定窗格

(　　) 6. 下列Power Query編輯器使用的資料型態圖示中，何者代表「整數」資料型態？
(A) ABC 123　(B) A^BC　(C) 1.2　(D) $1^2{}_3$

(　　) 7. 下列Power Query編輯器使用的資料型態圖示中，何者代表「日期/時間」資料型態？
(A)　(B) $　(C)　(D) %

(　　) 8. 想要在Power Query編輯器中使用「新增首碼」功能，要在下列哪一個索引標籤中才能找到正確指令？
(A)常用　(B)轉換　(C)工具　(D)檔案

(　　) 9. Power Query編輯器中的哪一個工具，可將會將多個資料表內容依照相同欄位整併在一個資料表中？
(A)附加查詢　(B)合併查詢　(C)橫向查詢　(D)關聯查詢

✦ 實作題

1. 開啟「範例檔案\ch3\109年來臺旅客消費調查.pbix」檔案，檔案中已事先匯入來源資料如下，可以發現其中包含部分不完整或錯誤的資料如下。

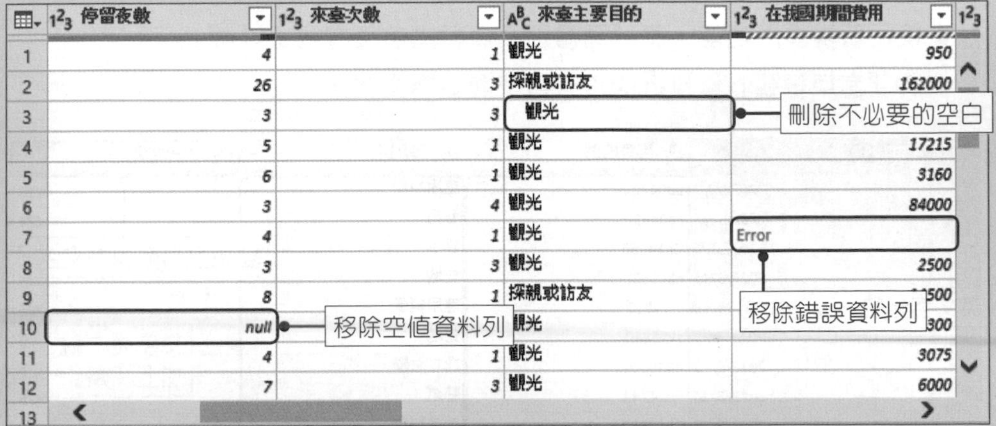

請依照下列指示，透過Power Query編輯器進行初步的資料整理。

- 移除「樣本編號」資料行。
- 將「在我國期間費用」資料行標題名稱修改為「在臺花費」。
- 刪除「來臺主要目的」資料行中不必要的空白。
- 將「停留夜數」資料行中有任何空值的資料移除。
- 將「在臺花費」資料行中有任何顯示錯誤的資料移除。

2. 開啟「範例檔案\ch3\訂書資料.pbix」檔案，請透過 Power Query 編輯器進行以下步驟。

- 變更資料來源為「範例檔案\ch3\訂書資料new.xlsx」檔案。
- 將「圖書編號」資料行中的英文字母全部統一為大寫。
- 使用新增頁尾功能，將「圖書別」資料文字後方加上「類」。
- 將「客戶編號」資料行的資料類型變更為文字。

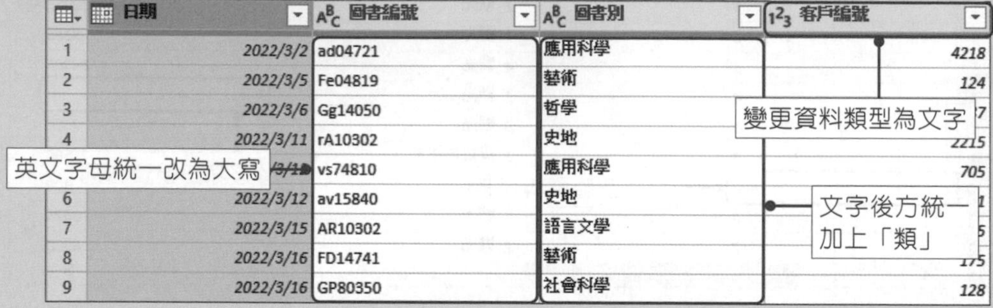

3. 開啟「範例檔案\ch3\韻律體操優勝成績.pbix」檔案，透過 Power Query 編輯器將個人全能、帶競賽、棒競賽、球競賽、環競賽等五個比賽項目的優勝成績資料，合併產生一個新的查詢資料表，結果請參考下圖。

年度	競賽種類	參賽項目	參賽組別	名次	成績	學校名稱	參賽選手
109	韻律體操	個人全能	公開女生組	1	60	國立體大	李慈紋
109	韻律體操	個人全能	公開女生組	2	53.1	臺灣體大	張予姍
109	韻律體操	個人全能	公開女生組	3	51.05	長榮大學	林昱婷
109	韻律體操	帶競賽	公開女生組	1	16.15	國立體大	宋語涵
109	韻律體操	帶競賽	公開女生組	2	15.45	國立體大	詹庭甄
109	韻律體操	帶競賽	公開女生組	3	13.6	長榮大學	林昱婷
109	韻律體操	球競賽	公開女生組	1	15.1	國立體大	蔡瑞珊
109	韻律體操	球競賽	公開女生組	2	14.9	臺灣體大	張予姍
109	韻律體操	球競賽	公開女生組	3	13.45	國立體大	賴新雅
109	韻律體操	環競賽	公開女生組	1	15.55	國立體大	李慈紋
109	韻律體操	環競賽	公開女生組	2	14.25	國立體大	賴新雅
109	韻律體操	環競賽	公開女生組	3	11.7	長榮大學	潘芝昀
109	韻律體操	棒競賽	公開女生組	1	15.55	國立體大	宋語涵
109	韻律體操	棒競賽	公開女生組	2	14.75	國立體大	李慈紋
109	韻律體操	棒競賽	公開女生組	3	13.25	臺灣體大	陳沛安

視覺效果物件編輯技巧

4-1 認識視覺效果的元件

4-2 視覺效果物件基本操作

4-3 視覺效果的格式設定

4-4 變更視覺效果類型

4-1 認識視覺效果的元件

Power BI提供許多視覺效果類型，每一種視覺效果類型都包含一些固定的基本構成，而視覺效果的組成元件也會因圖表類型的不同而稍有不同。圖4-1以常用的「直條圖」視覺效果來說明，其基本元件包含「圖表標題」、「圖例」、「資料數列」、「資料標籤」、「座標軸」等，基本上每一個元件都可以個別編輯與修改。

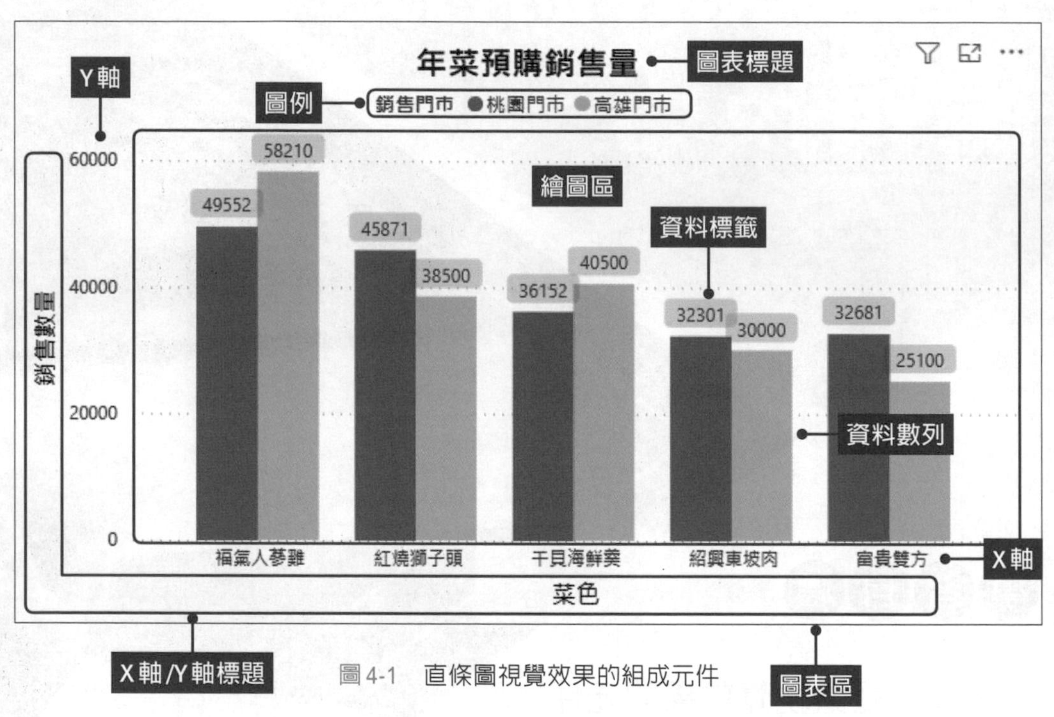

圖4-1　直條圖視覺效果的組成元件

各元件說明如下：

⊕ 圖表標題：圖表的標題。

⊕ 圖例：標示每一組資料數列所代表的色彩。

⊕ 圖表區(背景)：整個視覺效果的區域。

⊕ 繪圖區：不包含圖表標題、圖例等物件，只有圖表內容。

⊕ X軸/Y軸標題(座標軸標題)：座標軸分為X軸與Y軸兩座標軸，分別顯示在水平與垂直座標軸上，預設會自動開啟顯示座標軸標題。

⊕ X軸：以直條圖來說，X軸為類別座標軸，做為將資料標記分類的依據。

⊕ Y軸：以直條圖來說，Y軸為數值座標軸，會根據資料標記的大小，自動產生衡量的刻度。

⊕ 資料數列：每一個資料標記用來表示資料數值大小。而相同類別的資料標記，為同一組資料數列(同一顏色者)，簡稱「數列」。

⊕ 資料標籤：在資料標記上或周邊，標示出資料的數值或相關資訊。

4-2 視覺效果物件基本操作

在報表畫布中建立好視覺效果後，可以對視覺效果物件進行個別的搬移或縮放等調整。本小節請開啟「範例檔案\ch4\觀光總收入.pbix」報表檔案，進行以下練習。

移動視覺效果

step 01 按下左側瀏覽窗格中的 按鈕，進入**報告**檢視模式中，以滑鼠左鍵點選想要移動的視覺效果圖表區中任一位置，即可選取該視覺效果物件，而被選取的視覺效果會呈現灰色框線。

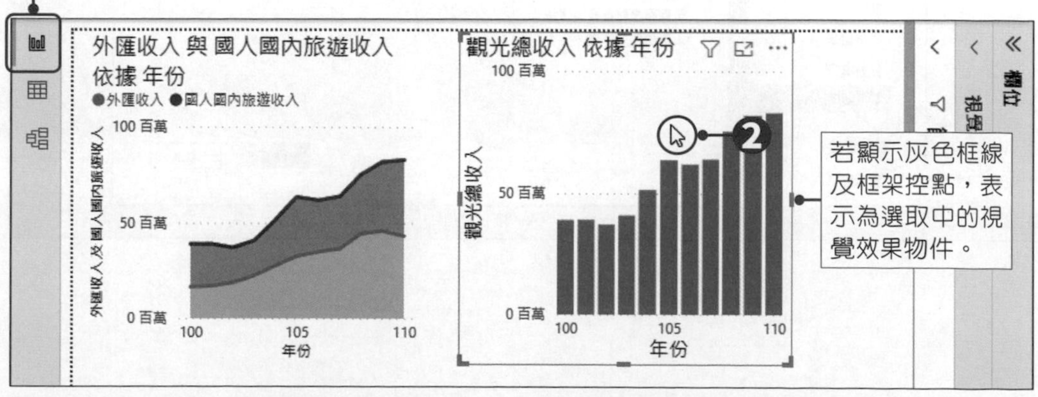

step 02 接著按住滑鼠左鍵，直接將視覺效果物件拖曳至新的位置即可。

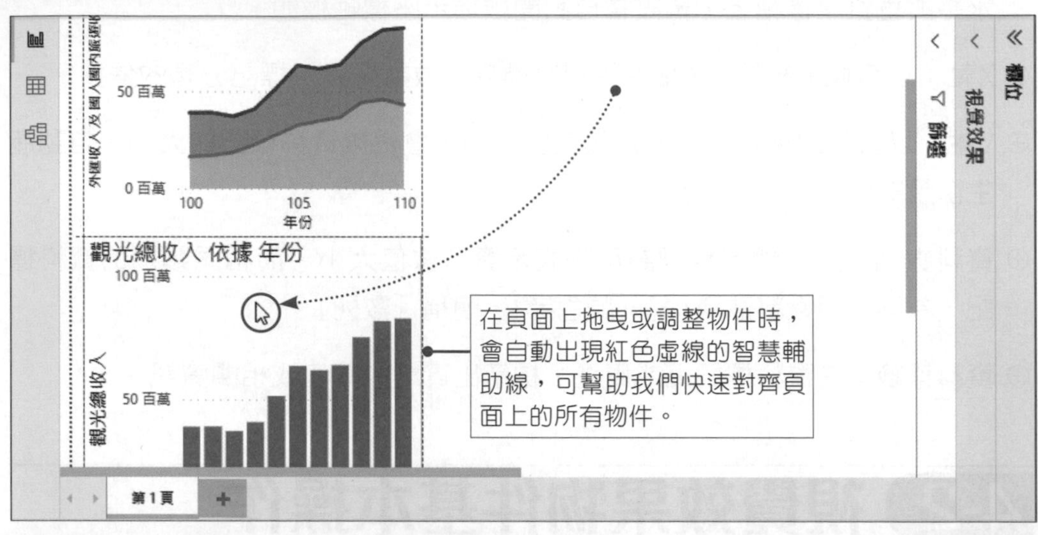

關閉智慧輔助線

點選「**檔案→選項及設定→選項**」，開啓「選項」對話方塊，在「**全域→報表設定**」項目頁面中，可設定是否顯示智慧輔助線。

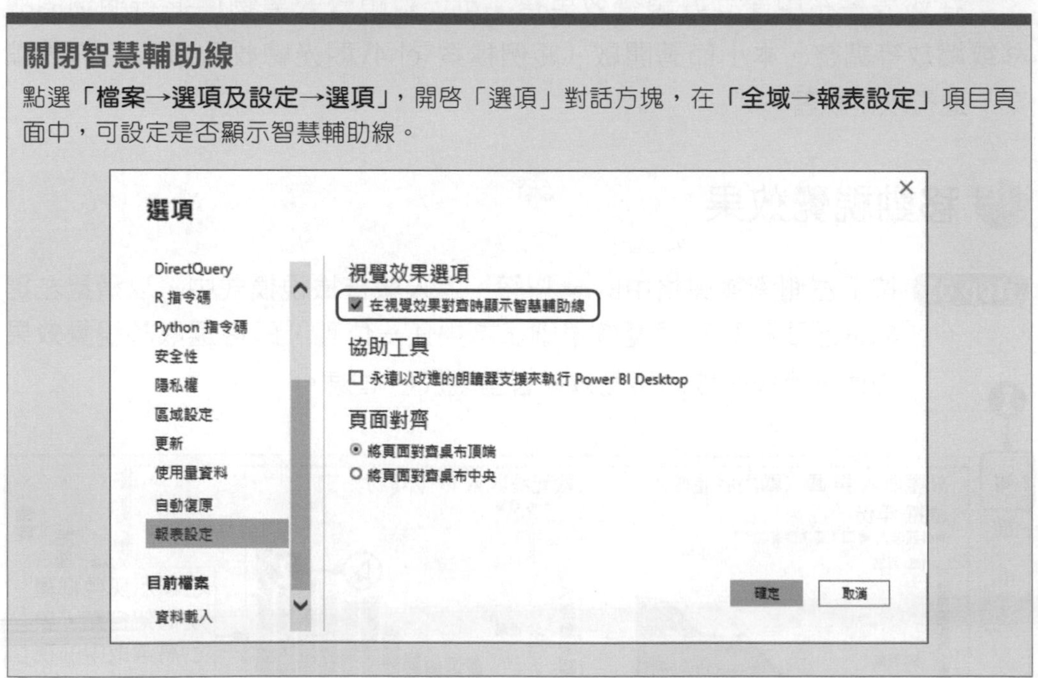

調整視覺效果的大小

step 01 以滑鼠左鍵點選視覺效果圖表區中的任一位置，即可選取該視覺效果物件，並將滑鼠游標移至視覺效果物件周圍的框架控點。

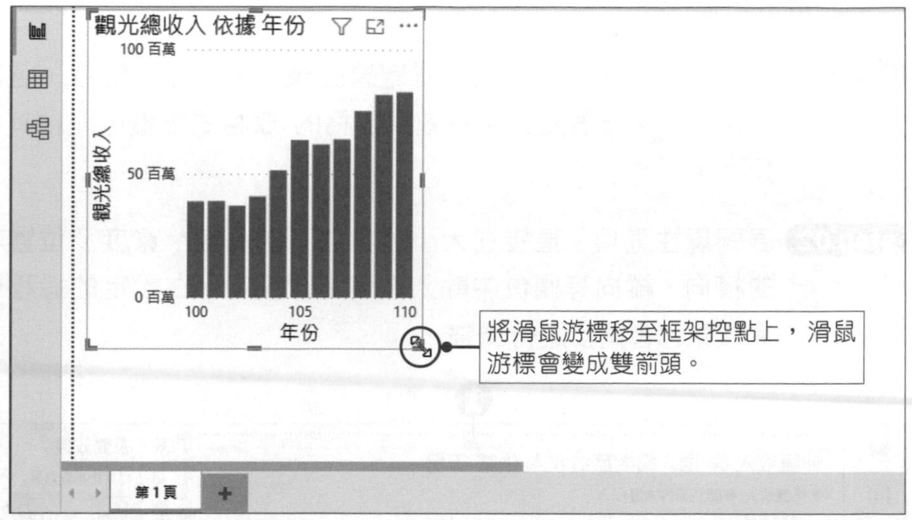

step 02 按住滑鼠左鍵不放並拖曳滑鼠，即可調整大小。

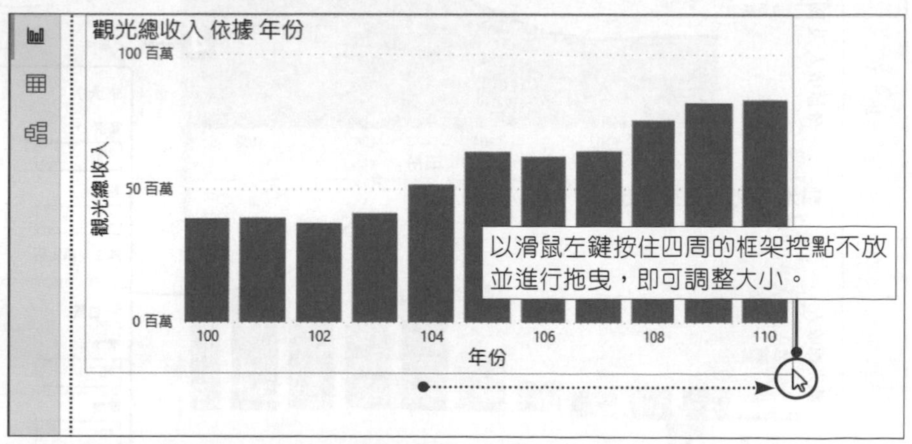

在格式標籤中設定視覺效果的位置及大小

雖然透過拖曳滑鼠可以很方便直覺地調整視覺效果物件的位置及大小，但若欲進行更準確的設定，可以在**視覺效果**窗格中的 **格式**標籤之下，輸入精準的數值來進行設定。

step 01 以滑鼠左鍵點選第一個視覺效果圖表區中的任一位置，選取該視覺效果物件，接著點選**視覺效果**窗格的 **格式**標籤，開啟其中的**一般**類別。

step 02 展開**屬性**選項，直接在**大小**項目之下的**高度**、**寬度**及**位置**項目之下的**橫向**、**縱向**等欄位中輸入數值進行設定。在設定的過程中，該視覺效果也會同步進行調整。

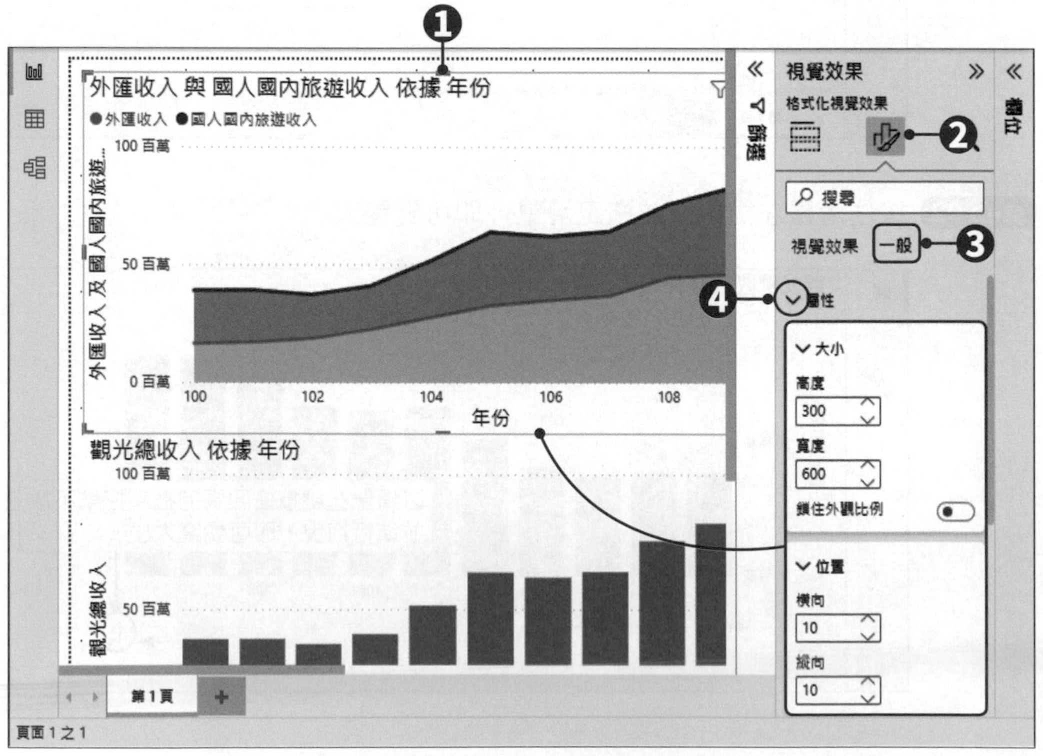

複製視覺效果

我們可以將報表中的視覺效果物件，直接複製到同一個報表的相同或不同頁面上。

step 01 在要複製的視覺效果物件圖表區中的任一位置按下滑鼠右鍵，點選選單中的「**複製→複製視覺效果**」。

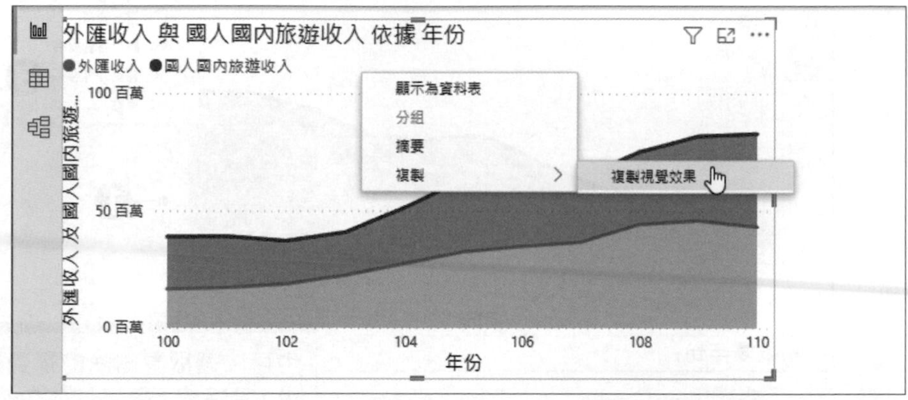

step 02 接著點選「**常用→剪貼簿→貼上**」，會直接將視覺效果物件貼上原物件的所在位置，再將它拖曳至想要放置的地方即可。

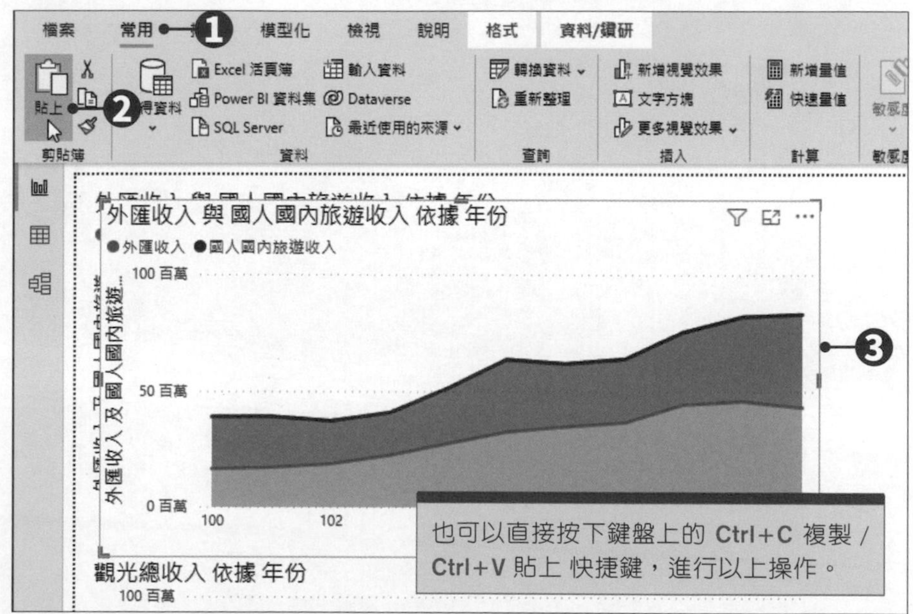

刪除視覺效果

以滑鼠左鍵點選視覺效果圖表區中的任一位置，先選取要刪除的視覺效果物件，接著按下右上角的 ⋯**更多選項**按鈕，點選選單中的**「移除」**，執行刪除的動作。

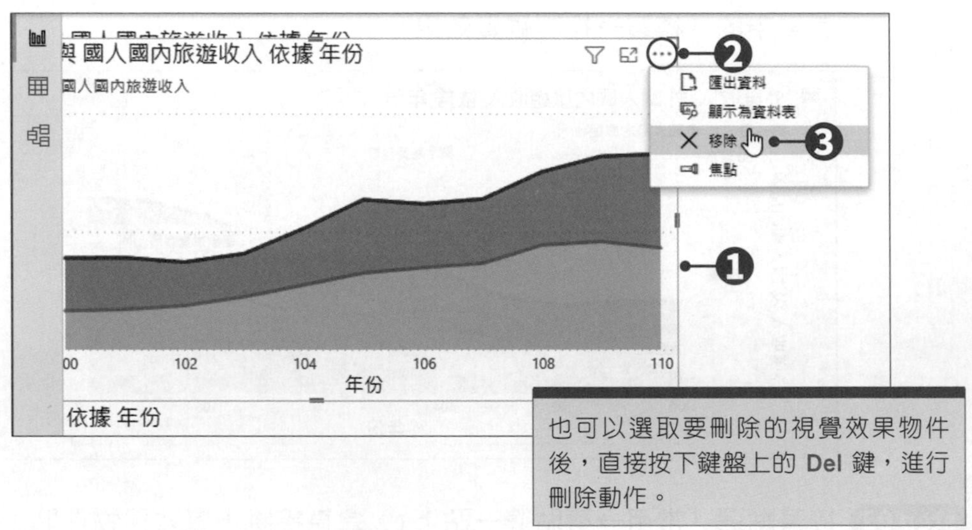

4-3 視覺效果的格式設定

在畫布中建立好視覺效果後，後續可以針對視覺效果進行格式設定，本節將介紹視覺效果物件的各種編輯技巧與設定。本小節請接續上一小節的**觀光總收入.pbix**報表檔案(或者開啟範例檔案中的**觀光總收入-1.pbix**報表檔案)，進行以下操作。

圖表標題文字

step 01 按下左側瀏覽窗格中的 按鈕，進入**報告**檢視模式中，以滑鼠左鍵點選視覺效果圖表區中的任一位置，選取該視覺效果物件。

step 02 接著點選**視覺效果**窗格的 **格式**標籤，開啟其中的**一般**類別，按下**標題**選項的下拉鈕，即可進行圖表標題的細部設定。

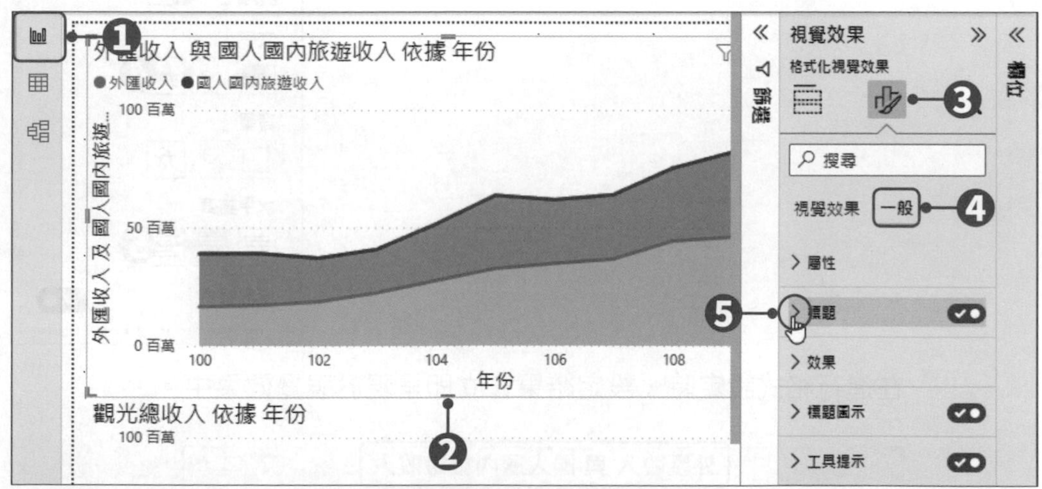

格式標籤中的各項目，皆可直接設定開啓或關閉。以「標題」為例，若切換為「關」，表示圖表不顯示標題元件；必須切換為「開」，才能進行相關的細項設定。

> 標題
> 效果
> 標題圖示

在此處按一下滑鼠左鍵，即可切換「開」與「關」

step 03 標題選項中，可設定標題文字的內容、標題文字樣式、字型、大小、粗體/斜體/底線、色彩、對齊方式等樣式。

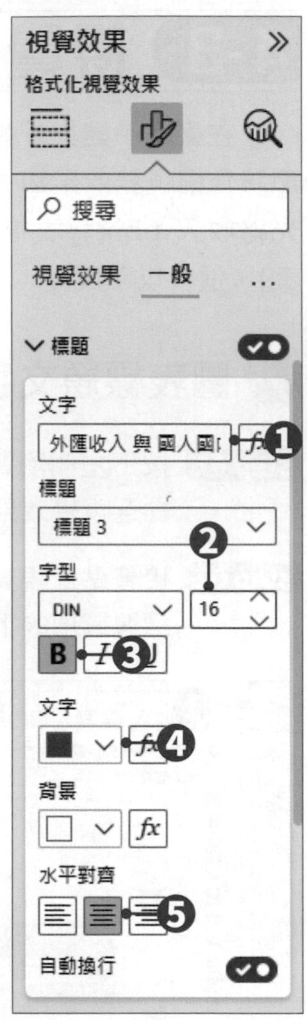

在進行格式設定時，設定結果會立即呈現於視覺效果中。

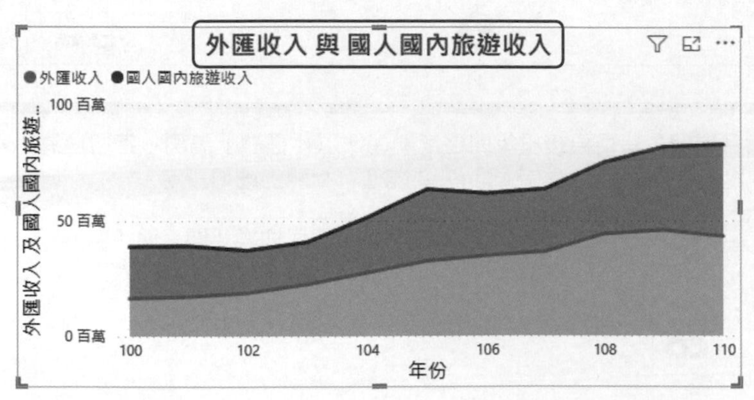

圖例位置與文字大小

step 01 按下左側瀏覽窗格中的 按鈕，進入**報告**檢視模式中，以滑鼠左鍵點選視覺效果圖表區中任一位置，選取該視覺效果物件。

step 02 接著點選**視覺效果**窗格的 **格式**標籤，開啟其中的**視覺效果**類別，按下**圖例**選項的下拉鈕，展開圖例選項，設定圖例的位置及文字大小。

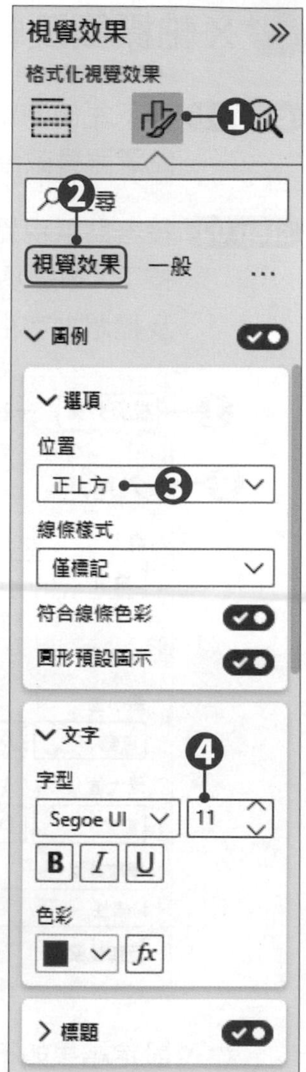

設定結果如下。

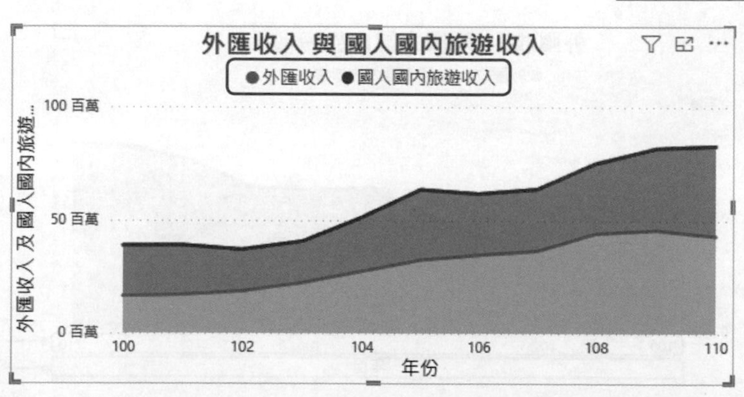

X 軸標籤及軸標題

step 01 按下左側瀏覽窗格中的 按鈕，進入**報告**檢視模式中，以滑鼠左鍵點選視覺效果圖表區中的任一位置，選取該視覺效果物件。

step 02 接著點選**視覺效果**窗格的 **格式**標籤，開啟其中的**視覺效果**類別，按下**X軸**選項的下拉鈕，展開X軸選項，設定X軸的標籤文字格式以及標題文字格式。

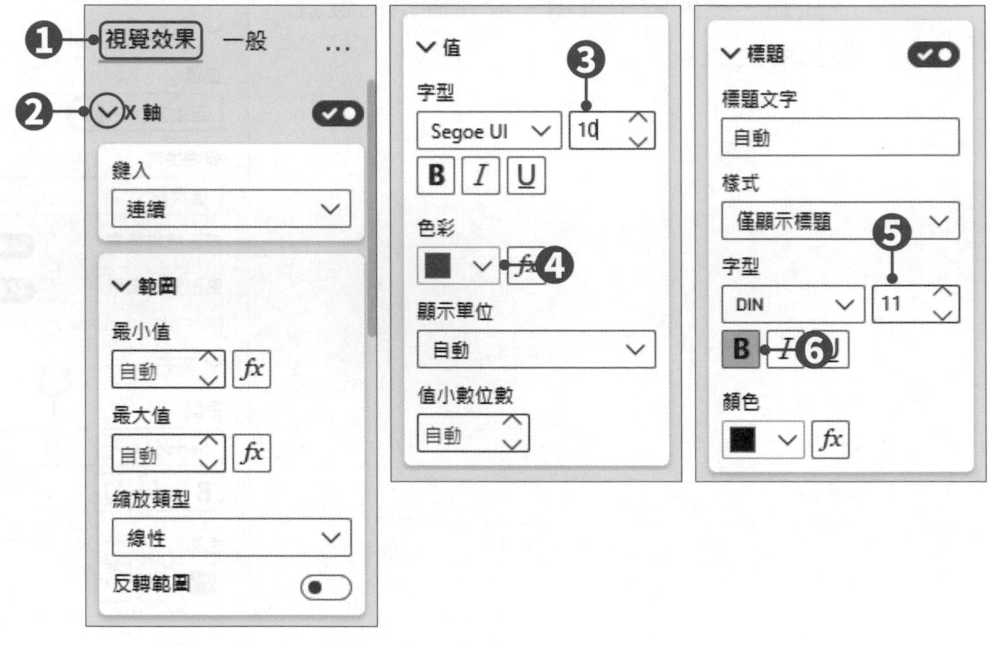

設定結果如下。

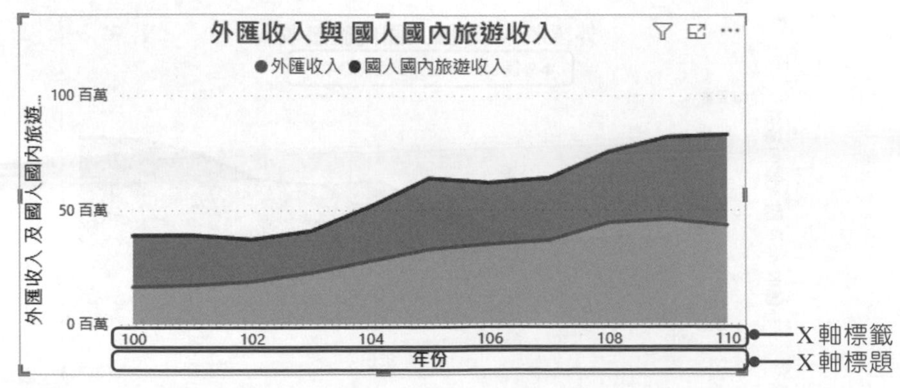

Y 軸標籤及軸標題

step 01 按下左側瀏覽窗格中的 按鈕，進入**報告**檢視模式中，以滑鼠左鍵點選視覺效果圖表區中的任一位置，選取該視覺效果物件。

step 02 接著點選**視覺效果**窗格的 **格式**標籤，開啟其中的**視覺效果**類別，按下**Y軸**選項的下拉鈕，展開Y軸選項，設定Y軸的標籤文字格式，並關閉Y軸的標題文字。

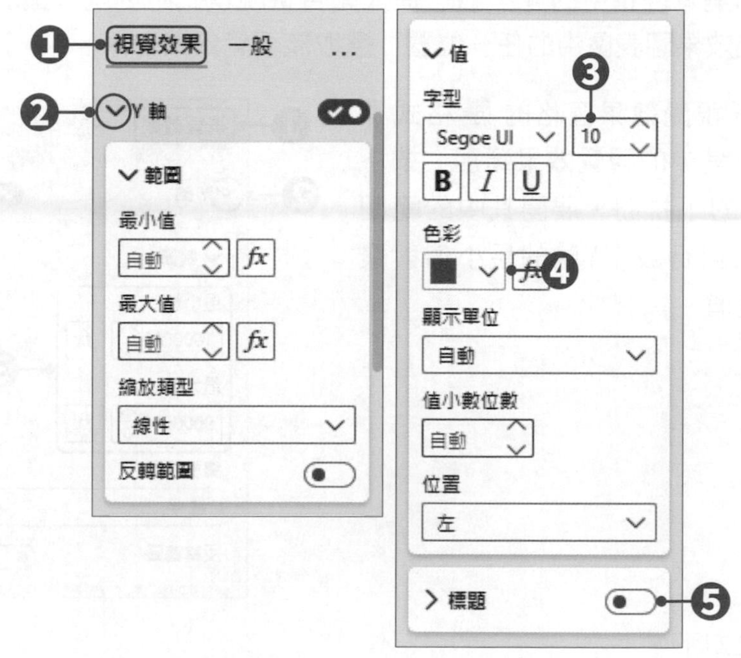

設定結果如下。

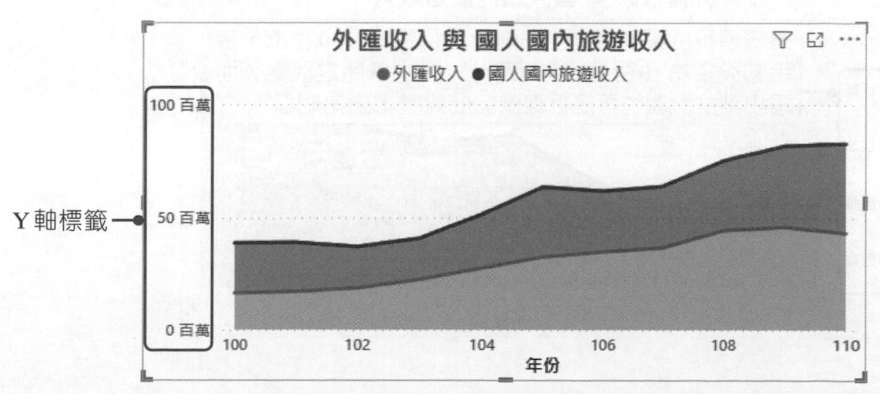

座標軸刻度及格線

X軸與Y軸選項除了可設定各座標軸上的標籤與標題文字，也可分別設定座標軸的最小值與最大值刻度、刻度單位，以及格線格式。以下將以Y軸為例進行練習。

♣ 最小值與最大值刻度

step 01 按下左側瀏覽窗格中的 按鈕，進入**報告**檢視模式中，以滑鼠左鍵點選視覺效果圖表區中的任一位置，選取該視覺效果物件。

step 02 接著點選**視覺效果**窗格的 **格式**標籤，開啟其中的**視覺效果**類別，按下Y軸選項的下拉鈕，展開其中的**範圍**選項，可自行設定Y軸的**最小值**與**最大值**刻度值。

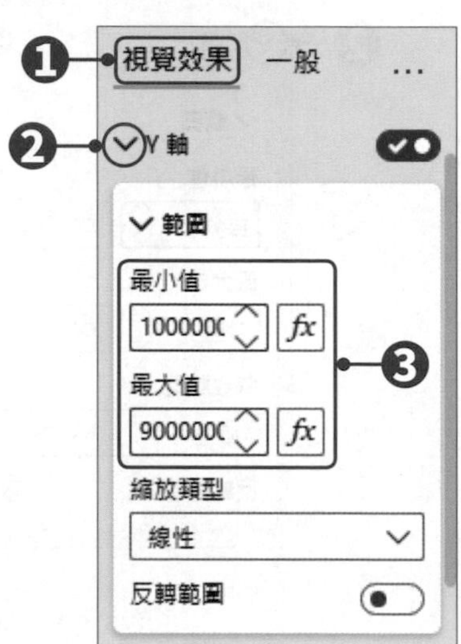

設定結果如下。

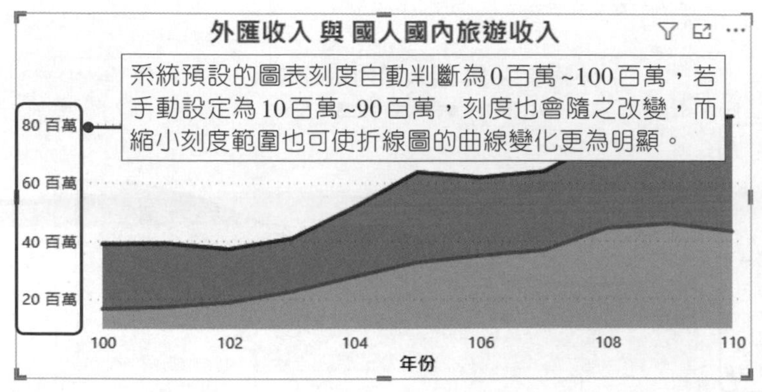

♣ 刻度單位

step 01 按下左側瀏覽窗格中的 按鈕，進入**報告**檢視模式中，以滑鼠左鍵點選視覺效果圖表區中的任一位置，選取該視覺效果物件。

step 02 接著點選**視覺效果**窗格的 **格式**標籤，開啟其中的**視覺效果**類別，按下**Y軸**選項的下拉鈕，展開**值**項目，可自行設定Y軸的**顯示單位**。

設定結果如下。

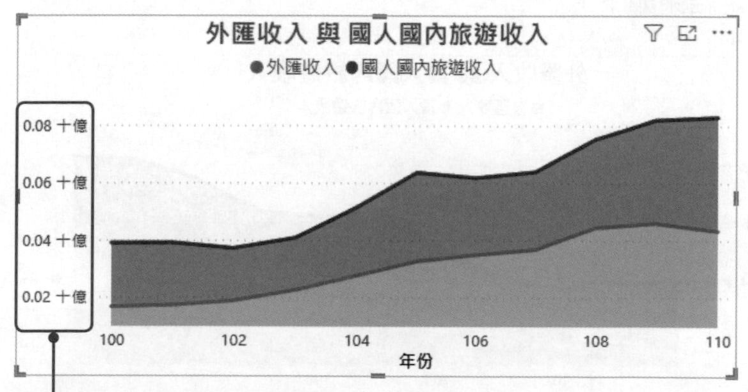

此處系統原先預設的圖表刻度單位為「百萬」，客觀來說較符合本圖表適用的數值單位，本例特意改為「十億」則是為了讓讀者了解調整刻度單位之後的變化。

♣ 格線

step 01 按下左側瀏覽窗格中的 按鈕，進入**報告**檢視模式中，以滑鼠左鍵點選視覺效果圖表區中的任一位置，選取該視覺效果物件。

step 02 接著點選**視覺效果**窗格的 **格式**標籤，開啟其中的**視覺效果**類別，按下**格線**選項下拉鈕，展開其中的**橫向**選項，可自行設定Y軸的格線格式。

設定結果如下。

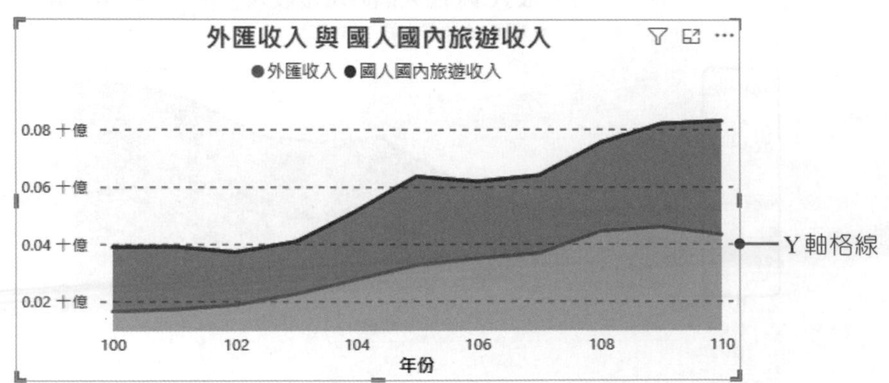

繪圖區背景

step 01 按下左側瀏覽窗格中的 按鈕，進入**報告**檢視模式中，以滑鼠左鍵點選視覺效果圖表區中的任一位置，選取該視覺效果物件。

step 02 接著點選**視覺效果**窗格的 **格式**標籤，開啟其中的**視覺效果**類別，按下**繪圖區背景**選項下拉鈕，點選其中的**瀏覽**欄位，可設定繪圖區背景要套用的圖片。

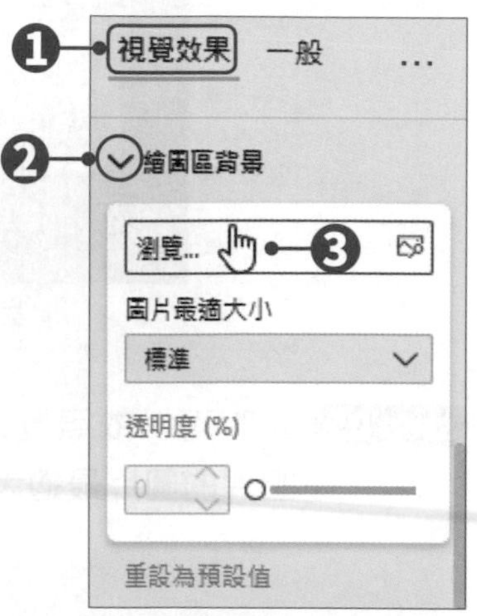

step 03 在「開啟」對話方塊中，選擇想要使用的底圖檔案「ch04→bg.jpg」，選定後按下**開啟**按鈕。

step 04 設定的圖片會按照原始大小與比例，直接顯示在視覺效果的繪圖區中。

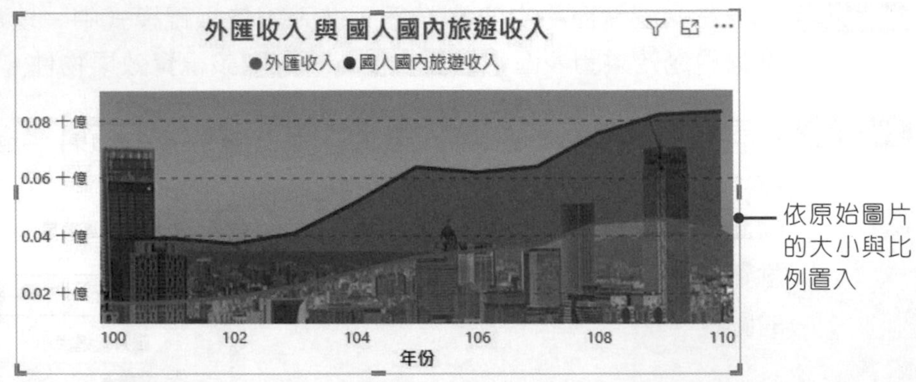

step 05 此時可以依照置入的實際狀況再繼續設定圖片的**圖片最適大小與透明度**。

「圖片最適大小」選項

- 標準：為預設選項，會直接以圖片的原始大小與長寬比置入。
- 調整：圖片會自動縮放大小，但會維持原始長寬比，以符合繪圖區的大小。
- 填滿：圖片會自動縮放大小與長寬比，以整張圖片填滿繪圖區。

設定結果如下。

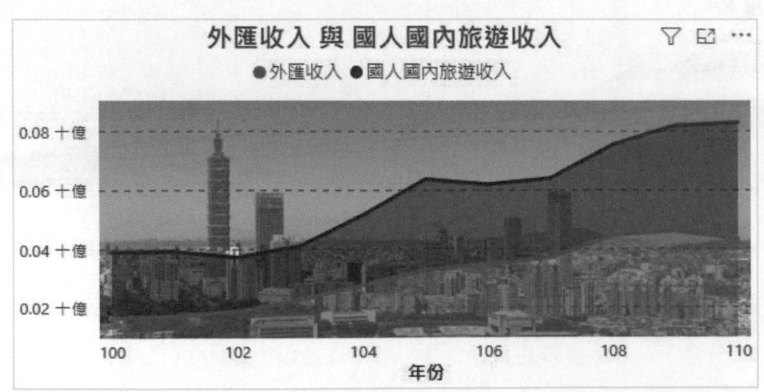

背景

step 01 按下左側瀏覽窗格中的 按鈕，進入**報告**檢視模式中，以滑鼠左鍵點選視覺效果圖表區中的任一位置，選取該視覺效果物件。

step 02 接著點選**視覺效果**窗格的 **格式**標籤，開啟其中的**一般**類別，按下**效果**選項下拉鈕，展開其中的**背景**選項，按下**色彩**下拉鈕，可開啟色盤，從中選擇想要套用的背景色及透明度。

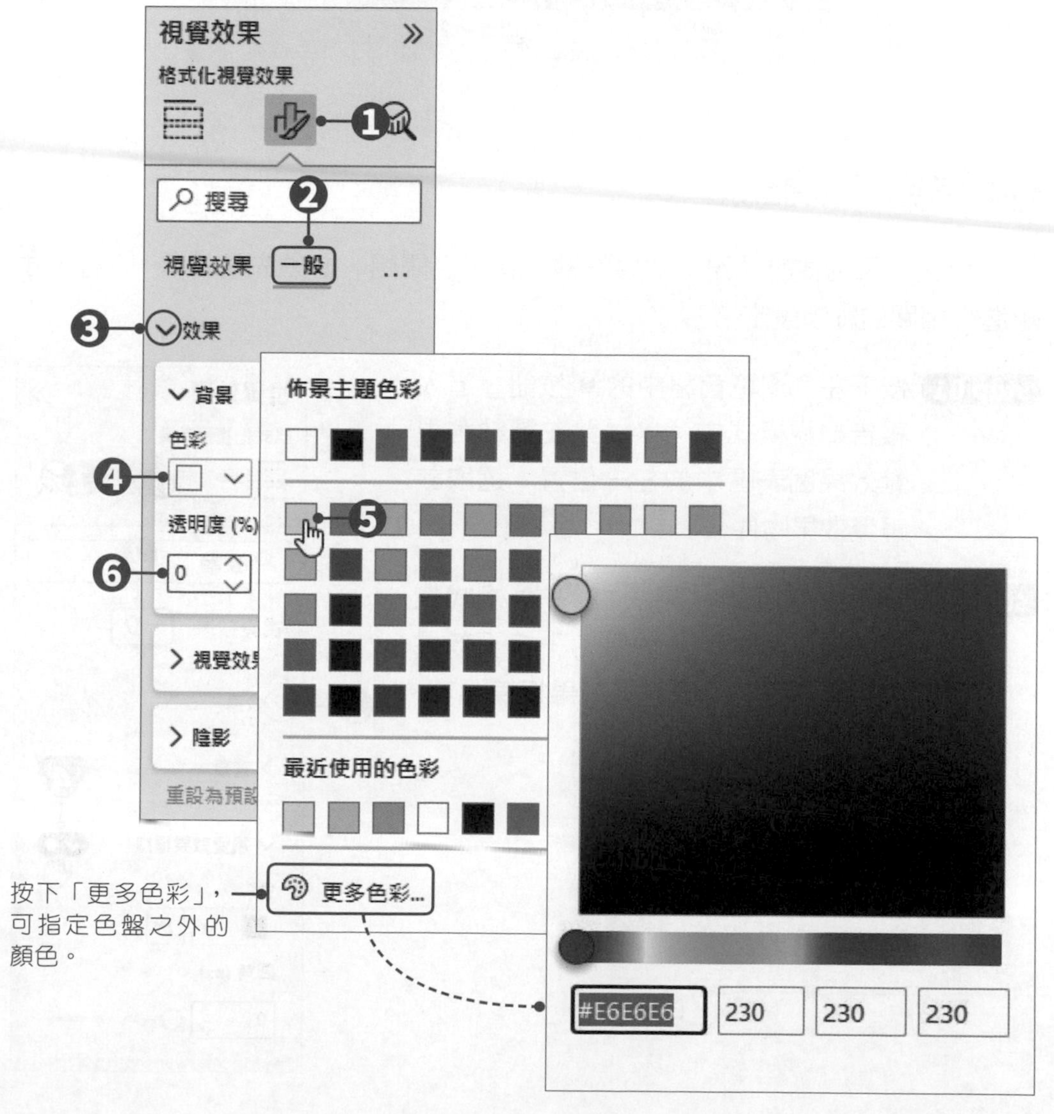

按下「更多色彩」，可指定色盤之外的顏色。

step 03 選定後，會以該色彩填滿整個視覺效果物件的背景，設定結果如下。

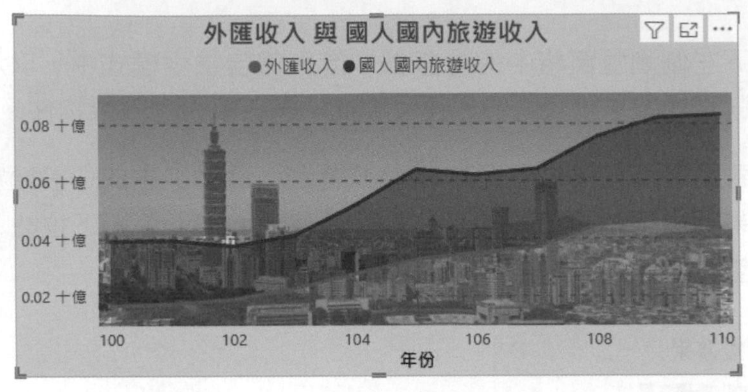

視覺效果框線

視覺效果物件的「視覺效果框線」預設為關閉，必須先切換為「開」，才能進行相關的細項設定。

step 01 按下左側瀏覽窗格中的按鈕，進入**報告**檢視模式中，以滑鼠左鍵點選視覺效果圖表區中的任一位置，選取該視覺效果物件。

step 02 接著點選**視覺效果**窗格的**格式**標籤，開啟其中的**一般**類別，按下**效果**選項下拉鈕，開啟**視覺效果框線**選項。

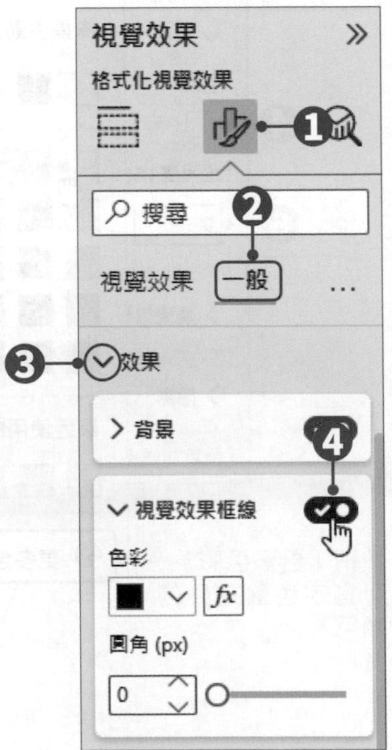

step 03 按下**色彩**下拉鈕，可開啟色盤，從中選擇想要套用的框線色彩；而**圓角**選項則是用來設定邊界的圓角效果，設定值為 0 ～ 30 px。

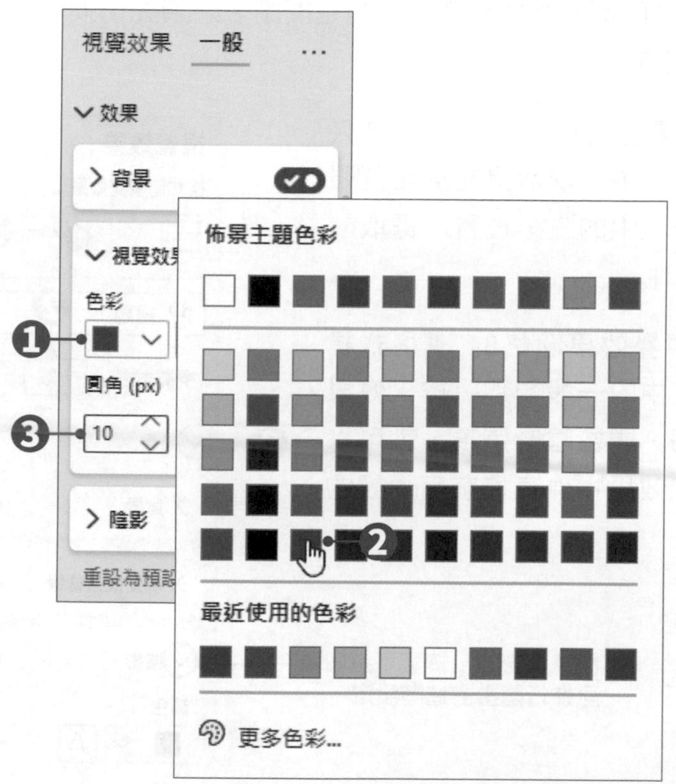

step 04 設定好後，整個視覺效果物件就會加上我們所設定的邊框，設定結果如下。

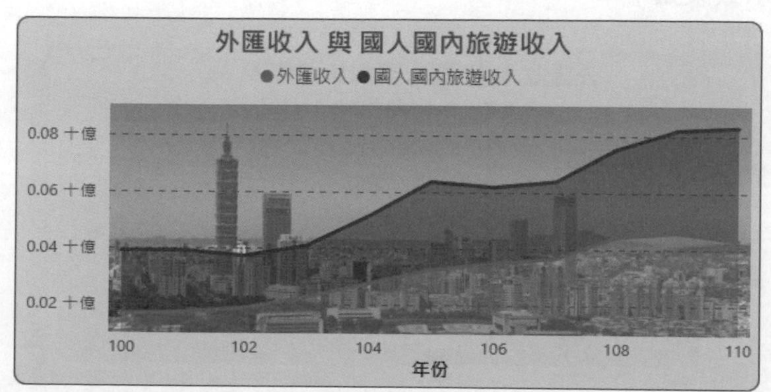

陰影

視覺效果物件的「陰影」在預設情況下也是關閉，必須先切換為「開」，才能進行相關的細項設定。

step 01 按下左側瀏覽窗格中的 按鈕，進入**報告**檢視模式中，以滑鼠左鍵點選視覺效果圖表區中的任一位置，選取該視覺效果物件。

step 02 接著點選**視覺效果**窗格的 **格式**標籤，開啟其中的**一般**類別，按下**效果**選項下拉鈕，開啟**陰影**選項，就可以將整個視覺效果物件直接套用預設的陰影效果。

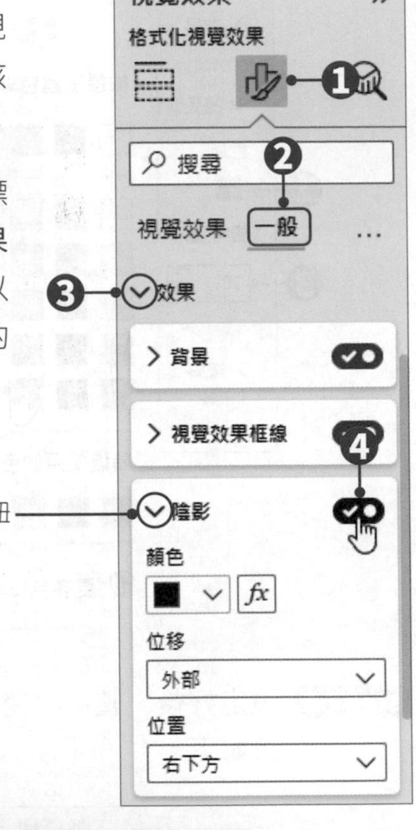

顯示效果如下。

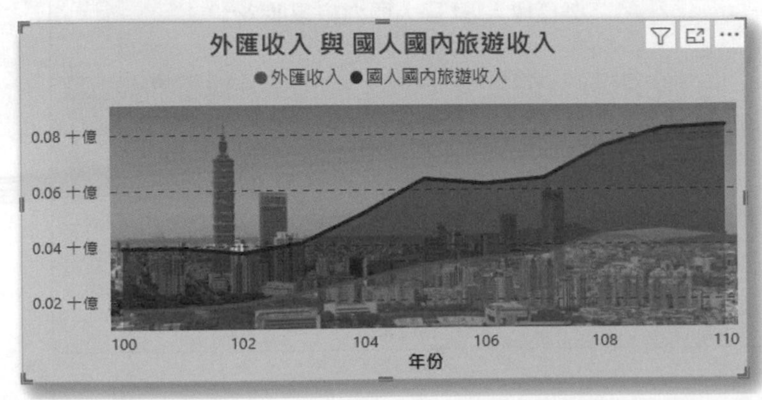

step 03 按下**陰影**下拉鈕，可展開陰影選項，進行陰影的顏色、位置、方向等基本設定。

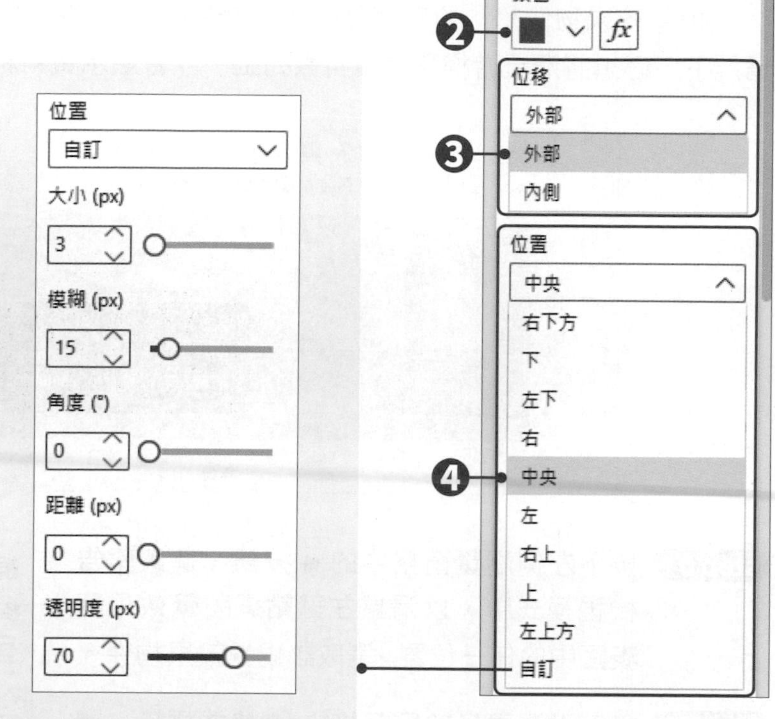

此處點選「自訂」，可自訂陰影的大小、模糊、角度、距離、透明度等更細部的設定。

設定結果如下。

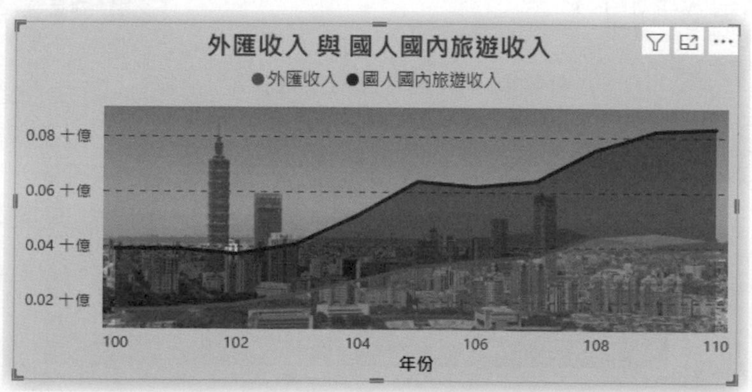

資料標籤

視覺效果物件的「資料標籤」預設是關閉的，當「資料標籤」在關閉的情況下，必須將滑鼠游標移至資料數列上，才會顯示資料標籤。

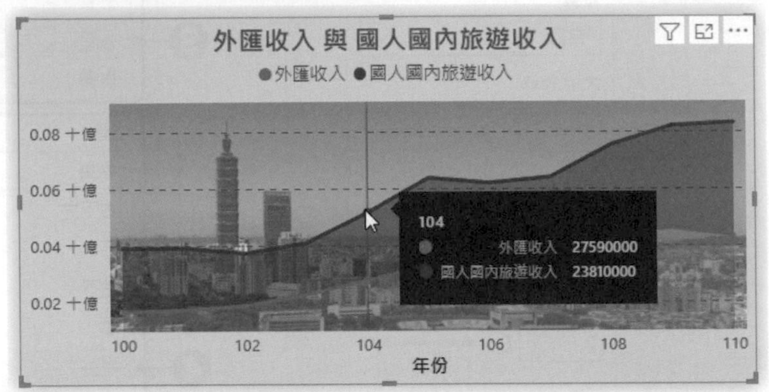

step 01 按下左側瀏覽窗格中的 按鈕，進入**報告**檢視模式中，以滑鼠左鍵點選視覺效果圖表區中的任一位置，選取該視覺效果物件。

step 02 接著點選**視覺效果**窗格的 **格式**標籤，開啟**視覺效果**類別，開啟其中的**資料標籤**選項，資料數列上就會直接顯示資料數據。

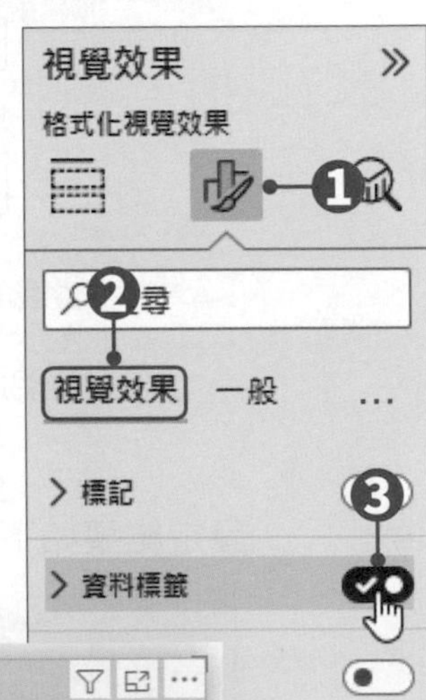

顯示效果如下。

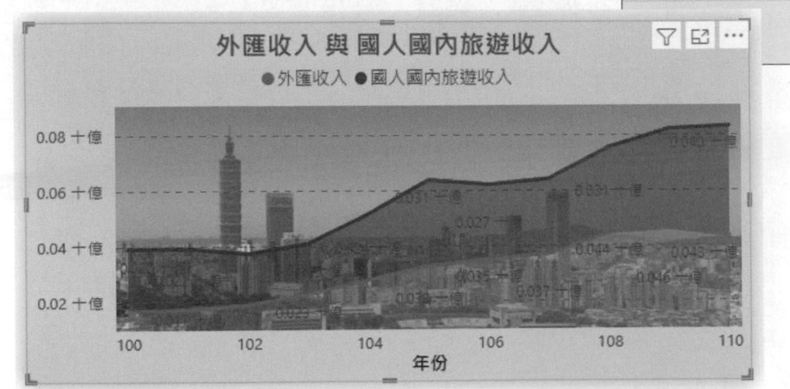

step 03 按下資料標籤下拉鈕，可展開資料標籤選項，進一步設定資料標籤的位置、標籤密度、文字格式、文字顏色、顯示單位、背景等。

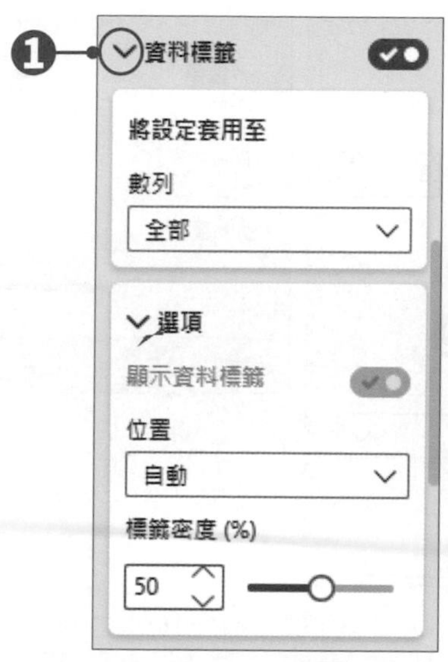

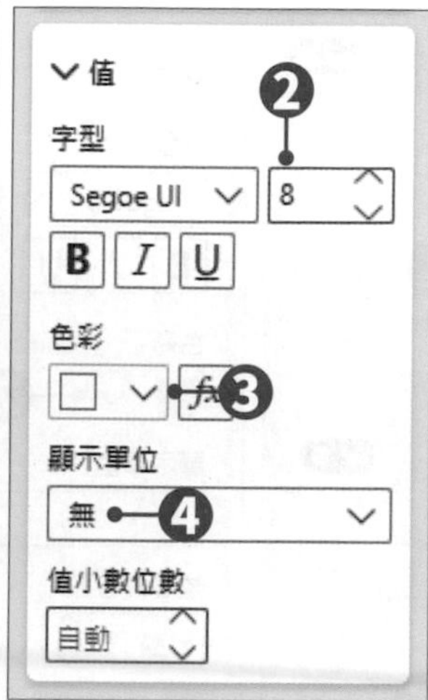

「資料標籤」選項說明

資料標籤的設定選項會依圖表類型而有所不同，以下為較常用的選項說明：

- 方向：以直條圖或橫條圖來說，會有資料標籤的文字方向選項，可選擇「橫向」或「縱向」。
- 標籤密度：為標籤顯示密度。預設值為50%，因此部分資料可能不會出現標籤，若調整為100%，則所有資料數列皆會顯示標籤。
- 值小數位數：可設定標籤數值的小數位數，適用於數值為百分比或有小數位數的情況。
- 背景：設定資料標籤文字的底色。預設為關閉，若開啟「背景」選項，可進一步設定背景色彩與透明度。

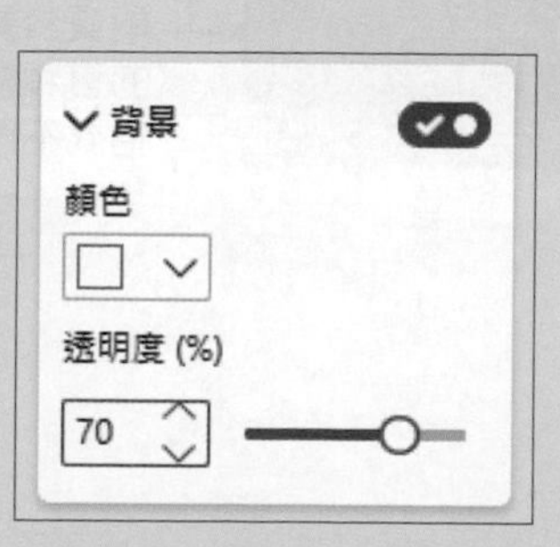

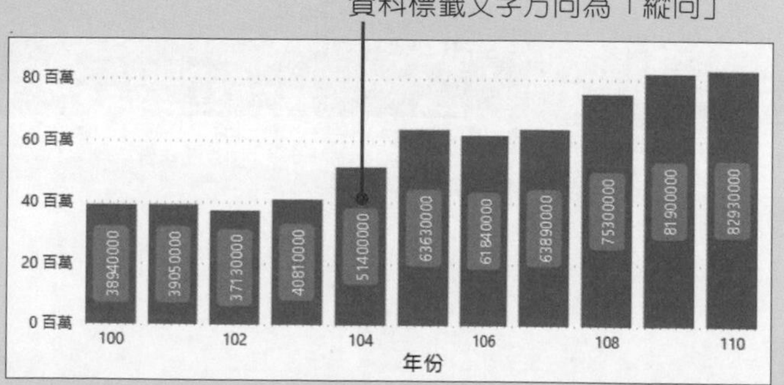

step 04 接著在**將設定套用至 / 數列**選項中，可以個別設定不同數列的資料標籤格式。

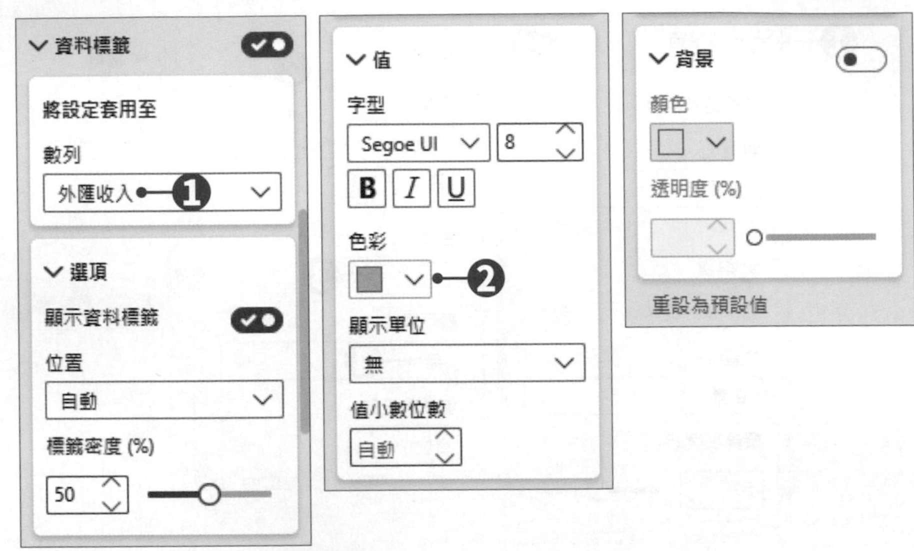

若該圖表包含多個資料數列，會出現「**將設定套用至 / 數列**」選項，切換數列選單，即可分別設定不同資料數列的資料標籤格式。

設定結果如下。

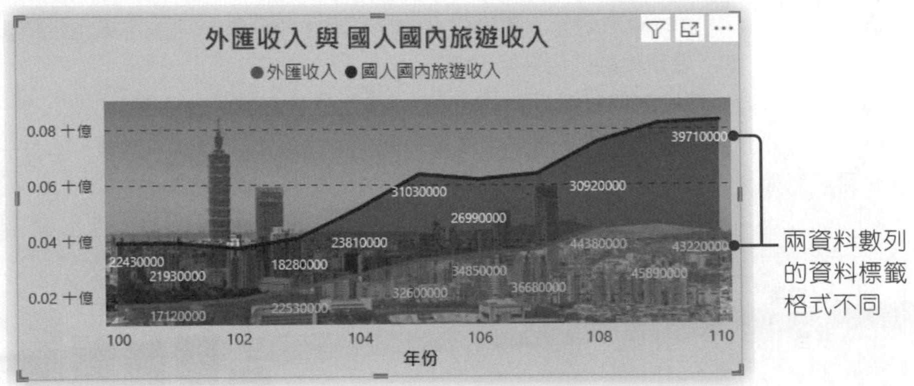

行

視覺效果選項中的「行」，主要是設定各組資料數列的外觀及格式。

step 01 按下左側瀏覽窗格中的 按鈕，進入**報告**檢視模式中，以滑鼠左鍵點選視覺效果圖表區中的任一位置，選取該視覺效果物件。

step 02 接著點選**視覺效果**窗格的 **格式**標籤，開啟**視覺效果**類別，開啟其中的**行**選項，在**色彩**項目中，可個別設定各資料數列的顏色。

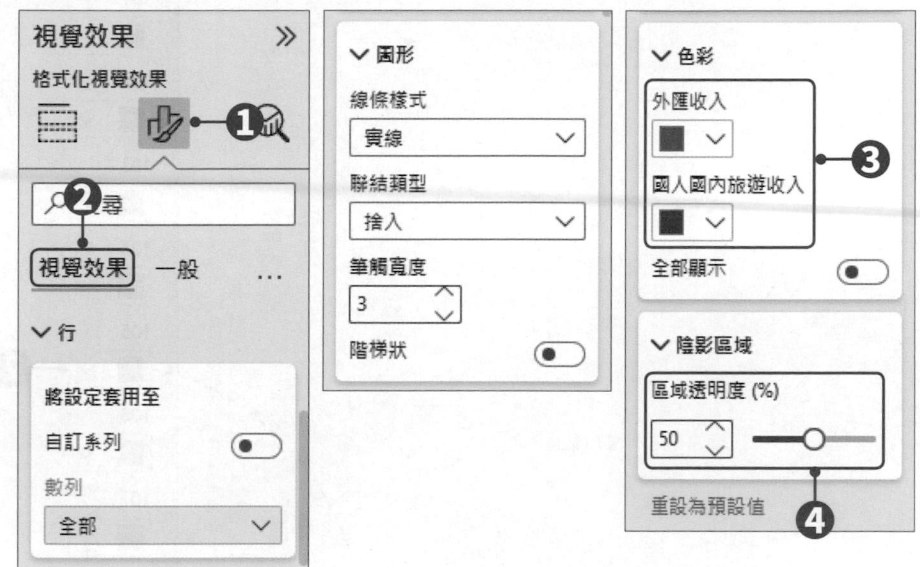

設定結果如下。

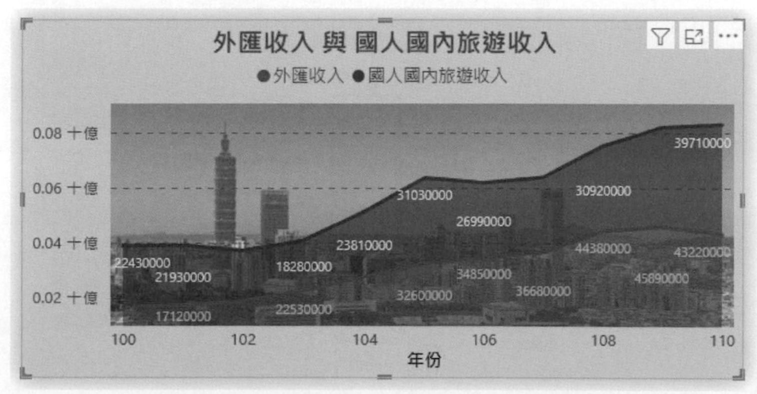

step 04 若開啟其中的**全部顯示**選項，則可個別設定每一筆資料的色彩。

設定結果如下。

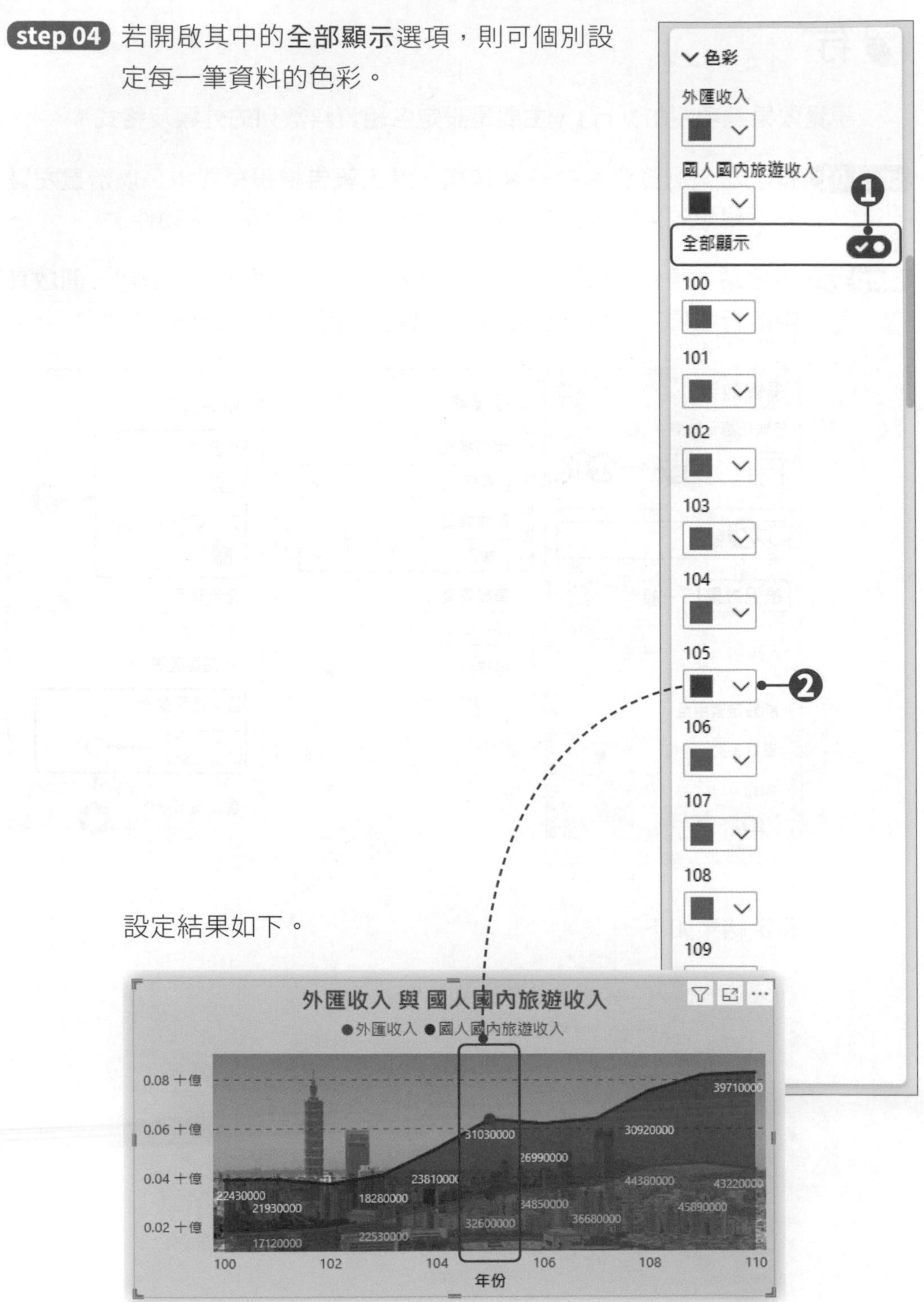

4-4 變更視覺效果類型

在報表畫布中建立好視覺效果後，可以隨時將視覺效果物件轉換為其他不同類型的視覺效果，或許更能呈現想要表達的含意。

變更視覺效果類型

♣ 同性質的視覺效果

若要將已建立好的視覺效果變更為其他類型，先點選要變更類型的視覺效果，再於**視覺效果**窗格中點選要使用的類型即可。

step 01 開啟「範例檔案\ch4\茶葉銷售量.pbix」報表檔案，按下左側瀏覽窗格中的 按鈕，進入**報告**檢視模式中，以滑鼠左鍵點選視覺效果圖表區中的任一位置，選取該視覺效果物件。

step 02 接著在**視覺效果**窗格中，直接點選想要套用的視覺效果類型即可(本例選擇 **100%堆疊直條圖**)。

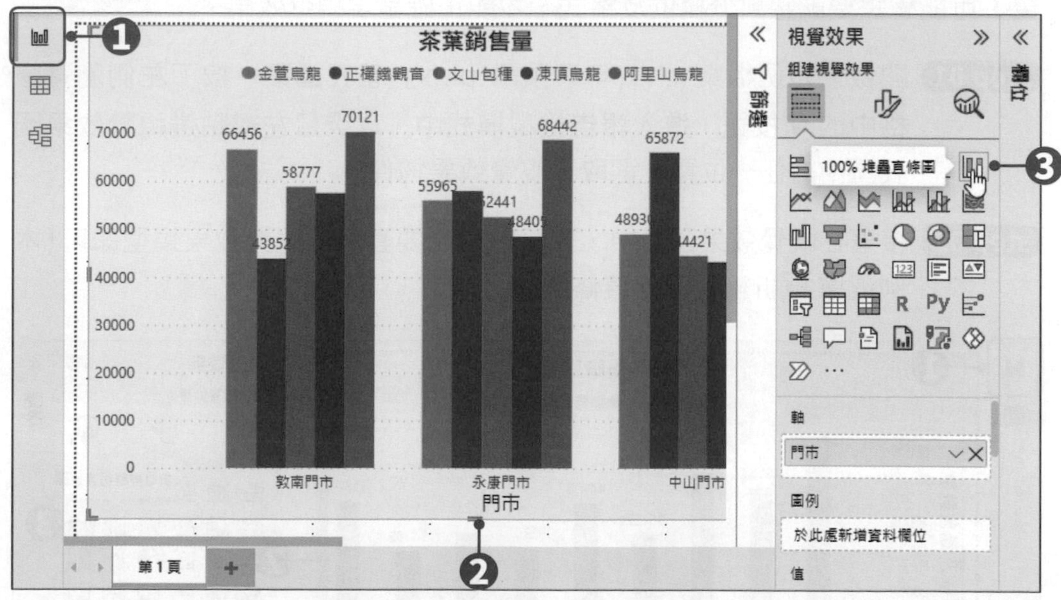

step 03 接著視覺效果物件就會馬上改變為所選定的視覺效果類型，如下圖所示。

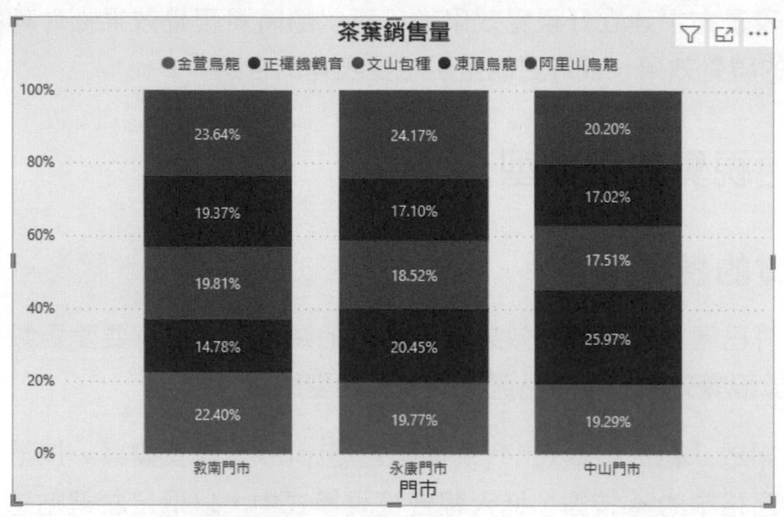

♣ 不同性質的視覺效果

在更換類型時，若視覺效果不屬於可直接套用的同性質類型，在更換後，可能會需要調整部分欄位及格式，才能正確呈現視覺效果。

step 01 開啟「範例檔案\ch4\年菜預購.pbix」報表檔案，按下左側瀏覽窗格中的 按鈕，進入**報告**檢視模式中，以滑鼠左鍵點選視覺效果圖表區中的任一位置，選取該視覺效果物件。

step 02 接著在**視覺效果**窗格中，直接點選想要套用的視覺效果類型即可(本例選擇 **折線與群組直條圖**)。

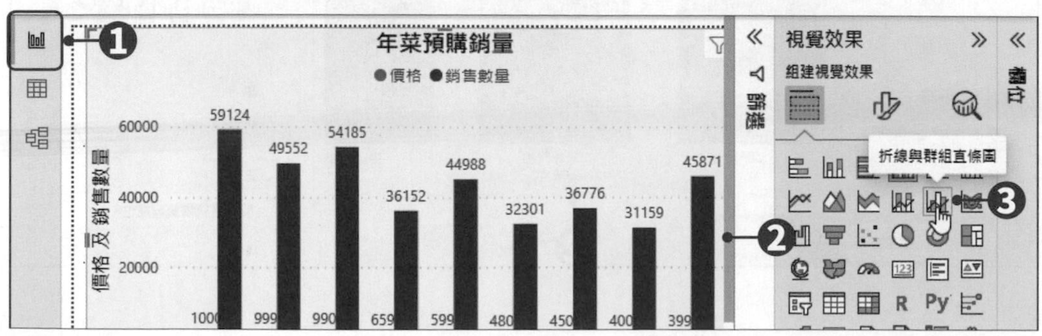

step 03 接著視覺效果物件就會馬上改變為所選定的視覺效果類型，如下圖所示。在本例中，我們雖然選擇了「**折線與群組直條圖**」類型，但系統並不會自動幫我們設定折線圖欄位，因此在視覺效果中看不到折線圖數列。

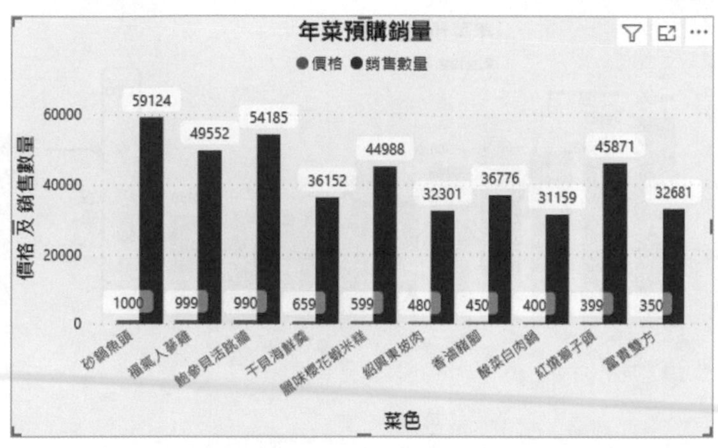

step 04 因此接下來須在**視覺效果**窗格的 **欄位**標籤下方，調整圖表欄位的設定。這裡將原本在**直條圖值**項目中的**價格**欄位，拖曳至**折線圖**項目中即可。(依據不同的視覺效果物件，視覺效果窗格中所顯示的設定項目也會有所不同。)

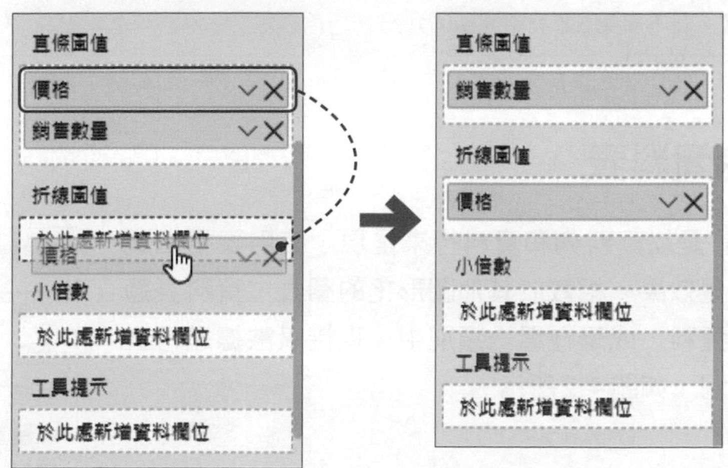

step 03 欄位調整好後，在視覺效果上就可以看到圖表中的「價格」資料改為折線圖了，而其所使用的座標軸也單獨使用右側的座標軸。如此一來，就解決了兩組資料數列因差距太大，若共同座標軸會難以進行比較的問題。

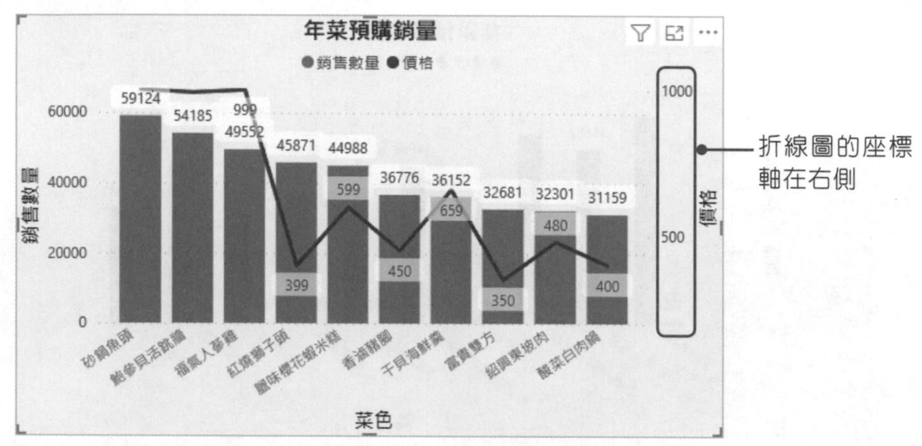

「組合式」圖表類型

當一個圖表中同時存在不同的圖表類型(例如：折線圖＋直條圖)，稱為「組合式」圖表類型。在製作圖表時，有時會碰到一個圖表中的兩個數列大小相差太多，只用同一個數值座標軸並不好表示數值間的差異，此時可以將其中任一資料數列套用另一種圖表類型，並使用與原先不同的座標軸，使其成為組合式的圖表，才能更精確表現圖表的意義。更詳細的 Power BI 視覺效果類型，在本書第5章有更完整的介紹。

轉換為資料表

「資料表」是以資料列和資料行來呈現，使用表格格式顯示資料的視覺效果。相較於其他圖形化的圖表，資料表適用於顯示清單資料，或是在單一類別中，直接以數據進行查看與比較的情況，如圖4-2所示。

種類	進貨 ▼
芒果	65
西瓜	35
荔枝	20
水蜜桃	10
總計	**130**

圖 4-2　資料表

step 01 開啟「範例檔案\ch4\期中測驗成績.pbix」報表檔案，按下左側瀏覽窗格中的 按鈕，進入**報告**檢視模式中，以滑鼠左鍵點選視覺效果圖表區中的任一位置，選取該視覺效果物件。

step 02 接著在**視覺效果**窗格中，點選 **資料表**視覺效果類型即可。

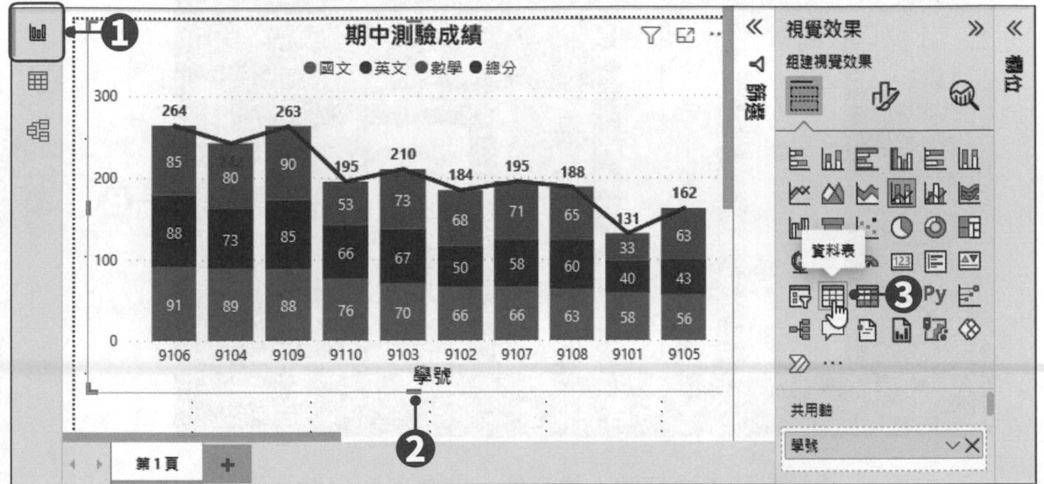

step 03 接著視覺效果物件就會變更為資料表格式，如下圖所示。

學號	國文	英文	數學	總分
9106	91	88	85	264
9104	89	73	80	242
9109	88	85	90	263
9110	76	66	53	195
9103	70	67	73	210
9102	66	50	68	184
9107	66	58	71	195
9108	63	60	65	188
9101	58	40	33	131
9105	56	43	63	162
總計	**723**	**630**	**681**	**2034**

✦ 題組題

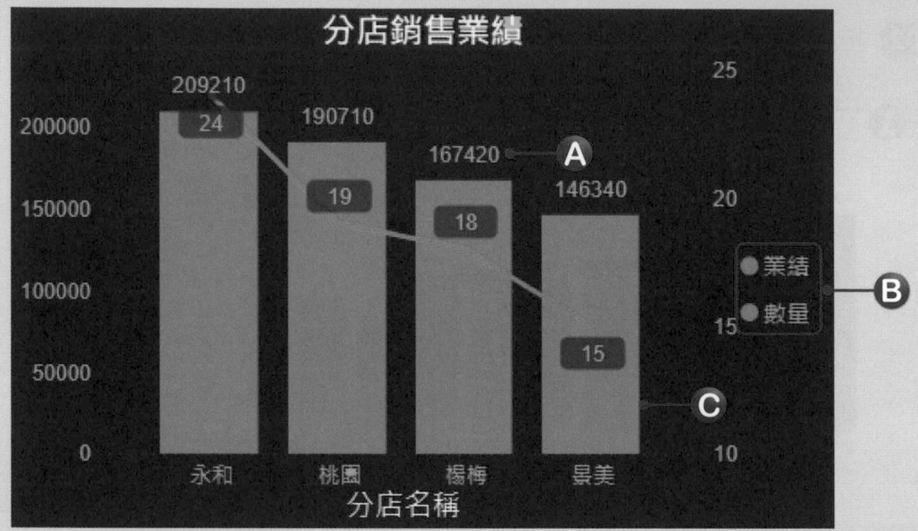

( ) 1. 欲編輯圖表中編號A的元件，應在下列何選項進行設定？
(A)效果 (B)資料標籤 (C)行 (D)圖例

( ) 2. 欲編輯圖表中編號B的元件，應在下列何選項進行設定？
(A)效果 (B)資料標籤 (C)行 (D)圖例

( ) 3. 欲更改圖表中編號C的元件顏色，應在下列何選項進行設定？
(A)效果 (B)資料標籤 (C)行 (D)圖例

✦ 選擇題

( ) 1. 在視覺效果圖表元件中，可以加入以下何種物件？
(A)資料標籤 (B)圖例 (C)圖表標題 (D)以上皆可

( ) 2. 下列敘述何者不正確？
(A)無論何種圖表類型的構成元件都相同
(B)圖例用來顯示資料標記屬於哪一組數列
(C)相同類別的資料標記，屬於同一組資料數列
(D)圖表區的範圍比繪圖區的範圍更大

(　　) 3. 欲在Power BI中編輯視覺效果物件，應於下列哪一個窗格中執行指令？
(A)篩選　(B)視覺效果　(C)欄位　(D)報告

(　　) 4. 下列有關Power BI視覺效果物件之敘述，何者不正確？
(A)在Power BI中建立視覺效果後，可以再變更其視覺效果類型
(B)頁面中的視覺效果物件只能複製到同一個頁面中
(C)可為視覺效果物件加上指定邊框
(D)可將視覺效果的每個資料數列設定為指定顏色

(　　) 5. 下列Power BI視覺效果物件的元件中，何者預設是開啟的？
(A)資料標籤　(B)視覺效果框線　(C)陰影　(D)圖表標題

✦ 實作題

1. 開啟「範例檔案\ch4\減重紀錄表.pbix」檔案，進行以下設定。

- 設定視覺效果物件的大小為高度300、寬度600。
- 變更圖表類型為「折線與群組直條圖」，將體脂肪設定為折線圖值。
- 刪除Y軸標題。
- 為圖表加上資料標籤，標籤密度為100%，設定顯示數值為小數第1位。

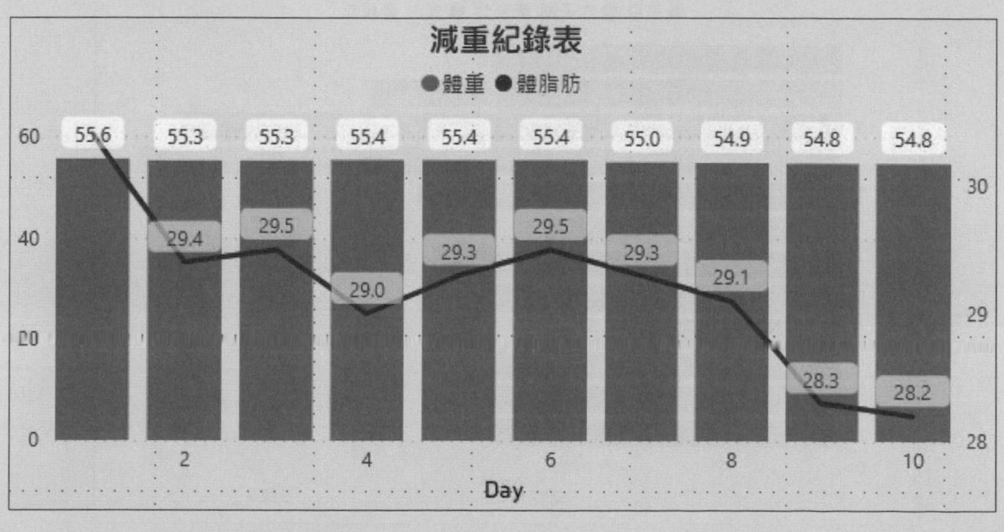

2. 開啟「範例檔案\ch4\北部各地區降雨量.pbix」檔案，進行以下設定。

- 在同一頁面上複製另一個視覺物件，並將它轉換為資料表，調整為適當大小後，搬移至原圖表下方。

月份 ▲	基隆	竹子湖	台北	淡水	鞍部
1	360.40	291.40	91.80	131.90	344.70
2	388.60	256.00	137.50	155.10	300.00
3	329.00	238.10	184.40	192.20	287.40
4	211.30	173.30	152.60	151.80	207.70
5	277.10	257.10	233.30	207.80	304.40
6	289.80	285.40	281.90	229.30	325.30
7	140.50	248.10	233.10	149.70	262.50
8	196.00	403.50	268.50	212.10	407.00
9	412.20	708.90	325.40	279.40	735.50
10	360.10	822.80	117.40	187.90	828.20
11	343.90	527.40	79.80	142.00	554.40
12	355.90	323.30	74.50	108.70	372.20
總計	**3,664.80**	**4,535.30**	**2,180.20**	**2,147.90**	**4,929.30**

- 設定圖表標題的文字樣式為粗體、置中對齊。
- X軸標籤的顯示單位為「無」。
- 為繪圖區加入背景圖片「rain.jpg」，透明度為40%，並設定圖片等比例填滿整個繪圖區。
- 為視覺效果物件加上灰色框線，設定圓角為5。

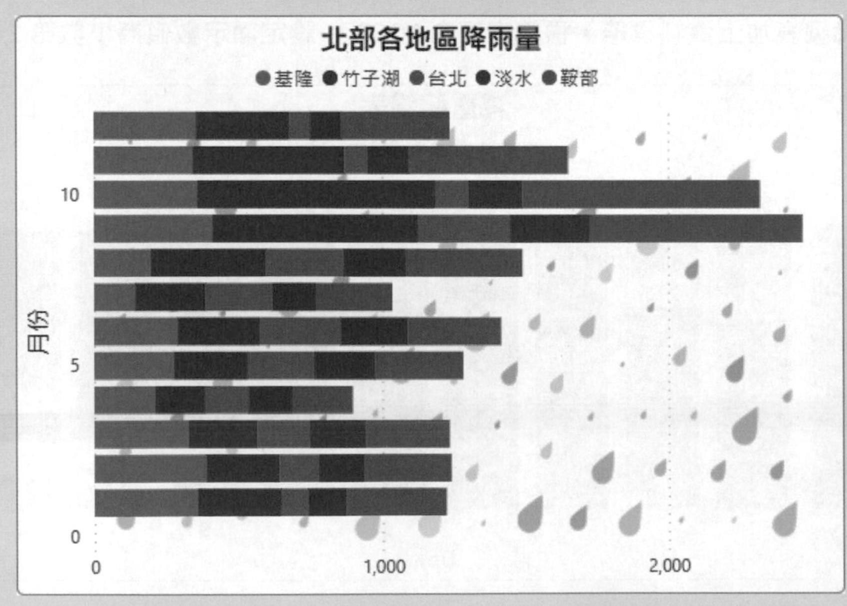

視覺效果圖表物件類型

- 5-1 圖表的功能
- 5-2 建立圖表類型
- 5-3 取得更多視覺效果

5-1 圖表的功能

視覺效果是Power BI中很重要的功能，因為一大堆的數值分析資料，都比不上圖表的一目瞭然，透過圖表能夠更輕易解讀出資料所蘊含的意義。而Power BI視覺效果提供的圖表類型五花八門，每個類型所適用的資料型態也不盡相同，大致可歸納出下列三種最常用的圖表功能。

♣ 比較數值大小

在眾多數值中比較大小，是一件不容易的事。但如果將數值大小以圖形表示，則很容易可以辨別出高低。Power BI視覺效果圖表類型中，**直條圖**與**橫條圖**都可用來比較同一類別中數列的差異。

地名	1月	2月	3月	4月	5月	6月	7月	8月	9月	10月	11月	12月
嘉義	27.9	43.4	60.4	100.8	201.4	363.6	278	397.9	181.5	18.5	13.2	20.2
台中	34	66.8	88.8	109.9	221.8	361.5	223.7	302.5	137.3	12.3	20.4	21.9
阿里山	88.6	113.7	158.8	209.5	537.1	743.8	592.2	820.4	464	126.1	54.3	53.7
玉山	133.4	161.5	161.4	210.6	441.7	564.3	384.5	463.8	330.4	136.8	82.2	81.5

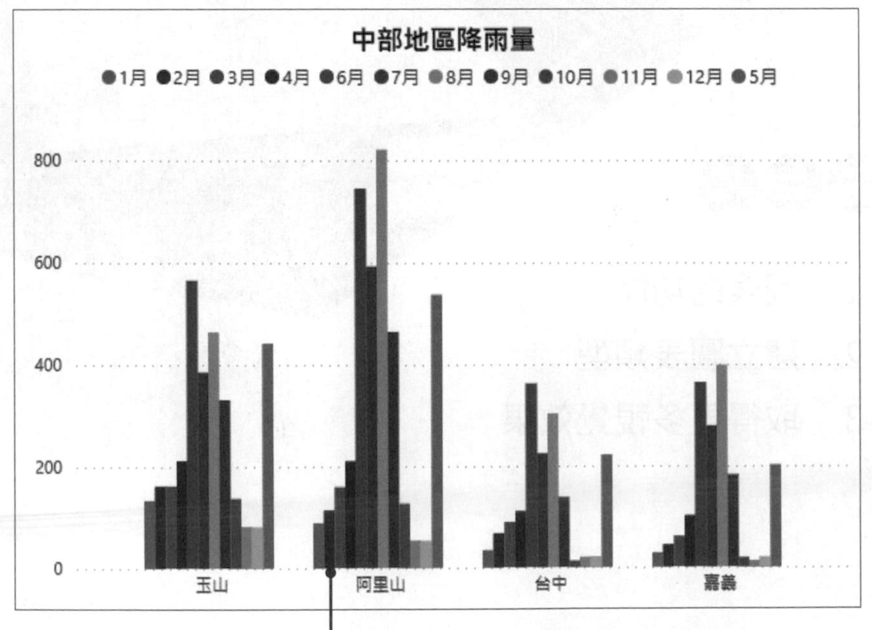

將資料內容製作成直條圖後，很容易可以比較出雨量多的地區和月份。

♣ 表現趨勢變化

要比較一段時間數值的增長，單單觀察數值不容易馬上看出趨勢走向。**折線圖**將一段時間的數值以線段連接起來，適合用來表現數列在時間上的變化趨勢。

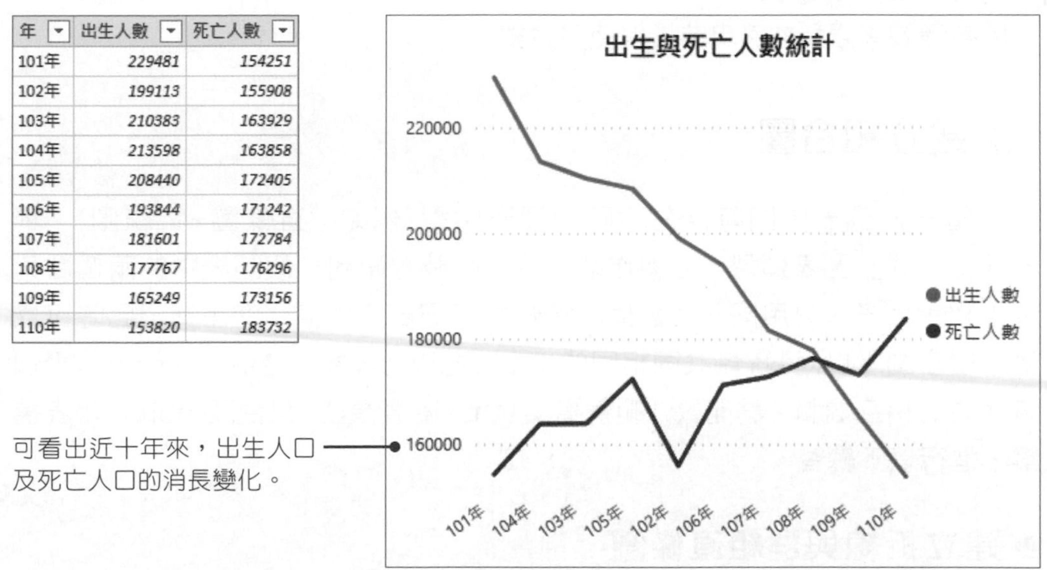

年	出生人數	死亡人數
101年	229481	154251
102年	199113	155908
103年	210383	163929
104年	213598	163858
105年	208440	172405
106年	193844	171242
107年	181601	172784
108年	177767	176296
109年	165249	173156
110年	153820	183732

♣ 比較不同項目所佔的比重

單用數值來表現一個項目佔整體的比重，閱讀印象會顯得太薄弱。**圓形圖**可顯示一個數列中，不同類別所佔的比重，能清楚表達各項目佔整體的比重大小。

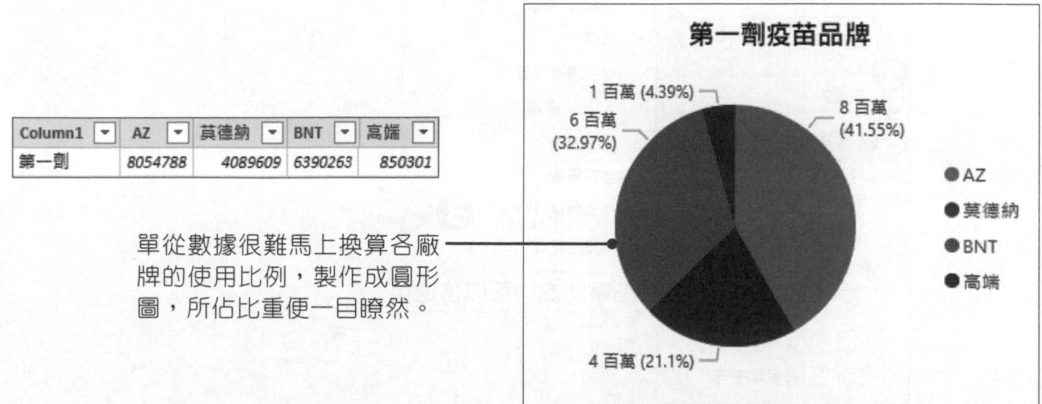

Column1	AZ	莫德納	BNT	高端
第一劑	8054788	4089609	6390263	850301

5-2 建立圖表類型

Power BI視覺效果提供多種圖表類型，讓我們可以在各式各樣的圖表類型中，選擇適合表現資料意義的圖表。除前述常見的圖表功能之外，Power BI還有一些特殊圖表，可用來滿足各種不同的需求。在本節中，我們將一一了解各種圖表類型的適用時機與使用方式。

建立組合圖

當一個圖表中同時存在不同的圖表類型(例如：直條圖+折線圖)，稱為「組合式」圖表類型。在製作圖表時，有時會碰到一個圖表中的兩個數列大小相差太多，只用同一個數值座標軸並不好表示數值間的差異，此時可以使用組合圖，以兩個Y軸共同相同的X軸來同時比較多個量值，又能表示兩個量值間的相互關聯。請開啟「範例檔案\ch5\圖表類型\組合圖.pbix」報表檔案，進行以下練習。

♣ 建立折線與群組直條圖

step 01 按下左側瀏覽窗格中的 按鈕，進入**報告**檢視模式。

step 02 在製作圖表之前，須先將欄位設定為群組。將滑鼠游標移至**欄位**窗格中的**月**欄位，按下滑鼠左鍵，於選單中點選**新增群組**。

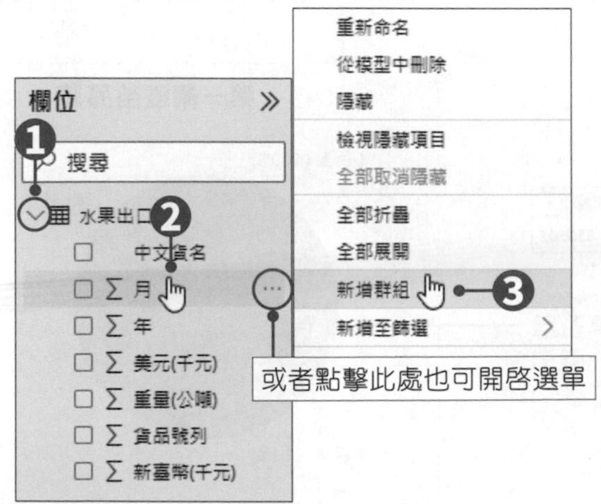

step 03 在開啟的「群組」對話方塊中，設定**量化大小**設定為4，並重新命名群組**名稱**為季，按下**確定**按鈕完成群組設定。

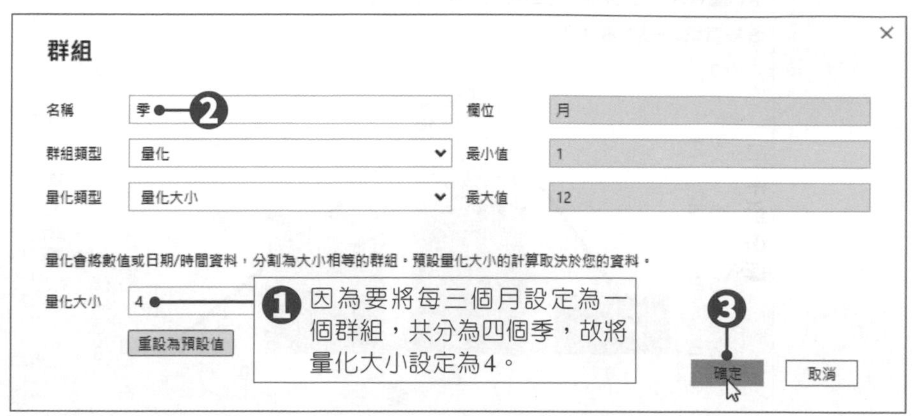

step 04 接著於**視覺效果**窗格中，點選 **折線與群組直條圖**，該類型便會加入至畫布中。

step 05 將**欄位**窗格中的**季**群組欄位拖曳至**視覺效果**窗格中的**共用軸**項目中；將**新臺幣(千元)**欄位拖曳至**直條圖值**項目中；將**重量(公噸)**欄位拖曳至**折線圖值**項目中。

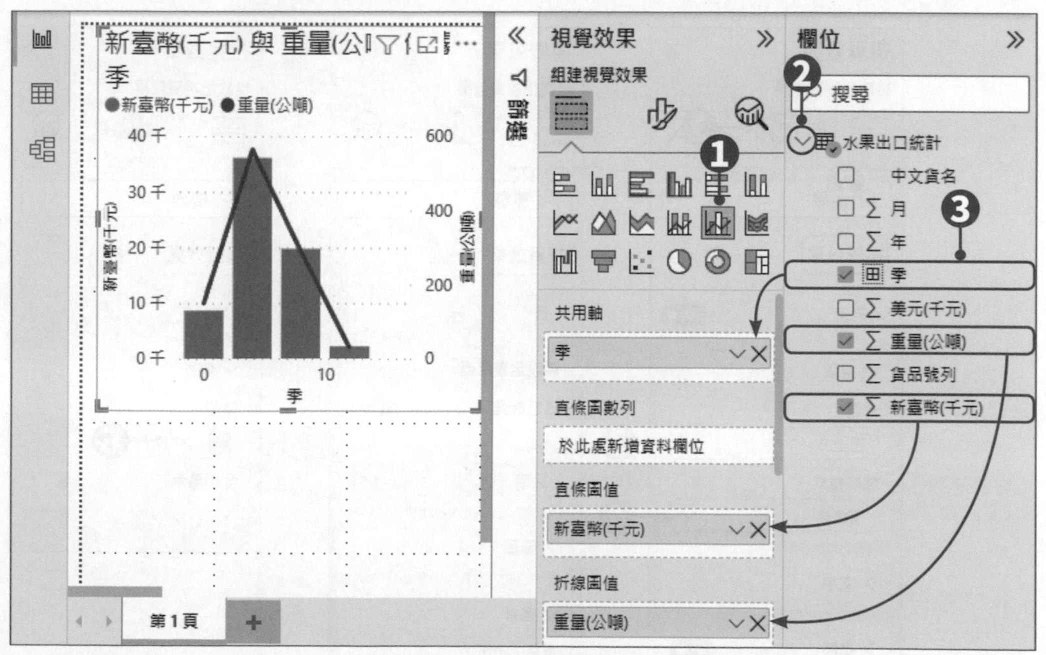

調整適當大小後，設定結果如下。

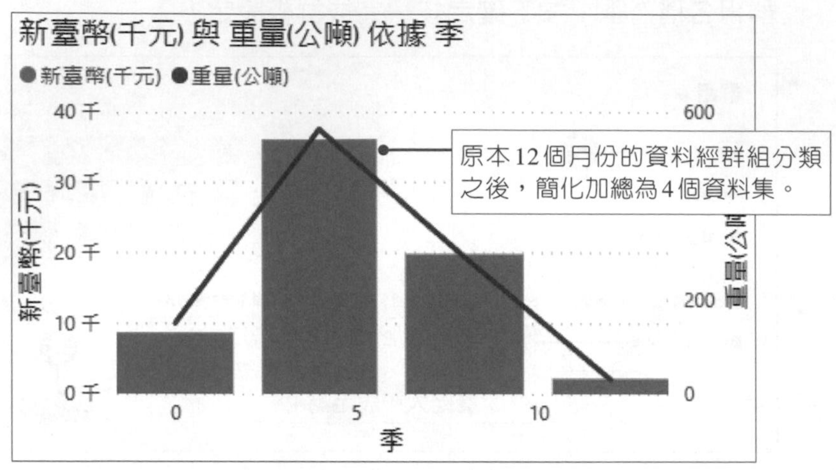

step 05 接著點選**視覺效果**窗格的 **格式**標籤，進行視覺效果的格式設定。

step 06 點選**視覺效果**類別，展開**圖例**選項，在**選項**項目中設定**位置**為**正上方**，**線條樣式**為**僅線條**；按下**行**選項的下拉鈕，在展開的**色彩**項目中，設定折線圖的顏色；按下**資料行**選項的下拉鈕，設定直條圖的顏色。

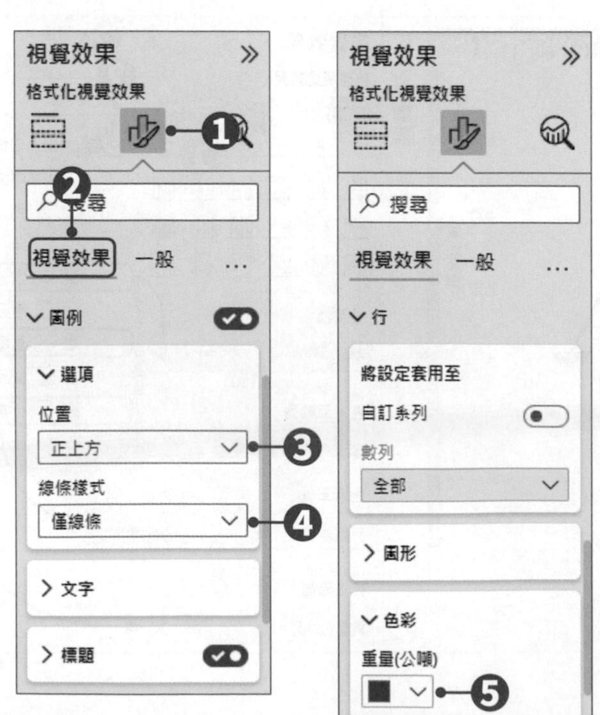

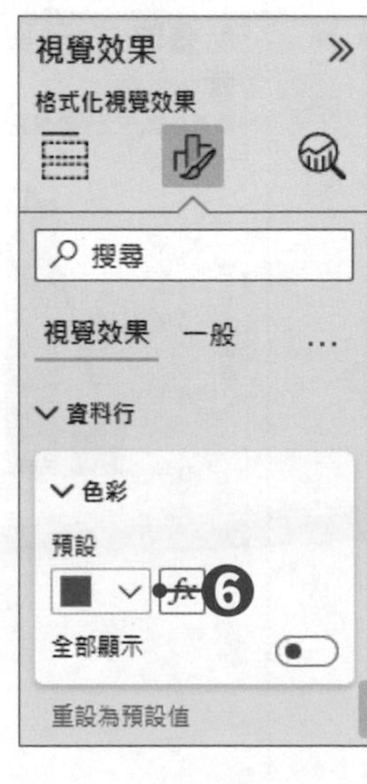

step 07 接著點選**一般**類別，展開**標題**選項，在**文字**欄位重新輸入合適的標題文字，並設定格式為**粗體**、**置中**。

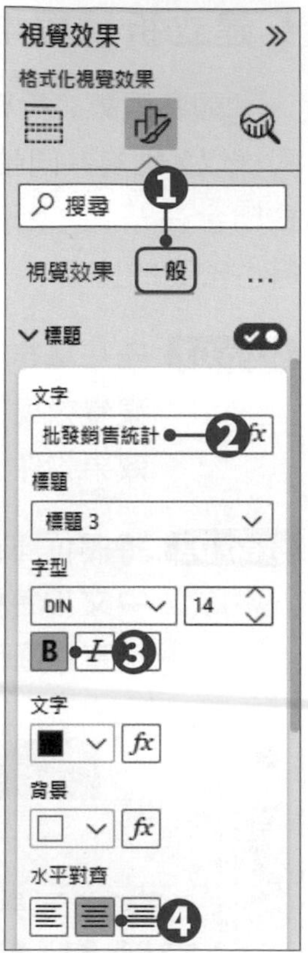

設定結果如下。

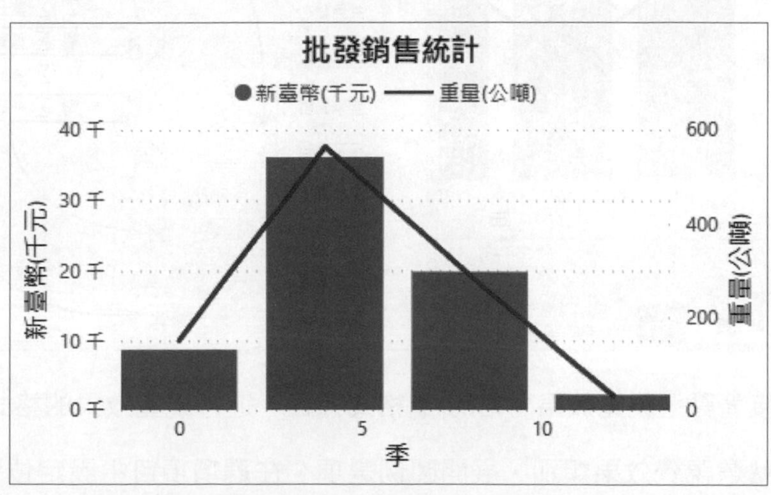

♣ 建立折線與堆疊直條圖

顧名思義，**折線與堆疊直條圖**視覺效果就是折線圖+堆疊直條圖的組合。同樣以X軸為共同軸，而堆疊直條圖將圖表中同一類別的幾組數列，以堆疊方式組合在一起，因此除了可顯示該類別的總累積數值之外，亦能呈現出各項目占整體的比重。

step 01 先在畫布空白處按一下滑鼠左鍵，取消選取視覺效果物件。接著於**視覺效果**窗格中，點選 **折線與堆疊直條圖**，才能建立第二個視覺效果物件。

step 02 將**欄位**窗格中的**年**欄位拖曳至**視覺效果**窗格中的**共用軸**項目中；將**中文貨名**欄位拖曳至**直條圖數列**項目中；將**新臺幣(千元)**欄位拖曳至**直條圖值**項目中；將**重量(公噸)**欄位拖曳至**折線圖值**項目中。

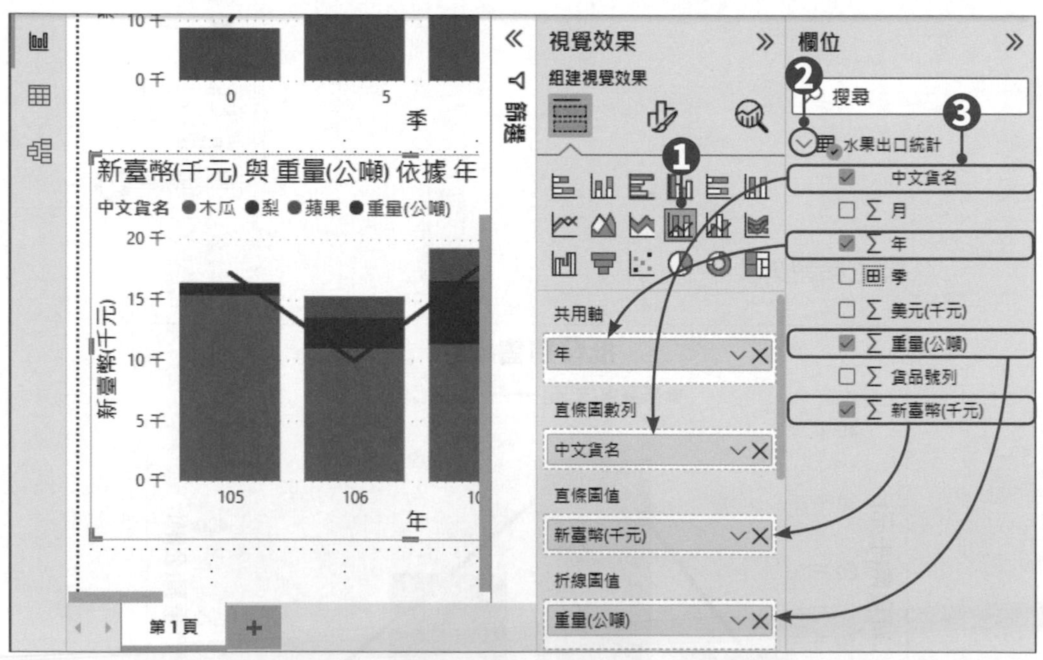

step 03 接著點選**視覺效果**窗格的 **格式**標籤，進行視覺效果的格式設定。

step 04 點選**視覺效果**類別，展開**圖例**選項，在**選項**項目中設定**位置**為**正上方**，**線條樣式**為**線條與標記**，並將**標題**選項設定為關閉；將**標記**選項設定為開啟。

step 05 接著點選**一般**類別，展開**標題**選項，在**文字**欄位重新輸入合適的標題文字，並設定格式為**粗體**、**置中**。

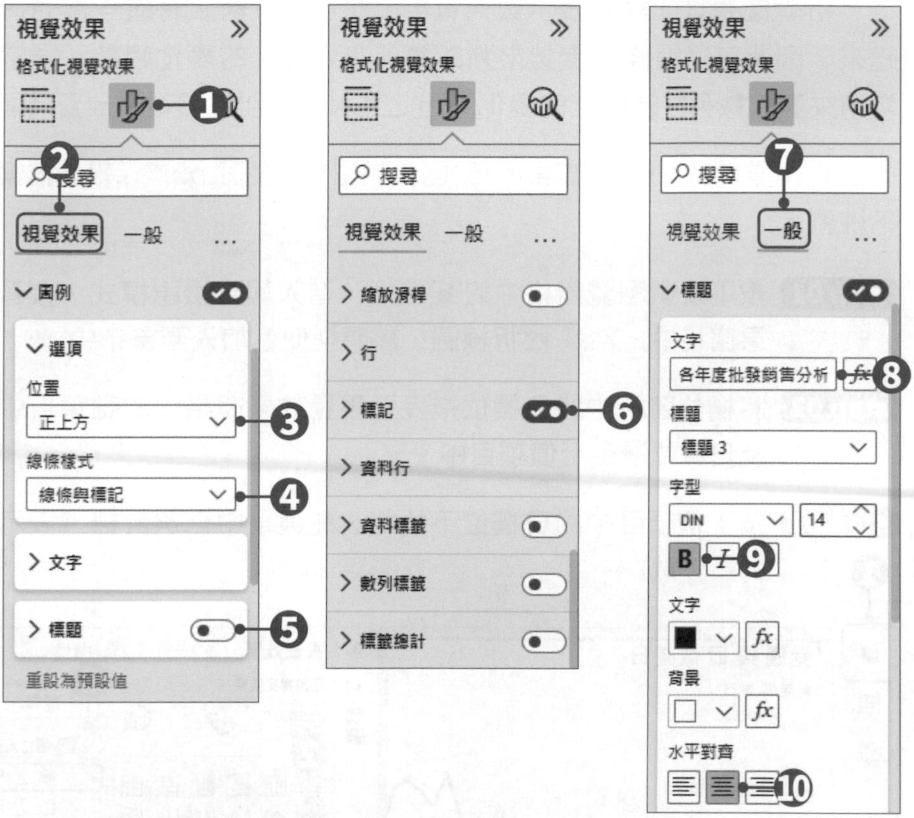

視覺效果
格式化視覺效果
搜尋
視覺效果 一般 ...
圖例
選項
位置
正上方
線條樣式
線條與標記
文字
標題
重設為預設值

視覺效果
格式化視覺效果
搜尋
視覺效果 一般 ...
縮放滑桿
行
標記
資料行
資料標籤
數列標籤
標籤總計

視覺效果
格式化視覺效果
搜尋
視覺效果 一般 ...
標題
文字
各年度批發銷售分析
標題
標題 3
字型
DIN 14
B I
文字
背景
水平對齊

設定結果如下。

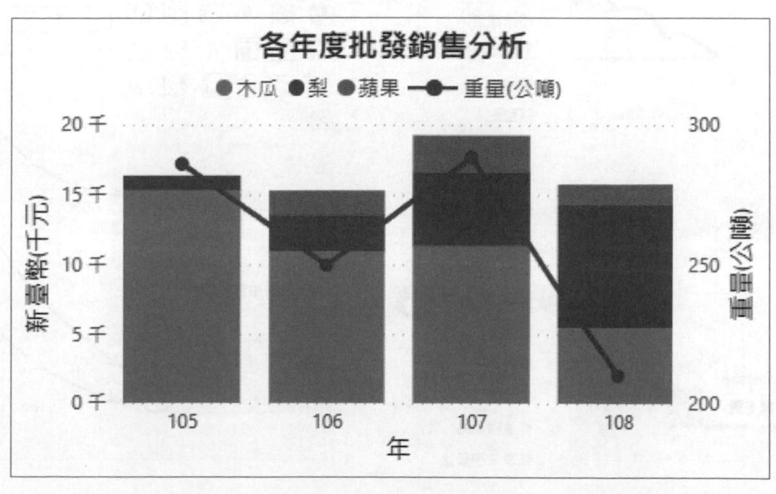

建立折線圖

折線圖是以「點」表示數列資料，並且用「線」將這些數列資料點連接起來，因此可從線條的走勢來判斷數列在類別上的變化趨勢。通常折線圖最常用來觀察數列在時間上的變化，因此其水平類別座標軸會放置時間項目。

以下請開啟「範例檔案\ch5\圖表類型\折線圖.pbix」報表檔案，進行以下練習。

step 01 按下左側瀏覽窗格中的 按鈕，進入**報告**檢視模式，接著於**視覺效果**窗格中，點選 **折線圖**，該類型便會加入至畫布中。

step 02 將**欄位**窗格中的**日**欄位拖曳至**視覺效果**窗格中的**軸**項目中；將**受傷**及**日**欄位拖曳至**值**項目中。

step 03 按下**值**項目中的**日**欄位下拉鈕，在選單中點選**計數**（表示計算每日的案件數）。

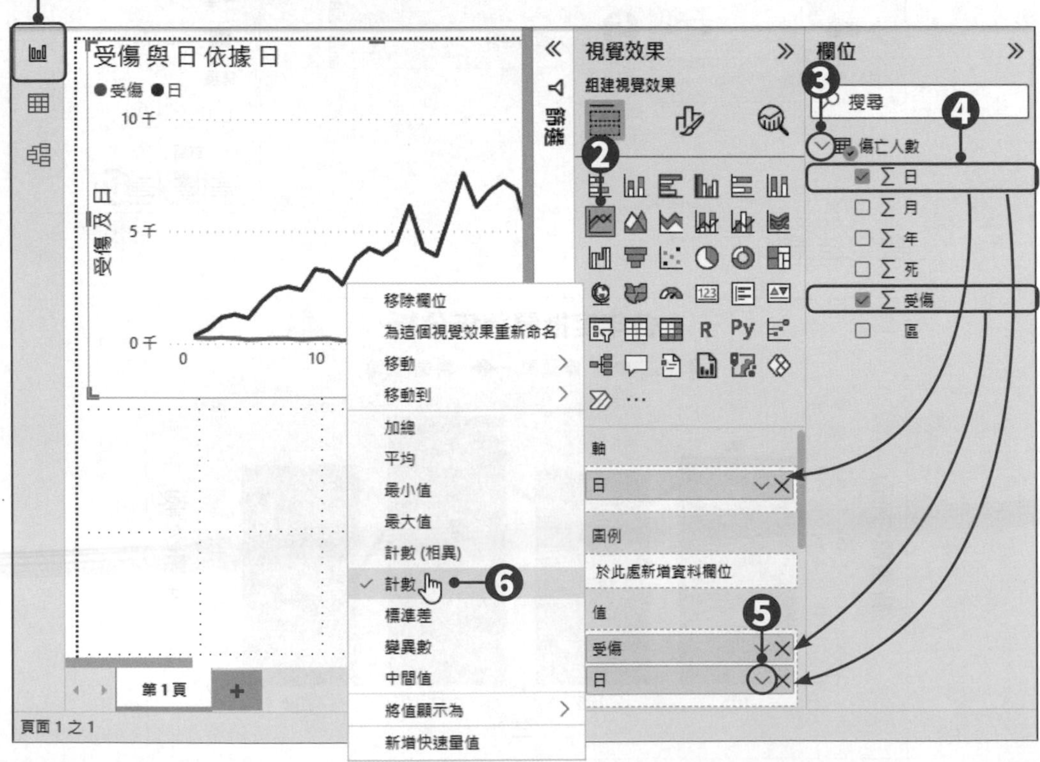

step 04 接著依序按下**值**項目中的**受傷**及**日的計數**欄位下拉鈕，在選單中點選**為這個視覺效果重新命名**，將欄位名稱改為「受傷人數」及「事故件數」。

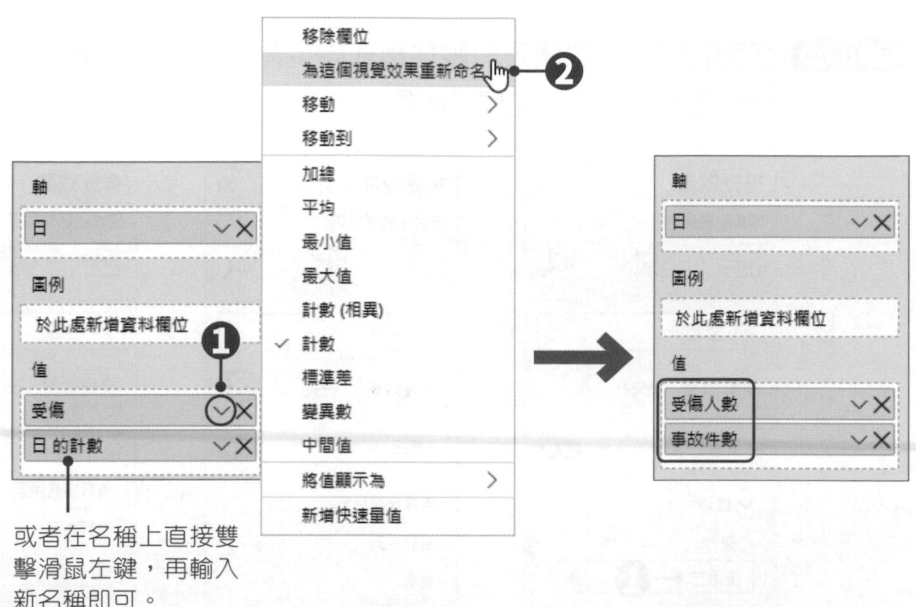

step 05 接著點選**視覺效果**窗格的 **格式**標籤，進行視覺效果的格式設定。

step 06 點選**視覺效果**類別，按下**X軸**選項的下拉鈕，展開X軸選項，關閉X軸的**標題**；依照同樣方式也關閉Y軸的**標題**。

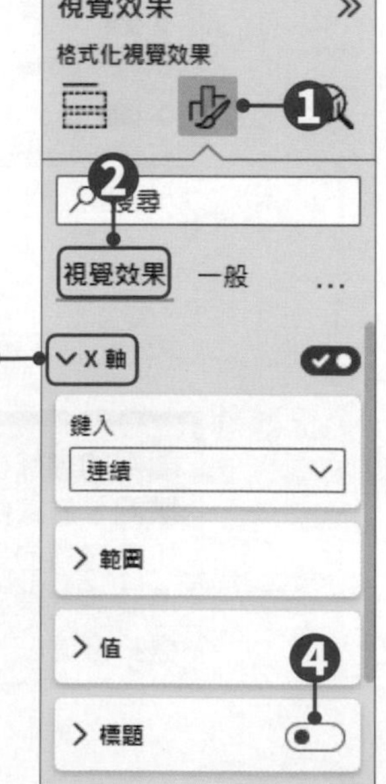

step 07 展開**圖例**選項，設定**位置**為**正上方**、**線條樣式**為**線條與標記**。

step 08 將**標記**選項設定為開啟，在展開的**圖形**項目中，重新選擇**標記圖形**，並更改喜歡的**標記色彩**。

step 09 展開**行**選項，將**圖形**的**線條樣式**設定為**虛線**；在**色彩**項目中，可以分別設定兩條折線的線條顏色。

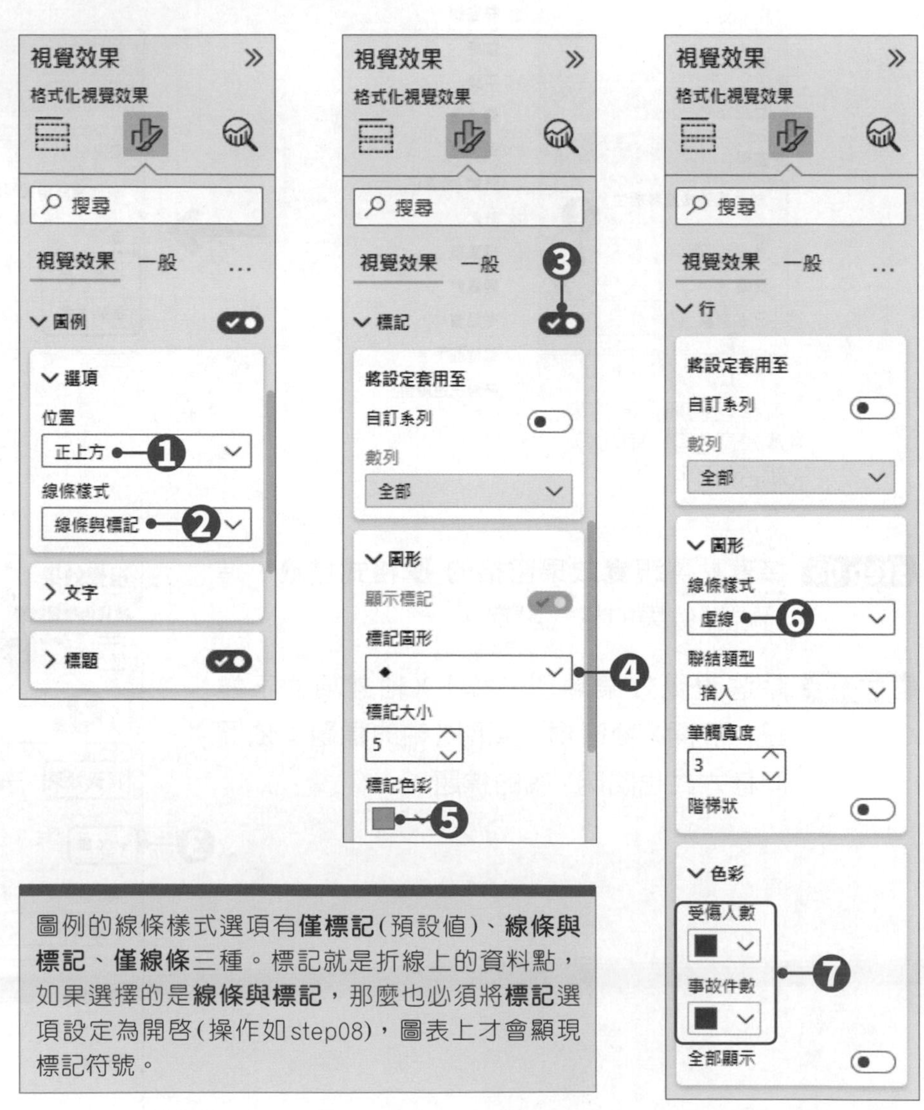

圖例的線條樣式選項有**僅標記**(預設值)、**線條與標記**、**僅線條**三種。標記就是折線上的資料點，如果選擇的是**線條與標記**，那麼也必須將**標記**選項設定為開啟(操作如step08)，圖表上才會顯現標記符號。

step 10 接著點選**一般**類別，展開**標題**選項，在**文字**欄位重新輸入合適的標題文字，並設定格式為**粗體**、**置中**。

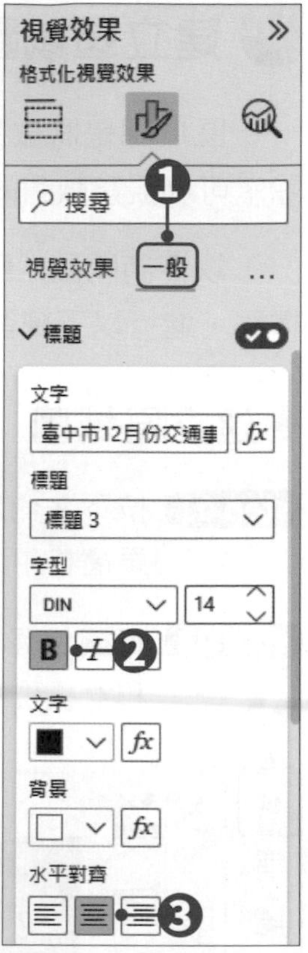

設定結果如下。

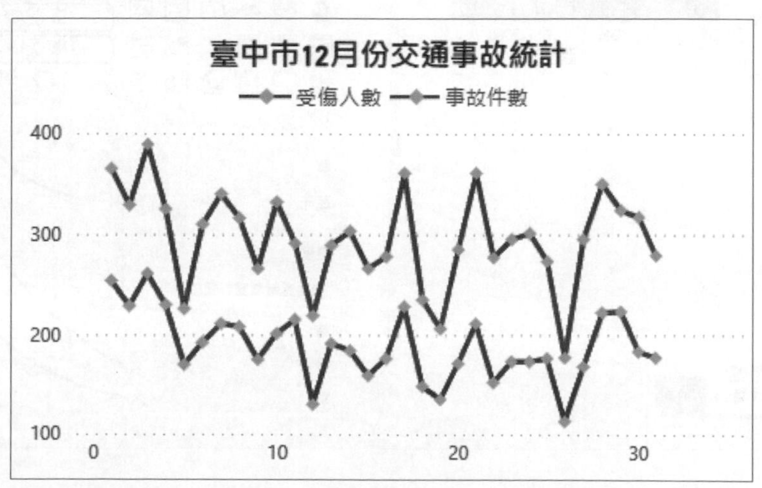

建立區域圖與堆疊區域圖

區域圖是將數列在類別上的變化，以一整塊區域來表示。而堆疊區域圖除了可以觀察數列的變化趨勢，主要是還可以呈現一個數列佔整體的比重。

以下請開啟「範例檔案\ch5\圖表類型\區域圖與堆疊區域圖.pbix」報表檔案，進行以下練習。

♣ 建立區域圖

step 01 按下左側瀏覽窗格中的 按鈕，進入**報告**檢視模式，接著於**視覺效果**窗格中，點選 **區域圖**，該類型便會加入至畫布中。

step 02 將**欄位**窗格中的**西元**欄位拖曳至**視覺效果**窗格中的**軸**項目中；將**男**和**女**欄位拖曳至**值**項目中。

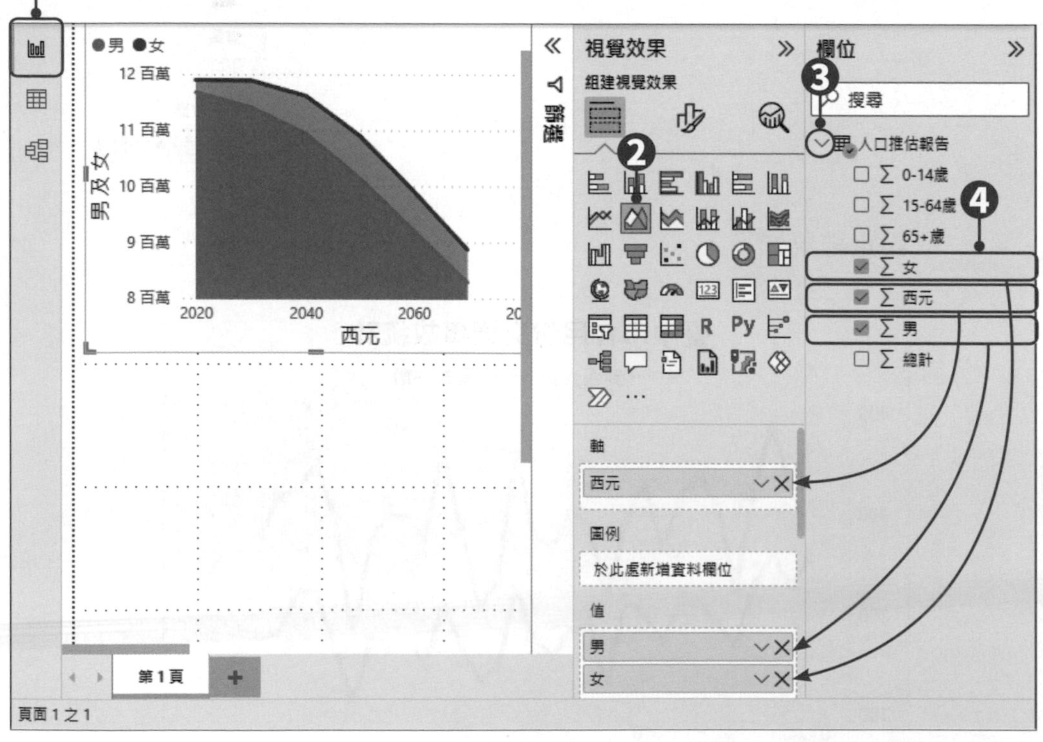

step 03 接著點選**視覺效果**窗格的 **格式**標籤，進行視覺效果的格式設定。

step 04 點選**視覺效果**類別，按下X**軸**選項的下拉鈕，關閉X軸的**標題**；按下Y**軸**選項下拉鈕，關閉Y軸的**標題**。

step 05 關閉**圖例**選項，並將**標記**及**數列標籤**選項設定為開啟。

step 06 接著點選**一般**類別，展開**標題**選項，在**文字**欄位重新輸入合適的標題文字，並設定格式為**粗體**、**置中**。

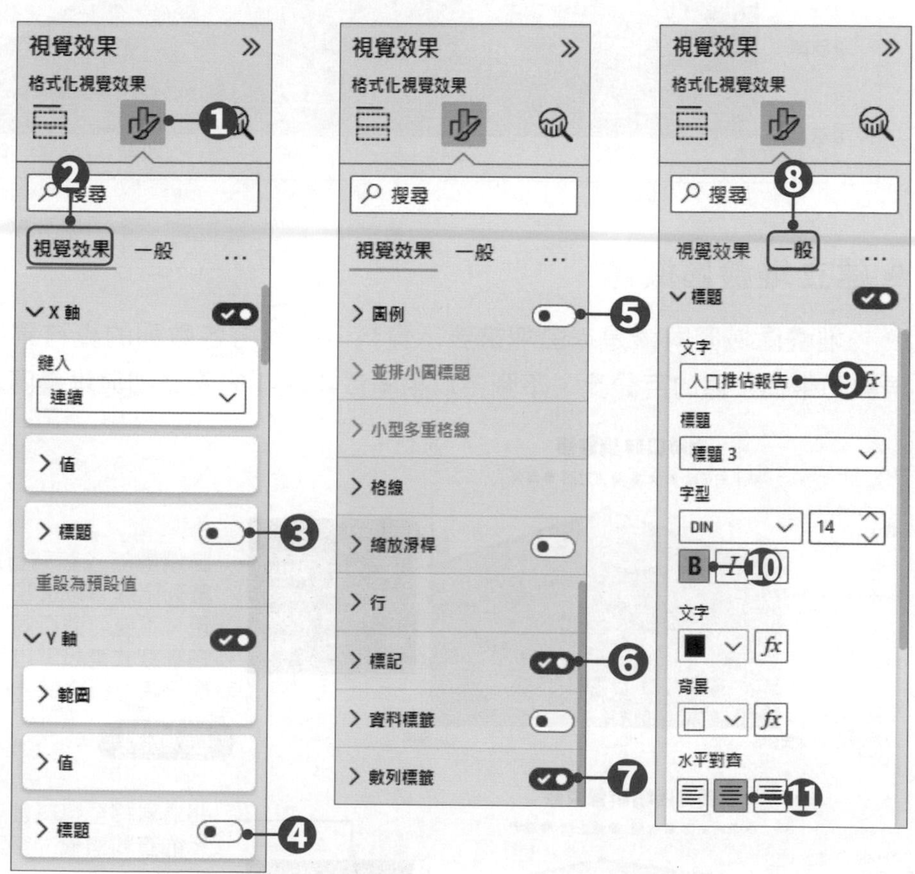

設定結果如下。

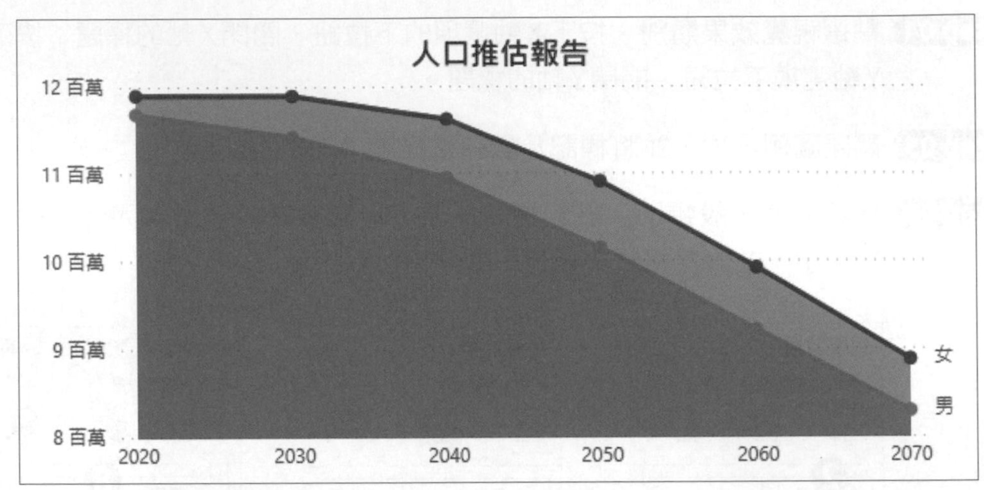

♣ 建立堆疊區域圖

堆疊區域圖同樣是以區塊來表示資料，但會將各數列的資料累加，以呈現數列中佔整體的百分比。下圖為以相同資料繪製的區域圖與堆疊區域圖。

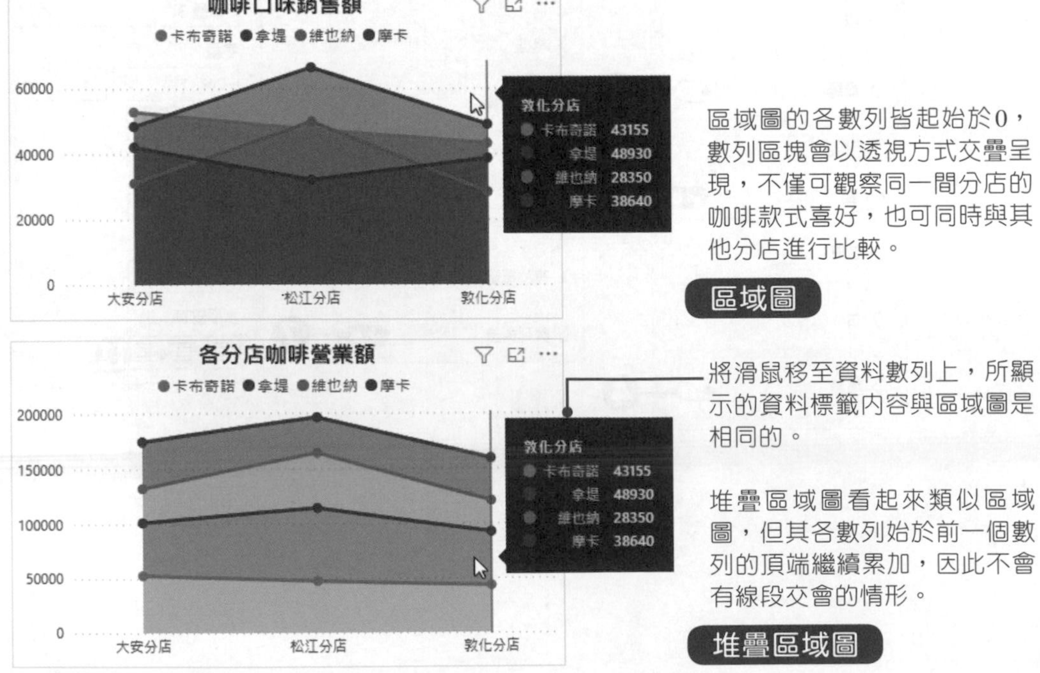

step 01 接續區域圖的範例，先在畫布空白處按一下滑鼠左鍵，取消選取視覺效果物件。接著於**視覺效果**窗格中，點選 **堆疊區域圖**，才能建立第二個視覺效果物件。

step 02 將**欄位**窗格中的**西元**欄位拖曳至**視覺效果**窗格中的**軸**項目中；將**0-14歲**、**15-64歲**和**65+歲**欄位拖曳至**值**項目中。

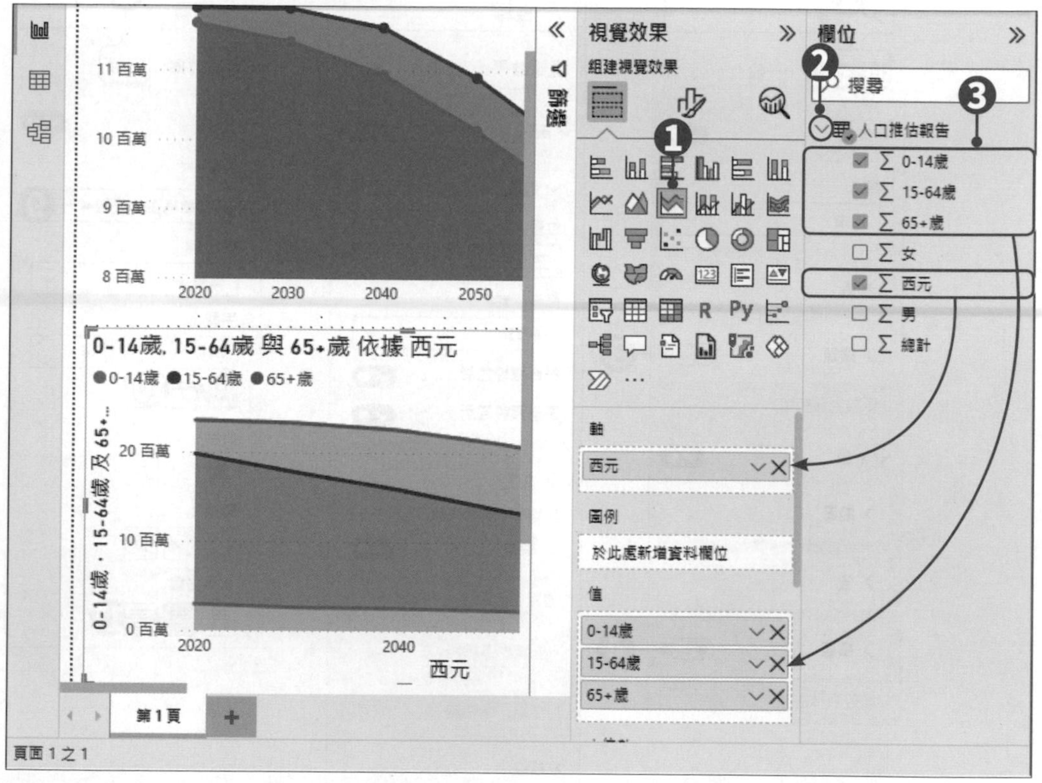

step 03 接著點選**視覺效果**窗格的 **格式**標籤，進行視覺效果的格式設定。

step 04 點選**視覺效果**類別，按下X**軸**選項的下拉鈕，關閉X軸的**標題**；按下Y**軸**選項下拉鈕，關閉Y軸的**標題**。

step 05 展開**圖例**選項，將**位置**欄位設定為**正上方**；將**標記**及**標籤總計**選項設定為開啟。

step 06 接著點選**一般**類別，展開**標題**選項，在**文字**欄位重新輸入合適的標題文字，並設定格式為**粗體**、**置中**。

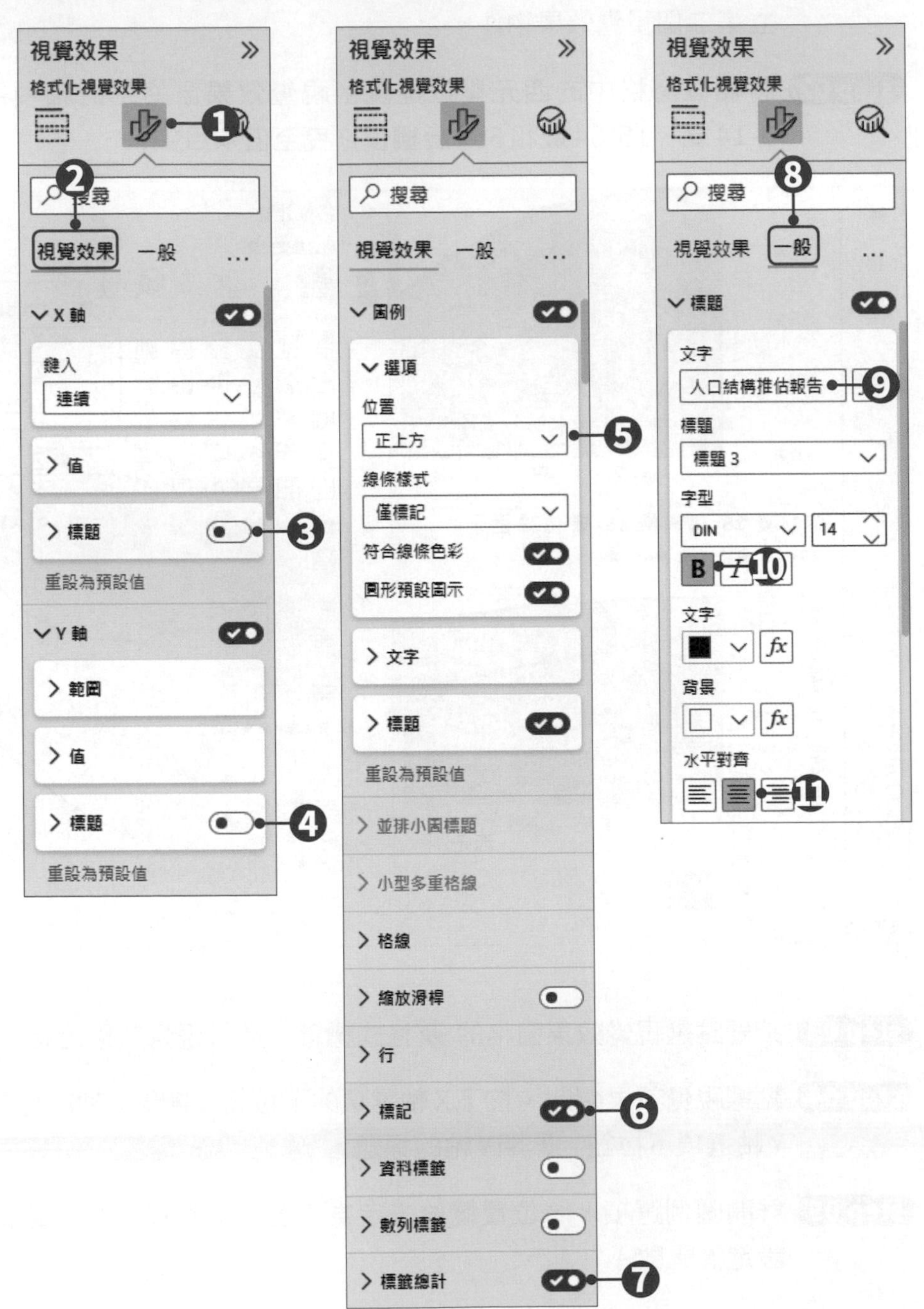

設定結果如下。

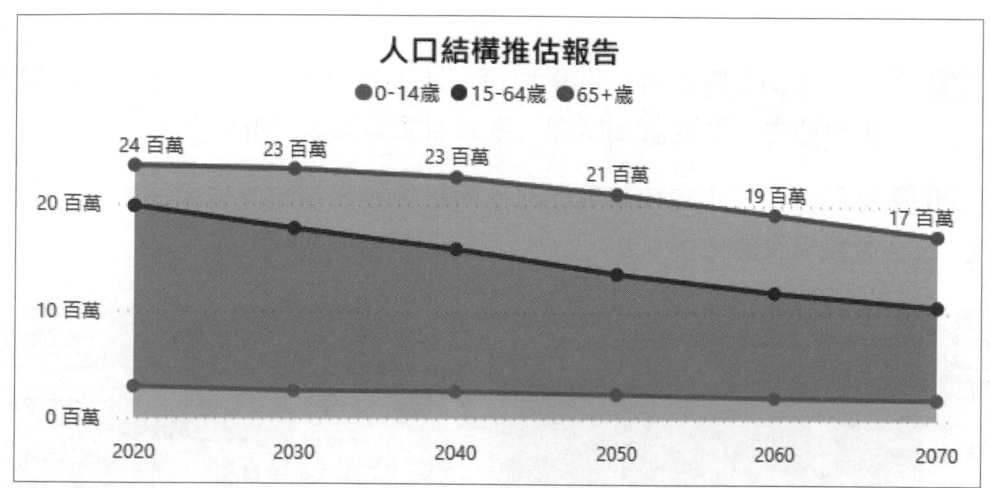

建立樹狀圖

這裡的樹狀圖與一般認知的垂直分支樹狀圖大不相同，相同點是皆適用於具階層性的資料表示。Power BI樹狀圖(圖5-1)是以一個大矩形中包含多個小矩形的巢狀矩形結構，來顯示階層式資料。Power BI依照顏色區分數列，會根據測量值決定矩形的大小，並將矩形由左上(最大)至右下(最小)依序排列，以便讓我們一眼就瞭解各數據之間的權重關係及所占總體比例。

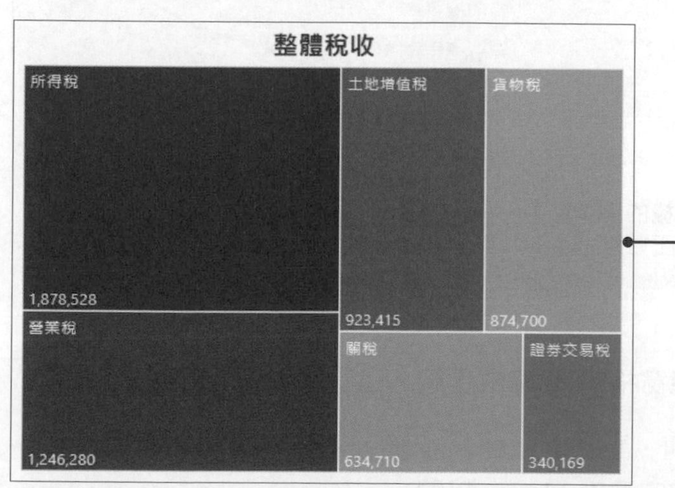

以本例來說，樹狀圖會自動將每個矩形按照面積大小從上到下、從左向右遞減排列，因此可以很直觀地馬上了解各稅收收入佔整體稅收的比重以及排名。

圖5-1 樹狀圖

請開啟「範例檔案\ch5\圖表類型\樹狀圖.pbix」報表檔案，進行以下練習。

step 01 按下左側瀏覽窗格中的 按鈕，進入**報告**檢視模式，接著於**視覺效果**窗格中，點選 **樹狀圖**，該類型便會加入至畫布中。

step 02 將**欄位**窗格中的**使用手機的品牌**欄位拖曳至**視覺效果**窗格中的**詳細資料**以及**值**項目中。

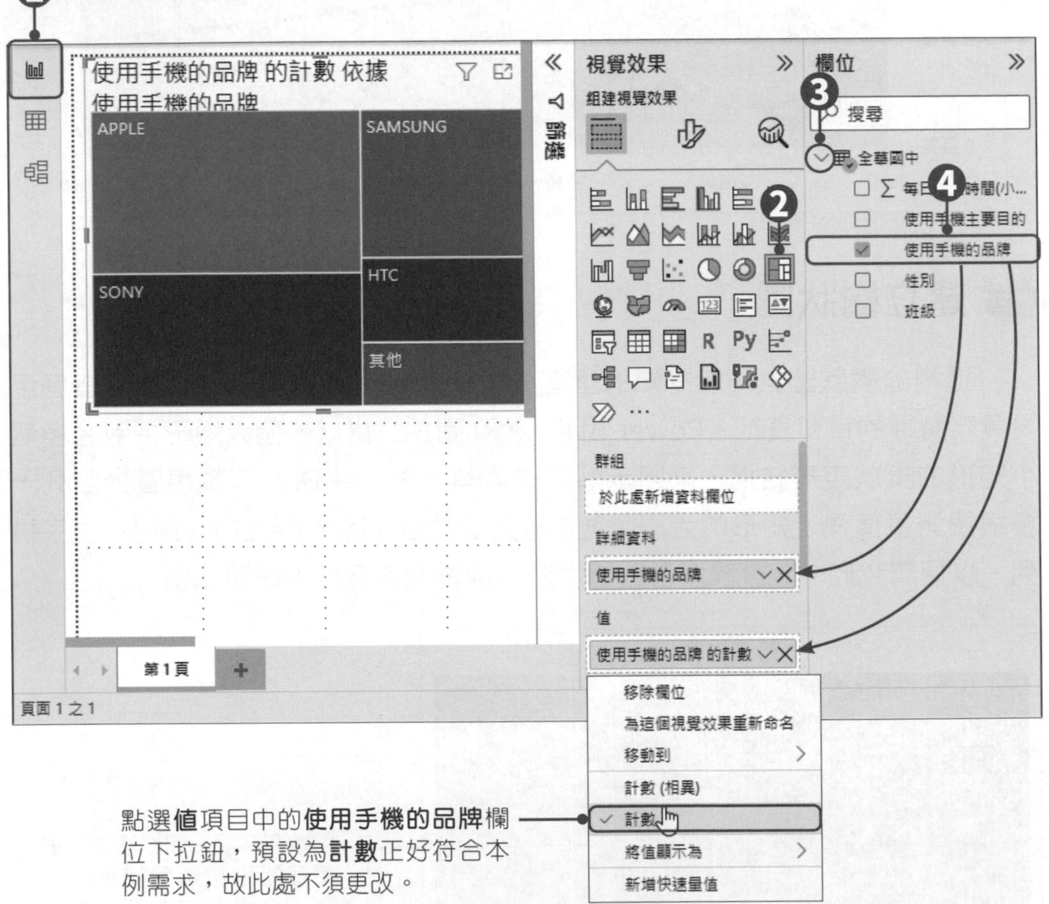

step 03 接著點選**視覺效果**窗格的 **格式**標籤，進行視覺效果的格式設定。

step 04 點選**視覺效果**類別，設定開啟**資料標籤**選項；展開**類別標籤**選項，在**值**項目中，設定字型為**11pt**、**粗體**。

step 05 接著點選**一般**類別，展開**標題**選項，在**文字**欄位重新輸入合適的標題文字，並設定格式為**粗體**、**置中**。

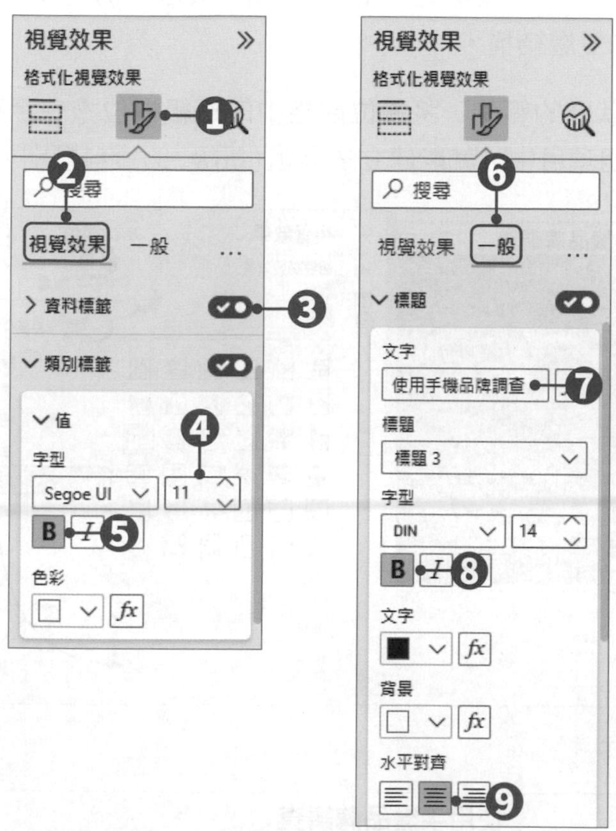

設定結果如下。

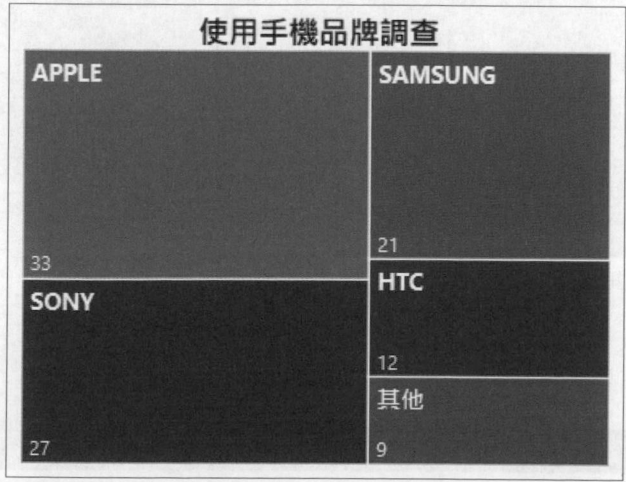

♣ 雙層樹狀圖

樹狀圖不僅可以表示一個層級之中的數據關係(如上例所示)，更常應用於表示多個類別層級的雙層結構。

step 01 接續上述樹狀圖的範例，將**欄位**窗格中的**班級**欄位拖曳至**視覺效果**窗格中的**群組**項目中，就能建立多群組(班級)的資料類別。

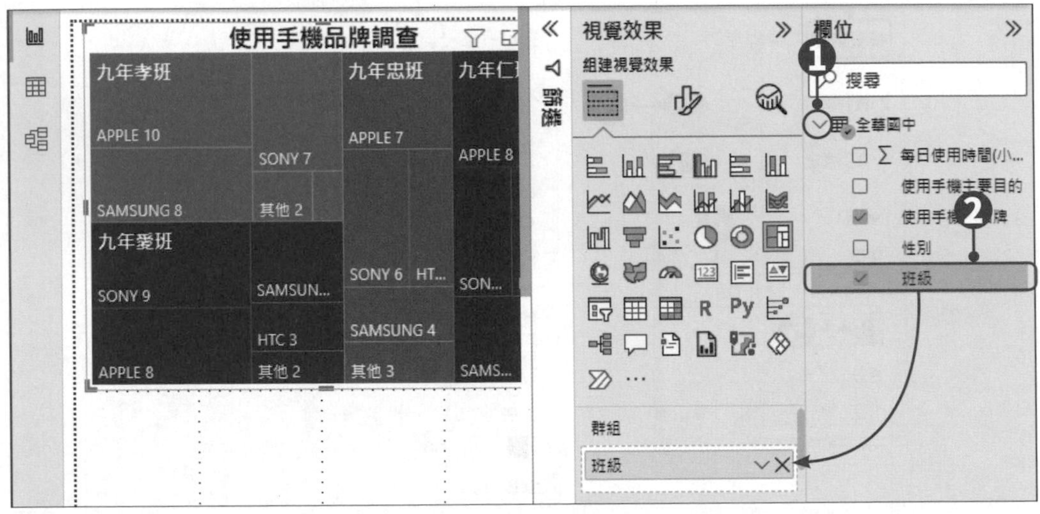

設定結果如下。

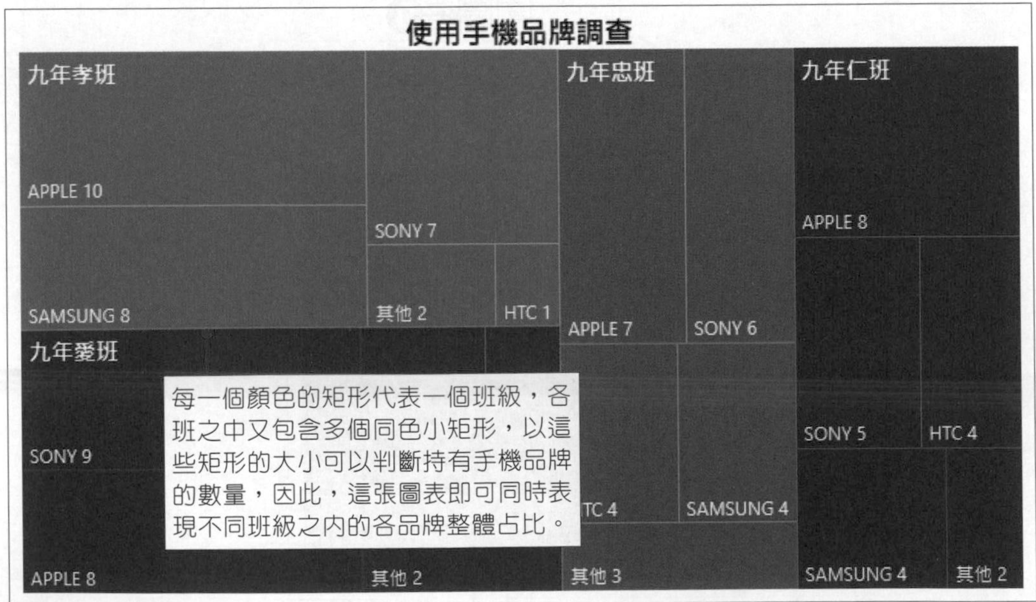

建立圓形圖與環圈圖

♣ 建立圓形圖

圓形圖是用來觀察一個數列在不同類別所佔的比例。整塊圓餅就是一個數列，而圓餅內一塊塊的扇形面積，用來表示不同類別資料佔整體的比例，因此圖例是說明扇形所對應的類別。

以下請開啟「範例檔案\ch5\圖表類型\圓形圖.pbix」報表檔案，進行以下練習。

step 01 按下左側瀏覽窗格中的 按鈕，進入**報告**檢視模式，接著於**視覺效果**窗格中，點選 **圓形圖**，該類型便會加入至畫布中。

step 02 將**欄位**窗格中的**千層蛋糕口味**欄位拖曳至**視覺效果**窗格中的**圖例**項目中；將**銷售額**欄位拖曳至**值**項目中。

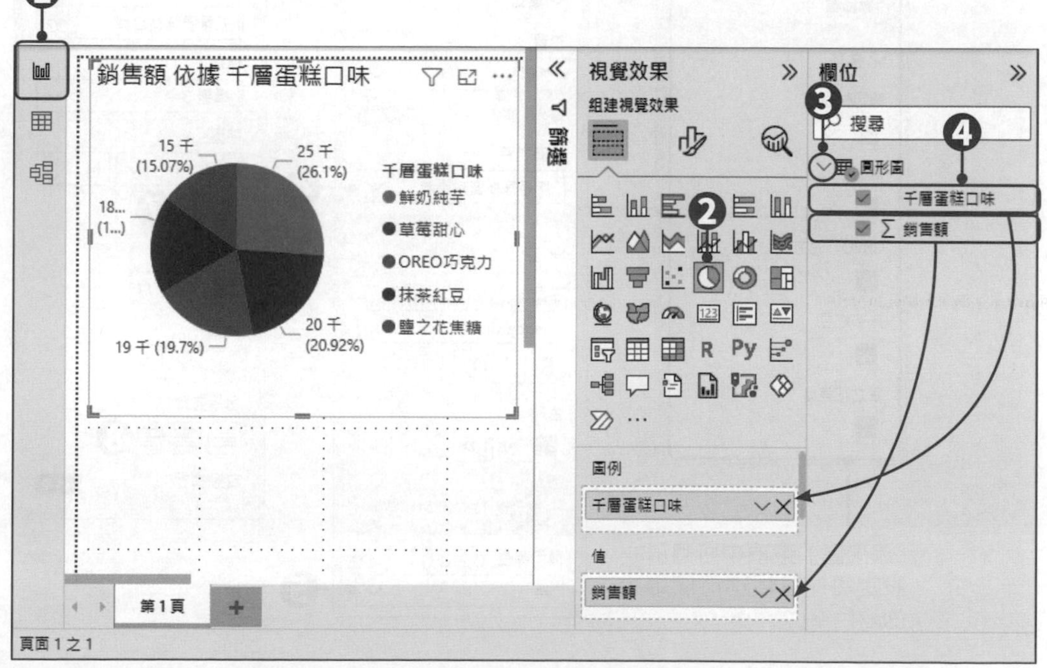

step 03 接著點選**視覺效果**窗格的 **格式標籤**，進行視覺效果的格式設定。

step 04 點選**視覺效果**類別，將**圖例**選項設定關閉；展開**詳細資料標籤**選項，設定**標籤內容**為**所有詳細資料標籤**；展開**值**選項，設定顯示單位為**無**。

step 05 接著點選**一般**類別，展開**標題**選項，在**文字**欄位重新輸入合適的標題文字，並設定格式為**粗體**、**置中**。

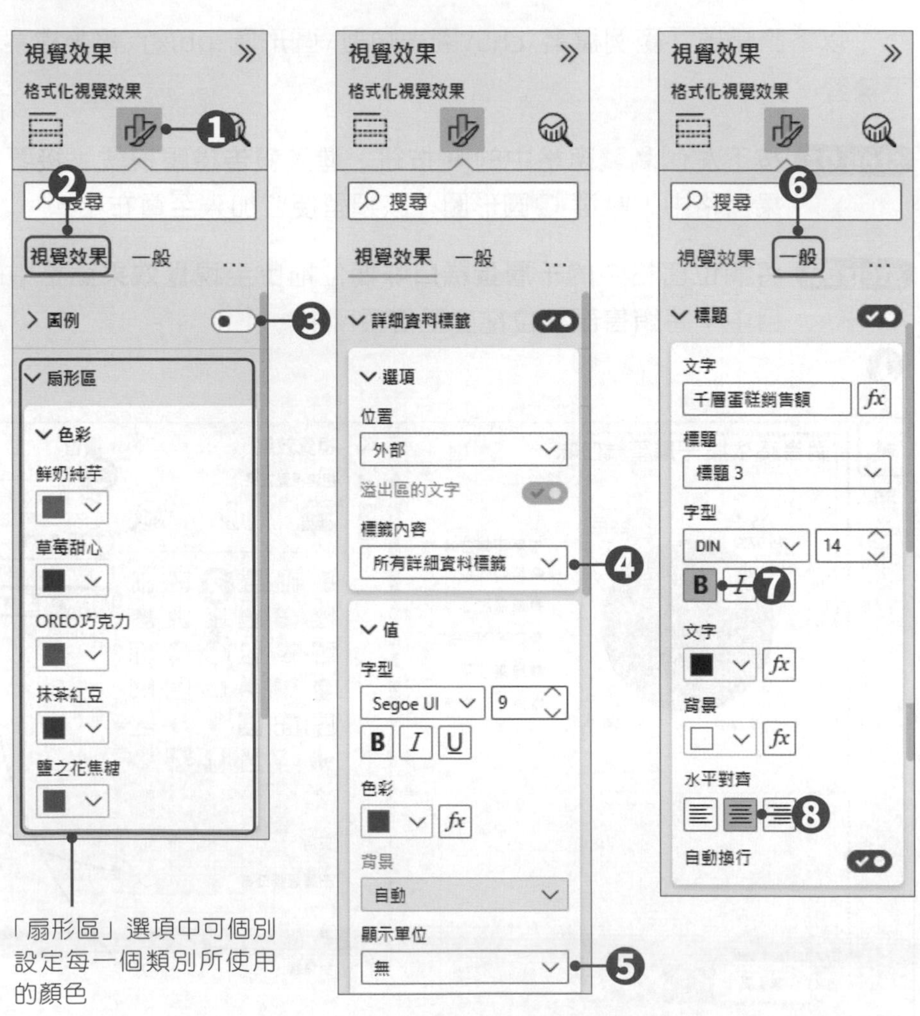

「扇形區」選項中可個別設定每一個類別所使用的顏色

設定結果如下。

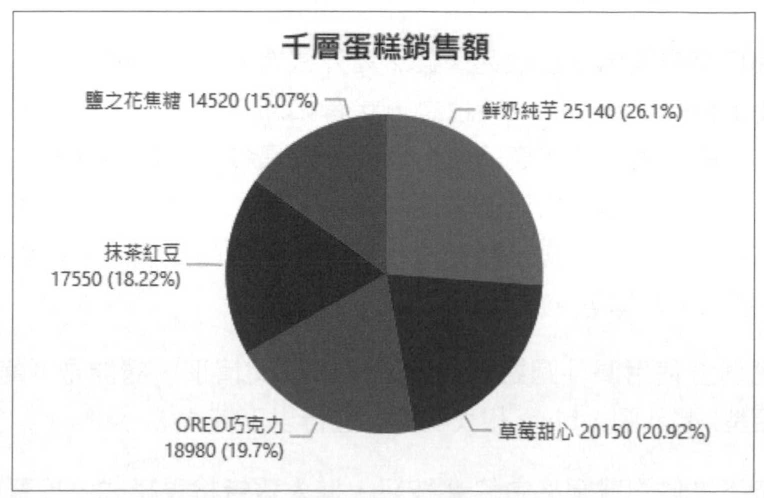

♣ 環圈圖

環圈圖就像是中間留白的圓形圖，其作用也與圓形圖相同，都是用來表示一個數列在不同類別所佔的比例。只不過圓形圖是以扇形面積來表示各類別所佔的比重差異，而環圈圖則是以環形的長度來表示。

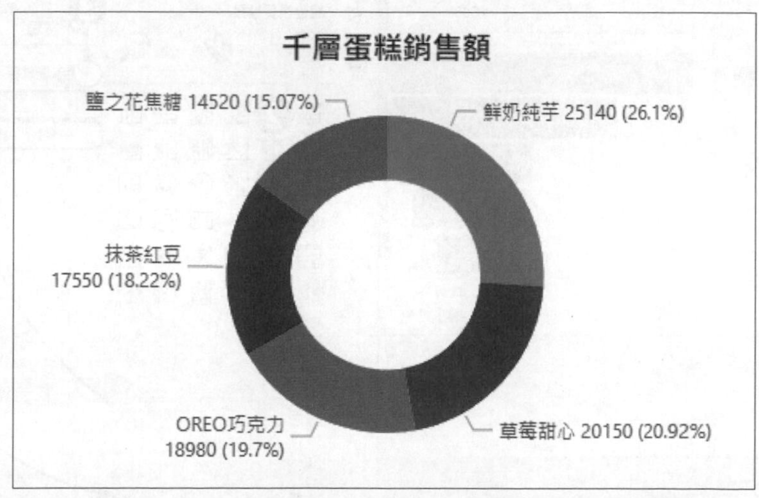

圓形圖與環圈圖不像直條圖或橫條圖，各類別有相同且明確的基礎比較，因此，若是各類別的比例相近，視覺上較難區分。在使用上最好不要使用太多類別(5個以下)，且資料間的佔比差異最好明顯一點為佳。

建立漏斗圖

漏斗圖只用來表示一個數列，雖然其外觀看起來像一個置中的橫條圖，但作用卻大不相同，漏斗圖的特色是形狀有如漏斗般，由上而下的線條寬度會越來越窄，第一個類別代表總數，再往下則是各階段所佔總數的百分比，因此適用於表達具有階段性與循序性的資料。例如：購物網站從潛在客戶到實際結帳客戶的追蹤、才藝比賽從報名海選到獲獎的比例、準媽媽從備孕準備到實際生產的成功率等。

以下範例將使用漏斗圖觀察並追蹤建案成交情形，請開啟「範例檔案\ch5\圖表類型\漏斗圖.pbix」報表檔案，進行以下練習。

step 01 按下左側瀏覽窗格中的 按鈕，進入**報告**檢視模式，接著於**視覺效果**窗格中，點選 **漏斗圖**，該類型便會加入至畫布中。

step 02 將**欄位**窗格中的**階段**欄位拖曳至**視覺效果**窗格中的**群組**項目中；將**人數**欄位拖曳至**值**項目中。

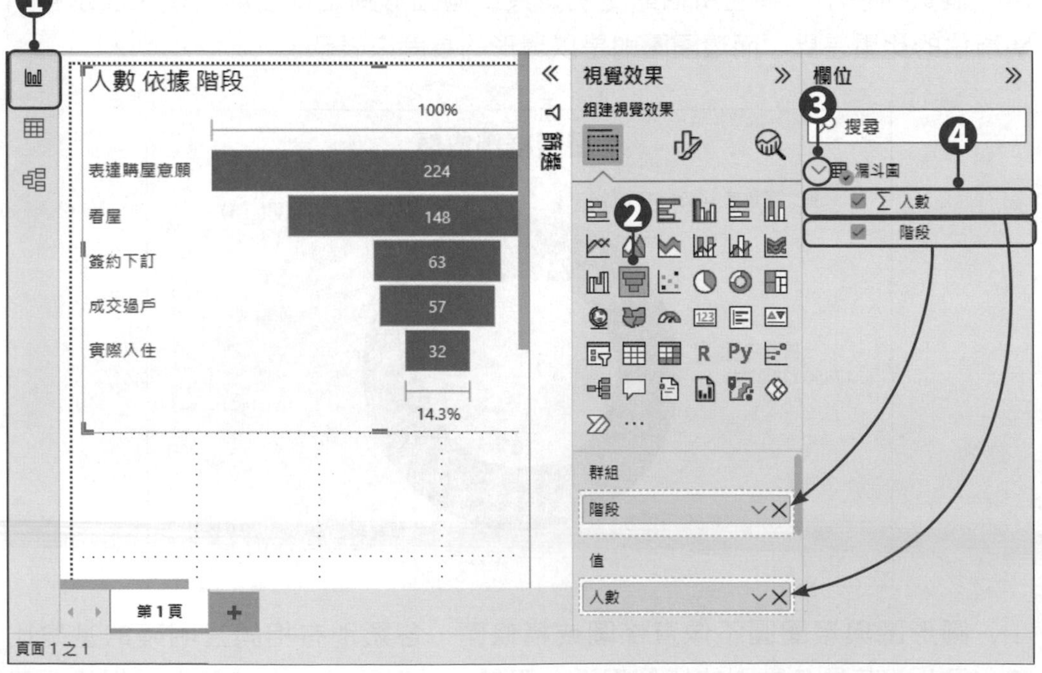

step 03 接著點選**視覺效果**窗格的 **格式**標籤，進行視覺效果的格式設定。

step 04 點選**視覺效果**類別，展開**色彩**選項，此處可以設定數列的色彩，若開啟其中的**全部顯示**選項，則可個別設定每一個類別的顏色。

step 05 接著展開**視資料標籤**選項，在其中的**選項**選項中，設定標籤內容為**資料值，第一個百分比**；在其中的**值**選項中，設定**百分比小數位數**為1。

step 06 接著點選**一般**類別，展開**標題**選項，在**文字**欄位重新輸入合適的標題文字，修改文字顏色，並設定格式為**粗體**、**置中**。

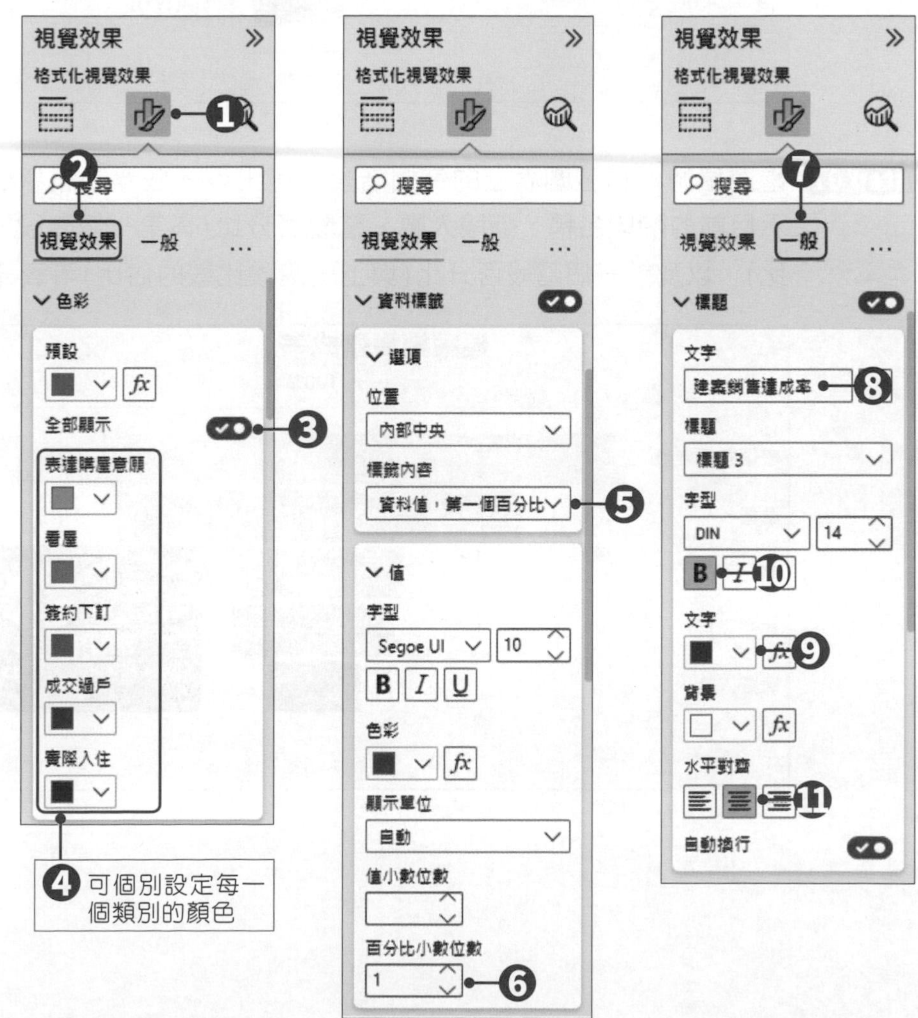

設定結果如下。

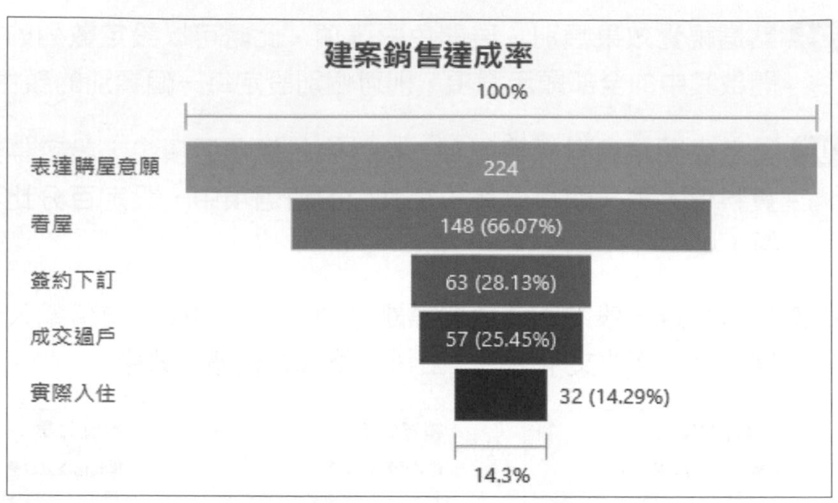

step 07 當滑鼠游標移至圖表上的每個階段，可出現一個浮動訊息框，會顯示目前的階段名稱、階段人數、整體百分比(與第一個階段比較的佔比)，以及前一個階段百分比(與上一階段比較的佔比)等資訊。

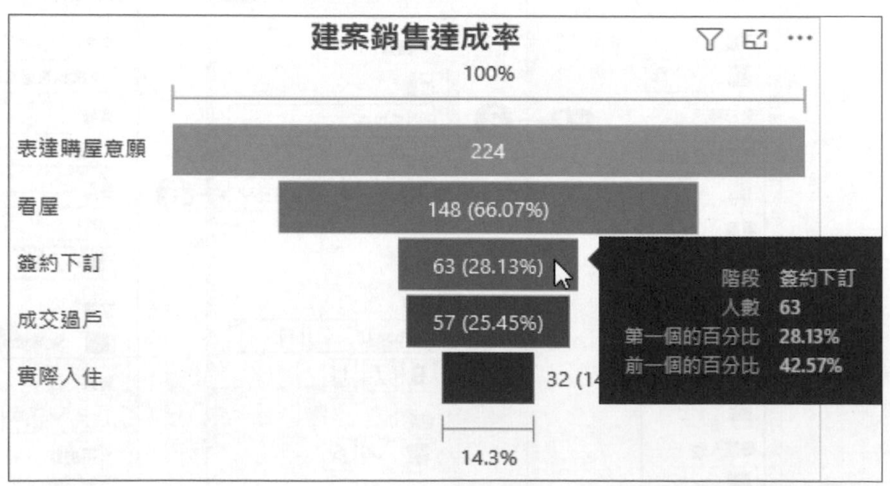

建立區域分布圖與地圖

Power BI視覺效果中的**區域分布圖**與**地圖**，都是可在地圖上直接呈現量化資訊的視覺效果類型。適用於與地理位置相關的社會經濟資料，或是需要在地圖上顯示量化資訊的情境。請開啟「範例檔案\ch5\圖表類型\區域分布圖與地圖.pbix」報表檔案，進行以下練習。

♣ 建立區域分布圖

區域分布圖會將地圖上的個別區域，以色彩與深淺變化來顯示各地理位置的量化數據差異。

step 01 按下左側瀏覽窗格中的 按鈕，進入**報告**檢視模式，接著於**視覺效果**窗格中，點選 **區域分布圖**，該類型便會加入至畫布中。

step 02 將**欄位**窗格中的**縣市**欄位拖曳至**視覺效果**窗格中的**位置**項目中；將**旅宿**欄位拖曳至**工具提示**項目中。

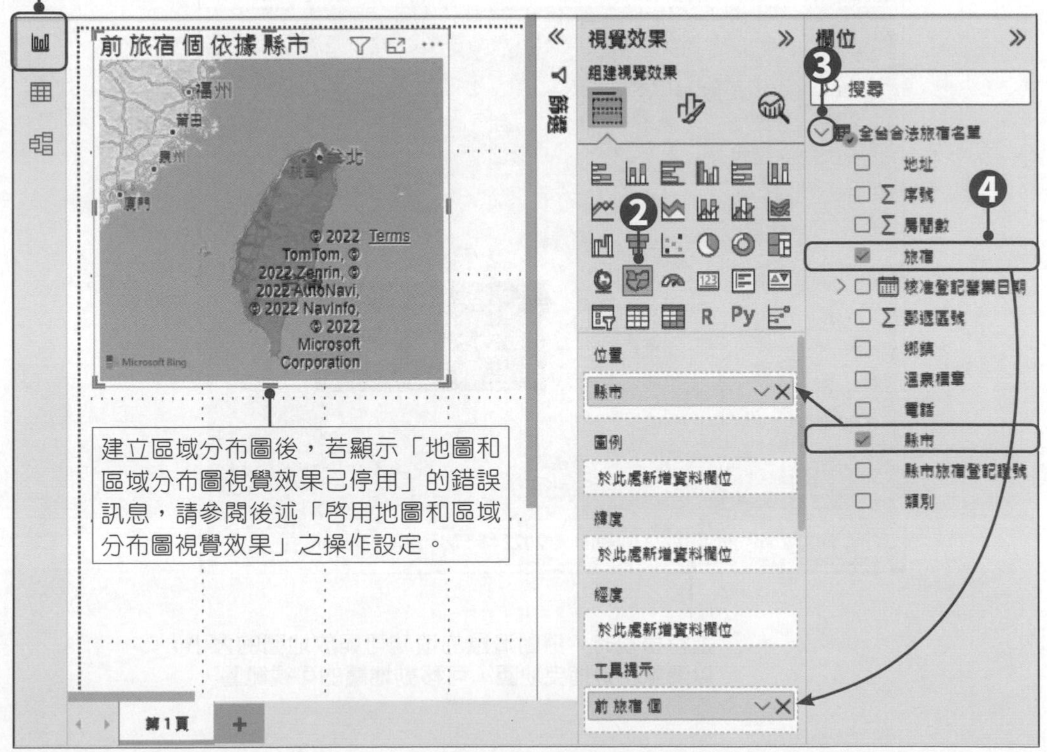

step 03 接著點選**工具提示**項目中的 **前 旅宿 個** 欄位下拉鈕，在選單中點選**計數**，表示地圖中要呈現的數據是旅宿業者的「個數」。

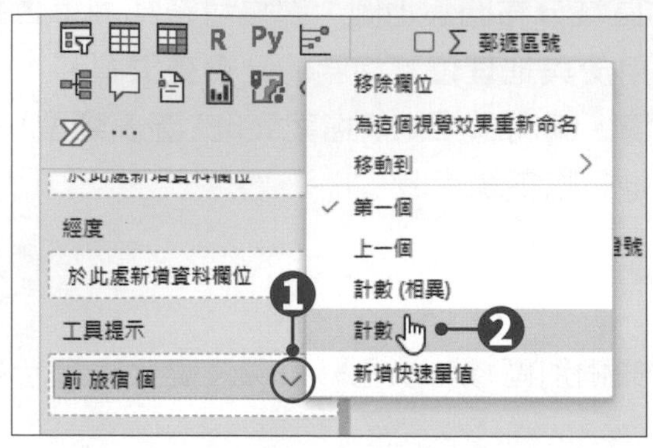

此時的設定結果如下。如果直接在地圖上點選要查看的縣市，該縣市範圍就會以深色特別標示，且區域上方會出現浮動訊息，顯示該縣市的數據值。

進行檢視時，捲動滑鼠的滾輪可縮放地圖的大小；
以滑鼠左鍵拖曳地圖，可移動地圖的可視範圍。

step 04 接著點選**視覺效果**窗格的 **格式**標籤，進行視覺效果的格式設定。

step 05 點選**視覺效果**類別，展開**填滿色彩**選項，可設定地圖上的標示色彩，預設值為藍色。接著點選**色彩**項目下的 fx **設定格式化的條件**按鈕，開啟「預設色彩 - 填滿色彩」視窗，進行格式化的條件設定。

> **設定格式化的條件**
>
> 依據資料數值對應所設定的判斷準則，自動呈現地圖上的資料色彩。透過視覺化的差異，使觀看者馬上就能掌握各區域的概況。

視覺效果
格式化視覺效果
搜尋
視覺效果 一般
地圖設定
圖例
填滿色彩
色彩
預設
全部顯示

若開啟「全部顯示」功能，則可手動設定每一個縣市的顏色。

step 06 視窗中預設以「縣市的計數」為基準，在**最小值**、**中央**、**最大值**欄位中設定各呈現**綠**、**黃**、**紅**的漸層色彩變化，按下「確定」鈕完成設定。

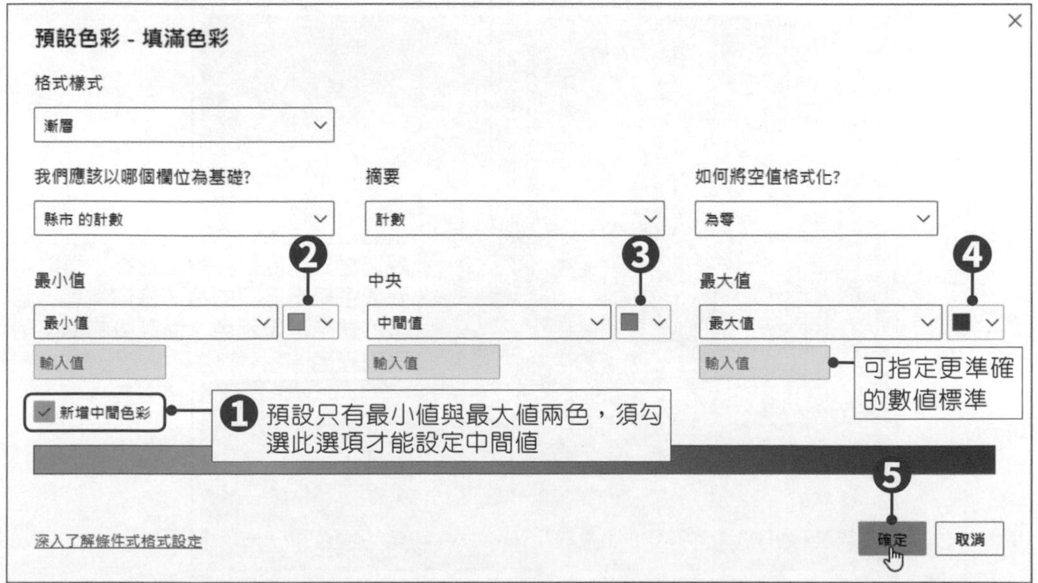

step 07 接著點選**一般**類別，展開**標題**選項，在**文字**欄位重新輸入合適的標題文字，修改文字顏色，並設定格式為**粗體**、**置中**。

設定結果如下。

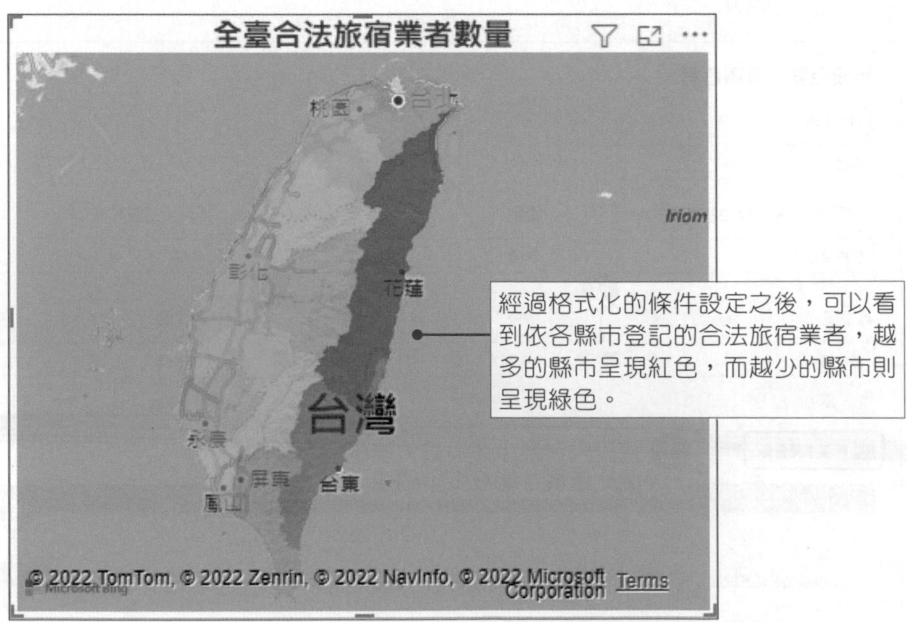

♣ 建立地圖

區域分布圖是以顏色變化做為區別，地圖則是直接在地理位置上呈現泡泡，並以泡泡的大小快速顯示各地量化數據的相對差異。

step 01 先在畫布空白處按一下滑鼠左鍵，取消選取視覺效果物件。接著於**視覺效果**窗格中，點選 **地圖**，才能建立第二個視覺效果物件。

step 02 將**欄位**窗格中的**縣市**欄位拖曳至**視覺效果**窗格中的**位置**項目中；將**房間數**欄位拖曳至**大小**項目中。

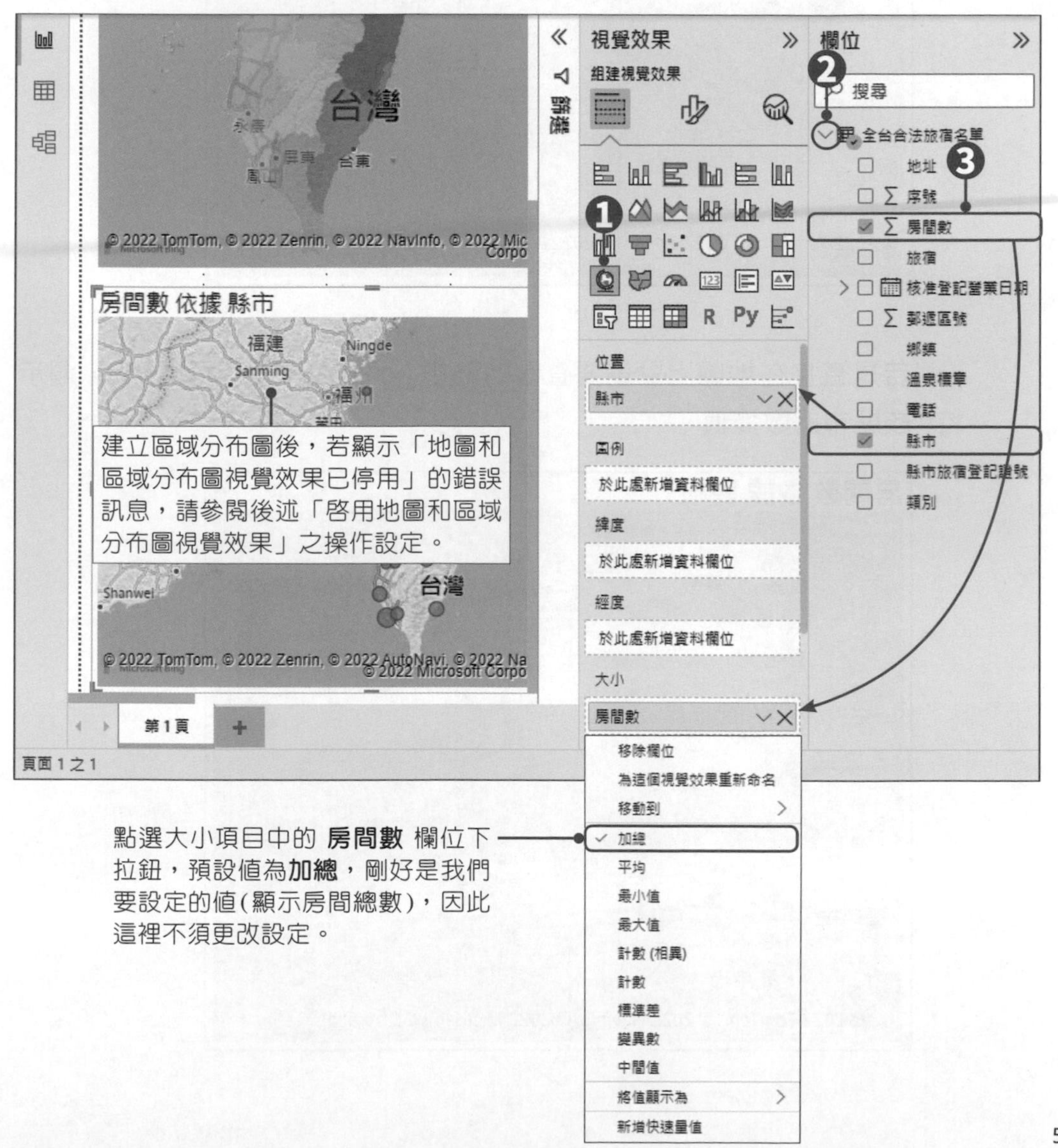

設定結果如下。可以看到各縣市的泡泡大小不一，用來表示旅宿房間總數的多寡，若泡泡越大表示該縣市房間數多，反之則越少。

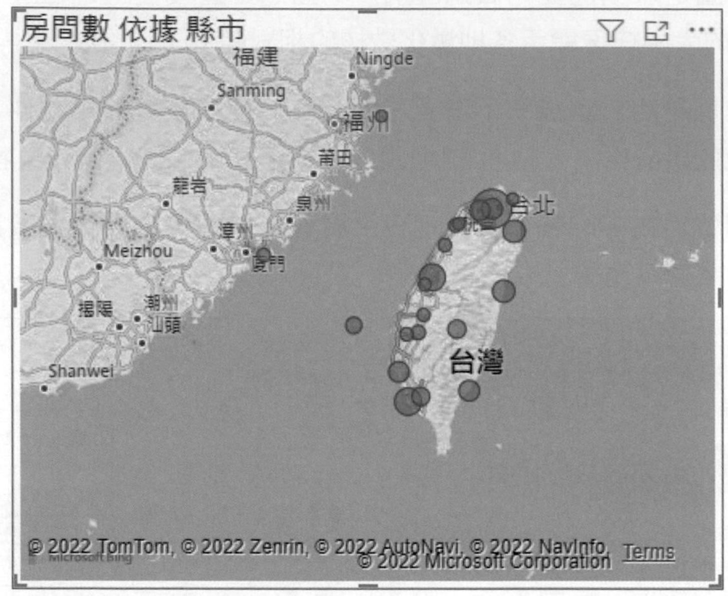

若是直接在地圖上點選要查看的縣市，同樣會出現浮動訊息，顯示該縣市的數據值。

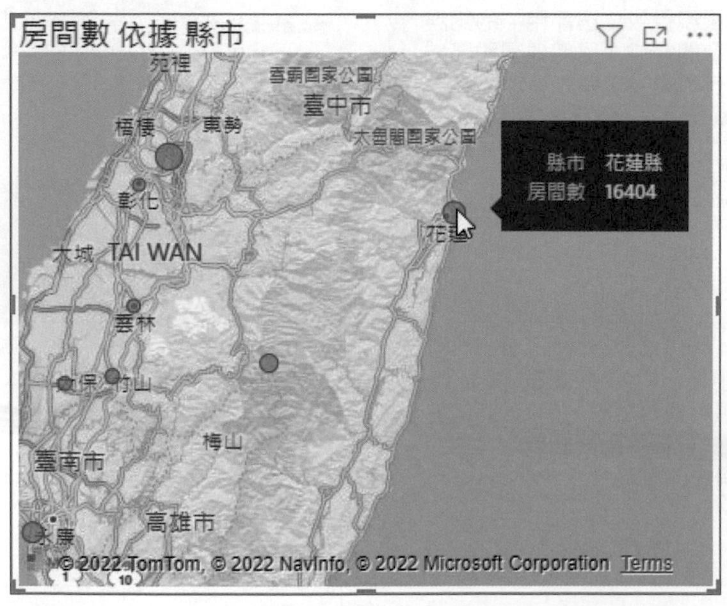

step 03 接著點選**視覺效果**窗格的 **格式**標籤，進行視覺效果的格式設定。

step 04 點選**視覺效果**類別，展開**地圖設定**選項，將樣式設定為深色，展開**控制項**選項，開啟縮放按鈕選項。

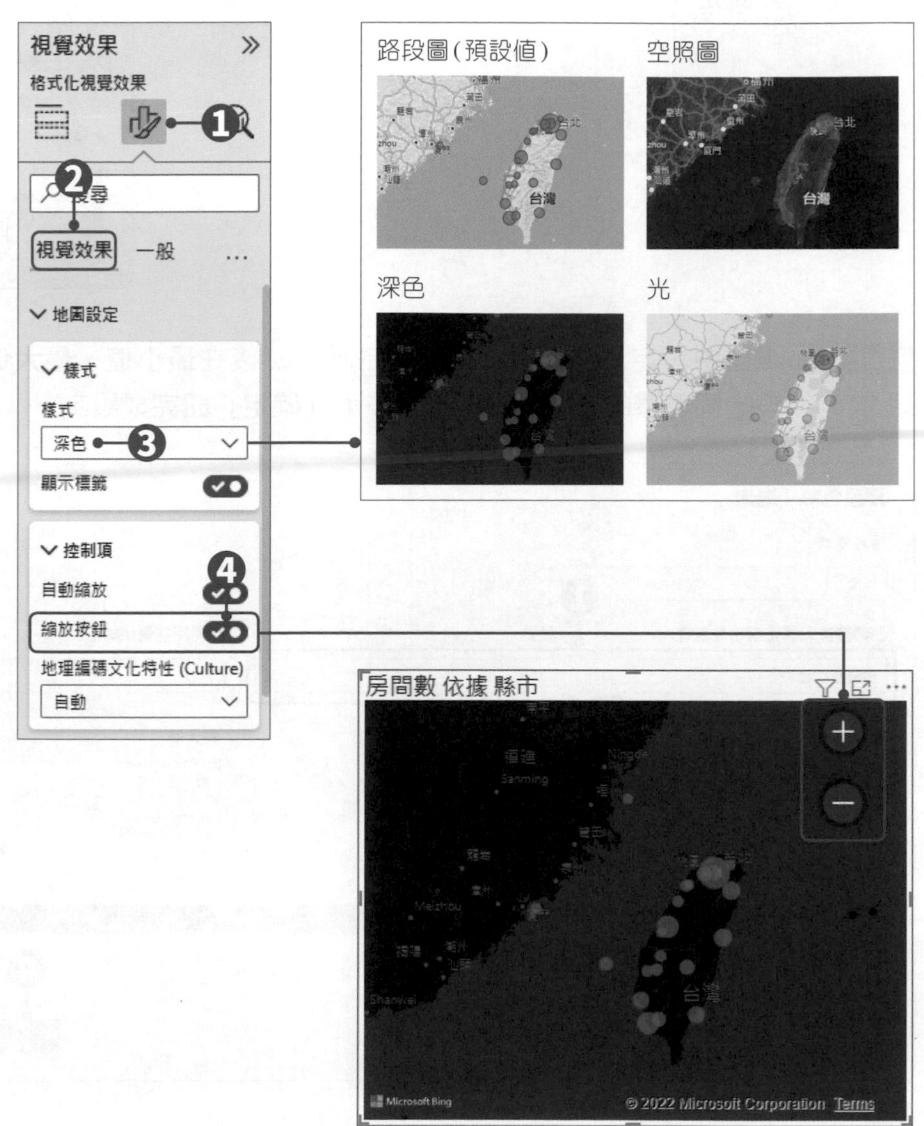

step 05 接著展開**泡泡**選項，設定**大小**為15，再點選**色彩**項目下的 fx **設定格式化的條件**按鈕，開啟「預設色彩 - 泡泡」視窗，進行格式化的條件設定。

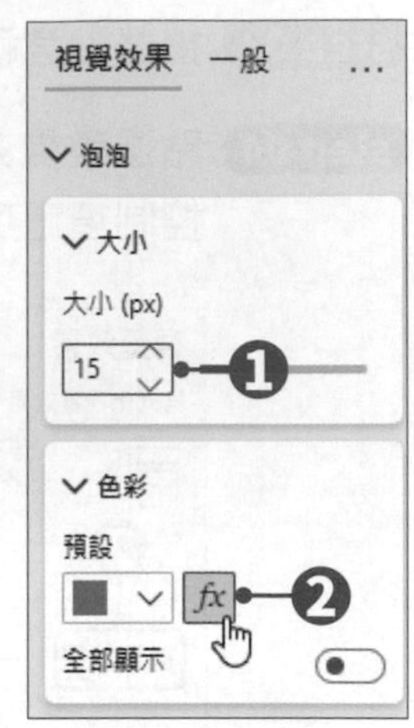

step 06 視窗中設定以**房間數**、**加總**為基準，然後在**最小值**、**最大值**欄位中設定同色系的漸層色彩變化，按下**「確定」**鈕完成設定。

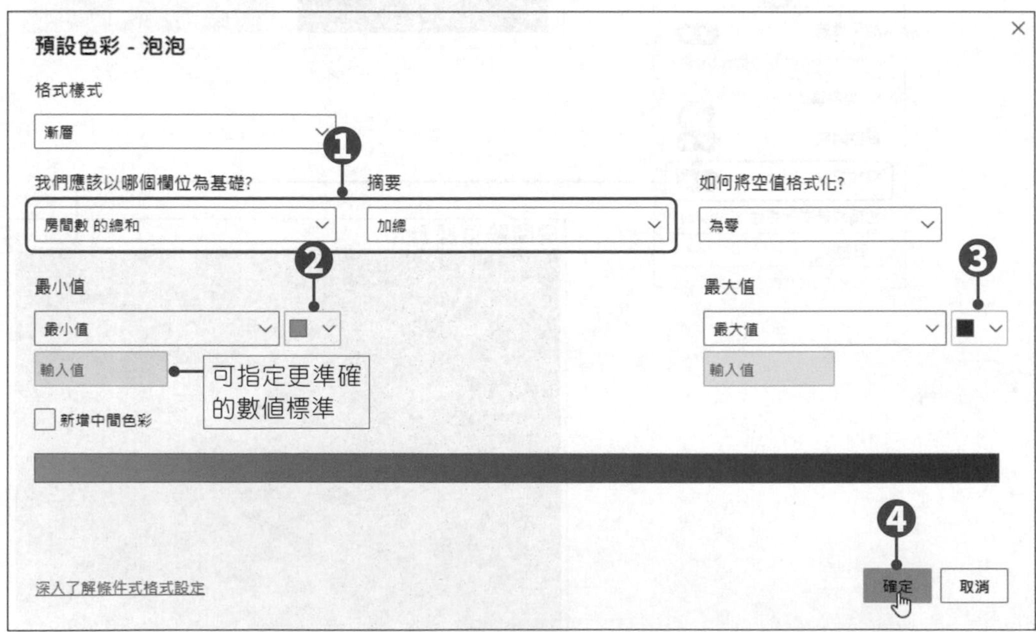

step 07 接著點選**一般**類別，展開**標題**選項，在**文字**欄位重新輸入合適的標題文字，修改文字顏色，並設定格式為**粗體**、**置中**。

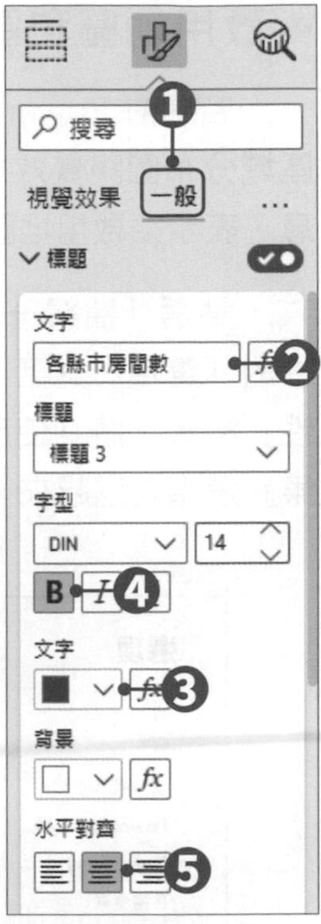

設定結果如下。

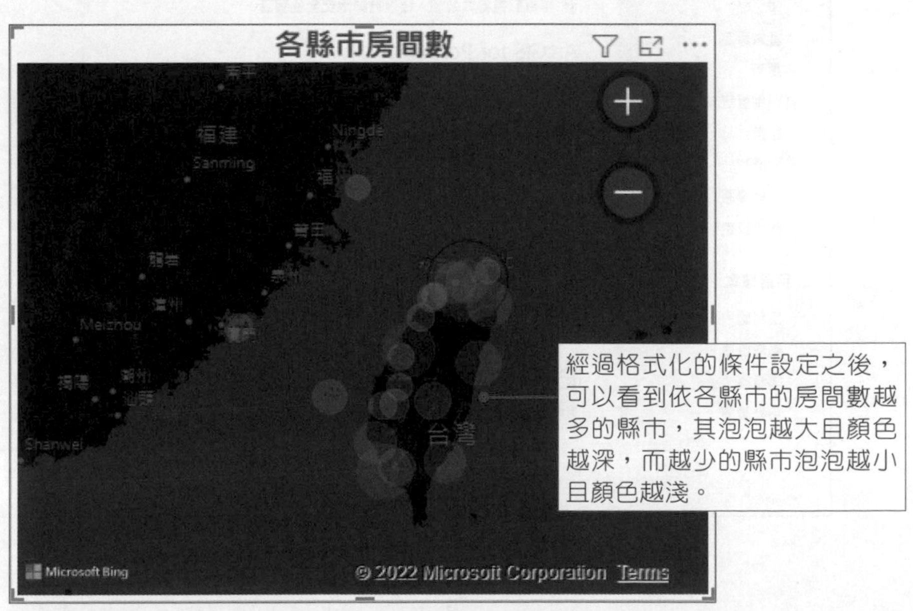

♣ 啟用地圖和區域分布圖視覺效果

若是在Power BI Desktop中建立**地圖**與**區域分布圖**視覺效果時，顯示如右圖所示的訊息，表示須啟用地圖與區域分布圖視覺效果。

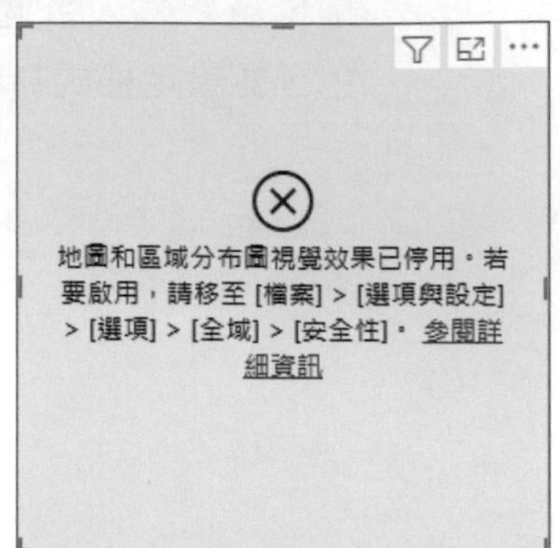

點選**「檔案→選項及設定→選項」**，在開啟的「選項」對話方塊中，選擇**「全域→安全性」**標籤，將**「使用地圖及區域分布圖視覺效果」**選項勾選起來，按下**「確定」**按鈕即可。

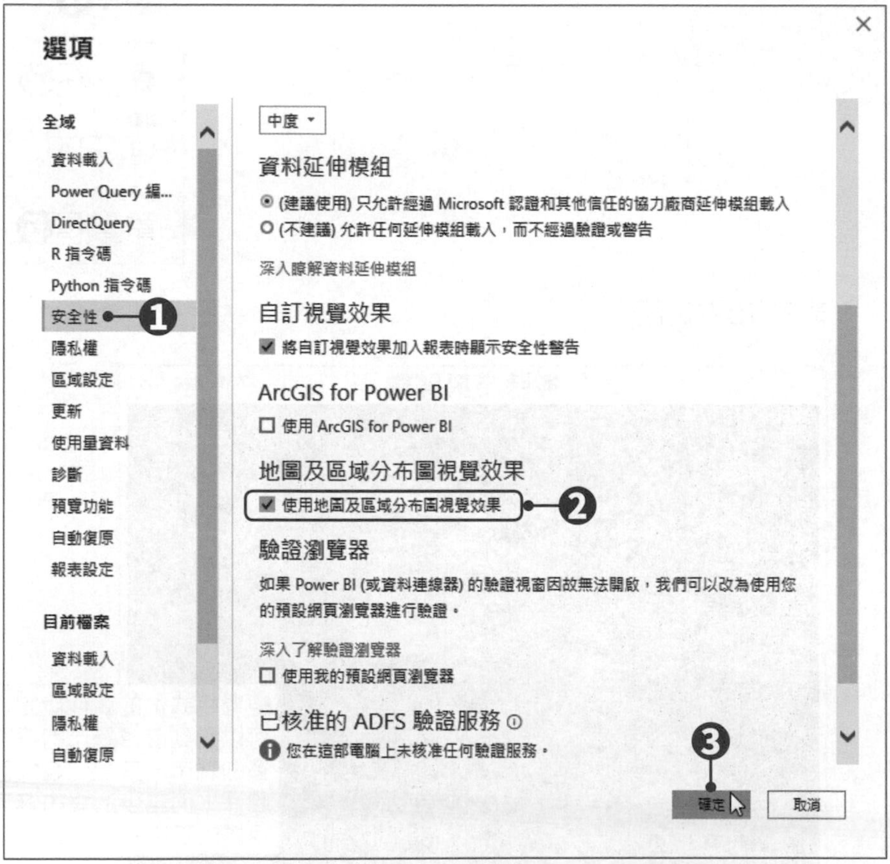

選項

全域
資料載入
Power Query 編...
DirectQuery
R 指令碼
Python 指令碼
安全性 ❶
隱私權
區域設定
更新
使用量資料
診斷
預覽功能
自動復原
報表設定

目前檔案
資料載入
區域設定
隱私權
自動復原

中度

資料延伸模組
(建議使用) 只允許經過 Microsoft 認證和其他信任的協力廠商延伸模組載入
(不建議) 允許任何延伸模組載入，而不經過驗證或警告
深入瞭解資料延伸模組

自訂視覺效果
將自訂視覺效果加入報表時顯示安全性警告

ArcGIS for Power BI
使用 ArcGIS for Power BI

地圖及區域分布圖視覺效果
使用地圖及區域分布圖視覺效果 ❷

驗證瀏覽器
如果 Power BI (或資料連線器) 的驗證視窗因故無法開啟，我們可以改為使用您的預設網頁瀏覽器進行驗證。
深入了解驗證瀏覽器
使用我的預設網頁瀏覽器

已核准的 ADFS 驗證服務
您在這部電腦上未核准任何驗證服務。

❸ 確定 取消

建立卡片與多列卡片

「卡片」視覺效果會以最顯著的方式展示單一數字，嚴格來說它並不算是圖表，而是一種呈現方式，它可以讓資訊在密密麻麻的圖表資料裡一眼就被看見，在Power BI儀表板中很常應用到。「卡片」通常用來展示一個重要的指標數字，或是需要被追蹤的目標數字；而「多列卡片」所呈現的內容就不只是單一數字，而是多個指標匯整而成的資訊板，可同時展示多筆數據。

我們可以選擇直接建立視覺效果物件，或是透過**問與答**來建立卡片。請開啟「範例檔案\ch5\圖表類型\卡片與多列卡片.pbix」報表檔案，進行以下練習。

♣ 建立卡片－直接建立視覺效果

step 01 按下左側瀏覽窗格中的按鈕，進入**報告**檢視模式，接著於**視覺效果**窗格中，點選 **卡片**，該類型便會加入至畫布中。

step 02 將**欄位**窗格中的**總分**欄位拖曳至**視覺效果**窗格中的**欄位**項目中，並按下欄位下拉鈕，在選單中點選**平均**，表示卡片中要呈現的數據為全班同學總分的「平均」。

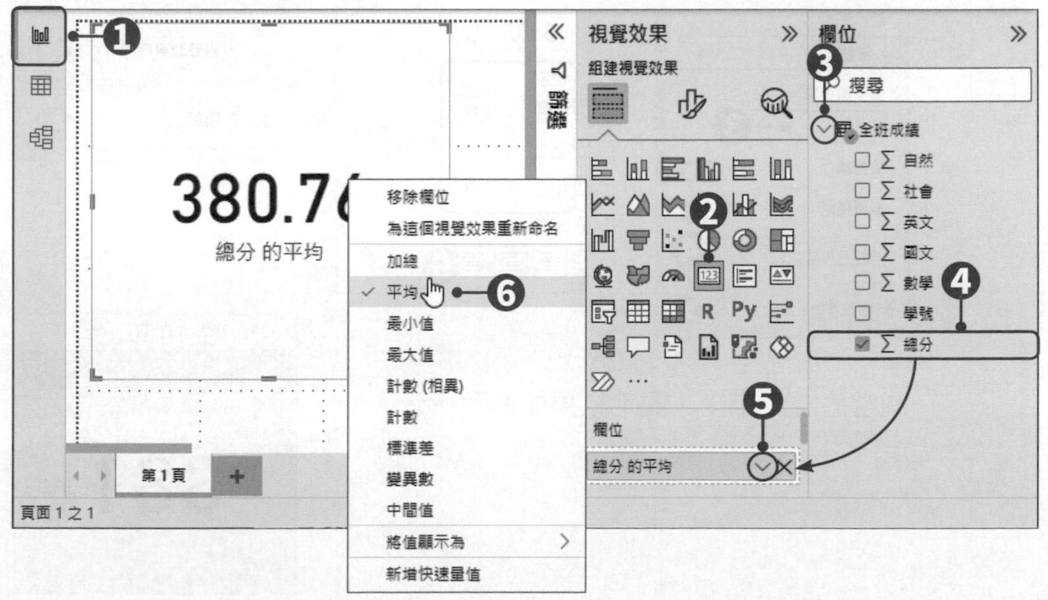

step 03 接著點選**視覺效果**窗格的 ![icon] **格式**標籤，進行視覺效果的格式設定。

step 04 點選**視覺效果**類別，展開**圖說文字值**選項，設定**值小數位數**為0；將**類別標籤**選項關閉(數字下方的文字為類別標籤)。

step 05 接著點選**一般**類別，將**標題**選項設定為開啟，展開**標題**選項，在**文字**欄位中輸入標題文字，設定為16pt、**置中**，並修改**文字**及**背景**的顏色；再展開**效果**選項，設定背景色彩。

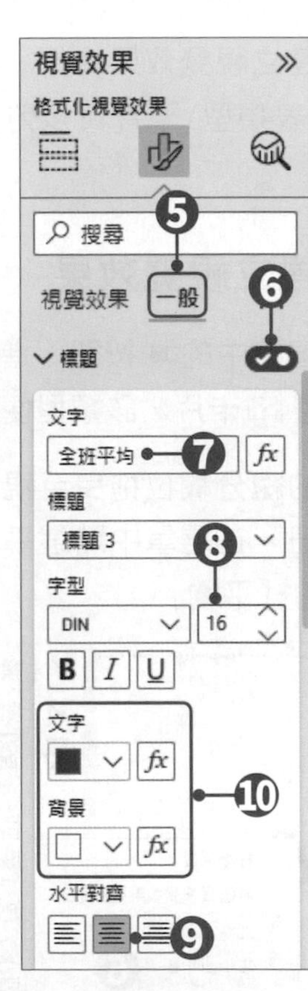

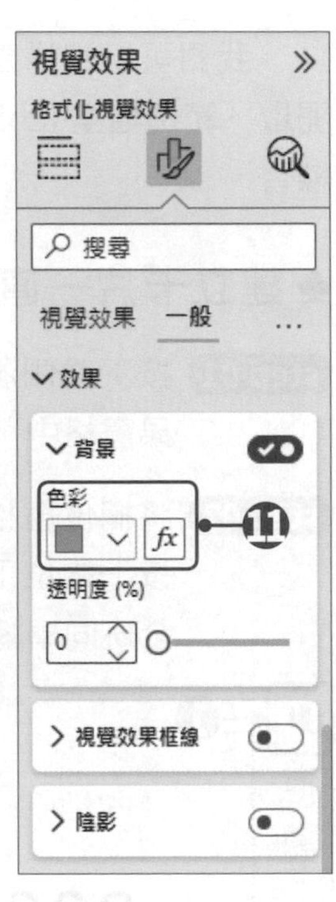

調整適當大小後，設定結果如右圖所示。

♣ 建立多列卡片

step 01 先在畫布空白處按一下滑鼠左鍵，取消選取視覺效果物件。接著於**視覺效果**窗格中，點選 **多列卡片**，才能建立第二個視覺效果物件，並將它拖曳至卡片視覺效果的右側，並調整適當大小。

step 02 將**欄位**窗格中的**學號**、**國文**、**英文**、**數學**、**自然**、**社會**欄位拖曳至**視覺效果**窗格中的**欄位**項目中。

step 03 按下**學號**下拉鈕，在選單中點選**計數**，表示卡片中要呈現的數據為全班同學的「個數」。

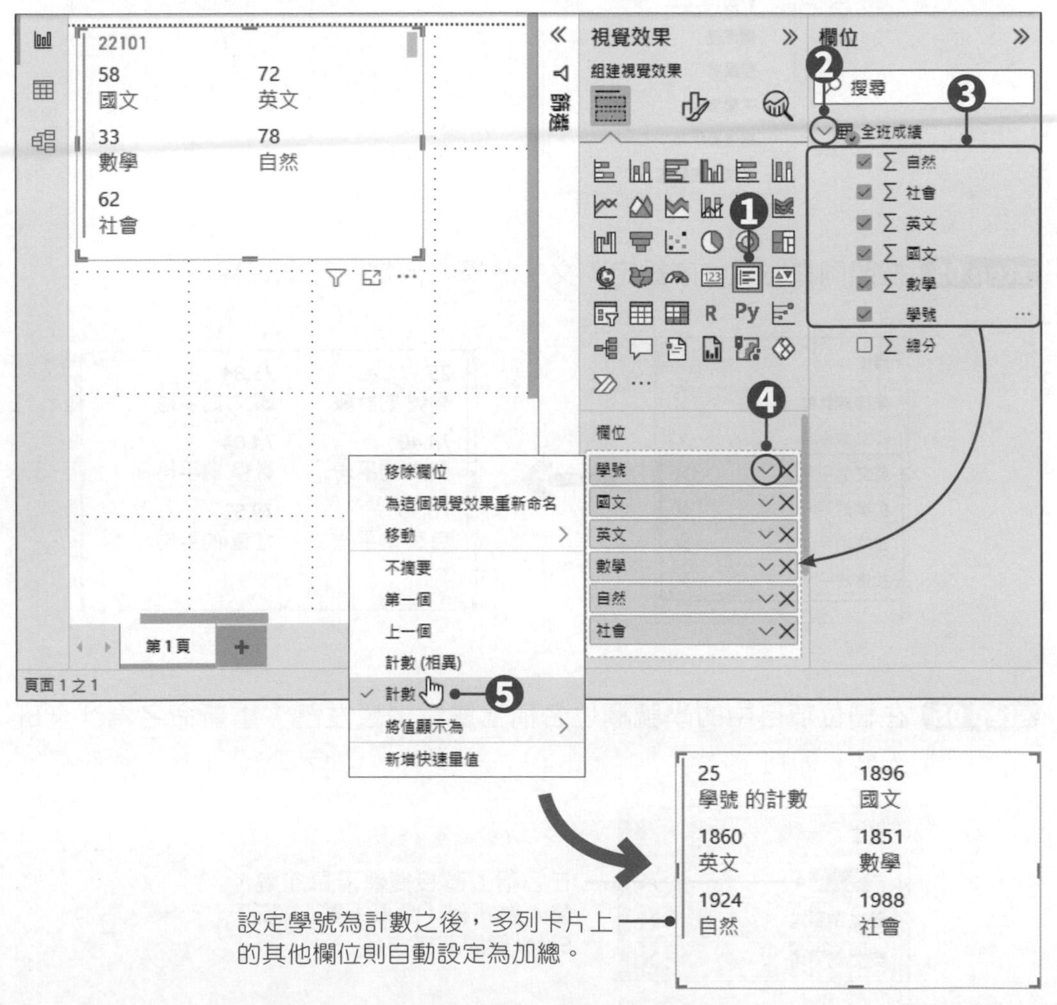

step 04 接著按下**國文**下拉鈕，在選單中點選**平均**，表示卡片中要呈現的數據為全班同學國文分數的「平均」。

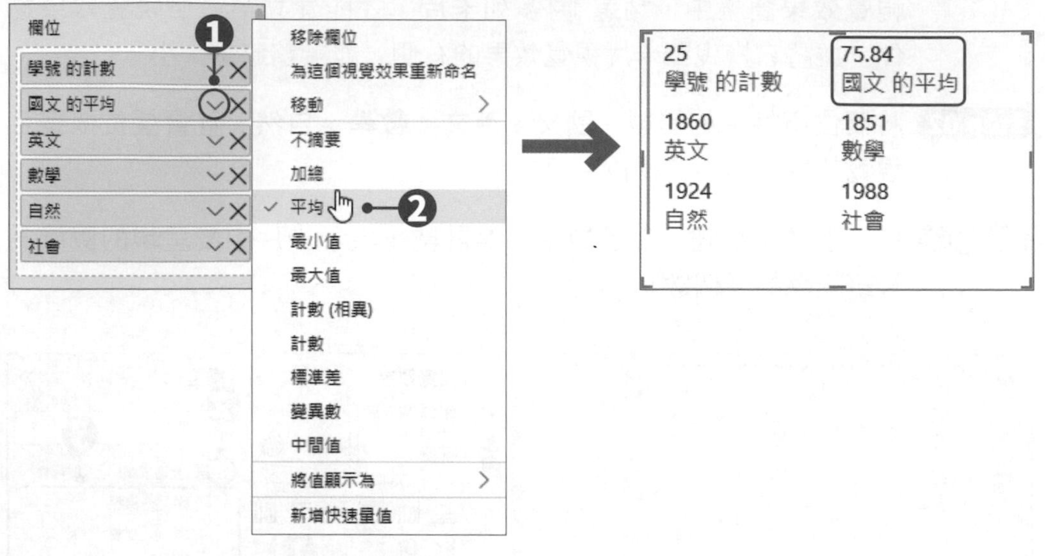

step 05 按照同樣方式依序設定英文、數學、自然、社會等欄位。

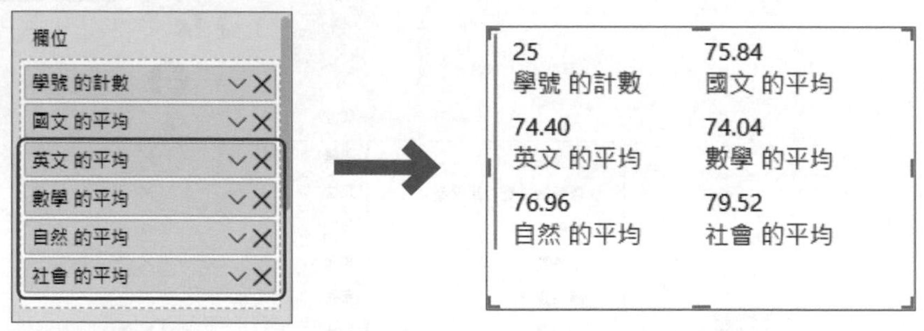

step 06 在**欄位**項目中的**學號**欄位名稱上雙擊滑鼠左鍵，重新命名為「全班人數」即可。

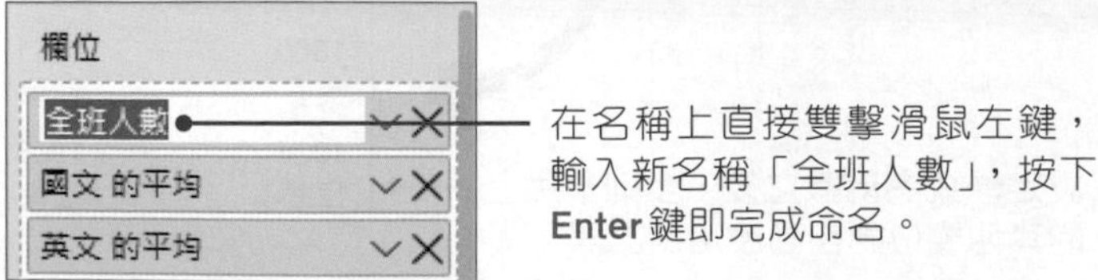

step 07 接著點選**視覺效果**窗格的 **格式**標籤，進行視覺效果的格式設定。

step 08 點選**視覺效果**類別，展開**圖說文字值**選項，將文字設定為**14pt**、**粗體**，並指定文字**色彩**；展開**卡片**選項，設定**外框**為**頂端+底端**，並設定外框**色彩**；將**強調線**選項關閉。

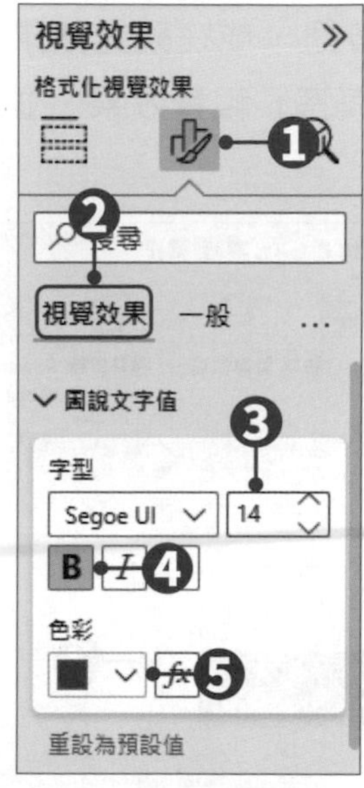

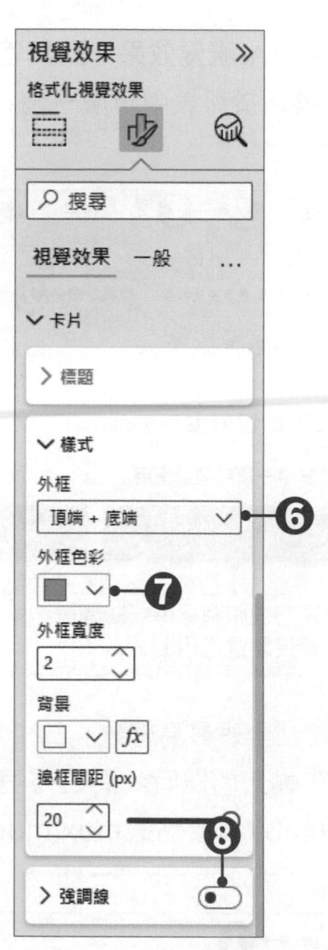

設定結果如右圖所示。

25 全班人數	**75.84** 國文 的平均
74.40 英文 的平均	**74.04** 數學 的平均
76.96 自然 的平均	**79.52** 社會 的平均

♣ 建立卡片─透過問與答視覺效果

Power BI Desktop提供了「問與答」AI視覺效果，讓我們可以直接使用自然語言(目前只能使用英文)來詢問問題，以便更快速地在資料中獲得想要的解答，而求得的結果也能直接轉換為「卡片」視覺方塊。

step 01 按下**「插入→AI視覺效果→問與答」**按鈕，或在**視覺效果**窗格中點選 **問與答**，於報表中新增一個「問與答」視覺效果，並將它調整為適當大小。

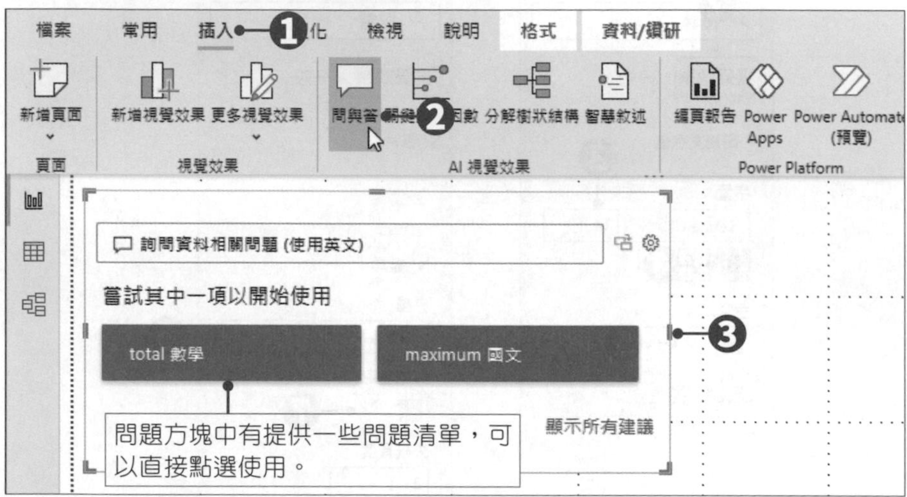

step 02 本例欲建立「全班最高總分」的卡片，先在問題框中輸入maximum關鍵字，在輸入問題時，問題方塊會顯示建議選項來輔助我們完成問題，這裡可以直接點選**maximum 總分**選項。

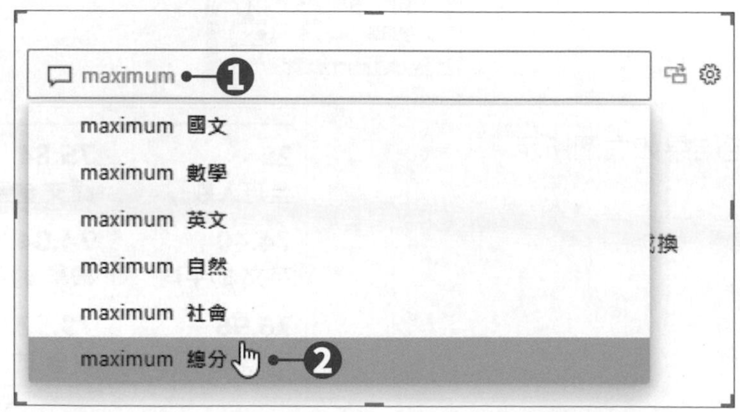

step 03 除了直接輸入問題之外，也可以透過修改建議選項的方式來取得想要的答案。直接點選建議選項中的「maximum 國文」，問題方塊會直接顯示答案數據，接著再修改問題框中的參數值(將國文修改為總分)，就可以詢問類似的問題。

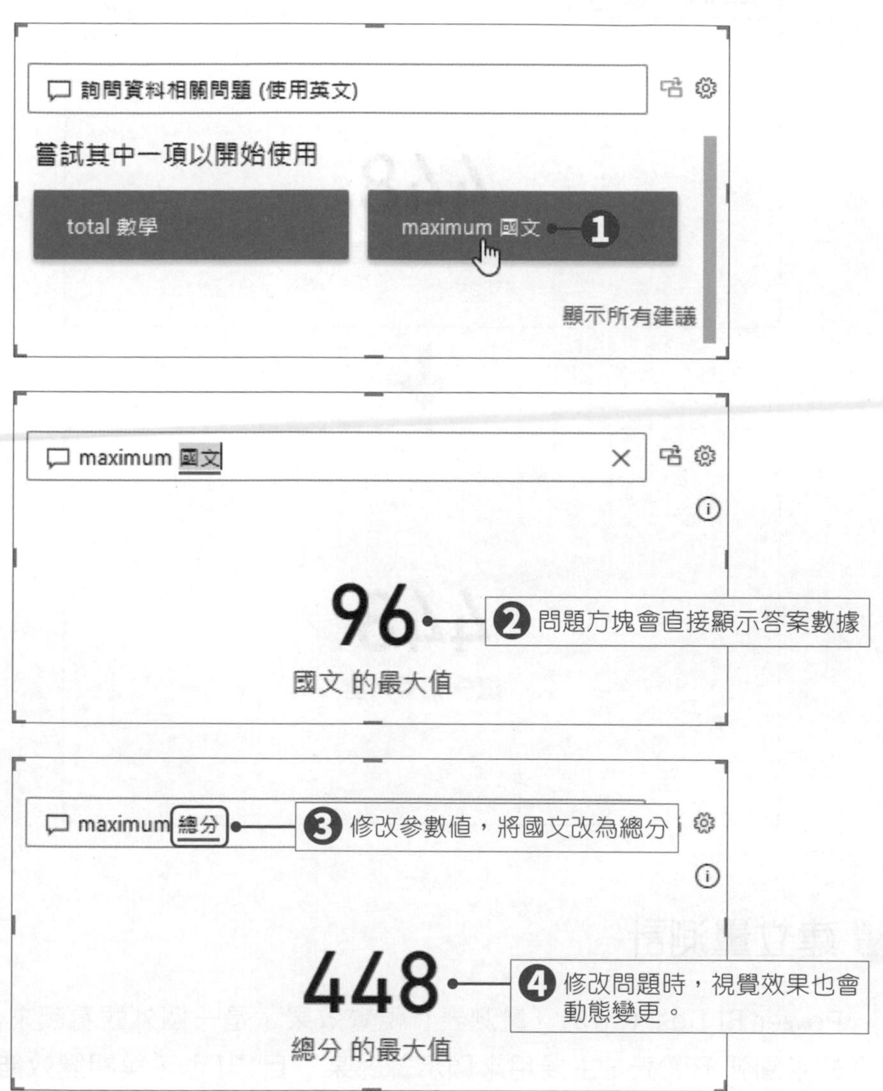

step 04 得到想要的計數結果後，按下右邊的 按鈕，即可將問與答視覺效果轉換成卡片視覺效果。

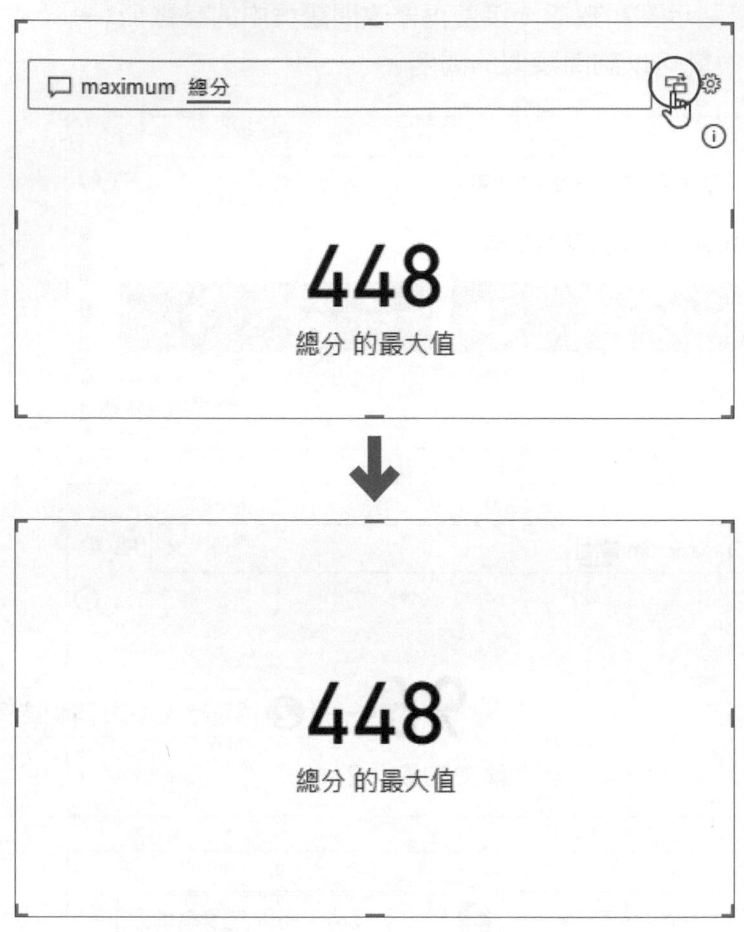

建立量測計

Power BI Desktop的「量測表」視覺效果，是一個外觀看起來像汽車里程表的半圓弧形圖表，主要用來顯示針對某一目標(也可與**關鍵效能指標**KPI的設定搭配使用)測量進度的數據值，圖表中會以有色線段來顯示目前達成進度，並顯示達成值。請開啟「範例檔案\ch5\圖表類型\量測計.pbix」報表檔案，進行以下練習。

「KPI」視覺效果

關鍵績效指標(Key Performance Indicators, KPI)這項數據用於評估個人或組織在實現目標方面的達成程度，是表現工作成效的重要指標，因此必須是客觀且可衡量的數據資料。而Power BI的 **KPI**視覺效果便用於顯示目前達成值與目標值之間的進度差距，如圖5-2所示。

圖5-2　KPI視覺效果

step 01 按下左側瀏覽窗格中的 按鈕，進入**報告**檢視模式，接著於**視覺效果**窗格中，點選 **量測計**，該類型便會加入至畫布中。

step 02 將**欄位**窗格中的**追加劑**欄位拖曳至**視覺效果**窗格中的**值**項目中，並按下欄位下拉鈕，在選單中點選**平均**，表示卡片中要呈現的數據為各縣市接種率的「平均值」。

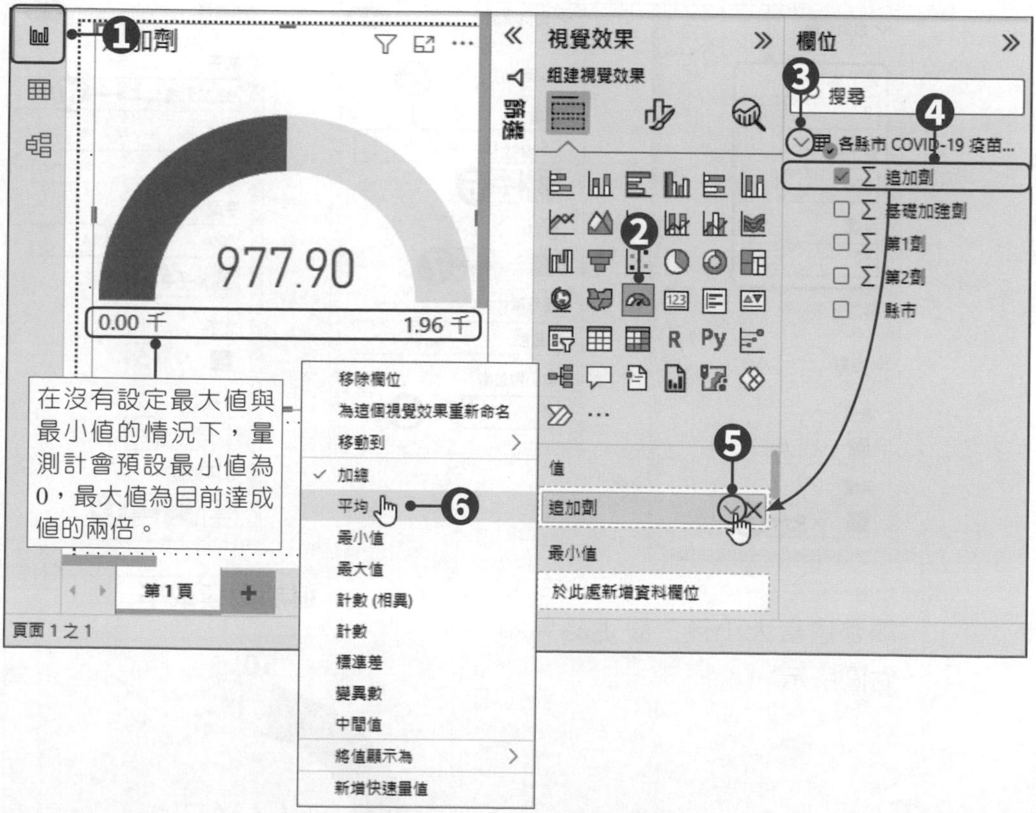

step 03 接著點選**視覺效果**窗格的 **格式**標籤，進行視覺效果的格式設定。

step 04 點選**視覺效果**類別，展開**量測計軸**選項，設定**最小值**為0，**最大值**為100，**目標**為50；展開**色彩**選項，將**目標**線條的色彩設定為**紅色**；展開**目標標籤**選項，將**值**的文字設定為**15pt**、**粗體**、**紅色**，設定**值小數位數**為0。

step 05 接著點選**一般**類別，展開**標題**選項，在**文字**欄位重新輸入合適的標題文字，並設定格式為**粗體**、**置中**。

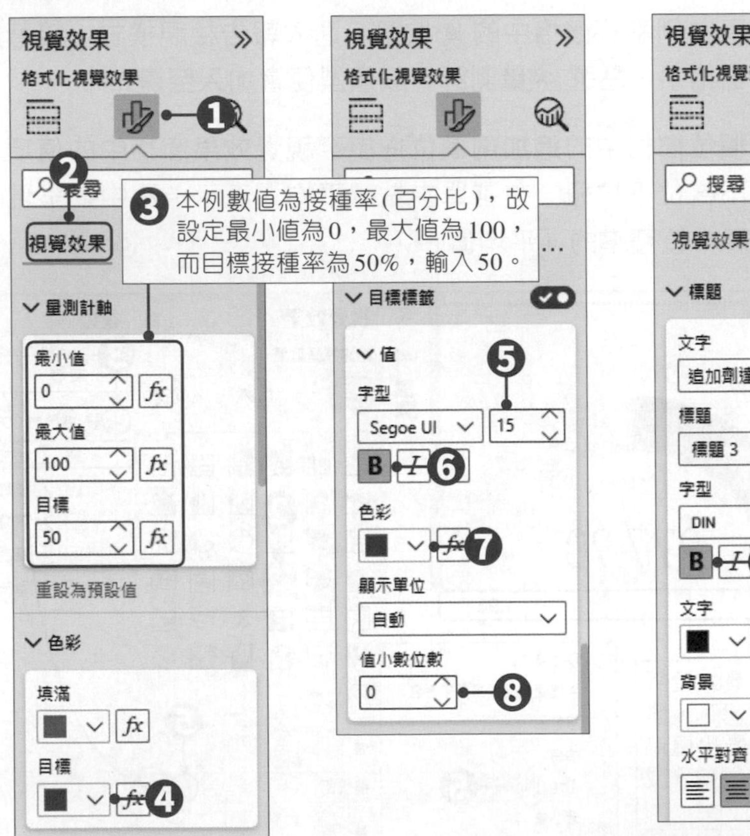

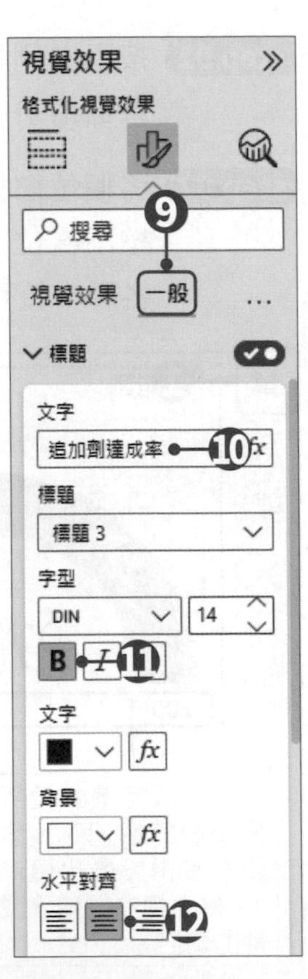

調整適當大小後，設定結果如右圖所示。

建立資料表

Power BI Desktop的「資料表」是一個類似表格的視覺效果，使用資料列與資料行組成的表格格式來呈現單一類別的數據資料。以下請開啟「範例檔案\ch5\圖表類型\資料表.pbix」報表檔案，進行以下練習。

step 01 按下左側瀏覽窗格中的 按鈕，進入**報告**檢視模式，接著於**視覺效果**窗格中，點選 **資料表**，該類型便會加入至畫布中。

step 02 將**欄位**窗格中的**費用類別**、**通話秒數**、**金額**欄位拖曳至**視覺效果**窗格中的**值**項目中。

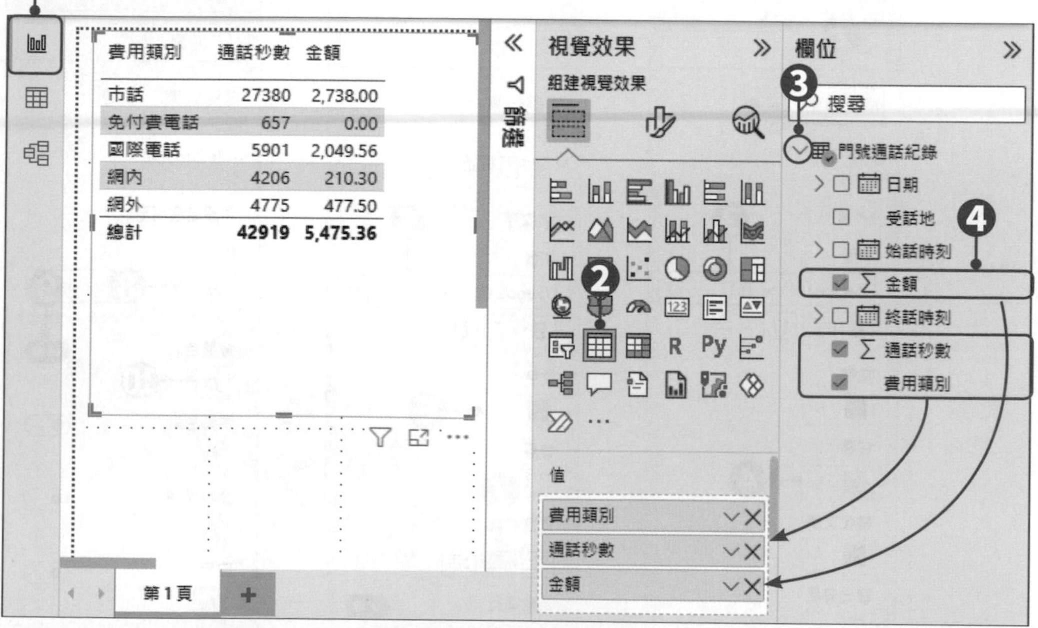

「矩陣」視覺效果

另一個與 **資料表** 類似的視覺效果，就是 **矩陣**。

兩者差別在於「資料表」只能支援兩個維度的，而「矩陣」則可顯示如圖5-3所示的多維資料。

費用類別	October	November	December	總計
市話	1,099.30	791.60	847.10	**2,738.00**
免付費電話		0.00	0.00	**0.00**
國際電話	620.88	469.98	958.70	**2,049.56**
網內	104.70	77.55	28.05	**210.30**
網外	425.10	46.20	6.20	**477.50**
總計	**2,249.98**	**1,385.33**	**1,840.05**	**5,475.36**

圖5-3 矩陣視覺效果

step 03 接著點選**視覺效果**窗格的 **格式**標籤，進行視覺效果的格式設定。

step 04 點選**視覺效果**類別，展開**值**選項，設定**值**的文字為**11pt**，**背景**為淺紫色；展開**資料行標題**選項，設定文字為**12pt**、**紫色**、**置中**。

step 05 接著為特定資料行設定格式條件。展開**儲存格元素**選項，設定數列為**金額**，開啟**背景色彩**選項，再按下**背景色彩**項目的 *fx* **設定格式化的條件**按鈕。

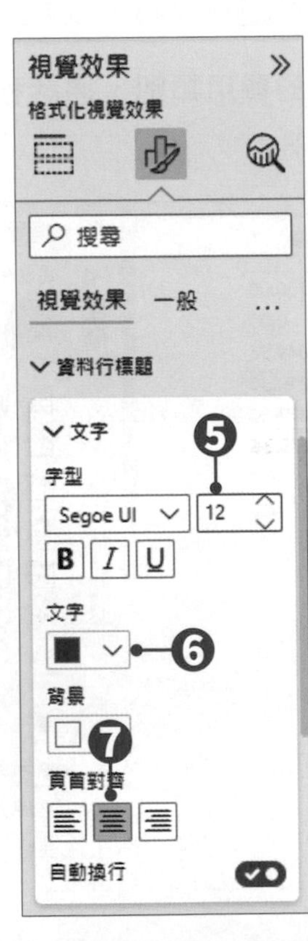

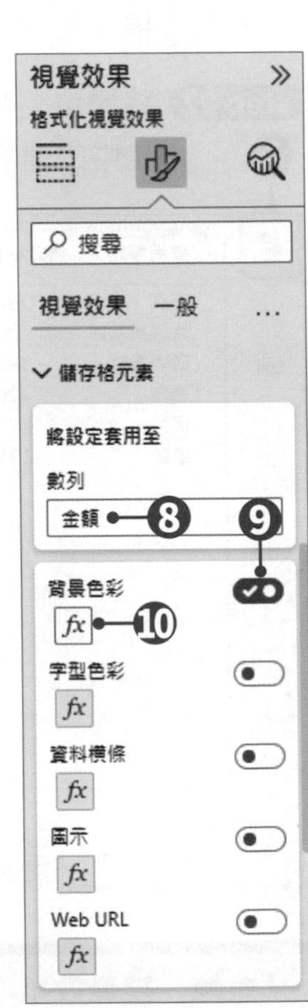

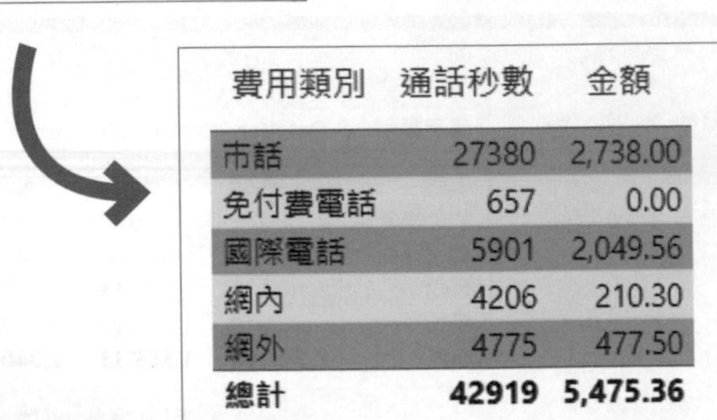

費用類別	通話秒數	金額
市話	27380	2,738.00
免付費電話	657	0.00
國際電話	5901	2,049.56
網內	4206	210.30
網外	4775	477.50
總計	**42919**	**5,475.36**

除了透過上述操作來為欄位設定格式化條件之外，也可以直接在該欄位上按下滑鼠右鍵，點選選單中的**設定格式化的條件**進行設定。

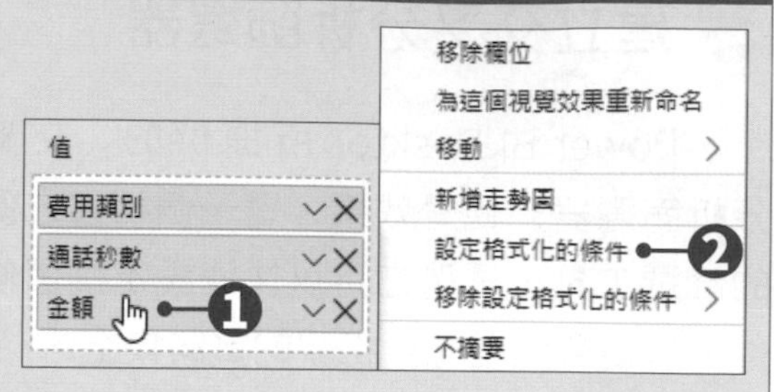

step 06 在開啟的「背景色彩 - 背景色彩」視窗中，進行格式化的條件設定。預設以「金額的總和」為基準，在**最小值**、**最大值**欄位中設定改以**淺紅**到**深紅**的漸層色彩變化，按下**「確定」**鈕完成設定。

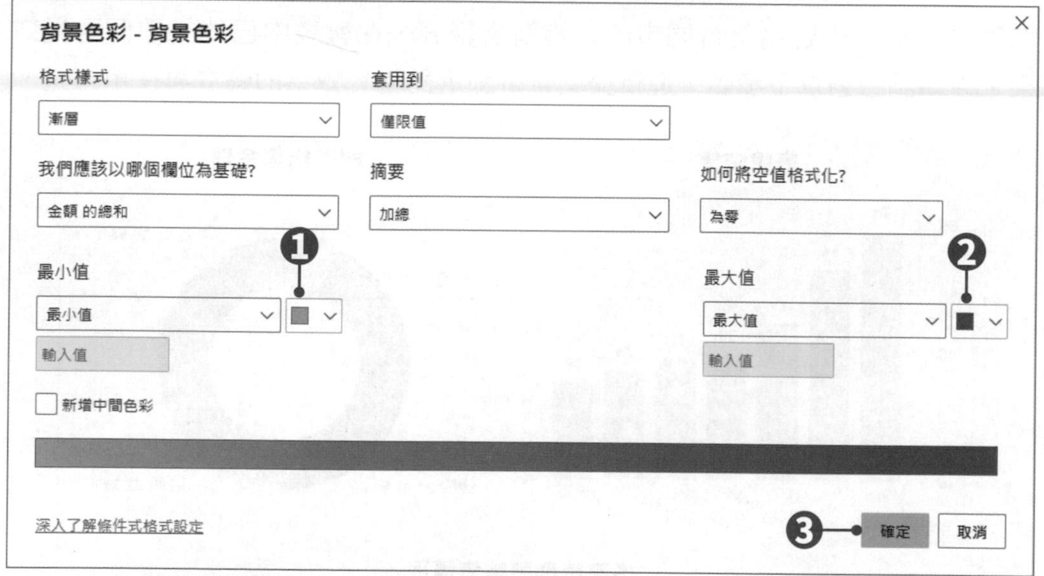

設定結果如下。

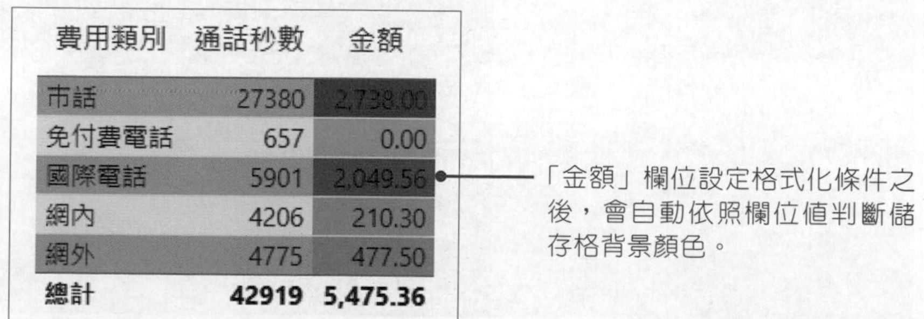

費用類別	通話秒數	金額
市話	27380	2,738.00
免付費電話	657	0.00
國際電話	5901	2,049.56
網內	4206	210.30
網外	4775	477.50
總計	**42919**	**5,475.36**

「金額」欄位設定格式化條件之後，會自動依照欄位值判斷儲存格背景顏色。

建立交叉分析篩選器

Power BI Desktop所提供的「交叉分析篩選器」視覺效果，是一個相當方便的篩選工具，透過它可以快速設定篩選條件，以便聚焦在想要檢視的資料集上。

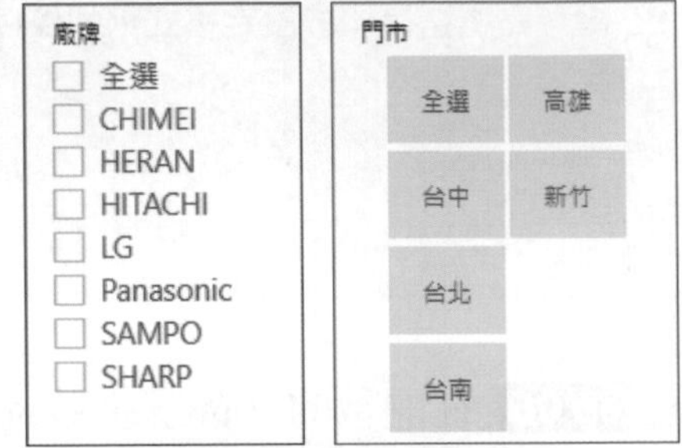

圖5-4　交叉分析篩選器

請開啟「範例檔案\ch5\圖表類型\交叉分析篩選器.pbix」報表檔案，檔案中的資料內容為全台門市的冰箱銷售報表，在報表中已建立數個視覺效果，後續請跟著以下步驟，進行交叉分析篩選器視覺效果的建立與使用方式。

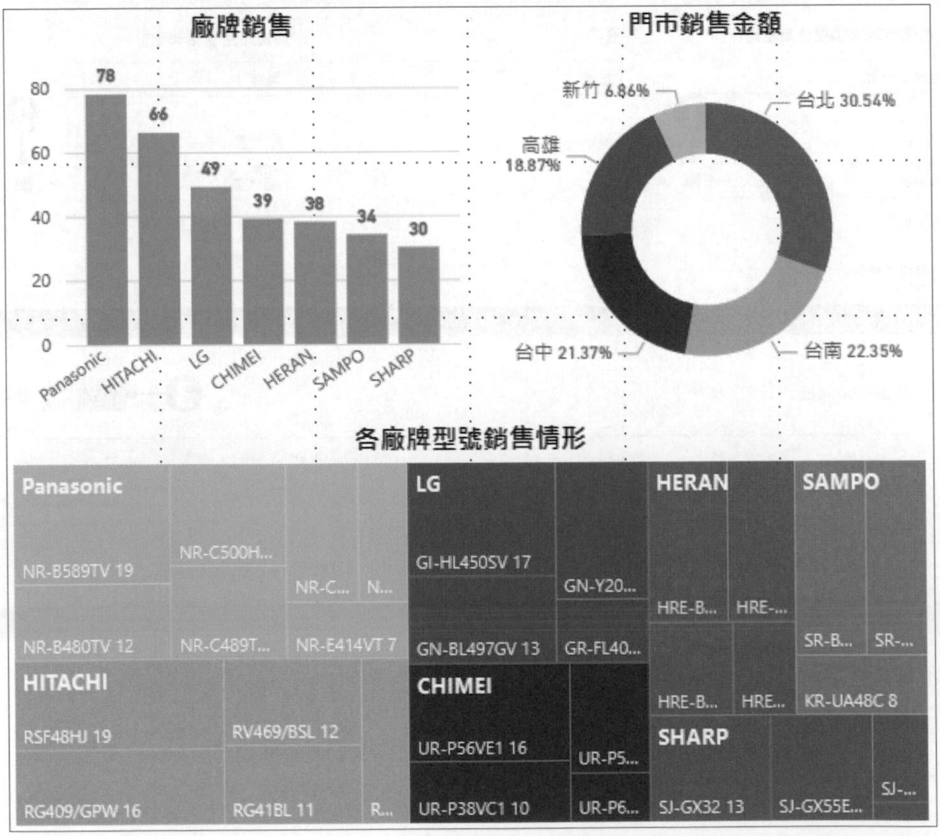

step 01 先在畫布空白處按一下滑鼠左鍵，取消選取視覺效果物件。接著於**視覺效果**窗格中，點選 **交叉分析篩選器**，才能建立第二個視覺效果物件，並將它拖曳至報表右上方，並調整適當大小。

step 02 勾選**欄位**窗格中的**廠牌**欄位，在交叉分析篩選器中就會列示出所有廠牌的選項。

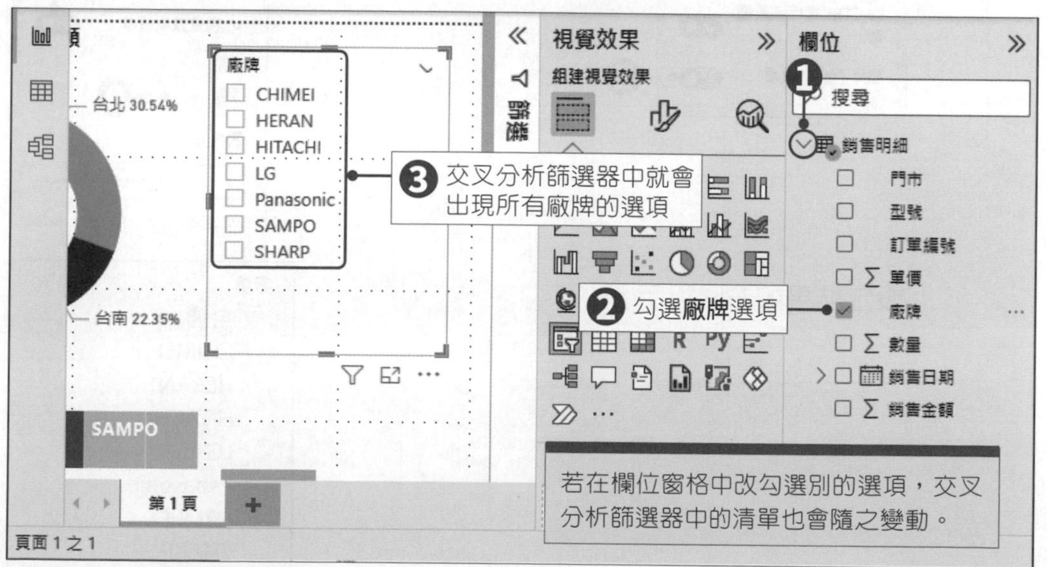

step 03 接著點選**視覺效果**窗格的 **格式**標籤，進行視覺效果的格式設定。

step 04 點選**視覺效果**類別，展開**交叉分析篩選器設定**選項，將其中的**顯示 [全選] 選項**選項開啟；展開**值**選項，將字型設定為 11pt。

step 05 接著點選**一般**類別，展開**效果**選項，開啟**背景**選項，並設定背景的**色彩**；開啟**視覺效果框線**選項，設定框線的**色彩**。

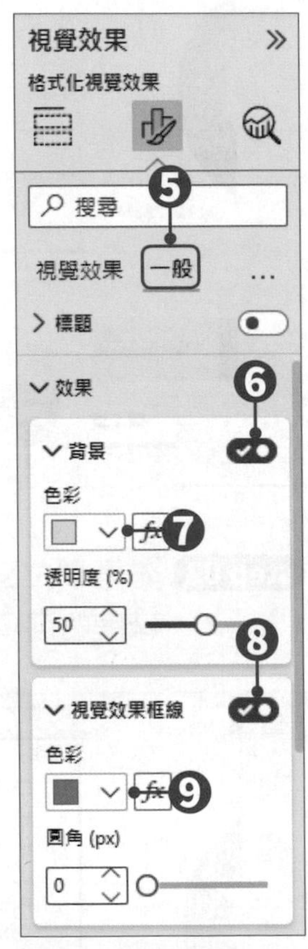

設定結果如右圖所示。

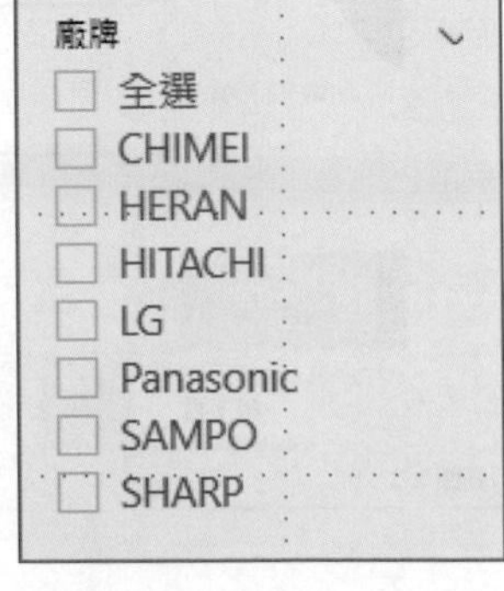

♣ 交叉分析篩選器的選項設定

選取交叉分析篩選器後，在視覺效果窗格的 格式標籤中，點選**視覺效果**類別，展開**交叉分析篩選器設定**選項，可在選項項目中的**方向**選單中，設定交叉分析篩選器的設置方式為**縱向**(預設)或**橫向**。

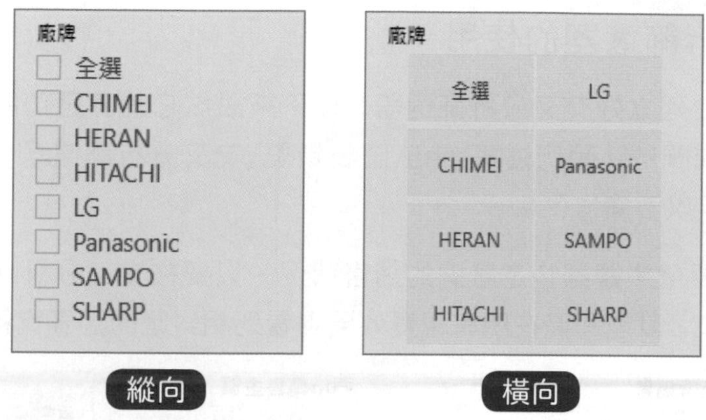

而交叉分析篩選器的清單項目預設會依遞增排序。若想依遞減排序，可按下交叉分析篩選器的…符號，選擇**「排序→遞減排序」**。

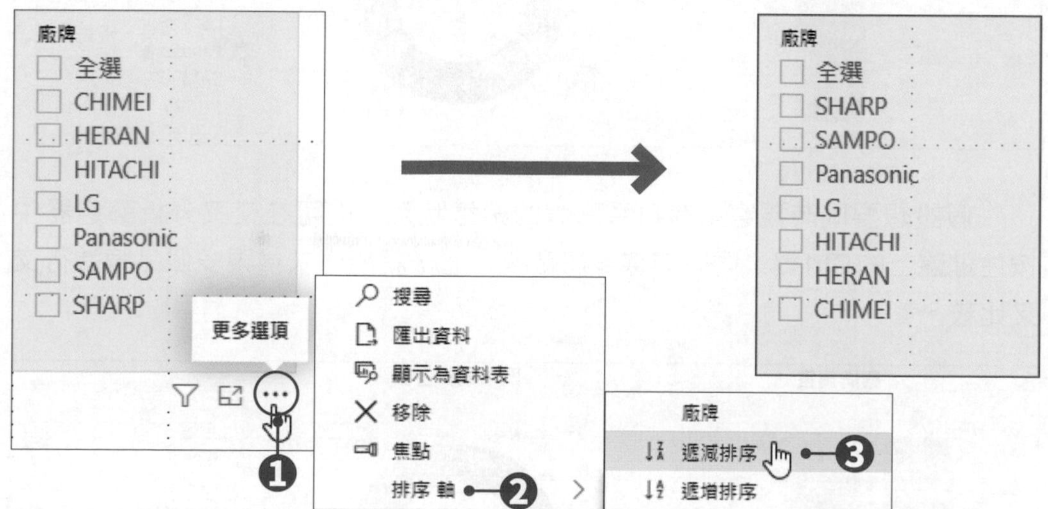

此外，將多個欄位新增至交叉分析篩選器時，交叉分析篩選器右上角會出現∨符號，按下該符號，即可在選單中切換交叉分析篩選器樣式為**清單**或**下拉式選單**。

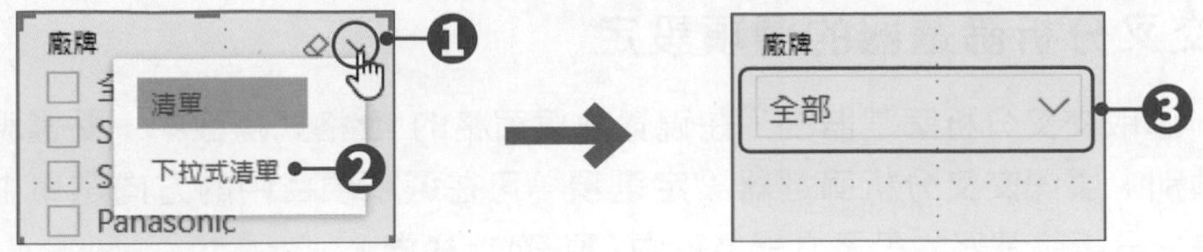

♣ 交叉分析篩選器的使用

在報表上建立好交叉分析篩選器，接下來試試它的篩選功能吧！可接續上述範例，或開啟「範例檔案\ch5\圖表類型\交叉分析篩選器_ok.pbix」報表檔案，進行以下操作。

假設想要聚焦觀察特定廠牌的銷售狀況，只要在交叉分析篩選器中將該**廠牌**勾選起來，就能即時在所有視覺效果中看到相對應的圖表資料轉變。

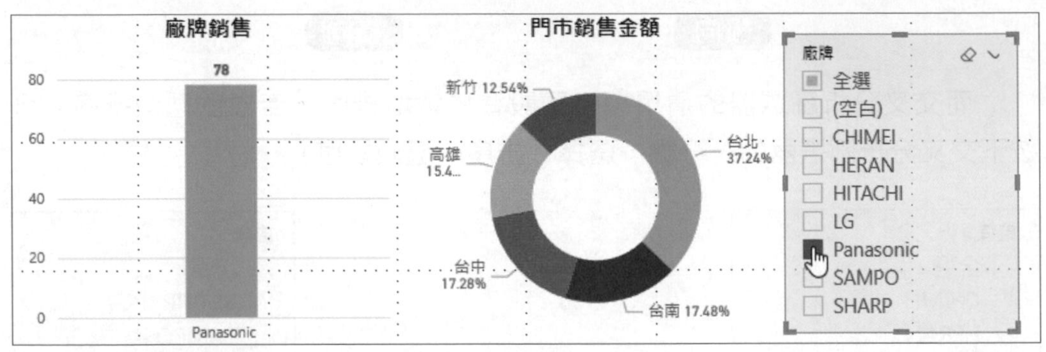

假設想要同時觀察所有日系廠牌的銷售狀況，則可在交叉分析篩選器中按住鍵盤上的 **Ctrl** 鍵，同時勾選多個廠牌，這樣就能一次檢視多個品牌進行交叉比較。

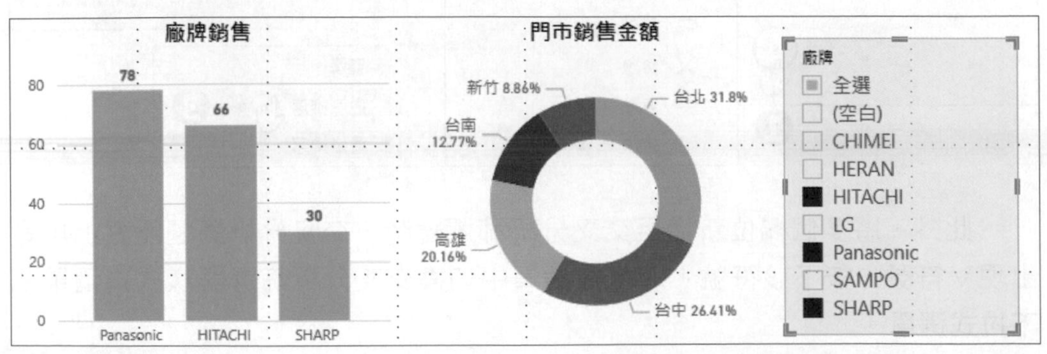

5-3 取得更多視覺效果

我們除了可以在Power BI Desktop的**視覺效果**窗格中套用各種內建的視覺效果，還可以連線至Microsoft AppSource，下載取得更多的Power BI視覺效果。Microsoft AppSource上的視覺效果，是由微軟(Microsoft)及其合作夥伴所創建，並由AppSource驗證小組進行驗證，供使用者免費(少部分收費)將這些視覺效果下載至Power BI Desktop應用程式的**視覺效果**窗格中。

不過要特別注意的是，必須要先註冊取得Power BI帳號，才能下載取得Microsoft AppSource的視覺物件。註冊Power BI的流程請參閱本書第8-1節內容。

step 01 在Power BI Desktop操作視窗中，按下**「常用→插入→更多視覺效果」**按鈕，於選單中點選**「從AppSource」**。

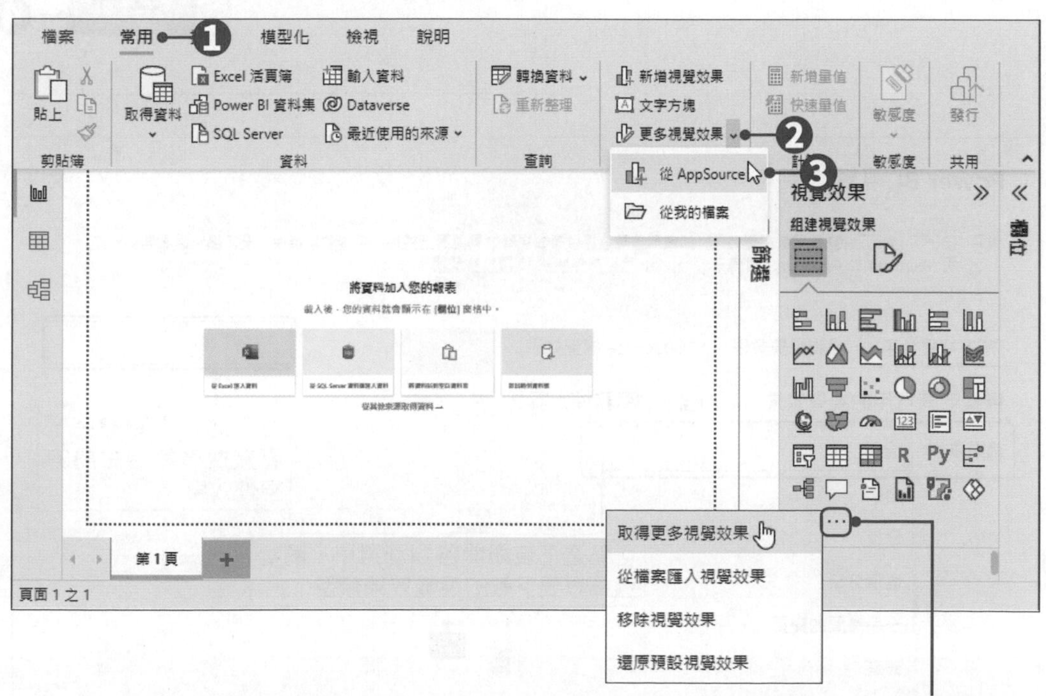

或者也可以點選**視覺效果**窗格中的⋯圖示，在選單中點選**「取得更多視覺效果」**。

step 02 在開啟的視窗中，輸入Power BI帳號使用的電子郵件地址，按「繼續」按鈕。

step 03 輸入密碼後，按「**登入**」按鈕，即可進入Microsoft AppSource的Power BI視覺效果平台。

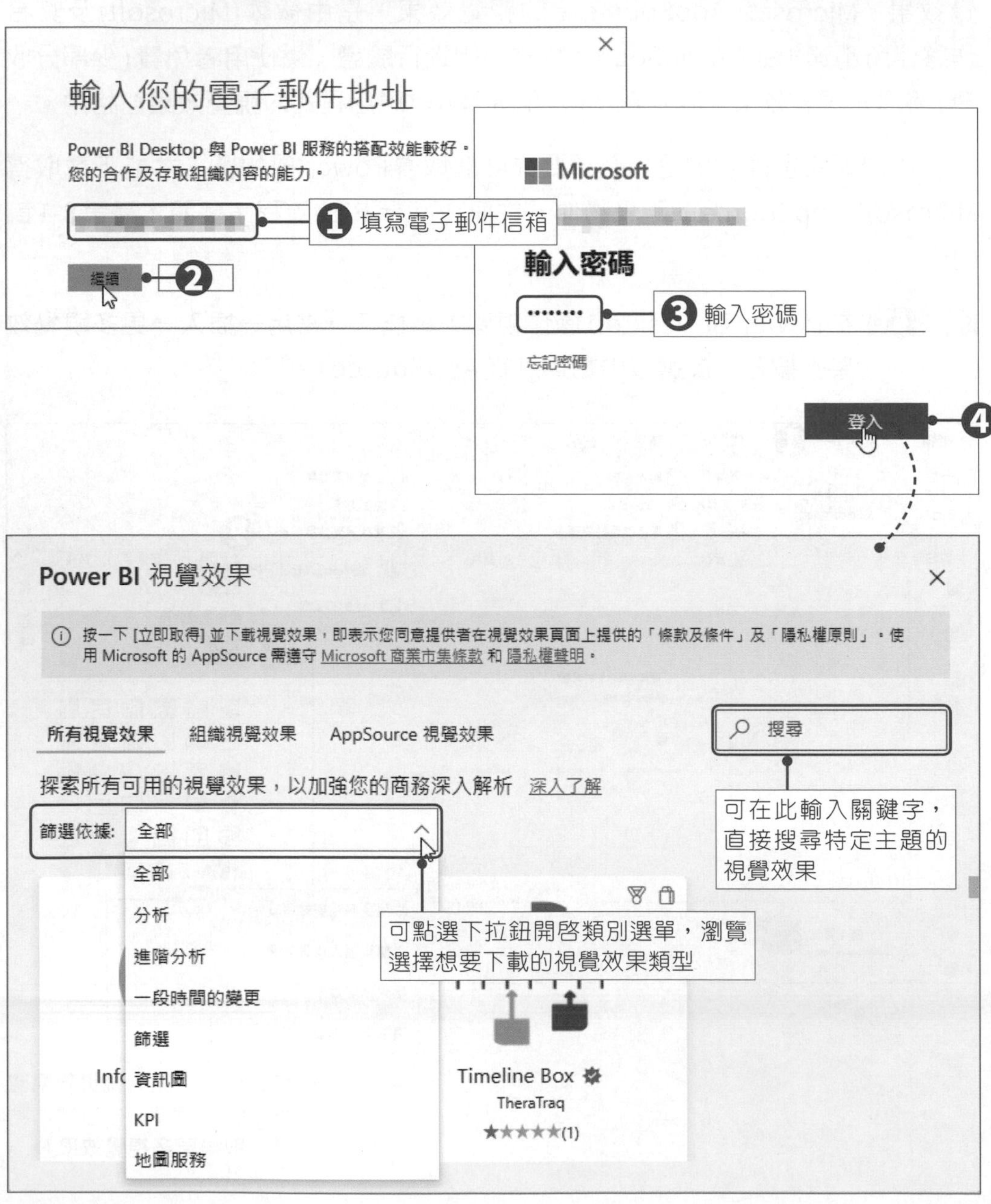

step 04 點選想要下載的視覺效果後，會進入該視覺效果的說明頁面，確認後按「**新增**」按鈕，即可進行下載。

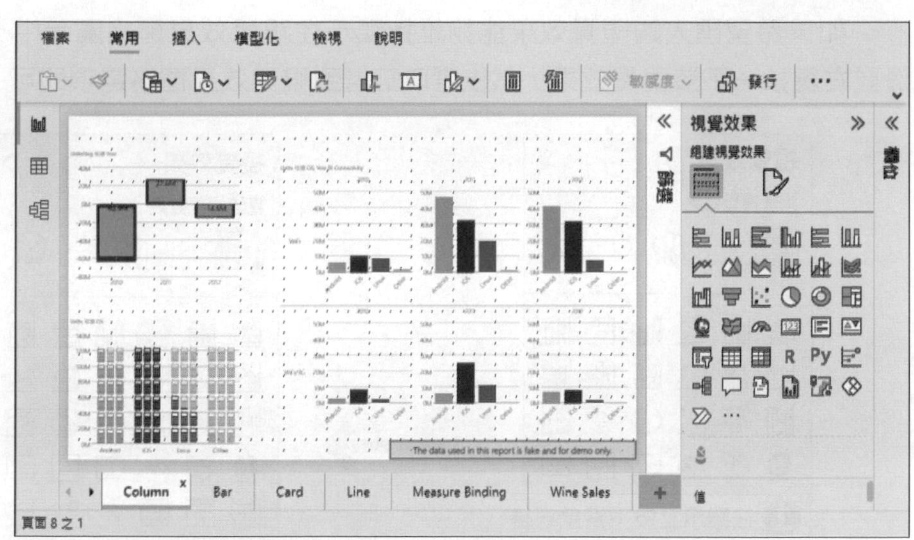

step 05 下載完成後，就會直接匯入**視覺效果**窗格中的視覺效果圖示。而建立視覺效果的方式與其他一樣，直接點選圖示就可以在畫布上新增該視覺效果物件。

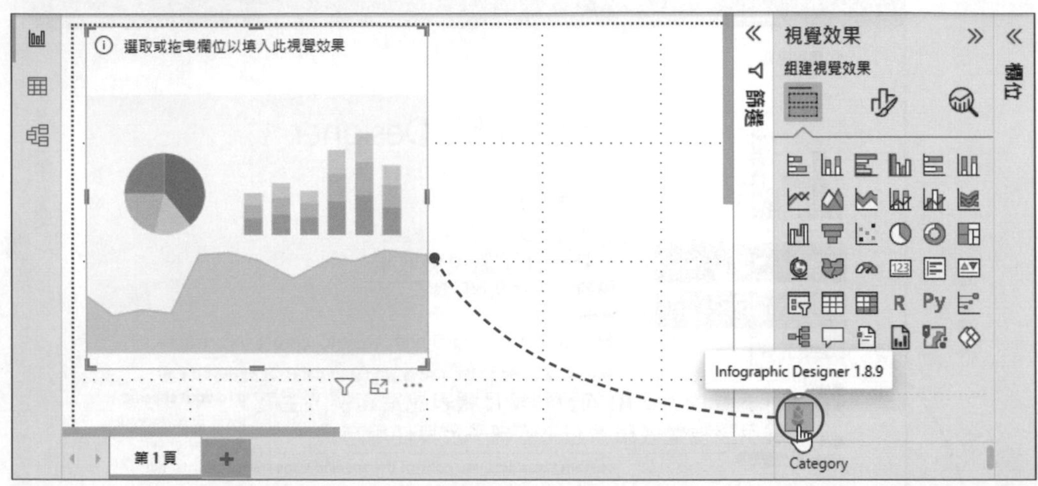

將視覺效果釘選在視覺效果窗格中

如果希望匯入的視覺效果能夠維持顯示在**視覺效果**窗格圖示中，只要以滑鼠右鍵按一下該視覺效果，然後選取釘選到視覺效果窗格選項即可。

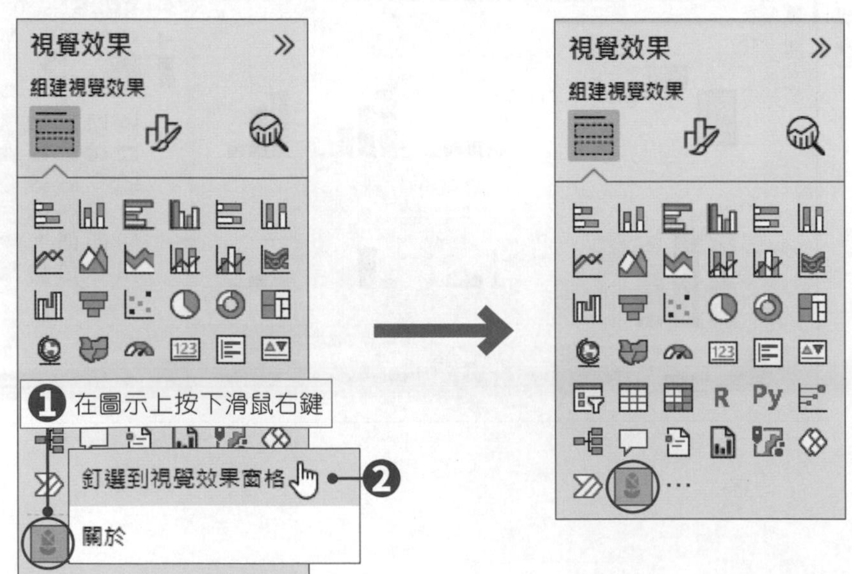

章末習題

✦ 選擇題

(　　) 1. 下列何者為圖表的功能？
(A) 比較數值大小　(B) 表現趨勢變化
(C) 比較不同項目所佔的比重　(D) 以上皆是

(　　) 2. 下列何種視覺效果是以點表示數列資料，並且用線將這些數列資料點連接起來？
(A) 折線圖　(B) 直條圖　(C) 環圈圖　(D) 漏斗圖

(　　) 3. 下列視覺效果中，何者適用於在同一數列中，比較不同項目所佔的比重？
(A) 區域圖　(B) 量測計　(C) 折線圖　(D) 圓形圖

(　　) 4. 下列視覺效果中，何者最適合用於表現趨勢變化？
(A) 橫條圖　(B) 折線圖　(C) 地圖　(D) 圓形圖

(　　) 5. 下列圖表屬於哪一種視覺效果？

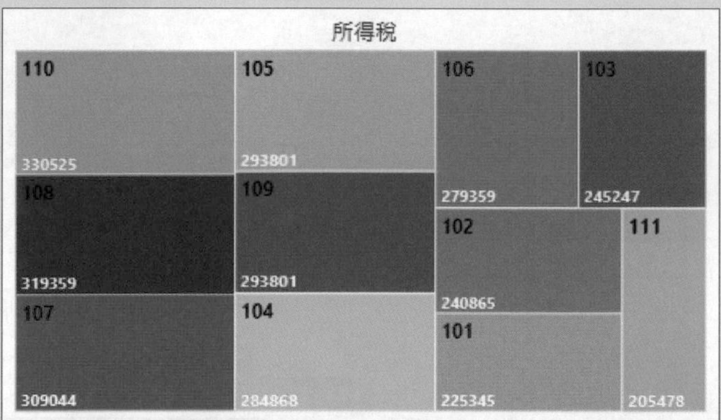

(A) 區域分布圖　(B) 漏斗圖　(C) 樹狀圖　(D) 堆疊區域圖

(　　) 6. 右圖所示屬於哪一種視覺效果？
(A) 樹狀圖　(B) 區域圖
(C) 量測計　(D) 卡片

✦ 實作題

1. 開啟Power BI Desktop新檔案，進行以下設定。

   - 來源資料匯入「範例檔案\ch5\人口密度.xlsx」檔案。
   - 在報表畫布中建立一個地圖視覺效果，將類別標籤開啟，並將泡泡大小設定為5%。

   設定結果請參考下圖。

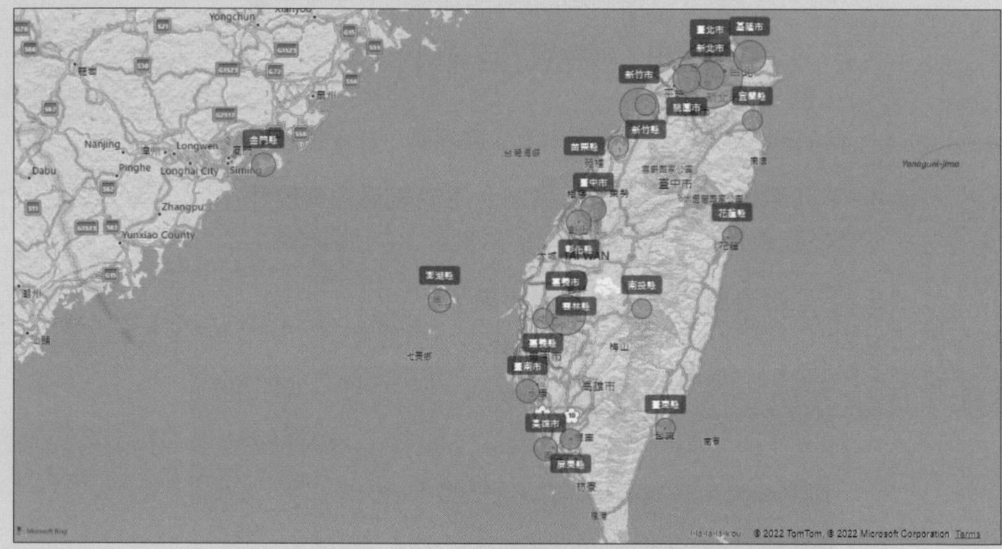

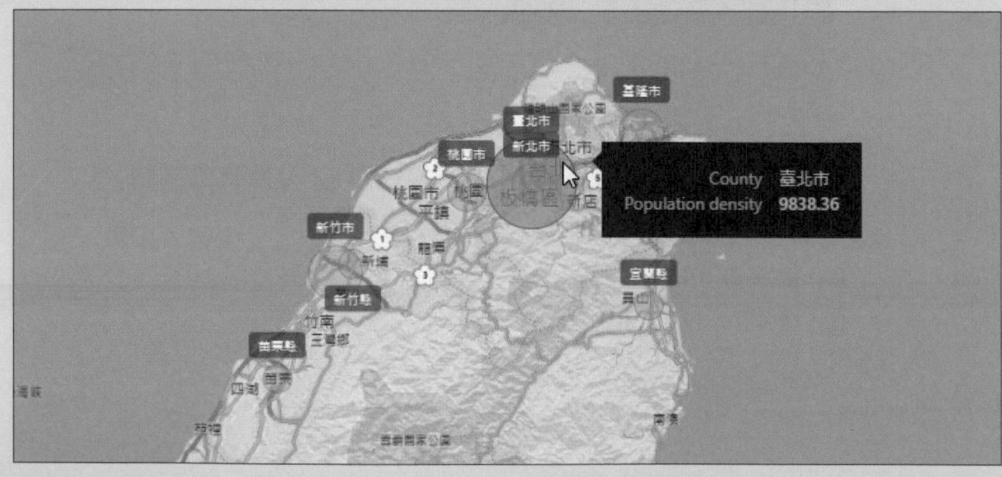

2. 開啟「範例檔案\ch5\高級中學學校校別資料.pbix」報表檔案，進行以下設定。

- 在報表畫布中加入一個圓形圖視覺效果，設定標題文字、不顯示圖例、顯示詳細資料標籤、將背景設定為淺綠色，設定結果請參考下圖。

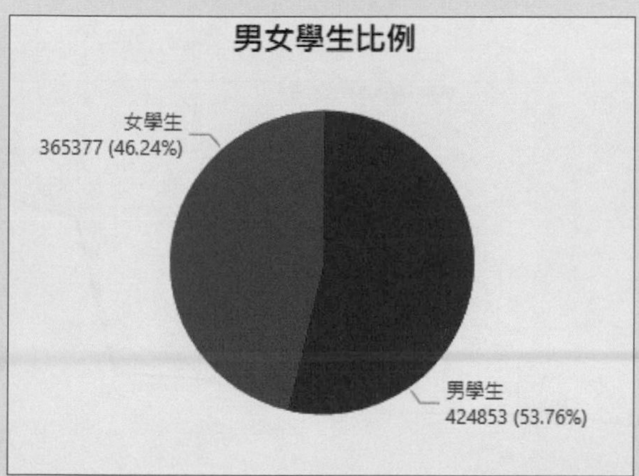

- 在報表畫布中加入一個區域分布圖視覺效果，設定其填滿色彩依最小值(藍色)、中間值(黃色)、最大值(紅色)漸層填滿，設定結果請參考下圖。

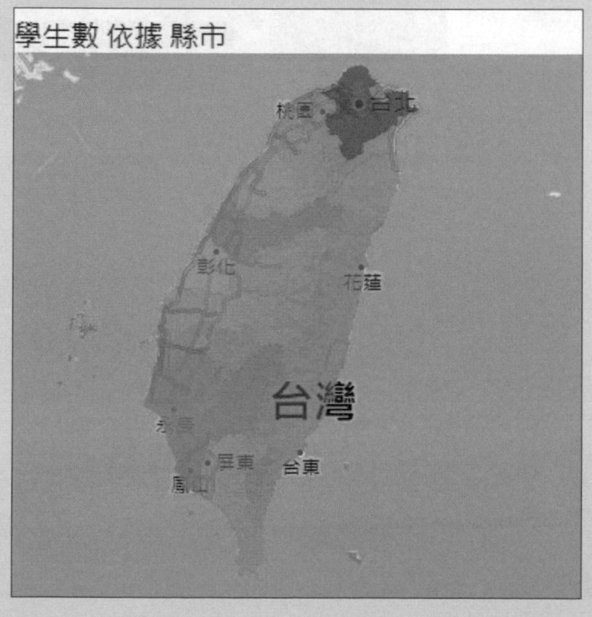

3. 開啟「範例檔案\ch5\來臺旅客 - 性別.pbix」報表檔案，進行以下設定。

- 刪除沒有資料的資料行。
- 在報表畫布中加入資料表、折線圖、量測計、樹狀圖等視覺效果，並自行設計美化視覺效果的格式。

設定結果請參考下圖。

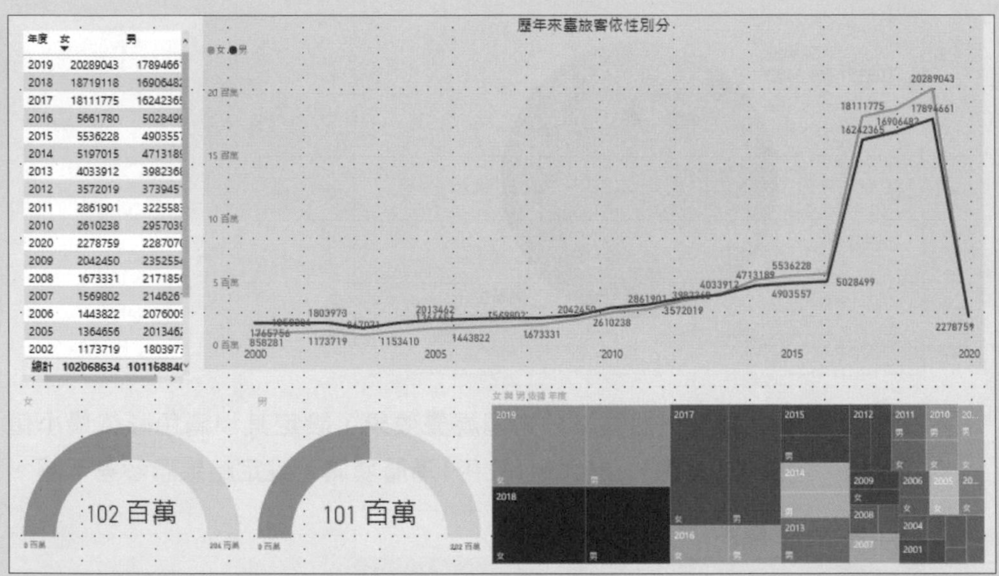

視覺效果的互動與進階應用

6-1 視覺效果互動方式

6-2 編輯視覺效果互動效果

6-3 為視覺效果套用篩選

6-4 資料鑽研

6-1 視覺效果互動方式

在相同的報表頁面上有多個視覺效果時，若有相關聯的項目，即可產生視覺效果上的互動。本小節請開啟「範例檔案\ch6\整體稅收.pbix」報表檔案，進行以下練習。

查看詳細資料

若要查看圖表中某特定項目的資料內容時，只要將滑鼠游標停留在視覺效果的視覺項目上，便會自動顯示該項目的詳細資料。

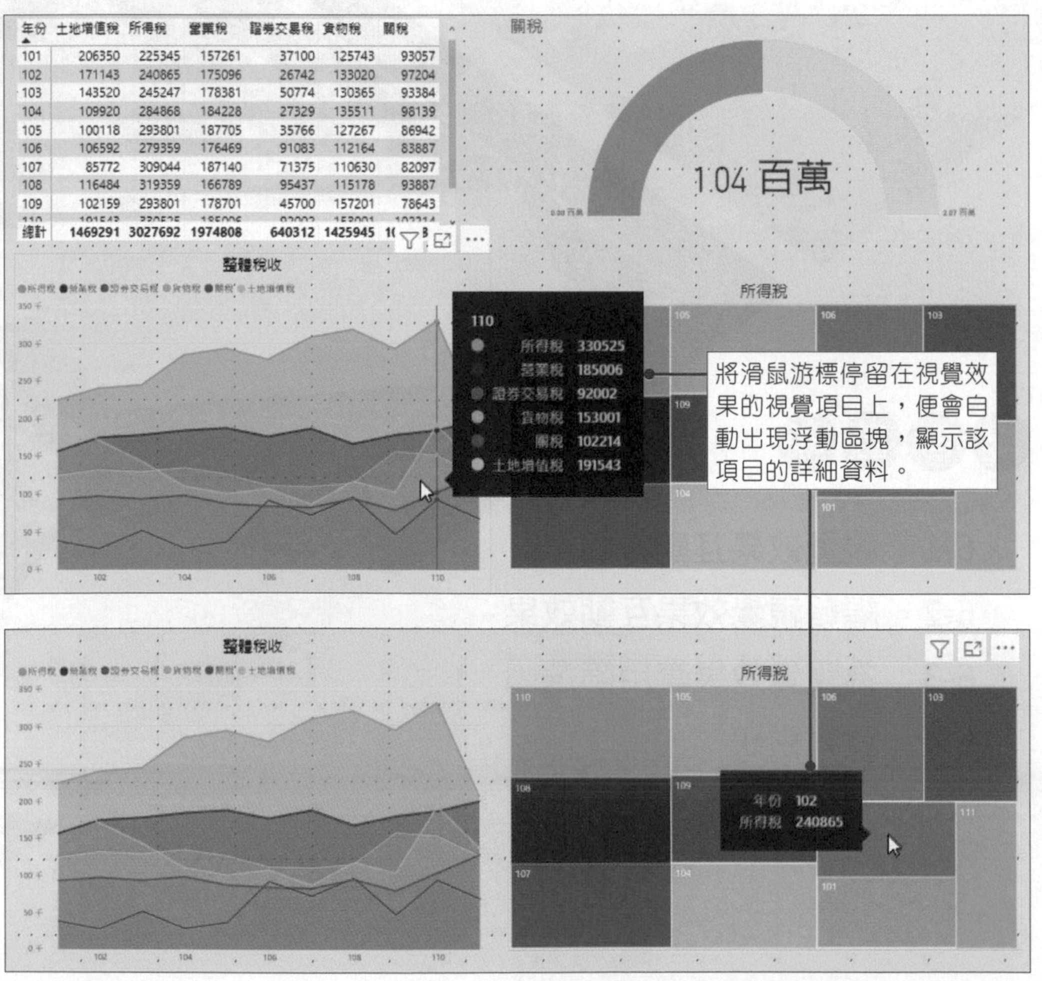

醒目提示效果

Power BI 可以指定視覺效果上的資料特別以醒目提示效果呈現。當在圖表上以滑鼠點選指定了某個資料數列後，其他數列就會呈現半透明狀態。

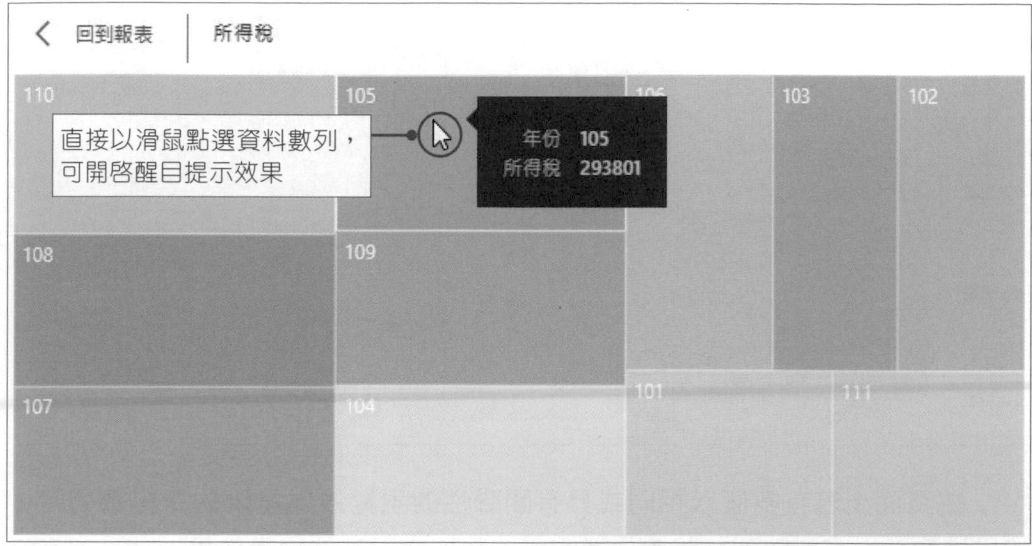

開啟醒目提示效果後，只要再以滑鼠點選資料數列，就可以取消醒目提示效果，回復原來的檢視模式。

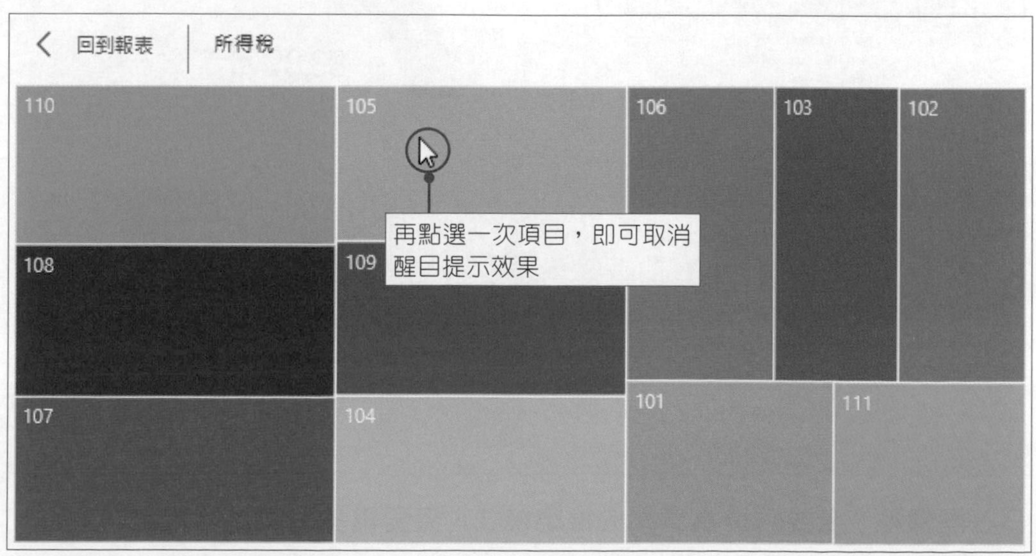

除了直接點選資料數列外，也可以按下圖例上的任一項目，視覺效果就會以醒目提示效果呈現該項目的相關數列，而其他數列則呈半透明狀態。

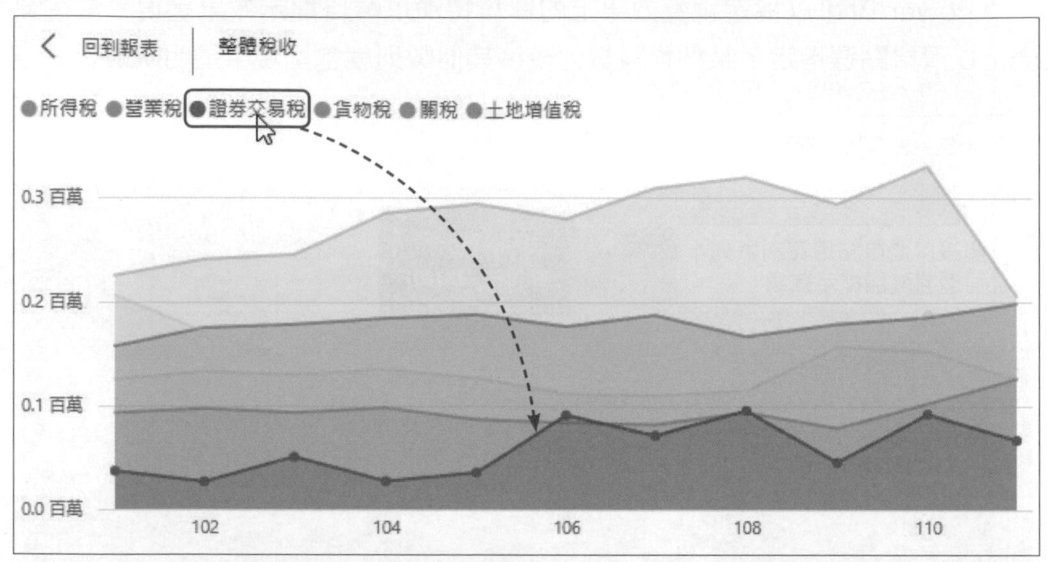

在頁面上若有多個以相同或具有關聯性的視覺效果呈現的資料數列時，如果選取任一資料數列，將會依據選取的數列變更其他視覺效果。

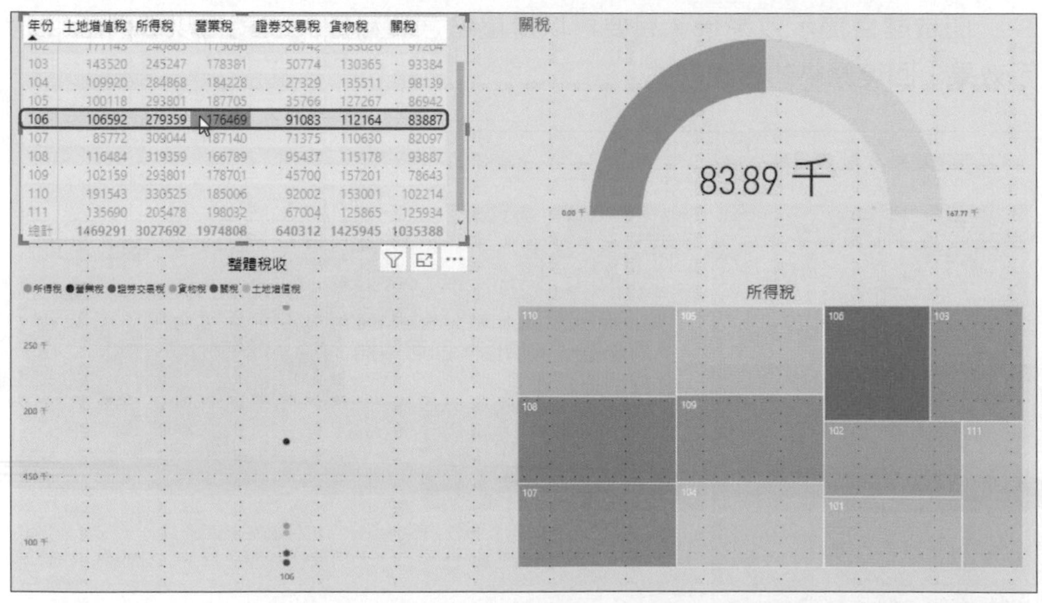

同樣地，若要回復為原來的檢視模式，只要再按一次剛才指定的項目，即可顯示所有資料項目。

新增焦點

若想要將視線聚焦在某一特定的視覺效果，可以點選該視覺效果物件的…**更多選項**按鈕，在開啟的選單中點選**焦點**，所選取的視覺效果就會進入焦點模式，以顯目提示呈現，而其他視覺效果則會淡化為半透明狀態。

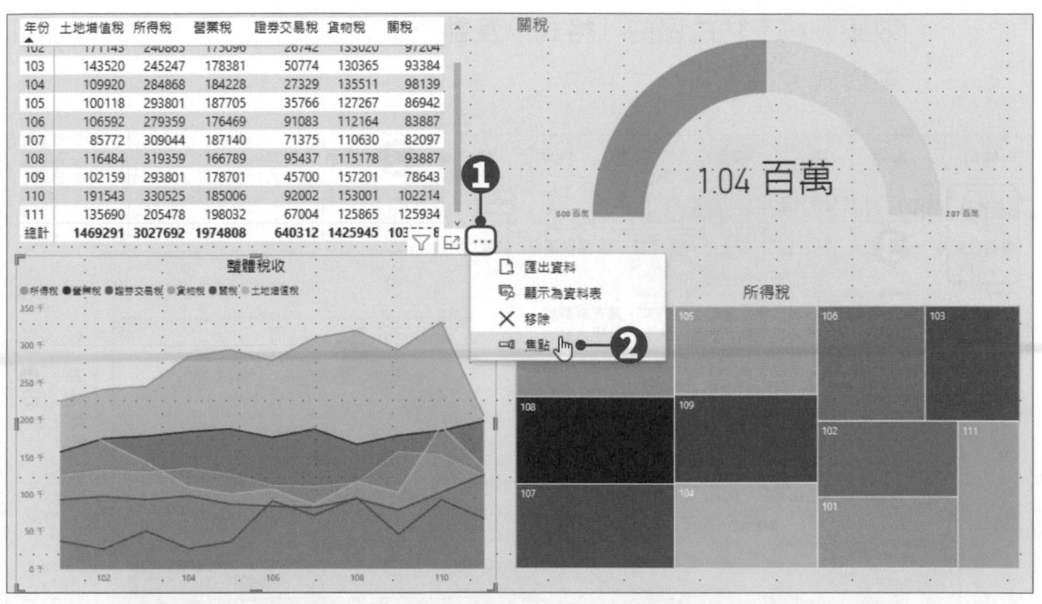

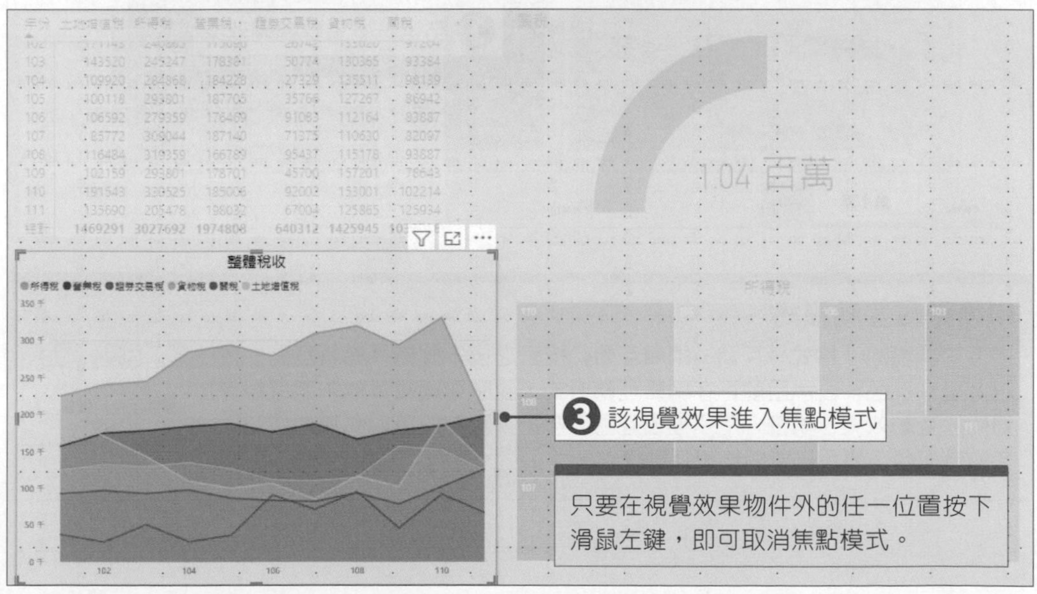

6-2 編輯視覺效果互動效果

預設的醒目提示呈現效果，會在選按視覺效果中的任一資料項目時，將其他項目淡化為半透明狀態。如果想要變更這種互動效果，設定方式如下：

step 01 以滑鼠左鍵點選視覺效果圖表區中的任一位置，點選一個主要視覺效果，按下功能區的**「格式→互動→編輯互動」**按鈕，進入編輯互動模式。

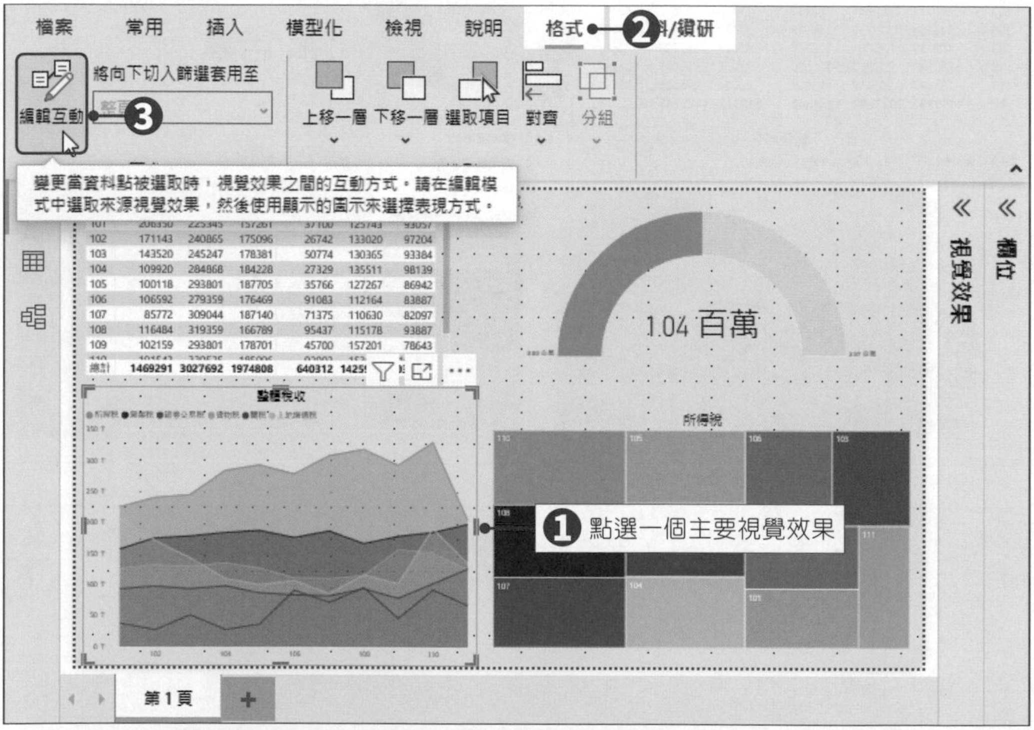

切換編輯互動模式

按下功能區的**「格式→互動→編輯互動」**按鈕之後，此時「編輯互動」按鈕會呈深灰色，表示目前正在編輯互動模式，此時可編輯其他未選取視覺物件的互動效果。再按一下「編輯互動」按鈕，當按鈕呈現和其他按鈕一樣的淺灰色，表示已離開編輯互動模式。

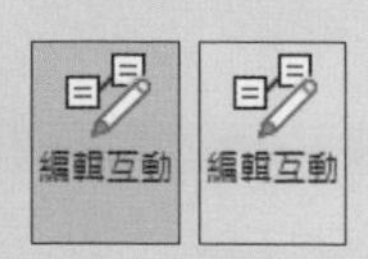

step 02 開啟編輯互動模式後，在其他未選取視覺效果的右上角會顯示下圖所示的三個小圖示鈕，按下這些圖示即可指定要呈現的互動方式。

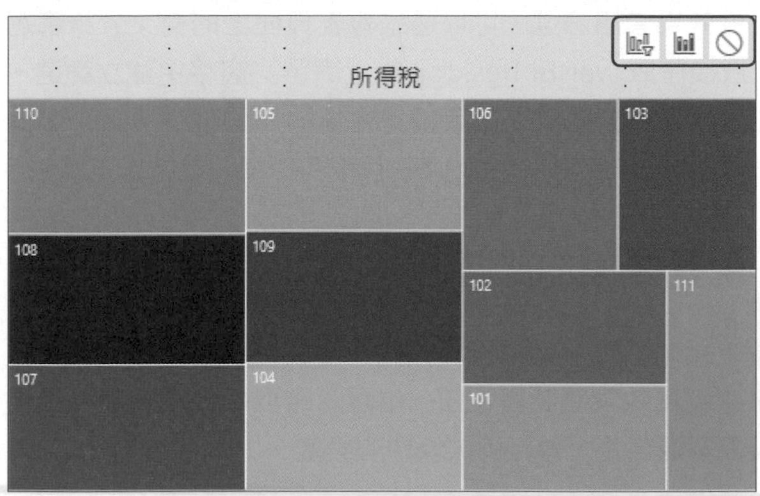

互動模式下的功能鈕

- 篩選：點選任一資料項目時，其他項目會被隱藏。
- 醒目提示(預設)：未選取的項目會呈現半透明狀態。
- 無：不與其他視覺效果產生互動。

step 03 假設將樹狀圖的互動方式設定為 **篩選**時，在區域圖中點選任一資料項目，樹狀圖只會保留單一資料項目，其他則會刪除。

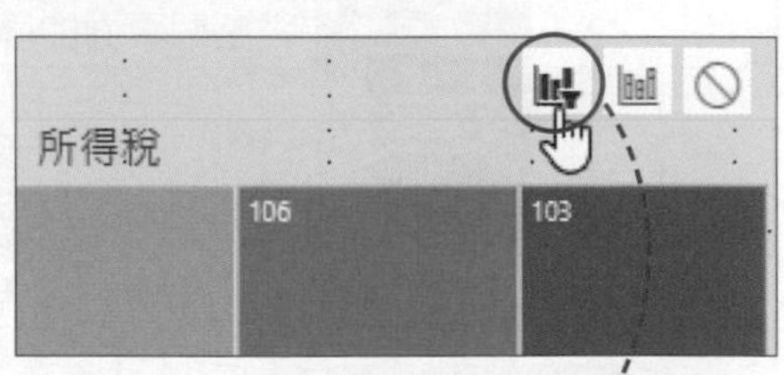

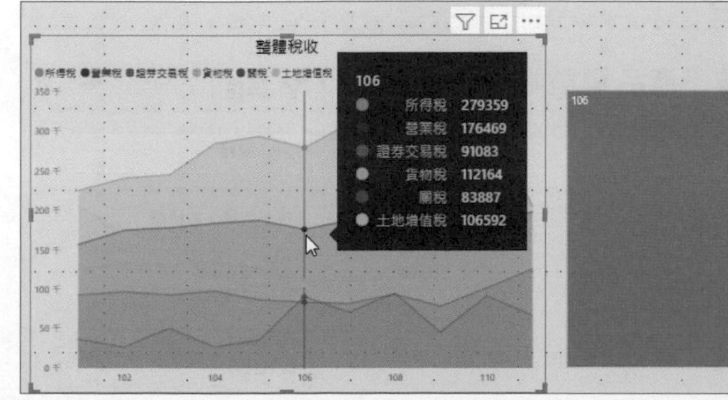

6-3 為視覺效果套用篩選

想為視覺效果套用篩選，可以透過報表頁面上的交叉分析篩選器進行選取，也可以直接在Power BI Desktop的「篩選」窗格中建立篩選。本小節將說明如何利用「篩選」窗格來設定視覺效果的篩選條件。本小節請開啟「範例檔案\ch6\家飾店年度銷售明細.pbix」報表檔案，進行以下兩個練習。

單一視覺效果的篩選

step 01 按下左側瀏覽窗格中的 按鈕，進入**報告**檢視模式中，以滑鼠左鍵點選視覺效果圖表區中任一位置，選取**橫條圖**視覺效果物件。接著展開**篩選**窗格，進行篩選條件的設定。

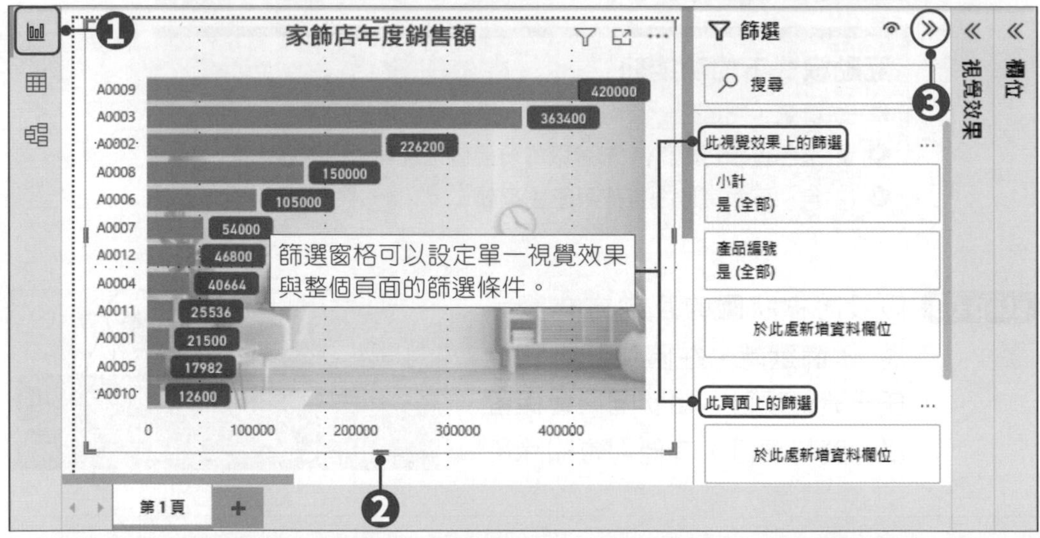

step 02 在**篩選**窗格中，按下**產品編號**欄位右邊的下拉鈕，可展開篩選選單。

step 03 在選單中設定**篩選類型**為**基本篩選**，接著直接勾選想要檢視的產品編號，視覺效果上所顯示的內容就會直接與現有的篩選條件產生互動。

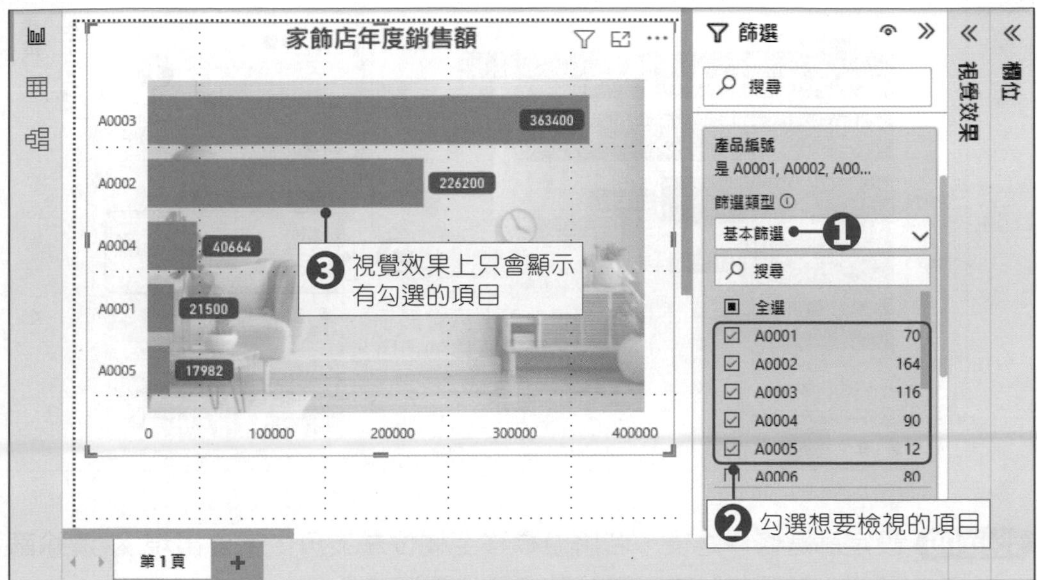

step 04 若想取消先前設定的篩選條件，只要勾選**全選**項目即可。

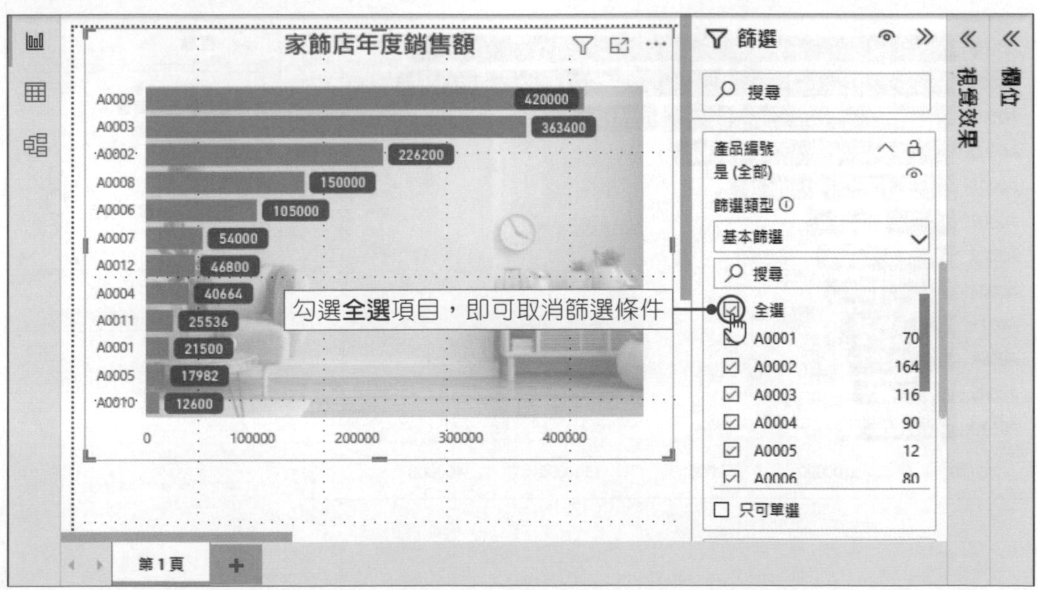

step 05 按下**篩選**窗格中的**小計**欄位下拉鈕，設定其值的篩選條件為**大於**、100,000，設定好後須按下**套用篩選**，視覺效果才會跟著互動。

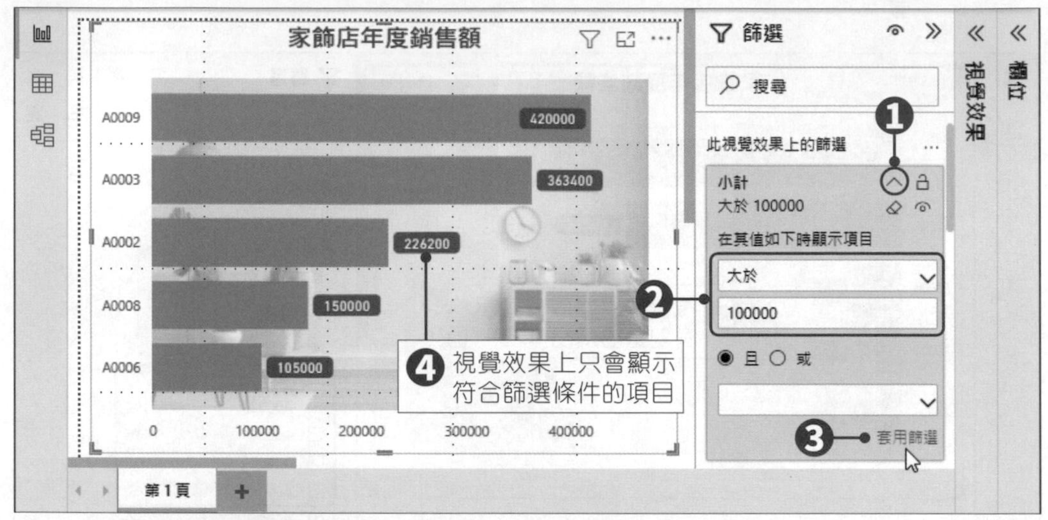

step 06 設定篩選條件之後，若將游標移至欄位左上角，就會出現 ◇清除篩選鈕，點選此鈕即可清除該欄位的篩選條件。

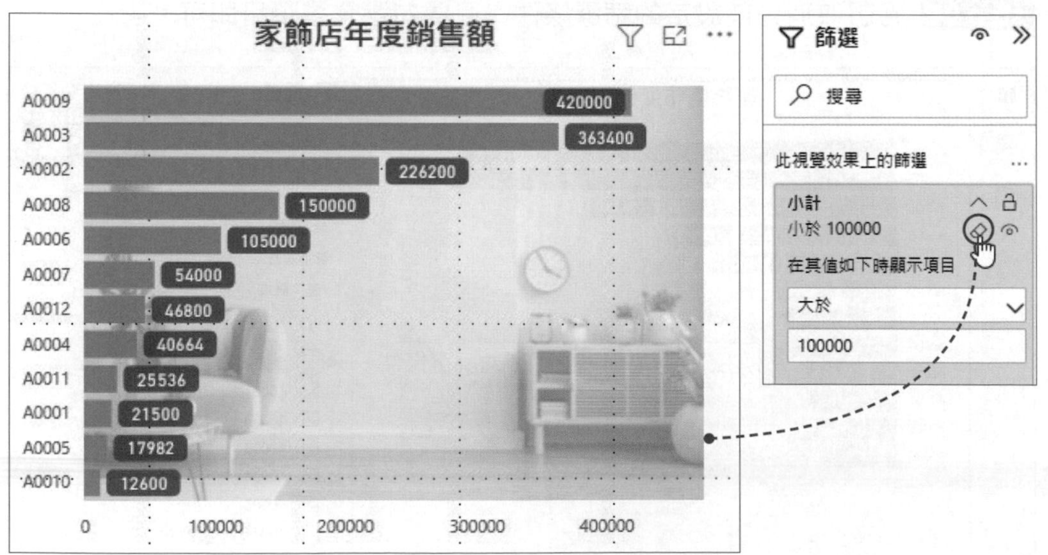

頁面中所有視覺效果的篩選

在「篩選」窗格中建立**此視覺效果上的篩選**時，只會在單一視覺效果上對篩選條件產生互動；若是建立**此頁面上的篩選**，則該頁面上的所有視覺效果都會同步對篩選條件產生互動。

step 01 按下左側瀏覽窗格中的 按鈕，進入**報告**檢視模式中，因為本例要建立頁面上的篩選，所以先在畫布空白處按一下滑鼠左鍵，確認沒有選取任何物件。

step 02 接著展開**篩選**窗格及**欄位**窗格，將**欄位**窗格中的**類別**欄位拖曳至**篩選**窗格中的**此頁面上的篩選**項目中。

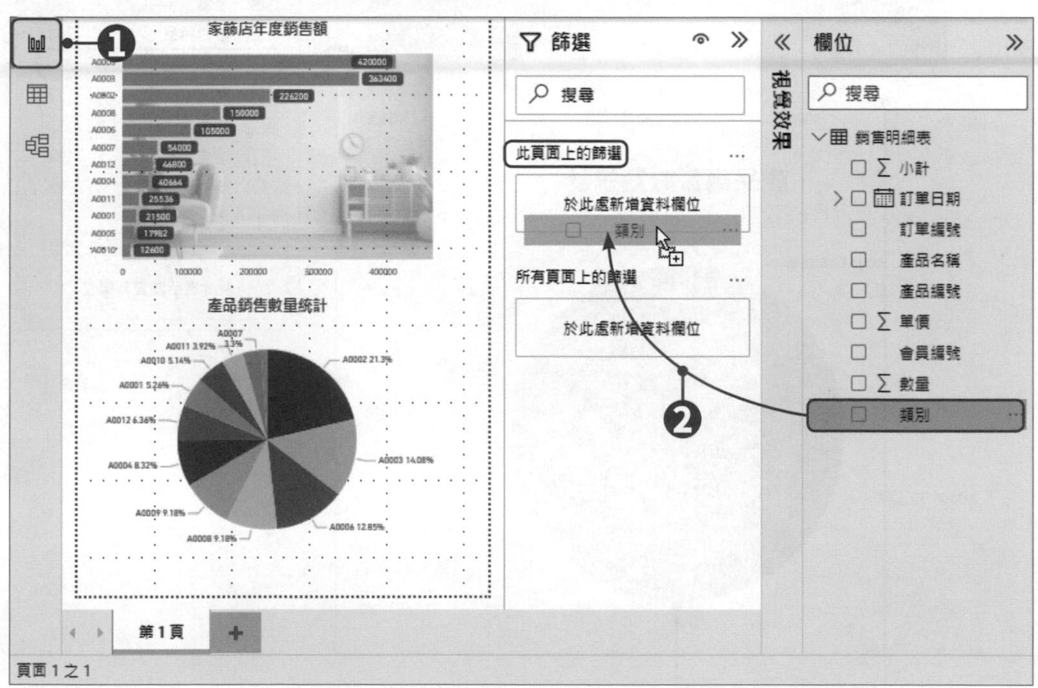

step 03 在選單中設定**篩選類型**為**基本篩選**，接著直接勾選想要檢視的產品類別，則整個頁面上的所有視覺效果，都會按照所勾選的項目產生互動內容。

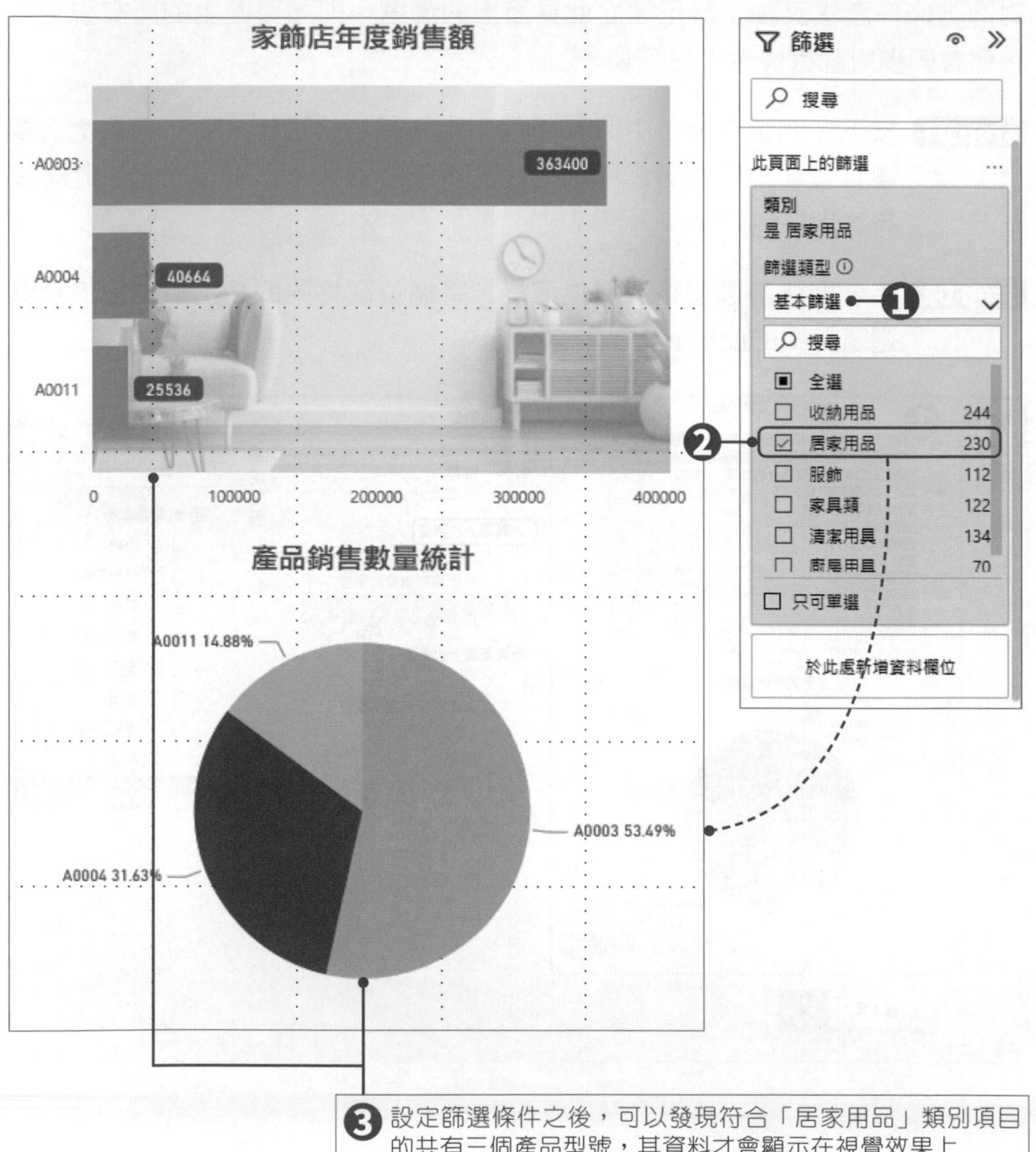

6-4 資料鑽研

當視覺效果的資料包含階層時，像是日期階層或是手動建立的資料階層等，就可以透過**資料鑽研**功能以顯示更多詳細資料。本小節請開啟「範例檔案\ch6\咖啡店銷售紀錄.pbix」報表檔案，進行以下兩個練習。

鑽研日期資料

若資料欄位中包含完整的日期資料(年、月、日)，就可以在視覺效果的資料點上使用**向上切下/向下切入**按鈕，來切換檢視視覺效果所顯示的各層級變化。

♣ 確認資料類型

想要在視覺效果上使用資料鑽研功能探索資料時，必須先確認資料表中的資料行是否為完整的日期資料。

按下左側瀏覽窗格中的 ▦ 按鈕，進入**資料**檢視模式，點選**訂單日期**資料行，接著在**「資料行工具→結構→資料類型」**欄位中，確認其資料類型為**日期**資料型態即可。

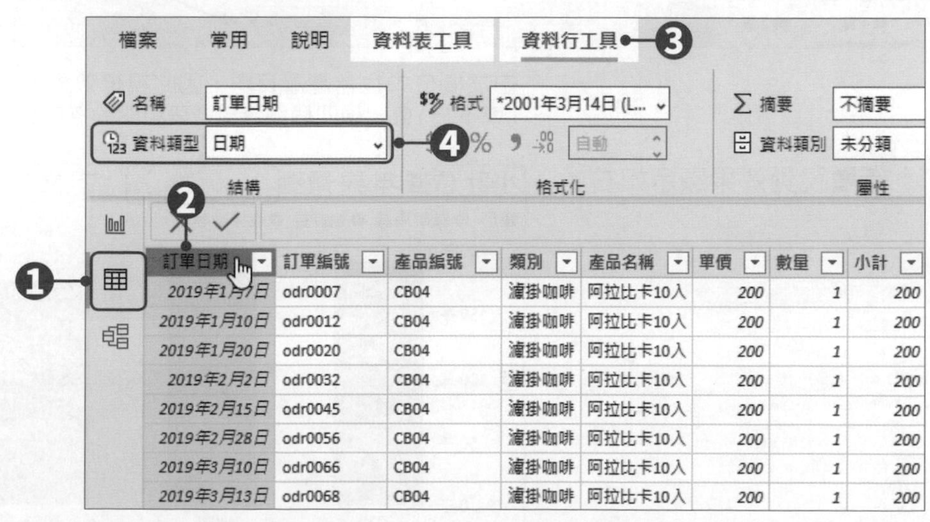

♣以日期探索資料

step 01 按下左側瀏覽窗格中的 按鈕，進入**報告**檢視模式，點選**第1頁**。接著於**視覺效果**窗格中，點選要使用的圖表類型(此處選擇 **堆疊直條圖**)，該類型便會加入至畫布中。

step 02 將**欄位**窗格中的**訂單日期**欄位拖曳至**視覺效果**窗格中的**軸**項目中；將**類別**欄位拖曳至**圖例**項目中；將**小計**欄位拖曳至**值**項目中。

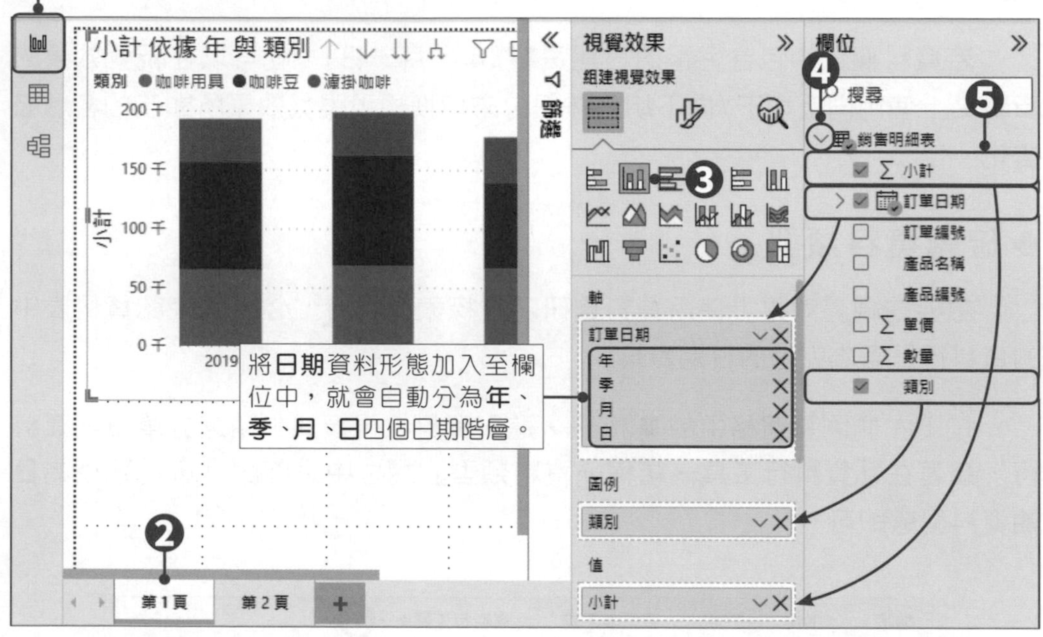

新增視覺效果顯示如右。

由於欄位中包含階層資料，因此視覺效果上方(或下方)會出現四個與資料鑽研相關的控制項。

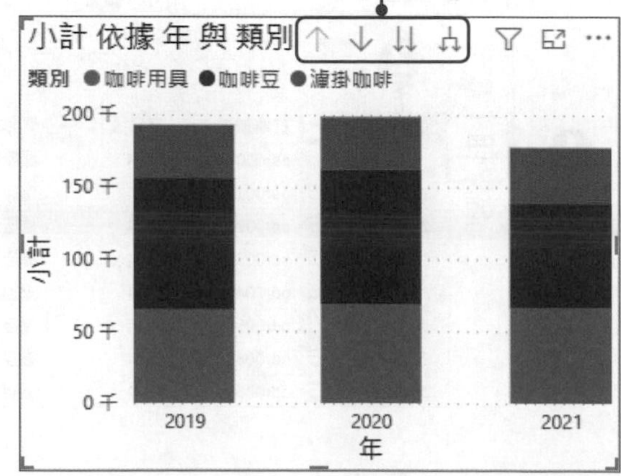

step 03 按下視覺效果上方的 ↓ **開啟向下切入**，當圖示變更為 ⬇，表示已開啟切入模式，此時就可以利用 ⇊ **前往階層中的下一個等級**和 ↑ **向上切入**控制項，深入探索資料。

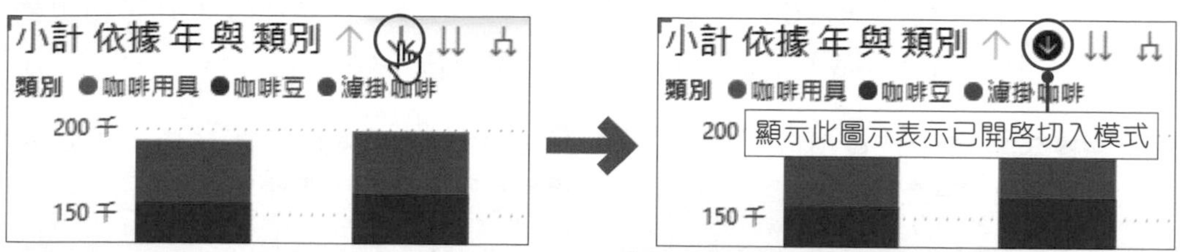

step 04 開啟切入模式後，連續按下 ⇊ **前往階層中的下一個等級**，即可往下鑽研，進入以季層級、月層級、日層級分類的資料數列；按下 ↑ **向上切入**，即可回到上一層。

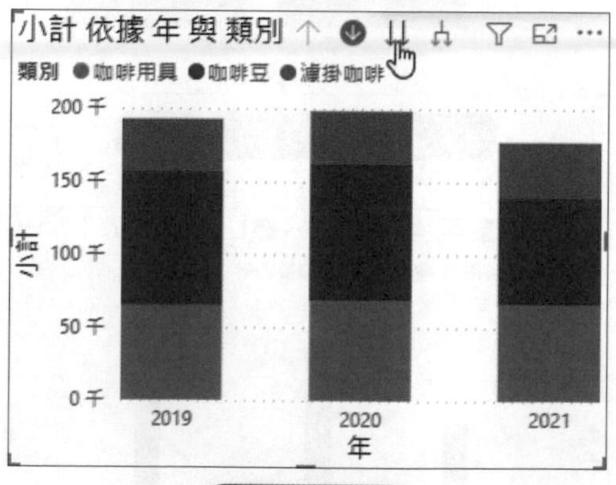

1. 年層級

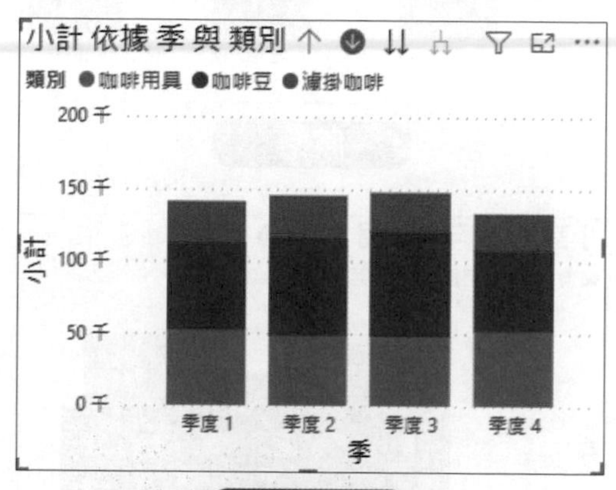

2. 季層級

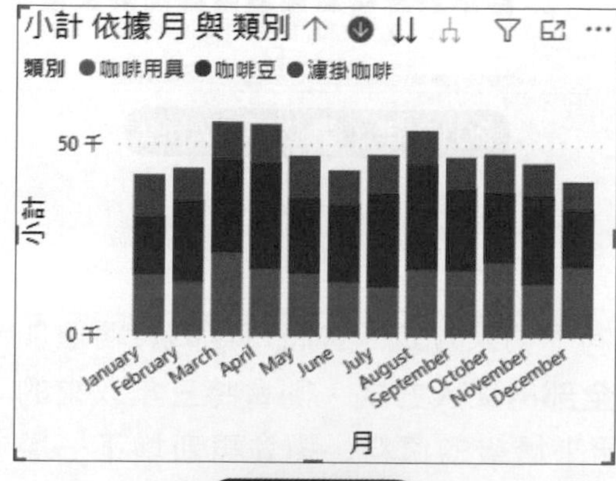

3. 月層級

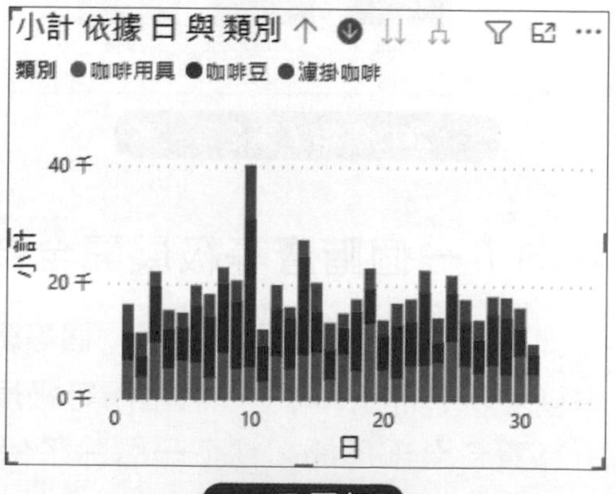

4. 日層級

step 04 視覺效果的 ⇊ **前往階層中的下一個等級**控制項，是針對全部年份的總合來計算。如果只想針對特定類別進行鑽研，例如在本例中想單獨檢視2019年的資料，則直接點選視覺效果中2019年的資料數列，就會針對2019年單一年的資料進行資料探索，往下同樣可針對特定數列，依季層級、月層級、日層級向下鑽研。

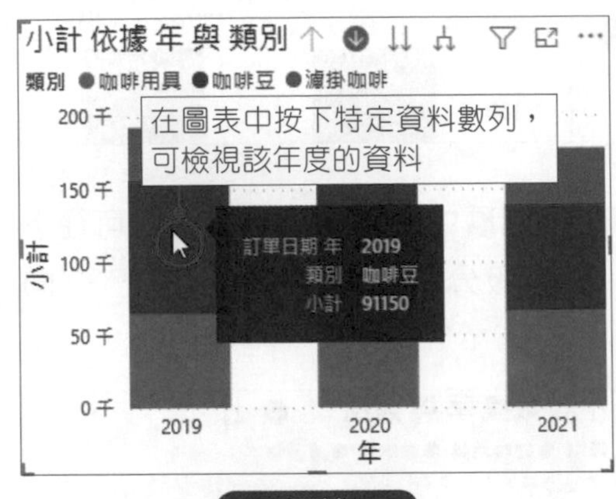

原始

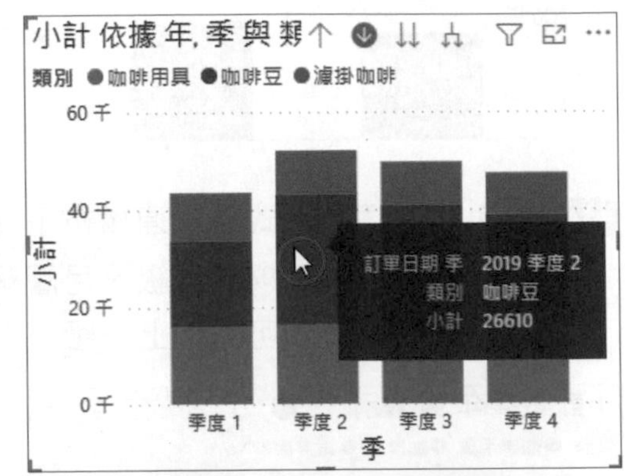

2019 年

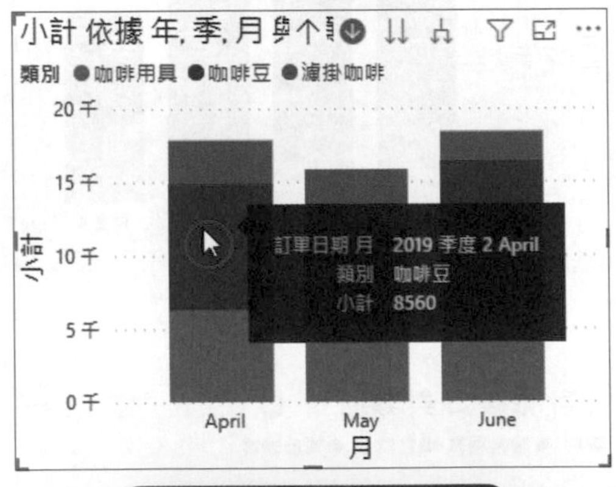

2019 年 / 第2季

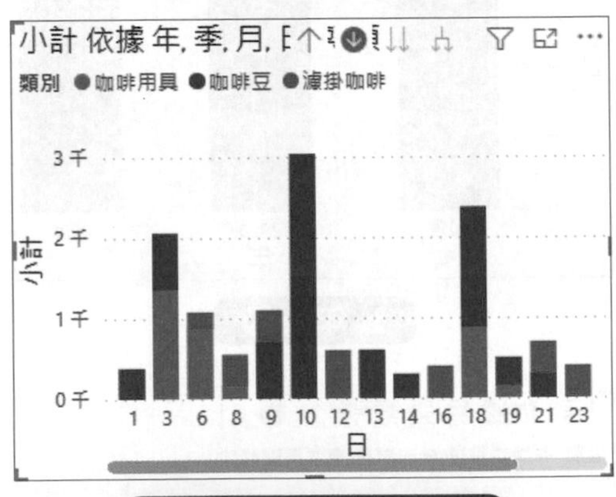

2019 年 / 第2季 / April

♣ 向下一個階層等級展開全部

透過 ⇊ **前往階層中的下一個等級**的向下切入方式，會將每年的資料值加總後呈現；而 ⩚ **向下一個階層等級展開全部**的切入方式，則會將三年以來的所有資料全部展開，往下一層除了保留原來層級的資料，還會再新增下一層級的資料，因此越往下層鑽研，所呈現的資料數列就會越來越多。

step 01 開啟切入模式後，按下 **向下一個階層等級展開全部**，即可往下鑽研，進入以季層級、月層級、日層級分類的資料數列；按下 **向上切入**，即可回到上一層。

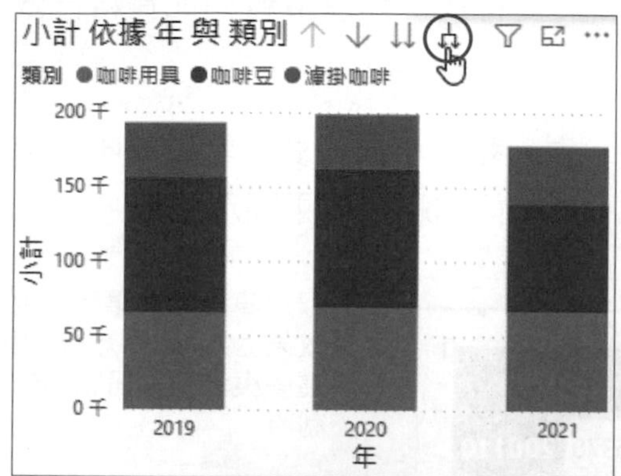

1. 年層級
2019 年～ 2021 年

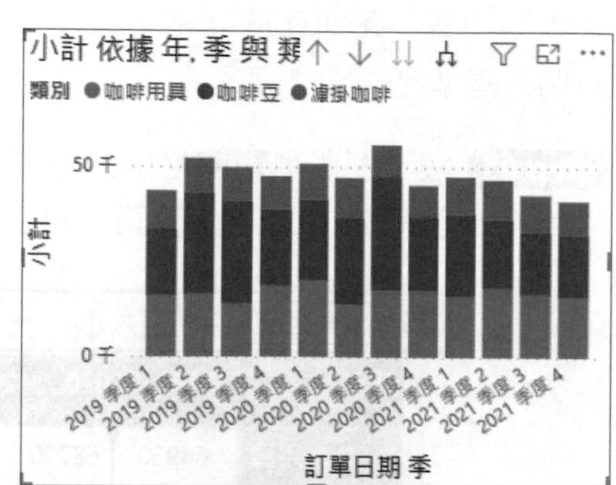

2. 季層級
2019 年第 1 季～ 2021 年第 4 季

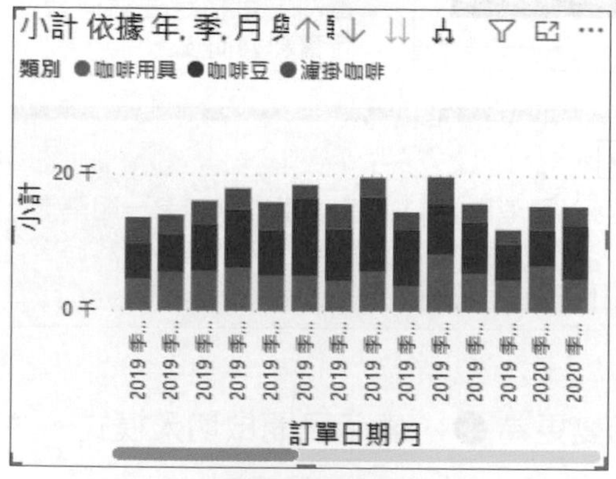

3. 月層級
2019 年 1 月～ 2021 年 12 月

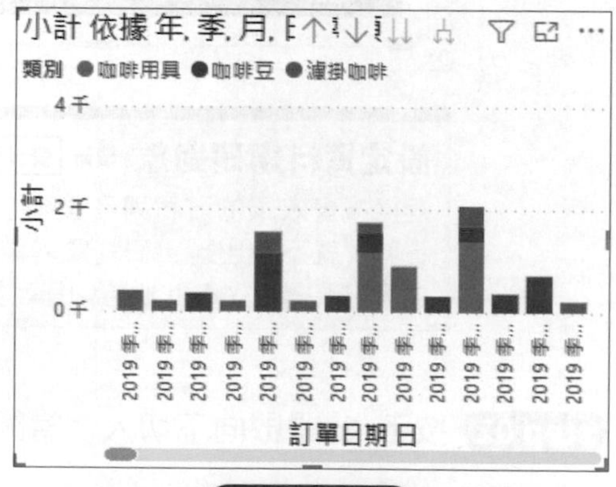

4. 日層級
2019/1/1 ～ 2021/12/31

step 02 資料探索結束後，按下圖示即可關閉切入模式，回到原來的視覺效果互動模式了。

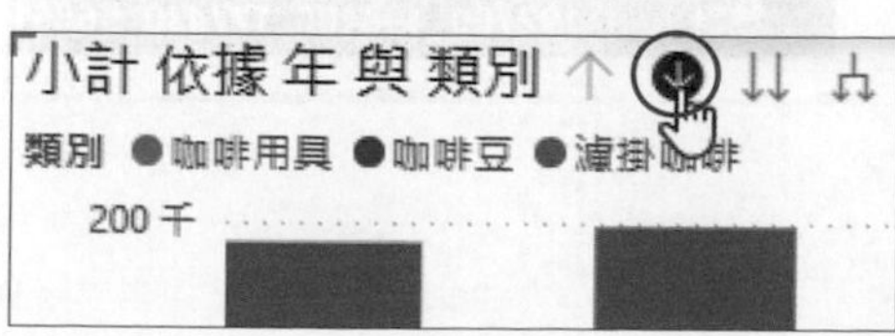

小計 依據 年與 類別
類別 ●咖啡用具 ●咖啡豆 ●濾掛咖啡
顯示此圖示表示回到視覺效果互動模式

鑽研矩陣資料

畫布中的矩陣視覺效果物件也可以進行資料鑽研，其操作方式與上述方式大同小異，差別在於開啟切入模式時，需要特別指定以**資料列**或**資料行**做為切入基準。

step 01 按下左側瀏覽窗格中的 按鈕，進入**報告**檢視模式，點選**咖啡店銷售紀錄.pbix**的**第2頁**，頁面中已建立好的視覺效果顯示如下。

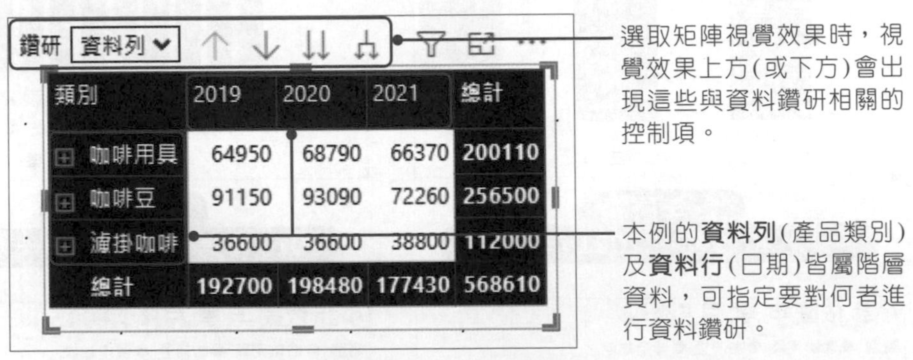

設定資料鑽研對象 鑽研 資料列

矩陣視覺效果的資料列及資料行都可以是階層資料。若矩陣中只包含一組階層資料，就不會出現鑽研對象的欄位，只有在資料列及資料行皆為階層資料時，才會出現選項，在此欄位中指定要對何者進行資料鑽研（預設為**資料列**）。

step 02 按下 ↓ **開啟向下切入**，當圖示變更為 ，表示已開啟切入模式。

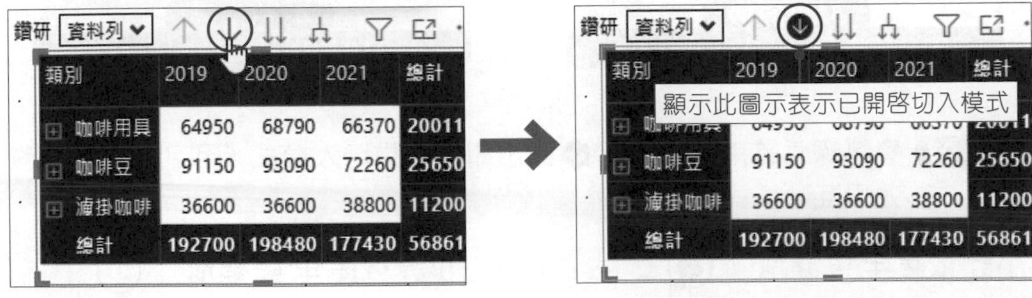

step 03 開啟切入模式後，先指定對**資料列**(類別)進行鑽研，接著按下 ⇊ **前往階層中的下一個等級**，即可往下鑽研，進入以產品編號分類的資料數列；按下 ↑ **向上切入**，即可回到上一層。

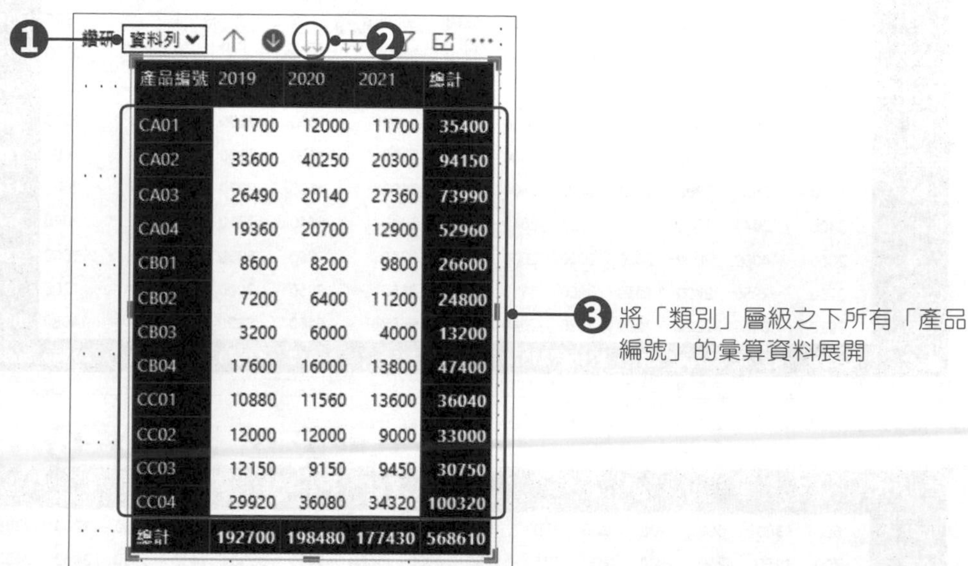

產品編號	2019	2020	2021	總計
CA01	11700	12000	11700	35400
CA02	33600	40250	20300	94150
CA03	26490	20140	27360	73990
CA04	19360	20700	12900	52960
CB01	8600	8200	9800	26600
CB02	7200	6400	11200	24800
CB03	3200	6000	4000	13200
CB04	17600	16000	13800	47400
CC01	10880	11560	13600	36040
CC02	12000	12000	9000	33000
CC03	12150	9150	9450	30750
CC04	29920	36080	34320	100320
總計	192700	198480	177430	568610

step 04 接著再指定對**資料行**(日期)進行鑽研，連續按下 ⇊ **前往階層中的下一個等級**，即可往下鑽研，進入以季度層級、月層級、日層級分類的資料數列；按下 ↑ **向上切入**，即可回到上一層。

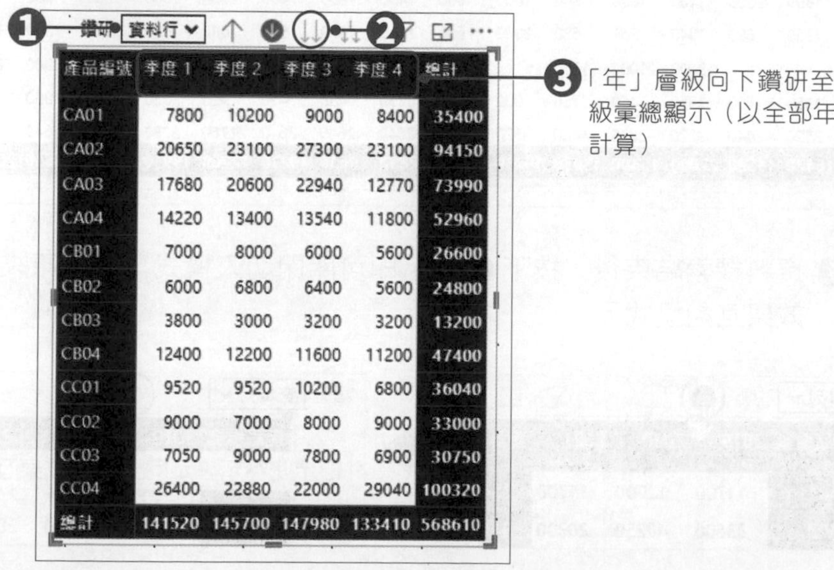

產品編號	季度 1	季度 2	季度 3	季度 4	總計
CA01	7800	10200	9000	8400	35400
CA02	20650	23100	27300	23100	94150
CA03	17680	20600	22940	12770	73990
CA04	14220	13400	13540	11800	52960
CB01	7000	8000	6000	5600	26600
CB02	6000	6800	6400	5600	24800
CB03	3800	3000	3200	3200	13200
CB04	12400	12200	11600	11200	47400
CC01	9520	9520	10200	6800	36040
CC02	9000	7000	8000	9000	33000
CC03	7050	9000	7800	6900	30750
CC04	26400	22880	22000	29040	100320
總計	141520	145700	147980	133410	568610

產品編號	January	February	March	April	May	June	July	August	September	October	November	December	總計
CA01	2400	2400	3000	3000	4200	3000	4200	2100	2700	2400	3600	2400	35400
CA02	5600	8050	7000	10150	5950	7000	9450	12950	4900	6650	10500	5950	94150
CA03	2980	6400	8300	9030	4470	7100	6370	8650				3390	73990
CA04	4220	4140	5860	5420	4740	3240	4220	3680				3300	52960
CB01	2000	2200	2800	2400	2400	3200	2800	1600				2000	26600
CB02	2200	1800	2000	2400	2000	2400	2400	2400	1600	2000	1600	2000	24800
CB03	1600	1000	1200	1000	1400	600	1000	1200	1000	1200	1400	600	13200
CB04	5000	3600	3800	4200	5400	2600	4000	3600	4000	5200	3400	2600	47400
CC01	3400	2040	4080	4760	2720	2040	2720	2040	5440	2720	2040	2040	36040
CC02	2000	4000	3000	3000	2000	2000	2000	3000	3000	5000	3000	1000	33000
CC03	2700	1950	2400	1950	3900	3150	2100	2850	2850	3000	2700	1200	30750
CC04	7920	6160	12320	7920	7920	7040	6160	9680	6160	8800	6160	14080	100320
總計	42020	43740	55760	55230	47100	43370	47420	53750	46810	47670	45180	40560	568610

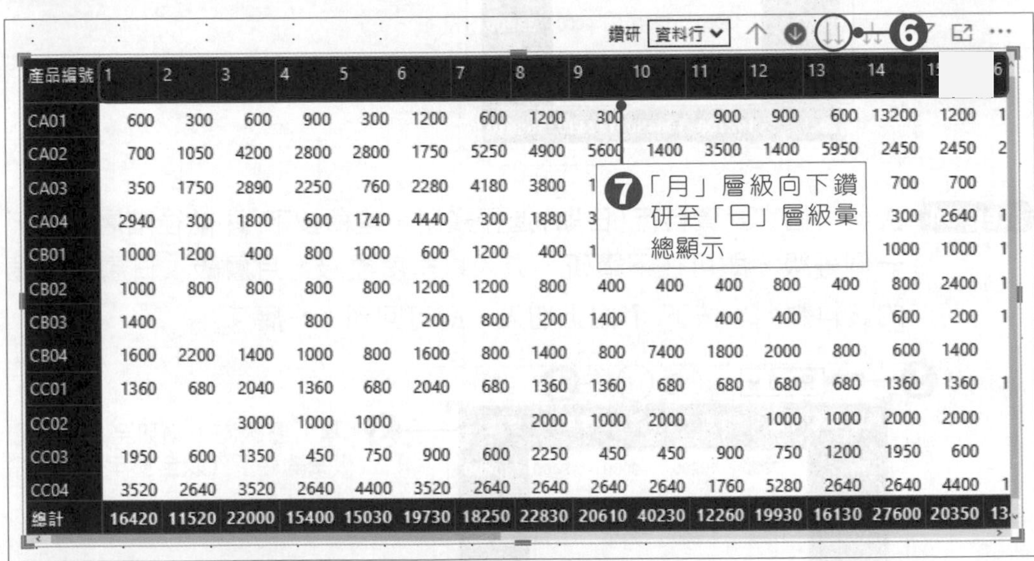

產品編號	1	2	3	4	5	6	7	8	9	10	11	12	13	14	15	6
CA01	600	300	600	900	300	1200	600	1200	300		900	900	600	13200	1200	1
CA02	700	1050	4200	2800	2800	1750	5250	4900	5600	1400	3500	1400	5950	2450	2450	2
CA03	350	1750	2890	2250	760	2280	4180	3800	1					700	700	
CA04	2940	300	1800	600	1740	4440	300	1880	3					300	2640	1
CB01	1000	1200	400	800	1000	600	1200	400	1					1000	1000	1
CB02	1000	800	800	800	800	1200	1200	800	400	400	400	800	400	800	2400	1
CB03	1400			800		200	800	200	1400		400	400		600	200	1
CB04	1600	2200	1400	1000	800	1600	800	1400	800	7400	1800	2000	800	600	1400	
CC01	1360	680	2040	1360	680	2040	680	1360	1360	680	680	680	680	1360	1360	1
CC02			3000	1000	1000			2000	1000	2000		1000	1000	2000	2000	
CC03	1950	600	1350	450	750	900	600	2250	450	450	900	750	1200	1950	600	
CC04	3520	2640	3520	2640	4400	3520	2640	2640	2640	2640	1760	5280	2640	2640	4400	1
總計	16420	11520	22000	15400	15030	19730	18250	22830	20610	40230	12260	19930	16130	27600	20350	13

step 05 資料探索結束後，按下 ⬇ 圖示即可關閉切入模式，回到原來的視覺效果互動模式。

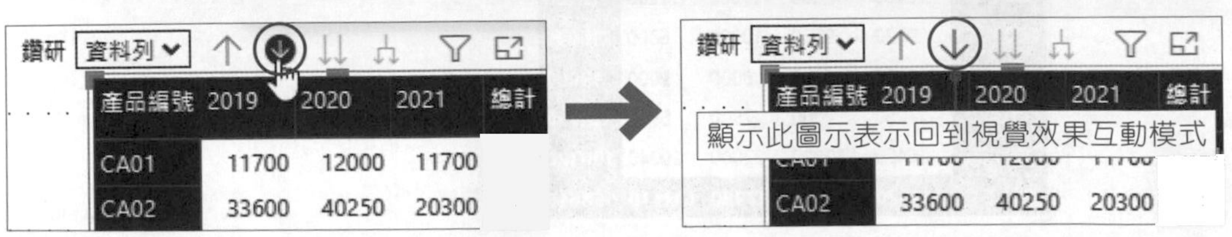

產品編號	2019	2020	2021	總計
CA01	11700	12000	11700	
CA02	33600	40250	20300	

章末習題

✦ 選擇題

(　　) 1. 當在Power BI圖表上以滑鼠點選某個資料數列後，其他數列就會呈現半透明狀態。此為下列何種功能？
(A)醒目提示效果　(B)焦點模式　(C)資料鑽研　(D)格式化條件

(　　) 2. 如果想要讓視線聚焦在某一個視覺效果上，可以對該視覺效果物件執行下列何指令？
(A)切換為資料表　(B)新增焦點　(C)套用篩選　(D)向下切入

(　　) 3. 進入視覺效果的編輯互動模式之後，按下視覺效果上方的哪一個圖示，可以對圖表進行篩選互動？
(A) ⃠　(B) [圖示]　(C) [圖示]　(D) [圖示]

(　　) 4. 進入醒目提示效果之後，要如何才能取消醒目提示效果，回復到原來的檢視模式？
(A)按下鍵盤上的Esc鍵　(B)按下鍵盤上的Del鍵
(C)畫布空白處按一下滑鼠左鍵　(D)以滑鼠再次點選資料數列

(　　) 5. 在Power BI Desktop的報告檢視模式中，可在下列哪一個窗格設定視覺效果的互動式篩選條件？
(A)欄位窗格　(B)篩選窗格　(C)查詢窗格　(D)視覺效果窗格

(　　) 6. 想要在視覺效果上使用資料鑽研功能探索資料時，可以按下視覺效果的哪一個圖示，開啟向下切下入模式？
(A) ↑　(B) ↓　(C) ↓↓　(D) [圖示]

(　　) 7. 在視覺效果上使用資料鑽研功能探索資料時，按下視覺效果的哪一個圖示，可以將所有資料階層全部展開？
(A) ↑　(B) ↓　(C) ↓↓　(D) [圖示]

(　　) 8. 對視覺效果的日期資料進行資料鑽研時，若對「年份」階層的資料執行 ↓ 指令，會顯示為哪一個層級？
(A)季　(B)月　(C)日　(D)時間

✦ 實作題

1. 開啟「範例檔案\ch6\110年外銷訂單統計.pbix」檔案，透過篩選窗格進行以下篩選設定，設定結果可參考下圖。
   - 設定「110年外銷訂單金額」視覺效果顯示為7~12月。
   - 頁面中所有視覺效果只顯示「資訊通信商品」及「電子產品」兩類別。

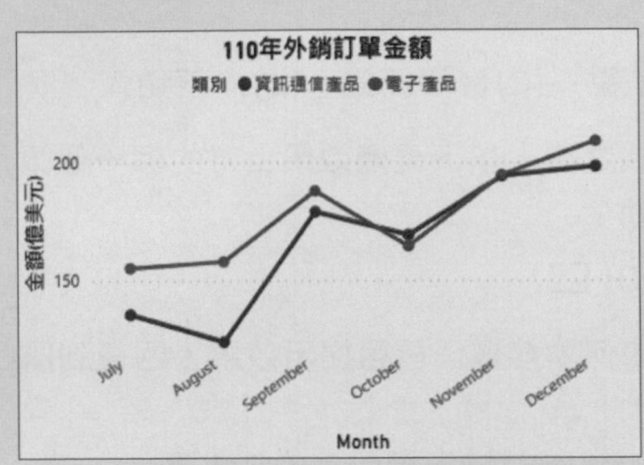

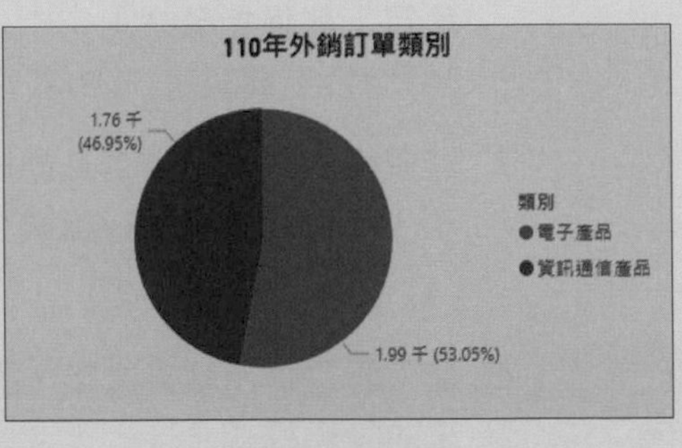

2. 開啟Power BI Desktop 新檔案，匯入「範例檔案\ch6\台灣COVID-19死亡個案表.xlsx」檔案，進行以下設定。
   - 建立一群組直條圖視覺效果，可顯示死亡日／性別／死亡數之關係。
   - 對圖表進行日期鑽研，呈現每月死亡個案數統計結果，如下圖所示。

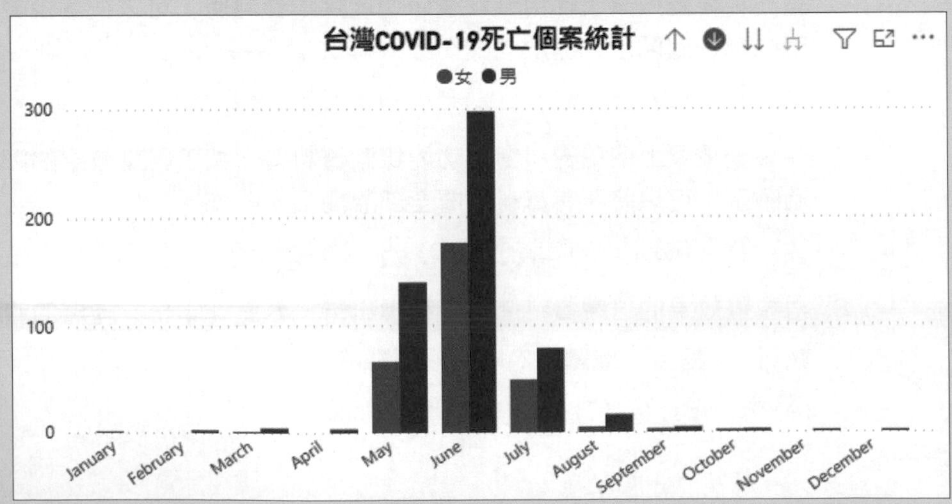

頁面編輯技巧與檢視設定

7-1 頁面基本操作

7-2 頁面檢視設定

7-3 在報表畫布中新增元件

7-1 頁面基本操作

報表畫布是用來展示視覺效果的區域，本小節請開啟「範例檔案\ch7\整體稅收.pbix」報表檔案，進行以下與頁面相關的設定練習。

新增及刪除頁面

♣ 新增頁面

在**報告**檢視模式中，預設只有一個空白頁面，若要再新增頁面時，按下頁面標籤最右側的 **+ 新增頁面**按鈕，即可新增空白頁面。

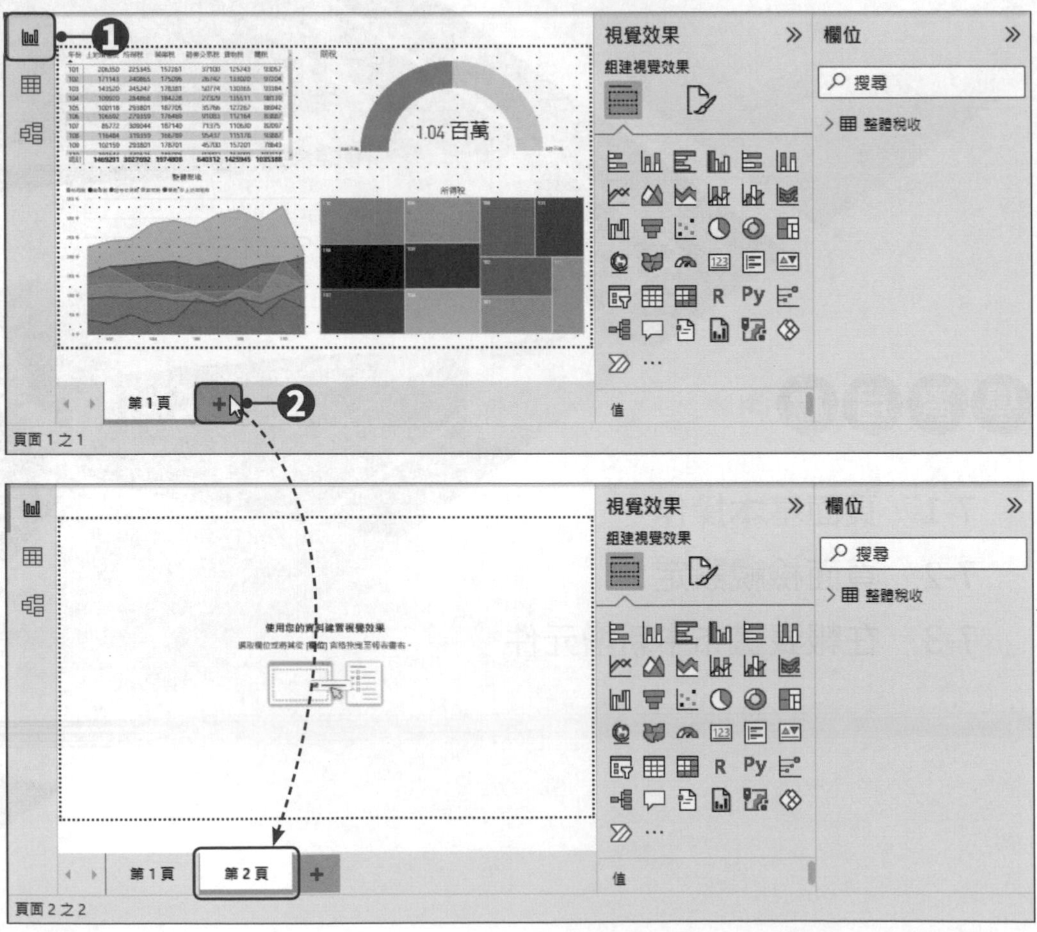

♣ 刪除頁面

若要刪除不需要的頁面時，將滑鼠游標移至要刪除的頁面標籤上，右上角就會出現 X 按鈕，按下 X 按鈕即可將此頁面刪除。

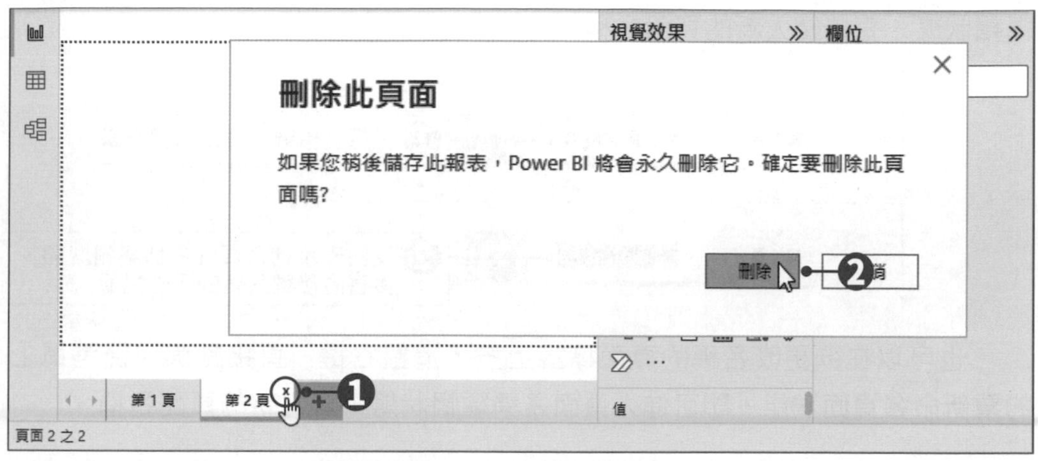

複製頁面

當設計好一份美觀的Power BI原始檔，或是在網路上找到喜歡的Power BI模板，日後想要直接套用改作，可以利用**複製頁面**功能，匯入新的資料重新調整修改，可節省許多製作時間。

若要複製頁面時，在欲複製的頁面標籤上按下滑鼠右鍵，直接點選快捷選單上的**複製頁面**功能即可。

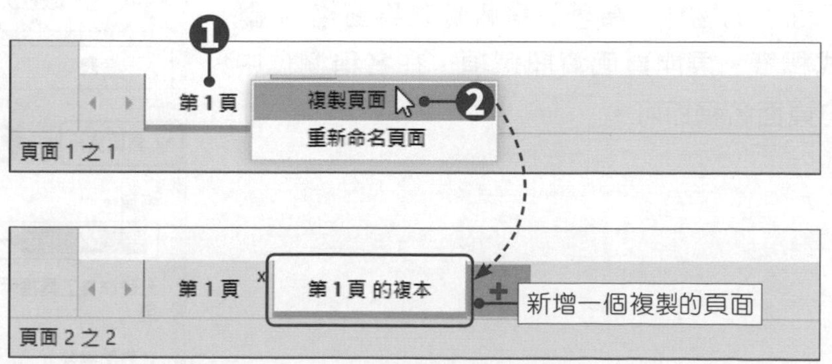

重新命名頁面

Power BI的頁面名稱預設為「第X頁」，若想要修改頁面名稱，最簡單的方式就是直接在要重新命名的頁面標籤上雙擊滑鼠左鍵，即可進入頁面名稱編輯狀態，直接鍵入新的頁面名稱即可。

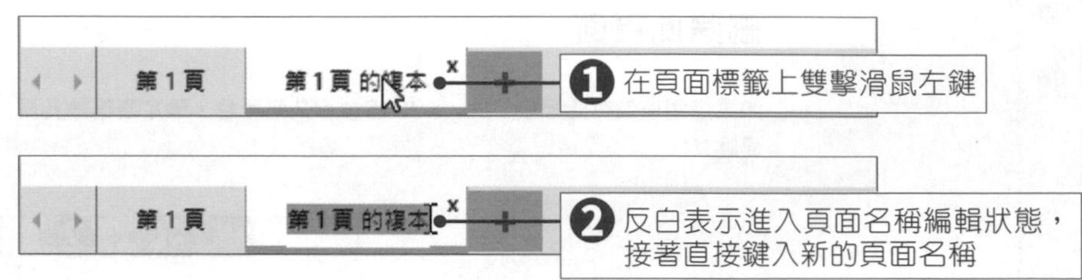

也可以在欲更改名稱的頁面標籤上按下滑鼠右鍵，直接點選快捷選單上的**重新命名頁面**功能，即可進入頁面名稱編輯狀態，鍵入新的頁面名稱。

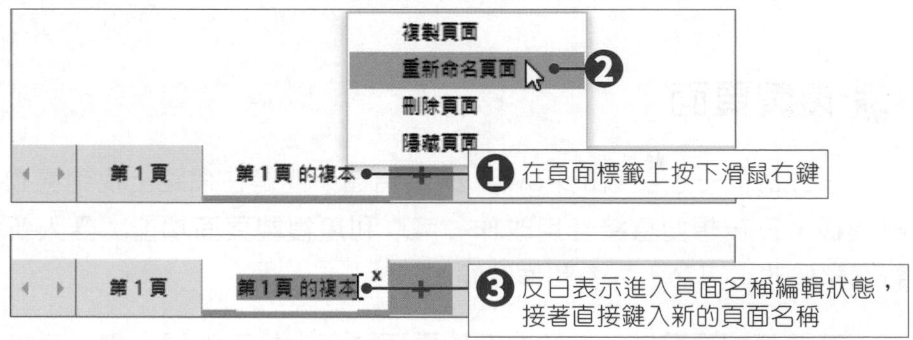

或者進入**報表**檢視模式中，確定在工作區未選取任何頁面上的物件。接著點選**視覺效果**窗格的 **頁面格式**標籤，展開**頁面資訊**選項，在**名稱**欄位中輸入新的頁面名稱即可。

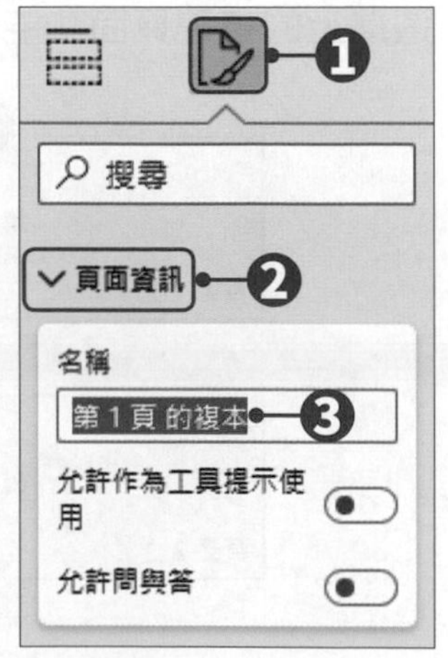

設定頁面大小與垂直對齊

「頁面大小」主要是控制報表畫布的顯示比例和實際大小，可依實際需求進行調整。一般來說，報表畫布的預設頁面大小為16:9，其他頁面大小的設定選項還有4:3比例、信件等，若找不到適用的尺寸，也可以自訂畫布大小。

step 01 進入**報表**檢視模式中，確定在工作區未選取任何頁面上的物件。

step 02 點選**視覺效果**窗格的 **頁面格式**標籤，展開**畫布設定**選項，按下**鍵入**選項的下拉鈕，即可開啟選單，選擇想要使用的頁面大小。

step 03 按下**垂直對齊**選項的下拉鈕，可開啟對齊選單，選擇要向上對齊或置中對齊。

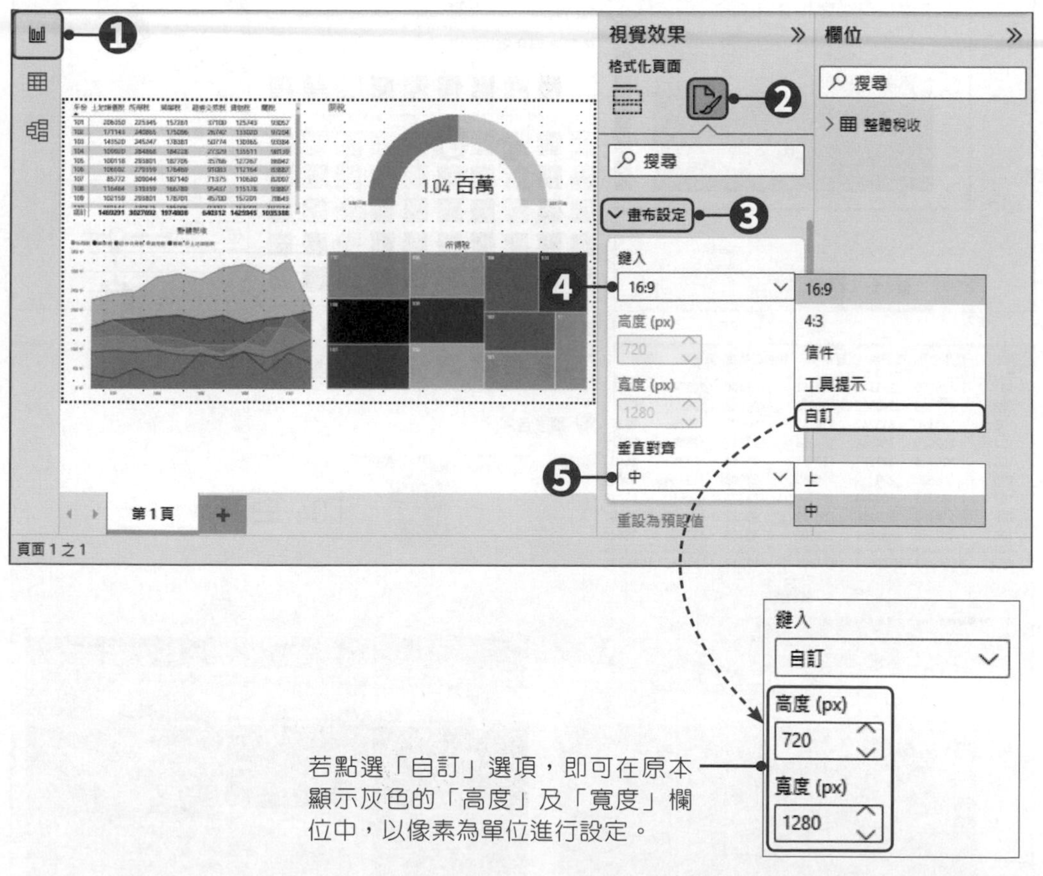

若點選「自訂」選項，即可在原本顯示灰色的「高度」及「寬度」欄位中，以像素為單位進行設定。

設定頁面背景色彩

step 01 進入**報表**檢視模式中，確定在工作區未選取任何頁面上的物件。

step 02 點選**視覺效果**窗格的 **頁面格式**標籤，展開**畫布背景**選項，按下**顏色**選項的下拉鈕，在開啟的色盤中可選擇想要使用的顏色；以滑鼠左鍵拖曳**透明度**拉桿，則可調整背景色彩的透明度。

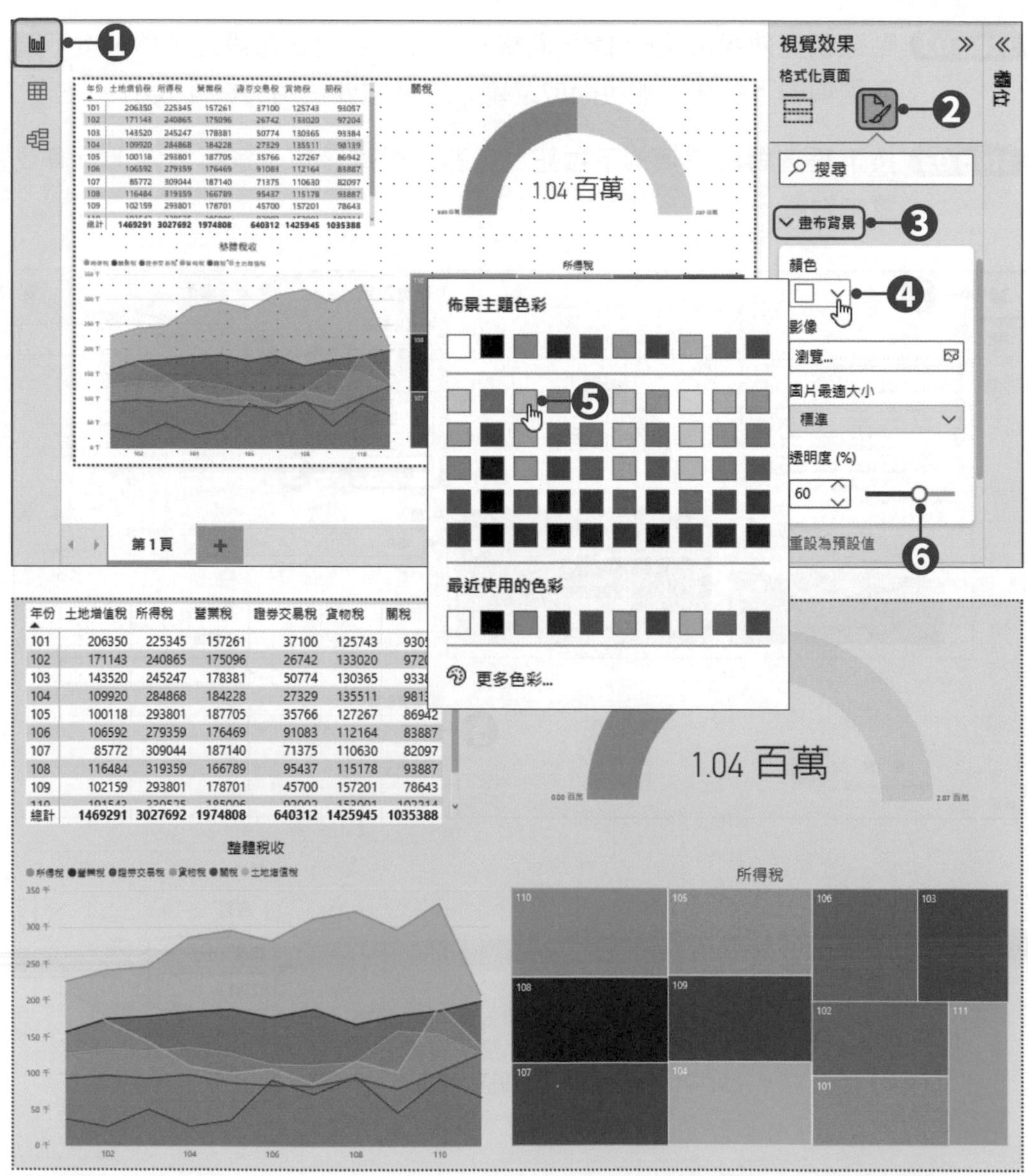

設定頁面背景影像

step 01 進入**報表**檢視模式中，確定在工作區未選取任何頁面上的物件。

step 02 點選**視覺效果**窗格的 **頁面格式**標籤，展開**畫布背景**選項，按下**影像**欄位中的 + **新增檔案**圖示。

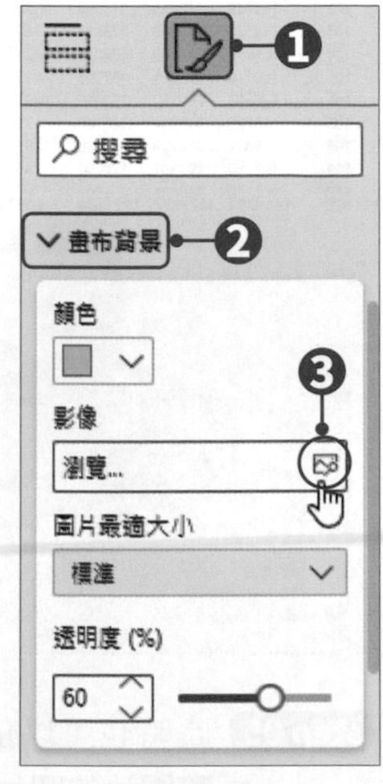

step 03 在「開啟」對話方塊中，選擇想要使用的浮水印圖片檔案「ch7→浮水印.png」，選定後按下**開啟**按鈕。

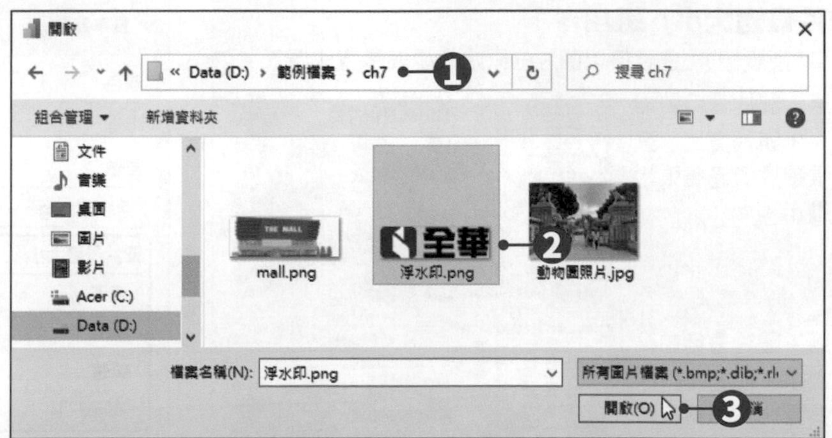

頁面背景可支援的影像檔格式有：.tiff、.pjp、.jfif、.bmp、.gif、.svg、.png、.xbm、.dib、.jxl、.jpeg、.svgz、.jpg、.webp、.ico、.tif、.pjpeg、.avif等。

step 04 設定的圖片會按照原始大小與比例，直接顯示在報表畫布正中央的位置。

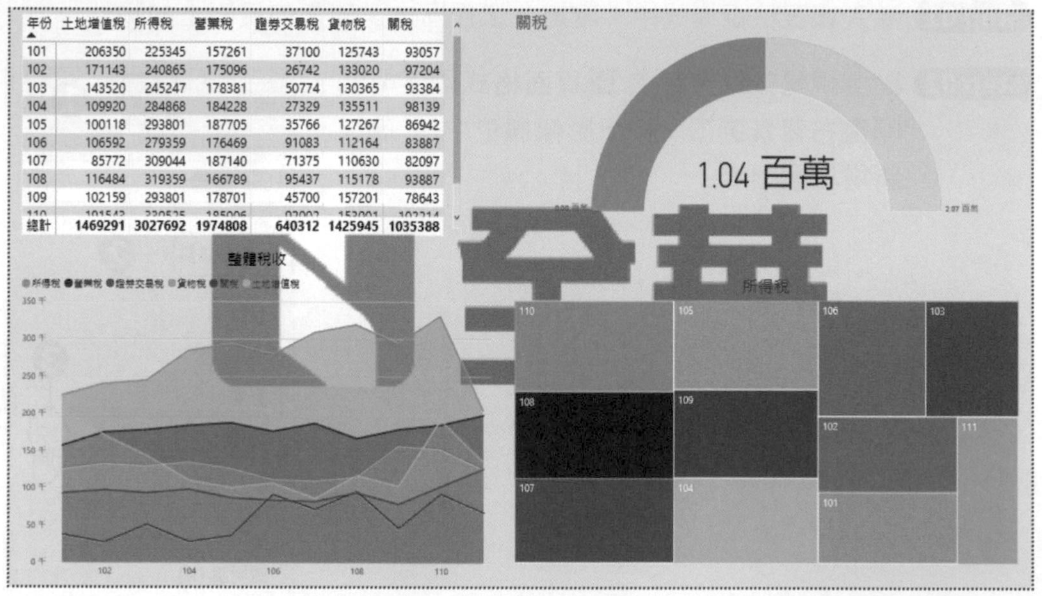

年份	土地增值稅	所得稅	營業稅	證券交易稅	貨物稅	關稅
101	206350	225345	157261	37100	125743	93057
102	171143	240865	175096	26742	133020	97204
103	143520	245247	178381	50774	130365	93384
104	109920	284868	184228	27329	135511	98139
105	100118	293801	187705	35766	127267	86942
106	106592	279359	176469	91083	112164	83887
107	85772	309044	187140	71375	110630	82097
108	116484	319359	166789	95437	115178	93887
109	102159	293801	178701	45700	157201	78643
總計	1469291	3027692	1974808	640312	1425945	1035388

step 05 此時也可以依照置入的實際狀況，繼續調整圖片的**圖片最適大小**及**透明度**。

「圖片最適大小」選項

- 標準(預設值)：會直接以圖片的原始大小與長寬比置入。
- 調整：圖片會自動縮放大小與長寬比，讓整張圖片填滿整張報表畫布。
- 填滿：圖片會自動縮放大小，但會維持原始長寬比，以符合報表畫布的大小。

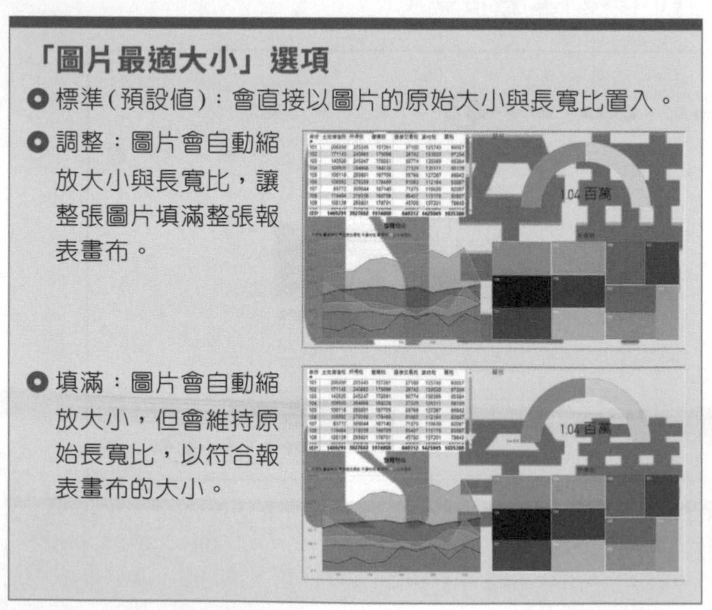

7-2 頁面檢視設定

Power BI Desktop主要透過功能區的**「檢視」**標籤，來進行報表畫布的各項檢視設定。本小節請開啟「範例檔案\ch7\全球化商店.pbix」報表檔案，進行以下練習。

報表畫布檢視模式

Power BI Desktop提供了**符合一頁大小**、**符合寬度**、**實際大小**等三種報表畫布檢視模式。要切換檢視模式時，按下**「檢視→縮放至適當比例→整頁模式」**下拉鈕，於選單中點選想要使用的模式即可。

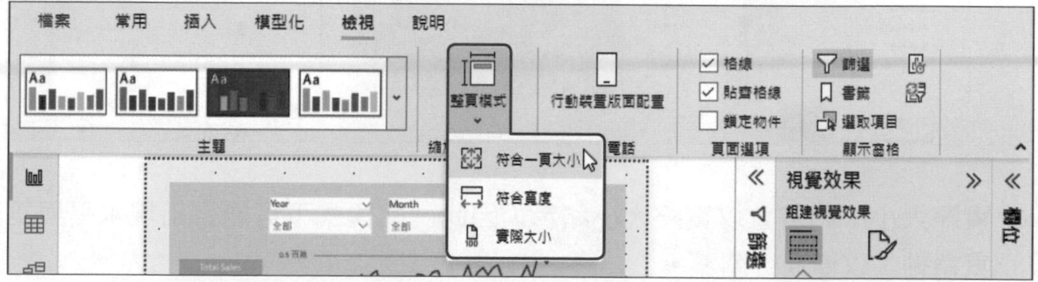

⊕ 符合一頁大小：是預設的檢視模式，會縮放頁面使整個頁面都完整呈現。

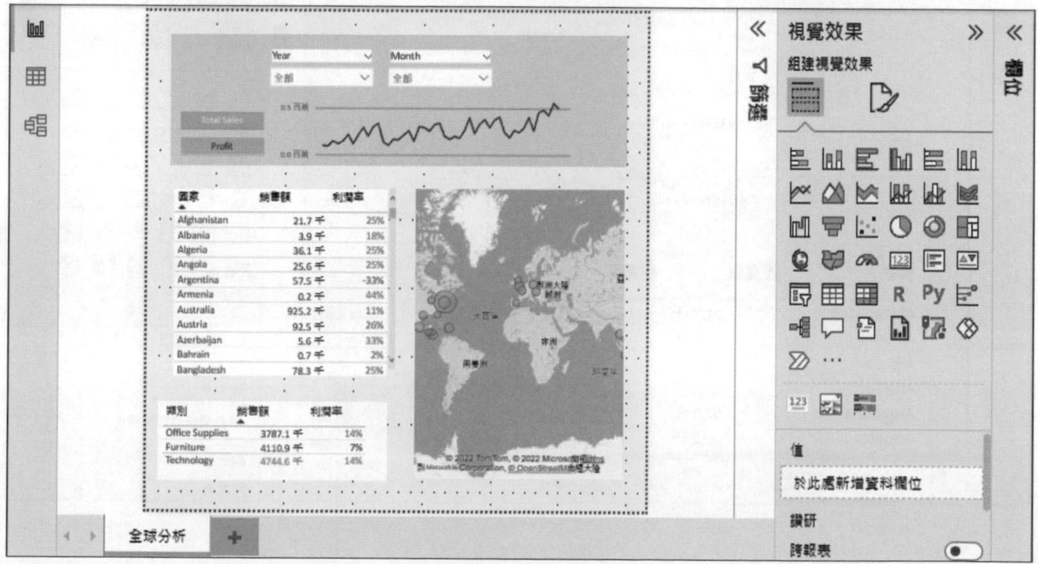

⊕ 符合寬度：會縮放頁面使頁面的寬度能完整呈現，因此，此模式下可能會出現垂直捲軸，以便進行瀏覽。

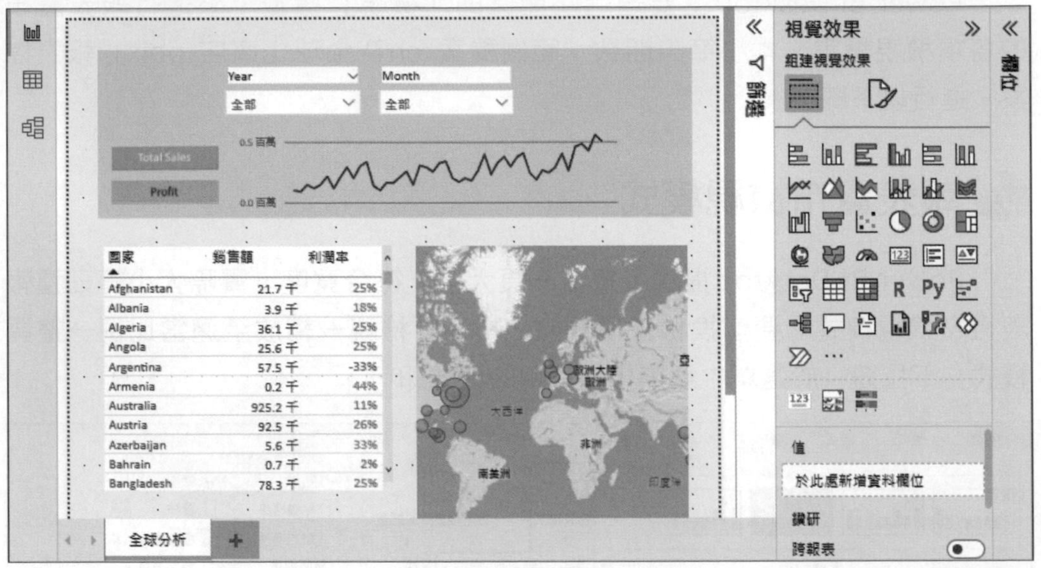

⊕ 實際大小：內容會以實際大小顯示，因此，此模式下可能會出現水平與垂直捲軸，以便進行瀏覽。

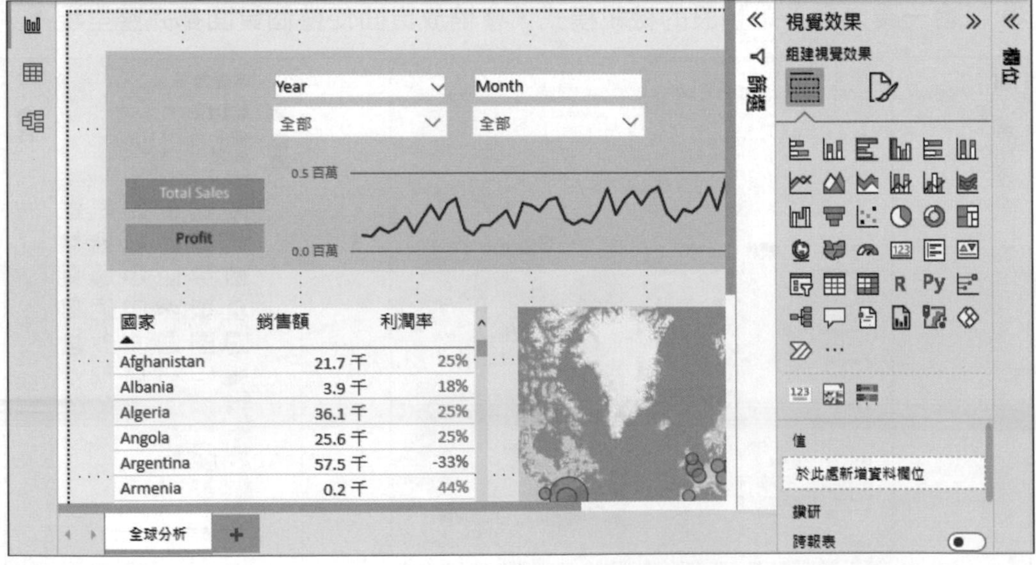

顯示格線

Power BI Desktop為報表畫布提供了「格線」功能，但預設是沒有顯示格線的。若開啟「格線」，可輔助我們在視覺上更好控制物件在頁面上的擺放位置。

要設定顯示格線時，將功能區中的**「檢視→頁面選項→格線」**選項勾選起來即可。

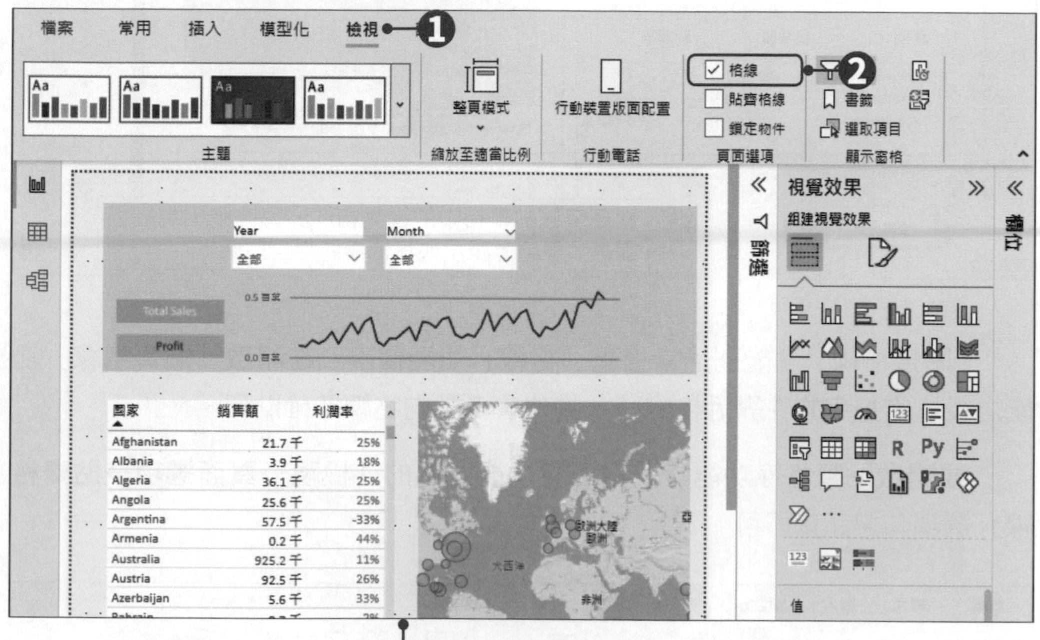

❸ 報表畫布中會顯示水平及垂直格線

選取多個物件

按住 CTRL鍵同時以滑鼠左鍵依序點選視覺效果物件，就能一次選取多個視覺效果。當物件被選取起來之後，會顯示其框線，就能藉此確認各視覺效果物件之間是否對齊。

國家	銷售額	利潤率
Afghanistan	21.7 千	25%
Albania	3.9 千	18%
Algeria	36.1 千	25%

貼齊格線

當在有多個物件的報表畫布上拖曳物件時，會適時出現紅色虛線的參考線來提示對齊位置，方便使用者準確移至與其他物件相互對齊的位置，或是自動取得兩物件之間的相等間距。

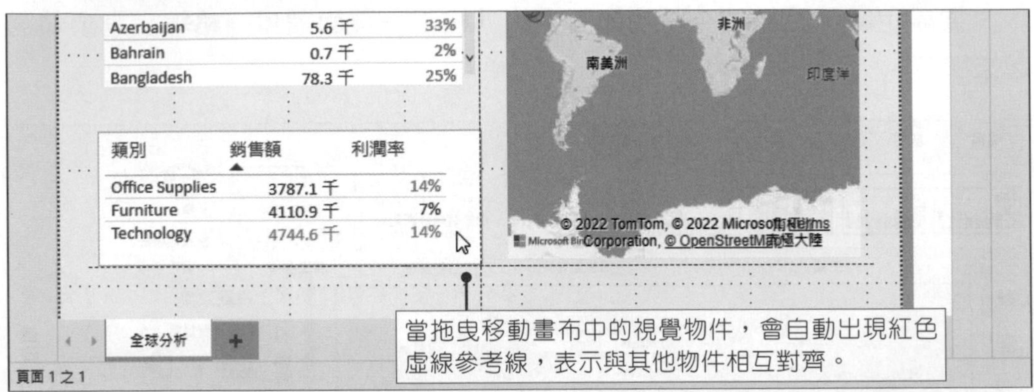

「貼齊格線」功能則通常搭配「格線」功能使用，在開啟「貼齊格線」功能之後，當拖曳物件靠近格線時，物件會自動向格線準確貼齊。

要開啟貼齊格線功能時，只要將功能區中的**「檢視→頁面選項→貼齊格線」**選項勾選起來即可。

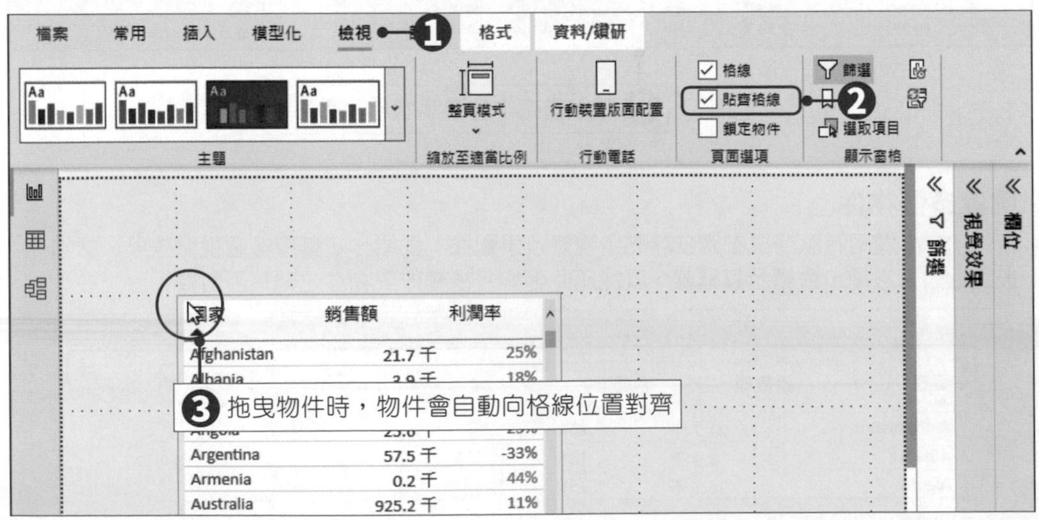

「選取項目」窗格

我們可以利用「選取項目」窗格來列出、組織及編輯報表畫布中的物件。「選取項目」窗格會列出在報表畫布上的所有物件，並顯示各物件的圖層順序以及定位順序。

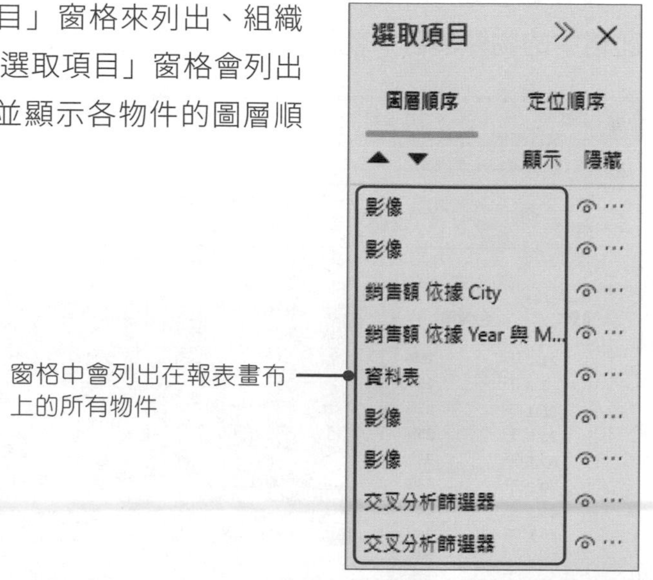

在預設情況下並不會顯示「選取項目」窗格，只要點選功能區中的**「檢視→顯示窗格→選取項目」**按鈕，即可開啟「選取項目」窗格。

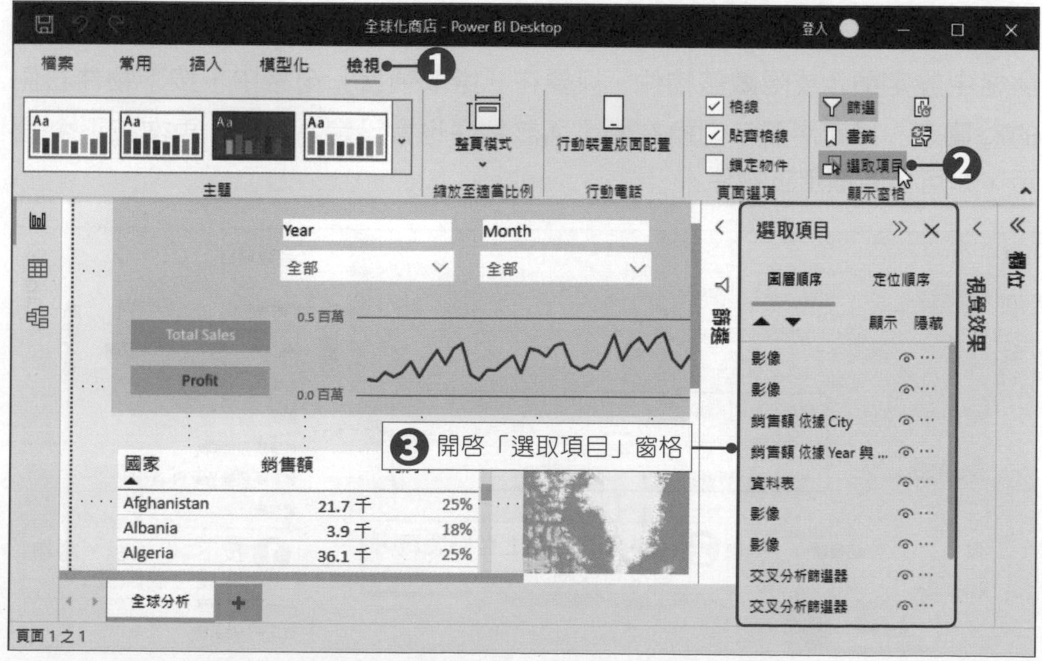

♣ 選取畫布中的物件

在報表畫布中的每個物件，都會出現在「選取項目」窗格中，只要點選窗格中的物件項目，就能在畫布中選取該物件。

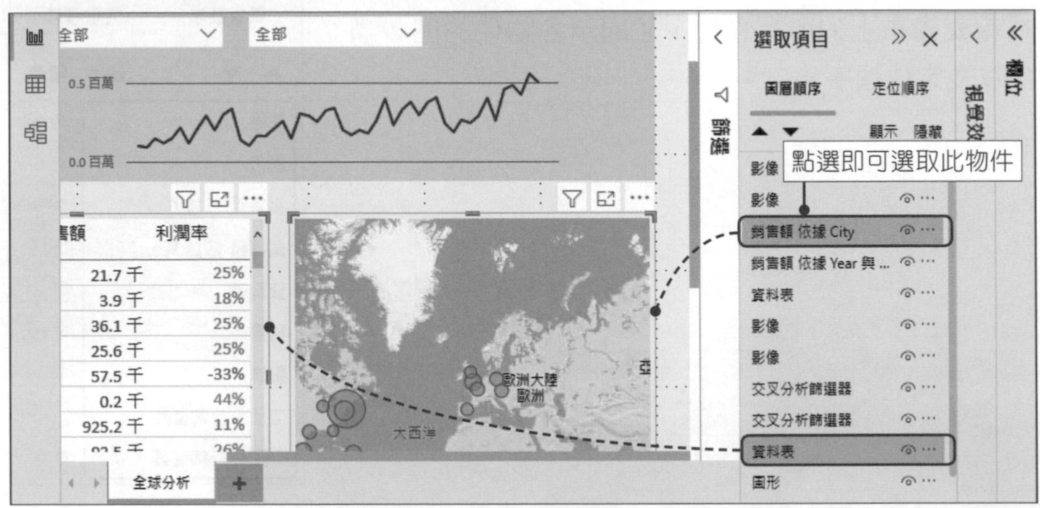

♣ 設定顯示或隱藏畫布中的物件

我們除了可以透過「選取項目」窗格來選取報表畫布中的物件，也能在窗格中設定顯示或隱藏該物件。只要在「選取項目」窗格中，按下物件右側的圖示，即可將圖示切換為，而該物件也會設定為**隱藏**；再次按下圖示，即可重新**顯示**該物件。

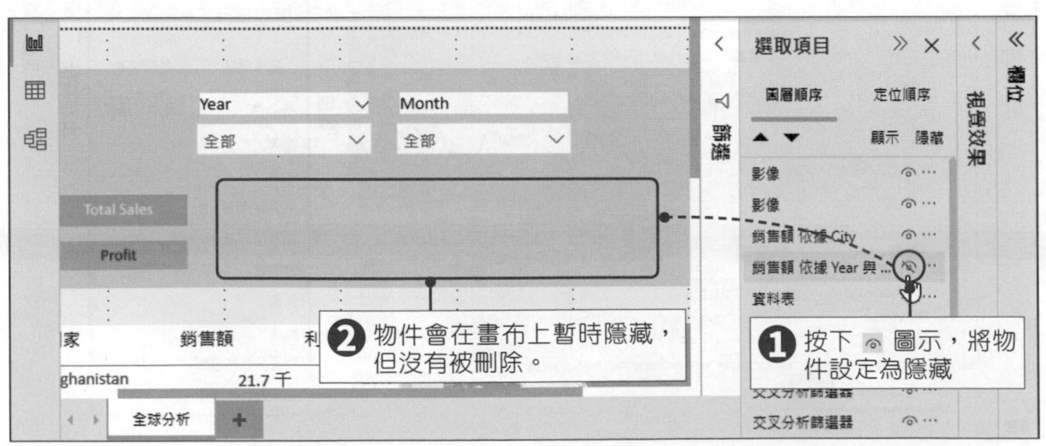

調整物件圖層順序

Power BI Desktop將報表畫布中的每個物件視為一個圖層，所有物件由後至前依序層疊在畫布上。透過「選取項目」窗格中的 **▲上移一層**、**▼下移一層**按鈕，就能控制報表畫布上各物件的堆疊順序，以符合版面需求。

step 01 點選功能區中的**「檢視→顯示窗格→選取項目」**按鈕，開啟「選取項目」窗格，在**圖層順序**標籤中，將所有物件由最上層至最下層依序排列。

step 02 在本例中，**shop.png**物件與**圖形**物件相互重疊，造成版面上看不到**shop.png**物件。可以先點選想要進行調整的物件**shop.png**，按下**▲上移一層**按鈕，將該物件移至**圖形**物件之上。

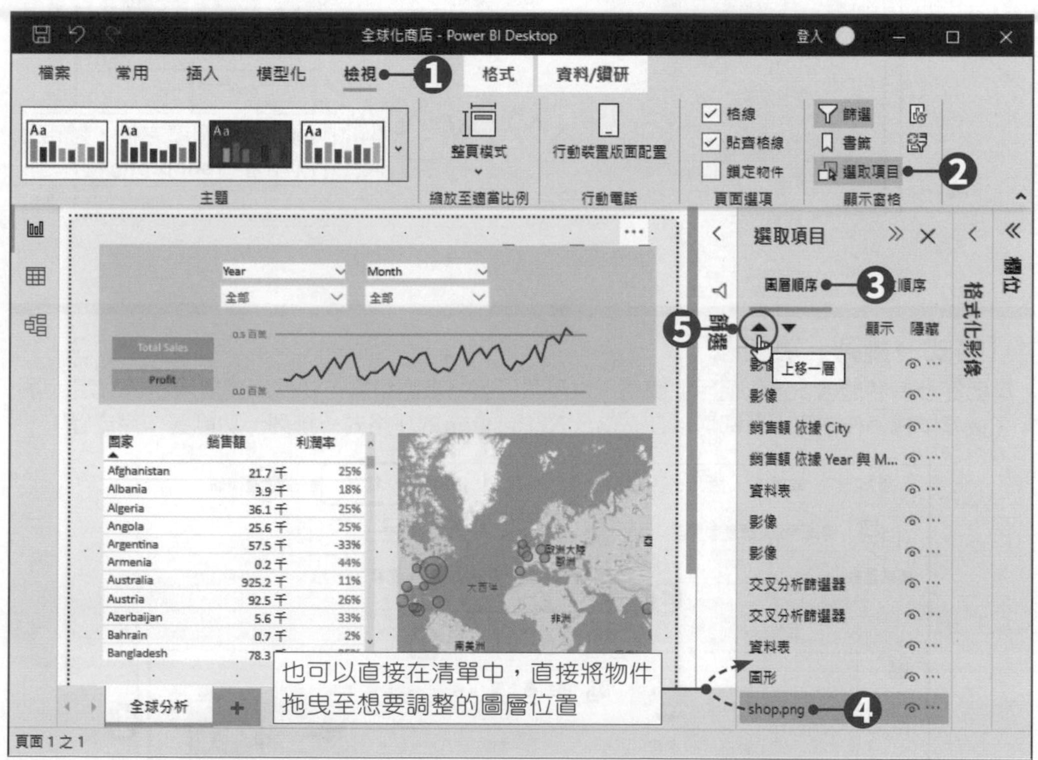

step 03 如此一來，原本被遮住的shop.png物件會上移至**圖形**物件之前，就能解決shop.png物件被**圖形**物件蓋住的問題。

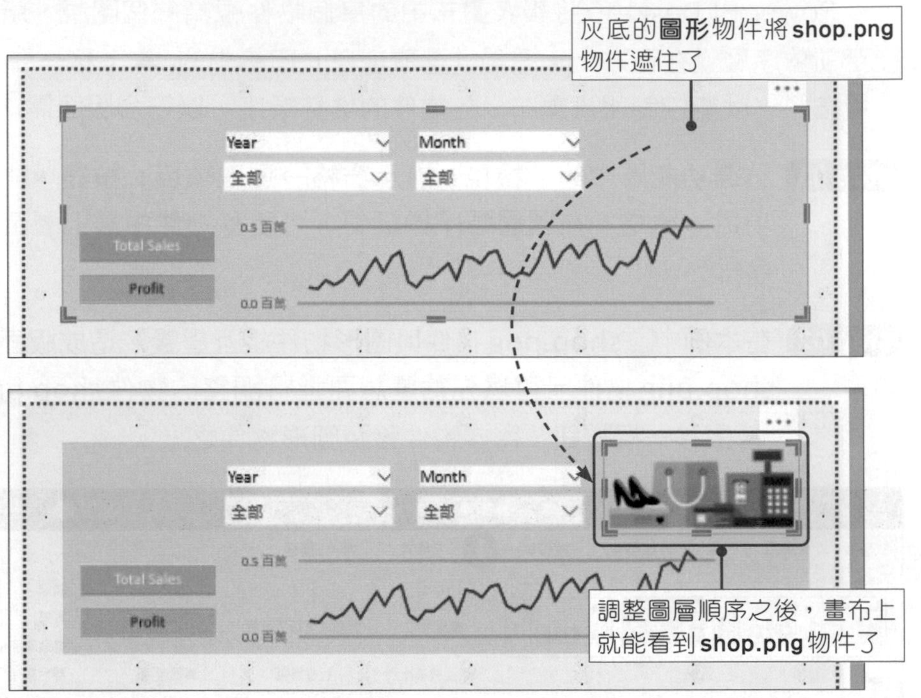

「格式→排列」功能區

本節提及有關開啓「選取項目」窗格，以及透過窗格來調整畫布物件的圖層順序等設定，除了按照前述操作之外，也都可以在Power BI Desktop的**「格式→排列」**功能區中完成喔！

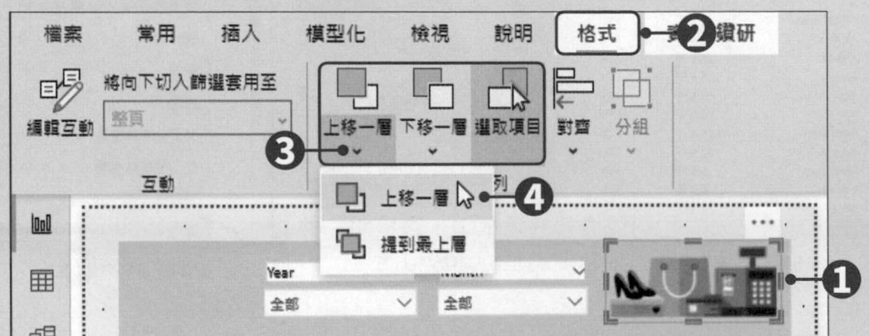

註：一般在Power BI Desktop視窗環境中，並不會出現「格式」索引標籤，必須在頁面上選取一或多個視覺效果，「格式」索引標籤才會出現。

物件的對齊

當在報表畫布上要對齊物件時，除了可透過紅色參考線或是「貼齊格線」功能，直接在畫布上拖曳對齊物件之外，也可以透過**「格式→排列→對齊」**按鈕，來進行物件的對齊設定。

對齊
分組
水平對齊：靠左對齊、置中對齊、靠右對齊
垂直對齊：靠上對齊、置中對齊、靠下對齊
等距對齊（須選取三個以上物件才可使用）：水平均分、垂直均分

step 01 先同時選取想要進行對齊的物件，點選功能區中的**「格式→排列→對齊」**下拉鈕，於選單中點選**「靠右對齊」**項目。

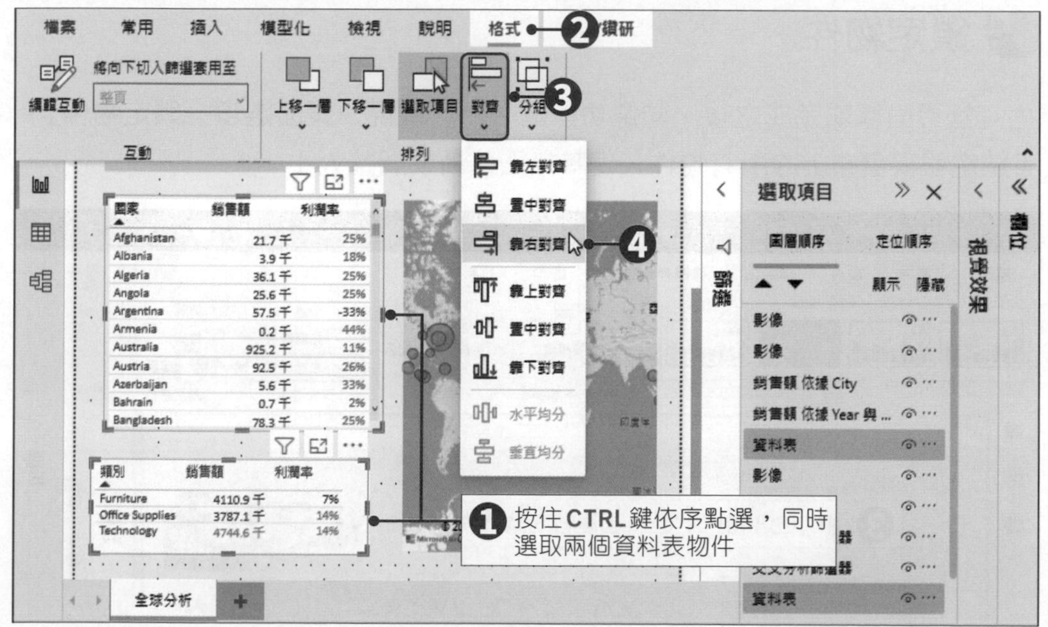

step 02 兩個資料表物件就會向右側對齊，如下圖所示。

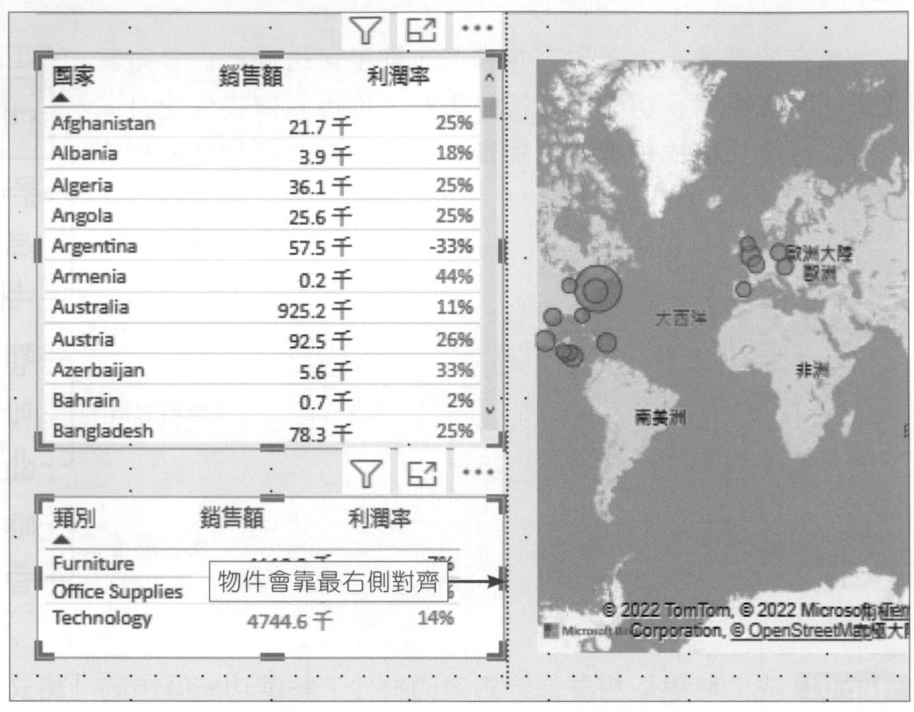

鎖定物件

當頁面編輯完成之後，勾選功能區中的「**檢視→頁面選項→鎖定物件**」，可鎖定報表畫布上的所有物件，使其無法移動或調整大小。

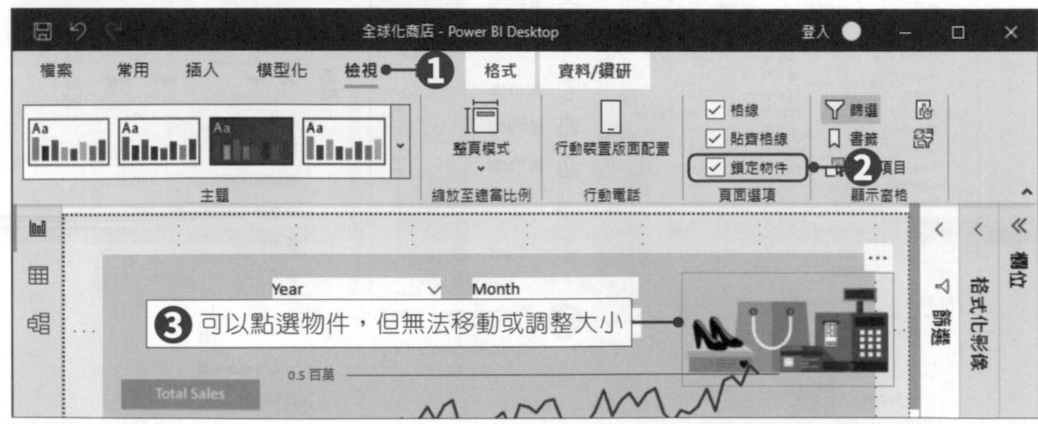

7-3 在報表畫布中新增元件

我們除了可在Power BI Desktop的報表畫布中建立視覺效果物件之外，有時也會為了版面美化的需要，在畫布中加入文字方塊、超連結、圖案或影像等元素。本小節請開啟「範例檔案\ch7\新竹市立動物園門票統計.pbix」報表檔案，進行以下練習。

插入文字方塊

step 01 點選功能區中的**「常用→插入→文字方塊」**按鈕，畫布中會新增一個文字方塊，直接在文字方塊中輸入文字即可。

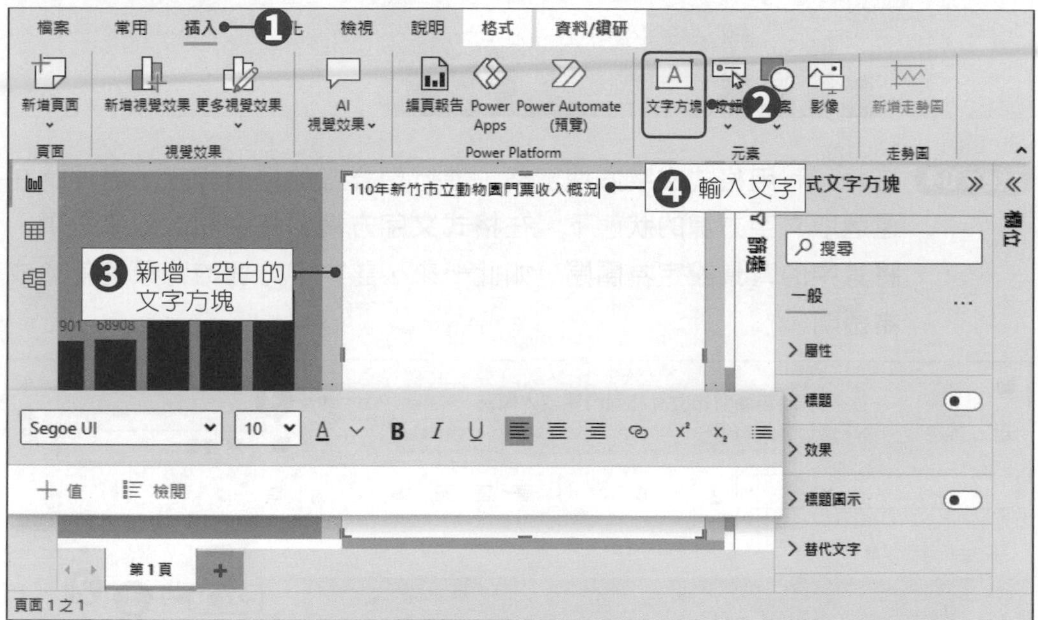

step 02 接著選取文字，利用格式區塊來編輯文字方塊的文字格式。請將文字格式設定為**文字大小24、文字顏色#4B0195、粗體、置中對齊**。

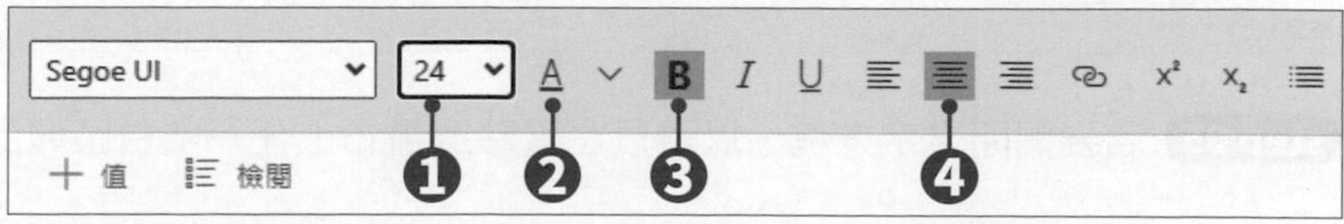

step 03 文字格式編輯完成後，請點選文字方塊拖曳至報表上方位置；並拖曳框架控點，調整文字方塊的大小，如下圖所示。

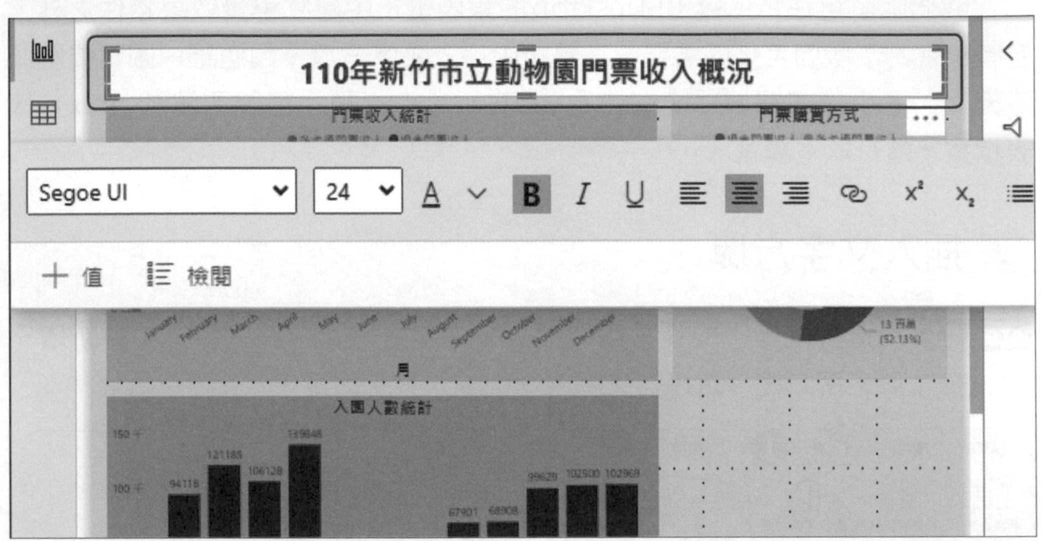

step 04 接著可利用**格式文字方塊**窗格，進行更詳細的編輯設定。這裡請在還選取文字方塊的狀態下，在**格式文字方塊**窗格中開啟**效果**選項，將其中的**背景**設定為**關閉**，如此一來，該文字方塊的背景色就會成為透明。

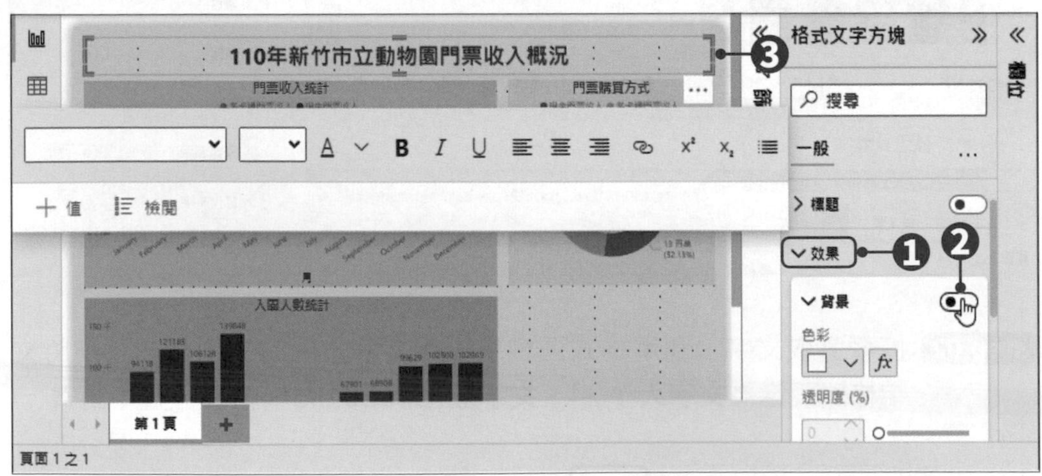

step 05 若要關閉文字方塊，以滑鼠左鍵點選畫布上任一空白區域即可。

插入影像

step 01 點選功能區中的**「插入→元素→影像」**按鈕，在「開啟」對話方塊中，選擇想要插入的影像檔案(動物園照片.jpg)，選定後按下**「開啟」**按鈕。

step 02 該影像檔案就會新增至畫布中。接著拖曳框架控點即可調整影像大小，並可拖曳至想要擺放的位置。

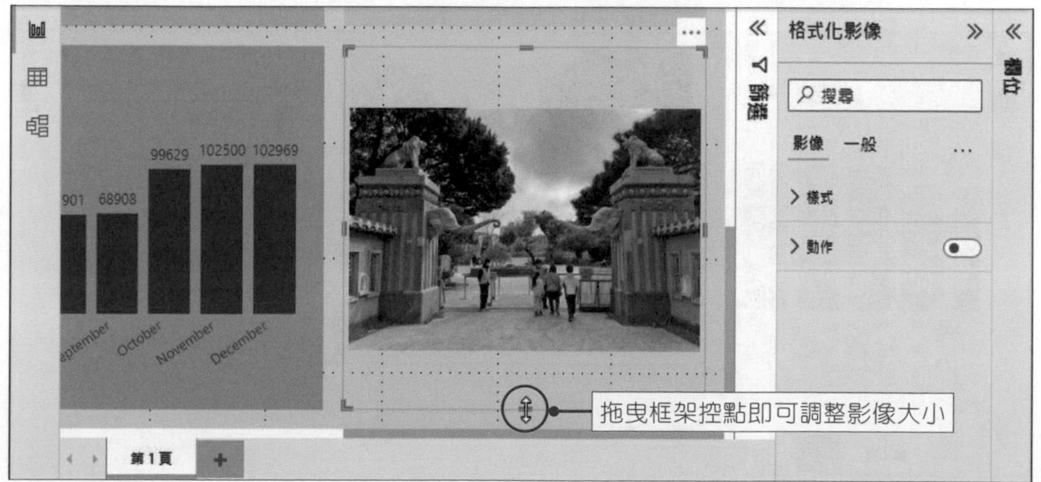

插入圖案

step 01 點選功能區中的「**插入→元素→圖案**」下拉鈕，於選單中直接點選想要新增的圖案「矩形」。

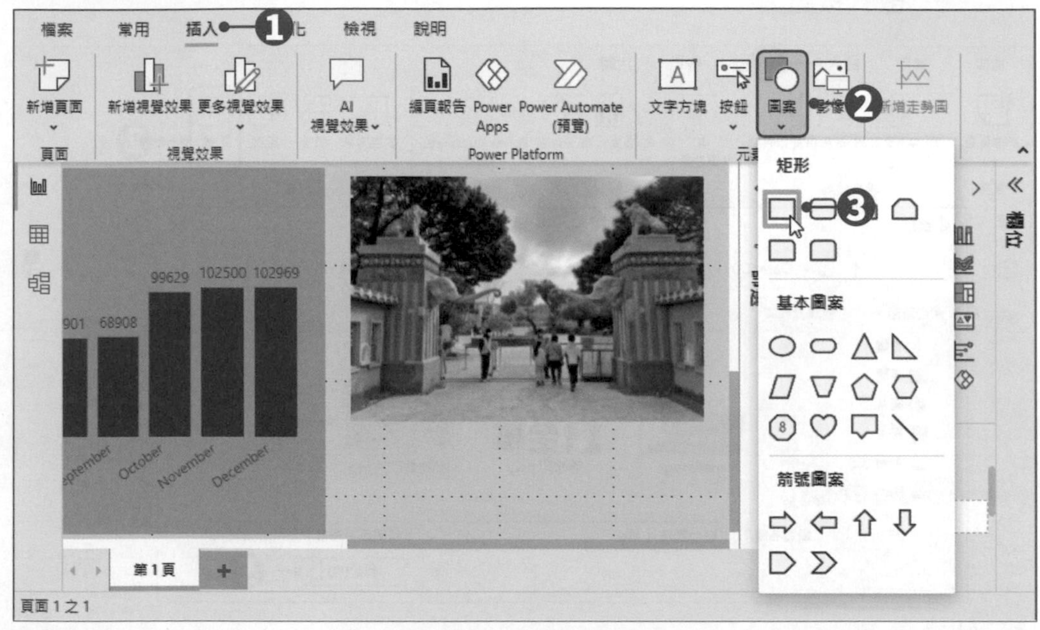

step 02 就會新增一個矩形圖案至畫布中。接著拖曳框架控點調整圖案大小，並拖曳至想要擺放的位置。

step 03 透過**格式化圖案**窗格，可進行進階的格式設定，來自訂符合需求的圖形。此處開啟**圖形**類別的**樣式**選項，將其中的**文字**項目開啟，並按下下拉鈕，在**文字**欄位中輸入「入園購票資訊請詳見官網」，並設定文字大小為12pt。

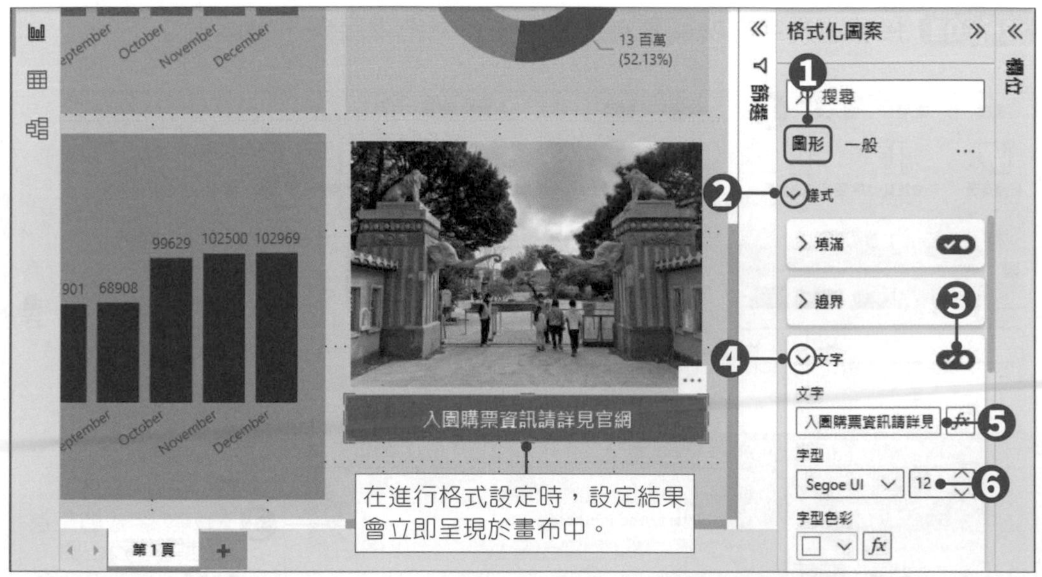

step 04 接著依照同樣方式，在畫布中新增一個「向下鍵」圖案，調整為適當大小，並拖曳至矩形圖案之下。

建立超連結文字

step 01 點選功能區中的**「插入→元素→文字方塊」**按鈕，在新增的文字方塊中，直接輸入要建立超連結的文字。

step 02 接著將文字方塊調整為適當大小，並拖曳至向下鍵圖案之下。

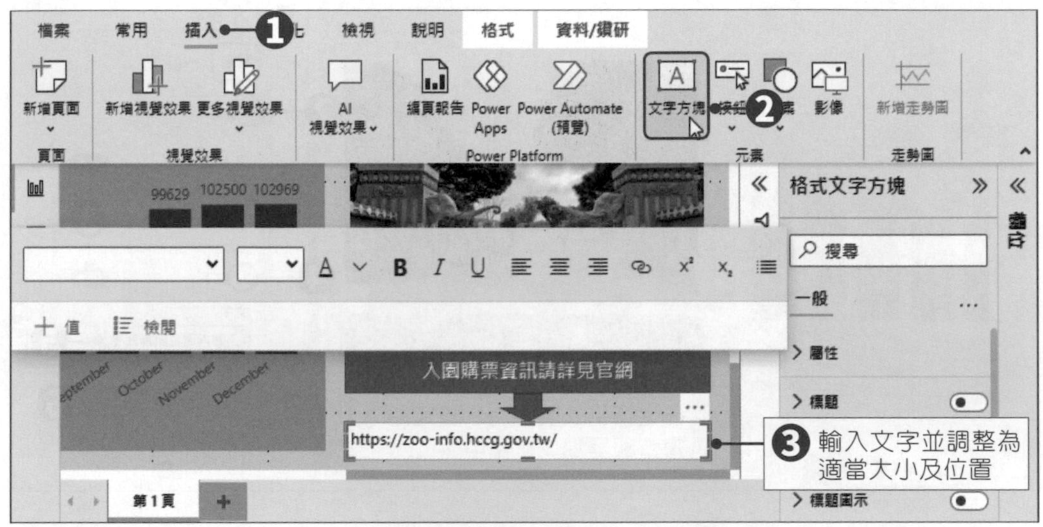

step 03 選取文字方塊中的文字，利用格式區塊將文字格式設定為**文字大小 12、粗體、置中對齊**。

step 04 再按下格式區塊中的 **超連結**按鈕，建立該文字的超連結功能。

step 05 在出現的網址框中輸入連結網址(https://zoo-info.hccg.gov.tw/)，按下**完成**按鈕，即完成超連結設定。而畫布中的文字也會自動成為藍字底線的超連結文字格式。

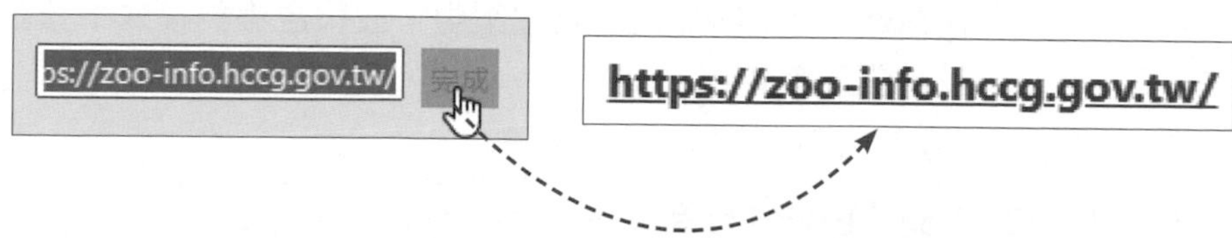

step 06 超連結文字完成設定後，只要點選超連結文字，就會出現超連結網址，直接點選即可開啟瀏覽器連結至該網址。

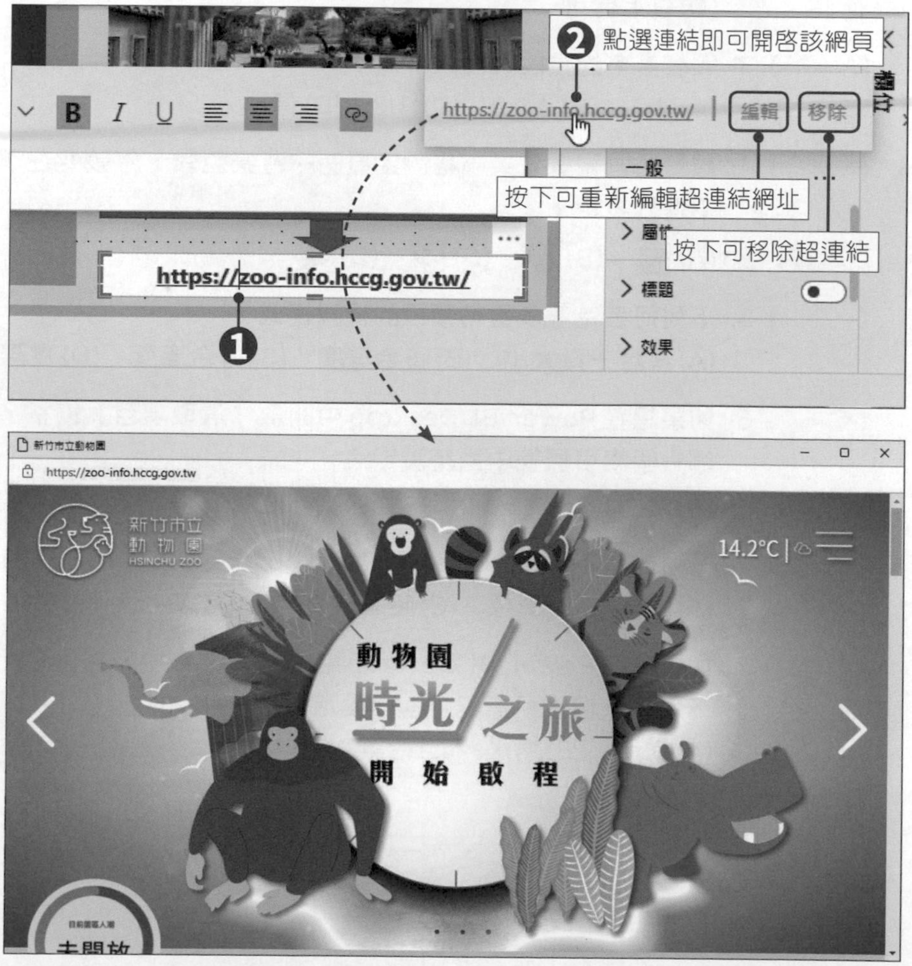

❷ 點選連結即可開啟該網頁
https://zoo-info.hccg.gov.tw/
編輯
移除
按下可重新編輯超連結網址
按下可移除超連結
https://zoo-info.hccg.gov.tw/
❶

章末習題

✦ 選擇題

( ) 1. 在Power BI Desktop新檔案中，在報告檢視模式下預設會開啟幾個空白頁面？
(A) 1 (B) 2 (C) 3 (D) 4

( ) 2. 下列何種方式可為頁面重新命名？
(A)在頁面標籤上雙擊滑鼠左鍵
(B)在頁面標籤上按下滑鼠右鍵，點選選單中的重新命名頁面指令
(C)進入視覺效果窗格，在頁面格式標籤中的頁面資訊選項中設定
(D)以上皆可

( ) 3. 報表畫布的預設頁面大小為？
(A) 4:3 (B) 16:9 (C) 3:2 (D)信件

( ) 4. 想要透過視覺效果窗格設定頁面的背景色彩，應該要在哪一個標籤下進行設定？
(A) (B)  (C) (D)

( ) 5. 下列何者為報表畫布預設的檢視模式？
(A)符合一頁大小 (B)符合寬度 (C)符合高度 (D)實際大小

( ) 6. 如果想在Power BI Desktop中開啟「選取項目」窗格，應於下列哪一個索引標籤中進行設定？
(A)常用 (B)插入 (C)檔案 (D)檢視

( ) 7. 下列何者不屬於Power BI Desktop報表畫布中可建立的元素？
(A)圖案 (B)影像 (C)超連結文字 (D)以上皆可

( ) 8. 如果想在Power BI Desktop中的報表畫布中新增圖形元素，應於下列哪一個索引標籤中進行設定？
(A)常用 (B)插入 (C)檔案 (D)檢視

✦ 實作題

1. 開啟「範例檔案\ch7\冷氣銷售明細.pbix」檔案，進行以下設定。

   - 先複製原有頁面之後，再更改新頁面名稱為「月會簡報」。
   - 設定頁面大小為高度600px、寬度900px。
   - 在報表畫布中加上背景影像「background.jpg」、透明度20%，並自動縮放圖片大小及比例，使其填滿整張畫布。

   設定結果請參考下圖。

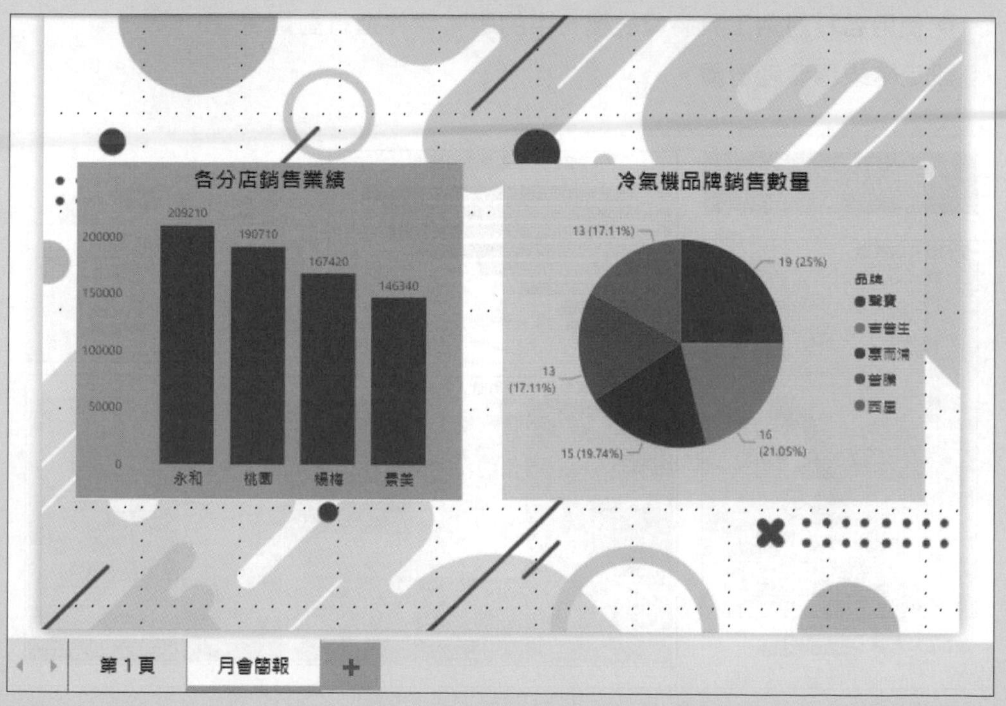

2. 開啟「範例檔案\ch7\飲料店家數及密度.pbix」檔案，進行以下設定。

- 在報表畫布中插入影像(drink.jpg)，置於卡片視覺效果上方，並將其圖層順序移至最下層。
- 在報表畫布中插入矩形圖案，圖案中顯示文字為「110年9月飲料店數統計」(圖案及文字格式自訂)。
- 在報表畫布中插入文字方塊「統計資料來源：經濟部統計處」(文字格式自訂)，將其中「經濟部統計處」文字設定超連結，連結網址為(https://www.moea.gov.tw/MNS/dos)。
- 使用各種對齊工具將報表畫布中的所有物件進行對齊。

設定結果請參考下圖。

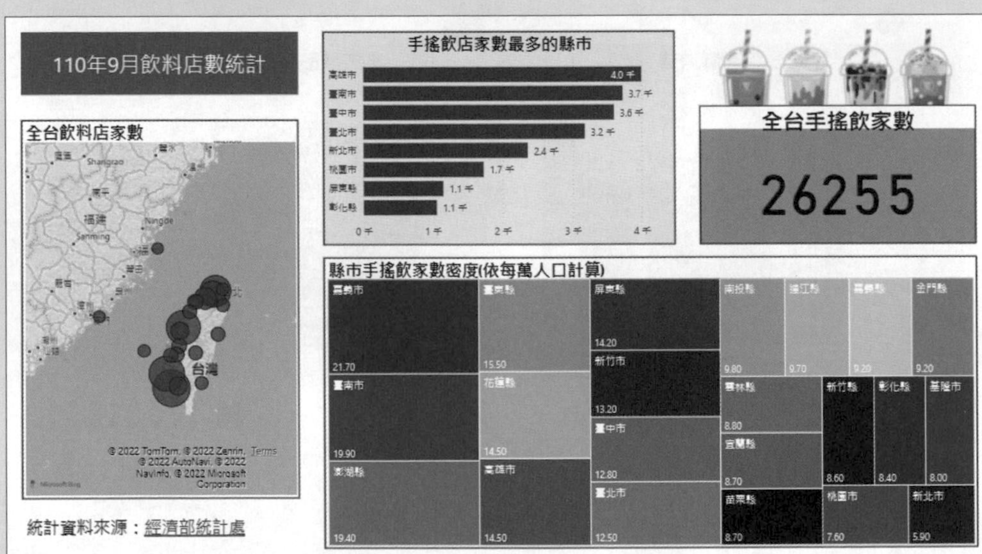

Power BI 雲端平台的應用

學習目標 >>

- 8-1 註冊 Power BI 帳號
- 8-2 認識 Power BI 雲端平台
- 8-3 將報表發行至雲端平台
- 8-4 雲端報表的列印與匯出
- 8-5 Power BI 的手機應用
- 8-6 線上學習與網路資源

8-1 註冊 Power BI 帳號

Power BI Service是Microsoft提供的雲端服務，製作好的視覺化圖表，可以發行到Power BI雲端平台上，方便隨時透過各種裝置進行簡報操作與檢視，也可以在工作區中與合作伙伴共同編輯或共享資訊。

如果想要使用Power BI雲端平台的線上服務，需要先註冊Power BI帳號才能使用。註冊帳號之後，可取得Power BI Pro 免費60天的試用期，試用期過後，有些付費功能就無法再使用。

特別要注意的一點是，目前Power BI雲端平台服務只允許公司或學校所提供的電子郵件地址，才能註冊Power BI帳戶，一般個人電子郵件(如Gmail.com、outlook.com)是無法申請的，所以申請前請先確認電子郵件地址是否支援。

step 01 進入Power BI雲端平台的官網頁面中(https://powerbi.microsoft.com/zh-tw/)，按下右上角的**「免費試用」**。

step 02 接著進入註冊頁面中，申請流程請詳見下列圖示，按照步驟逐步填寫資料以取得帳號。

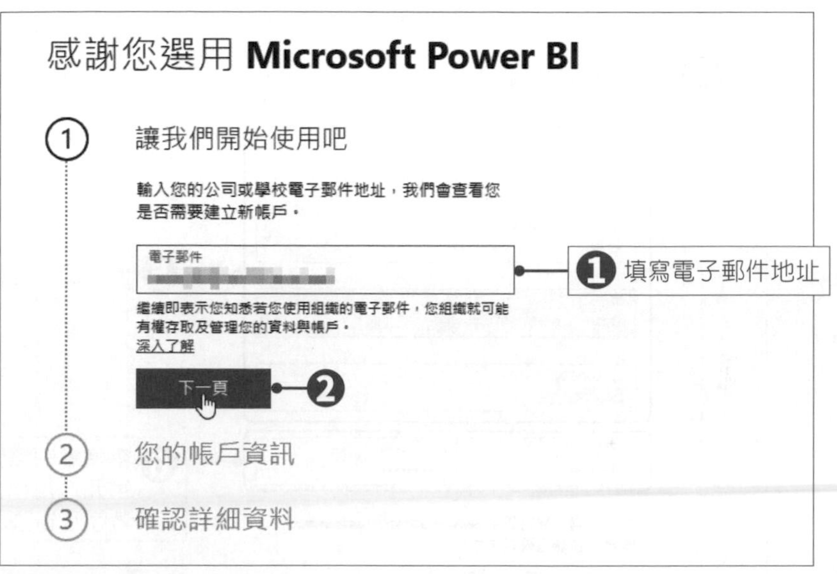

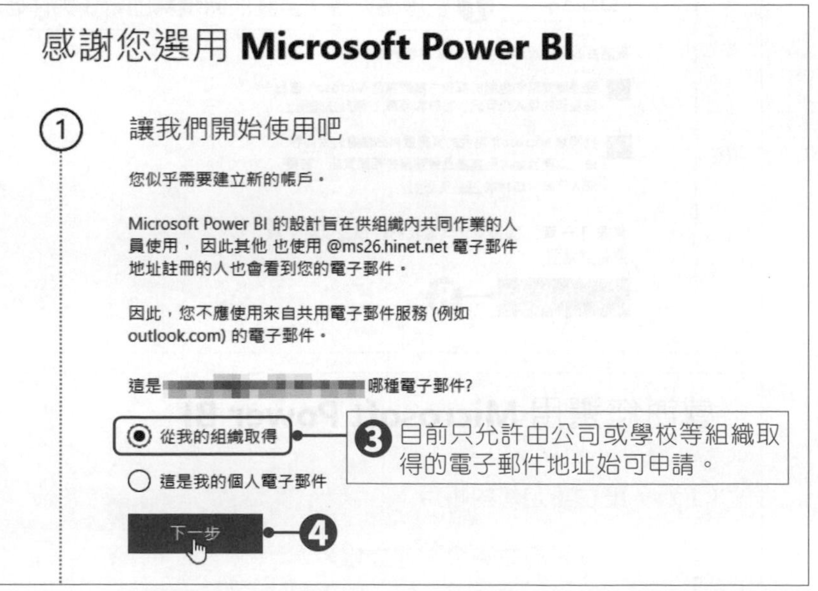

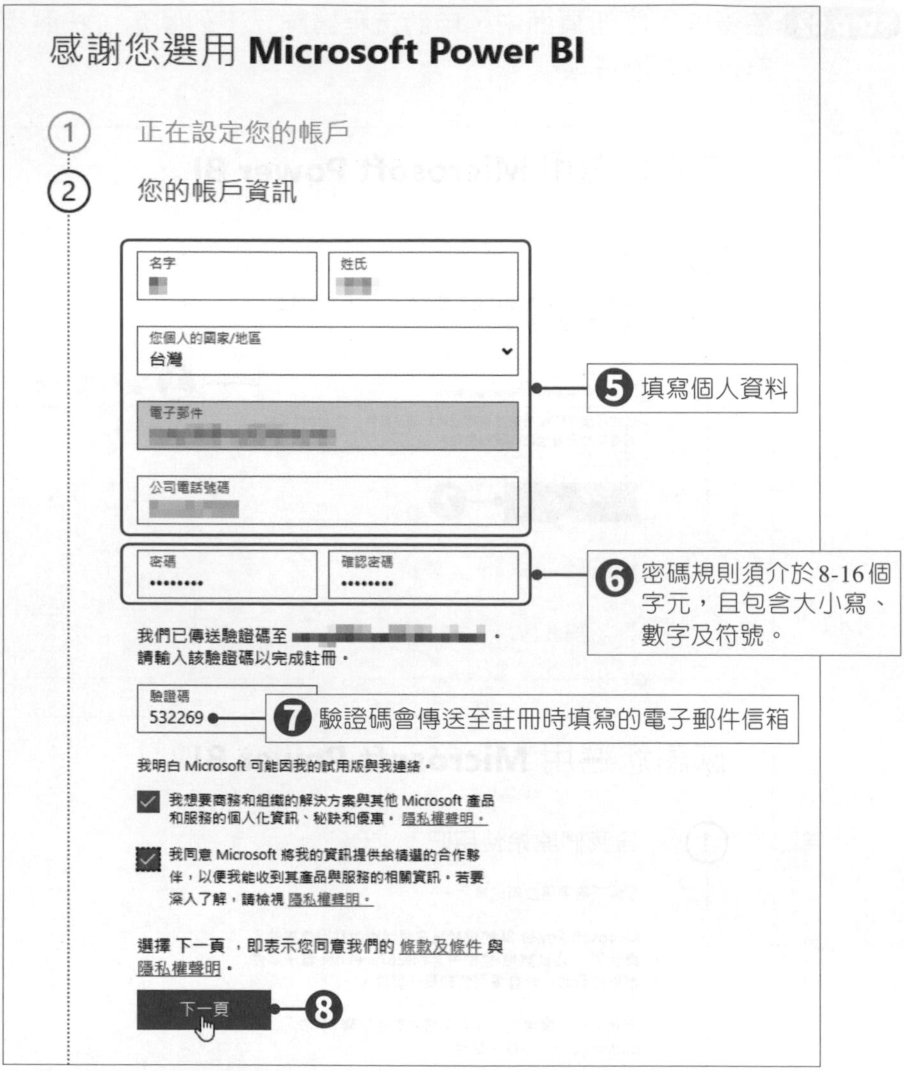

感謝您選用 Microsoft Power BI
1 正在設定您的帳戶
2 您的帳戶資訊
名字
姓氏
您個人的國家/地區
台灣
電子郵件
公司電話號碼
5 填寫個人資料
密碼
確認密碼
6 密碼規則須介於8-16個字元，且包含大小寫、數字及符號。
我們已傳送驗證碼至
請輸入該驗證碼以完成註冊。
驗證碼
532269
7 驗證碼會傳送至註冊時填寫的電子郵件信箱
我明白 Microsoft 可能因我的試用版與我連絡。
我想要商務和組織的解決方案與其他 Microsoft 產品和服務的個人化資訊、秘訣和優惠。 隱私權聲明。
我同意 Microsoft 將我的資訊提供給精選的合作夥伴，以便我能收到其產品與服務的相關資訊。若要深入了解，請檢視 隱私權聲明。
選擇 下一頁 ，即表示您同意我們的 條款及條件 與 隱私權聲明。
下一頁
8

感謝您選用 Microsoft Power BI
1 正在設定您的帳戶
2 · 感謝您在本公司建立帳戶
3 確認詳細資料
感謝註冊。
您的使用者識別碼為 corey98@ms26.hinet.net。
開始使用
9

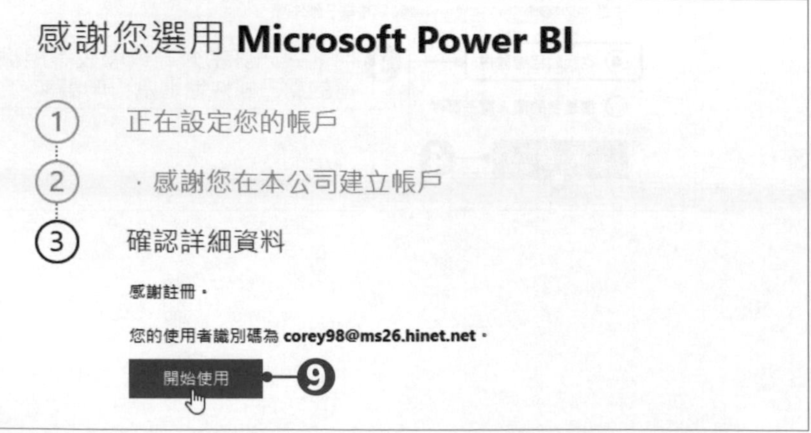

8-2 認識 Power BI 雲端平台

登入 Power BI 雲端平台

註冊好Power BI帳號後，日後就可以由官網登入Power BI雲端平台，使用Power BI Service的各項服務。登入方式如下：

step 01 進入Power BI雲端平台的官網頁面中(https://powerbi.microsoft.com/zh-tw/)，按下「登入」按鈕。

step 02 輸入Power BI帳號的電子郵件地址，按「下一步」按鈕。

step 03 輸入密碼後，按「登入」按鈕，即可進入Power BI雲端平台。

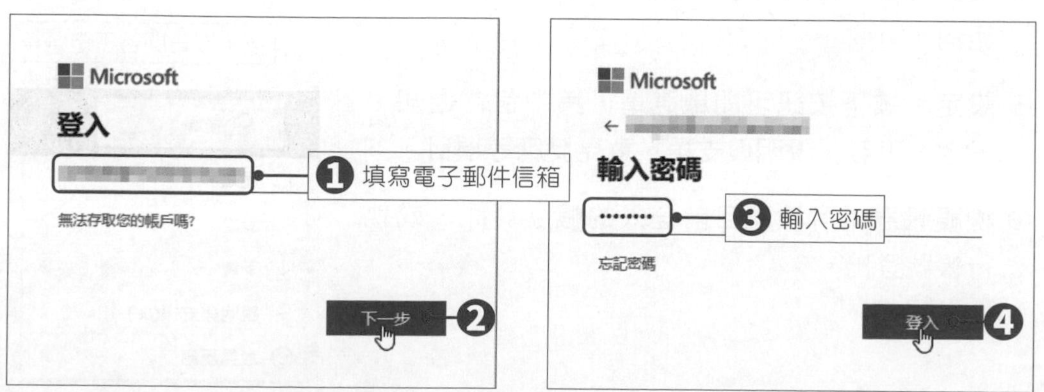

Power BI 雲端平台環境介紹

進入Power BI雲端平台後，可以看到如圖8-1所示的操作視窗，視窗中各元件功能說明如下。

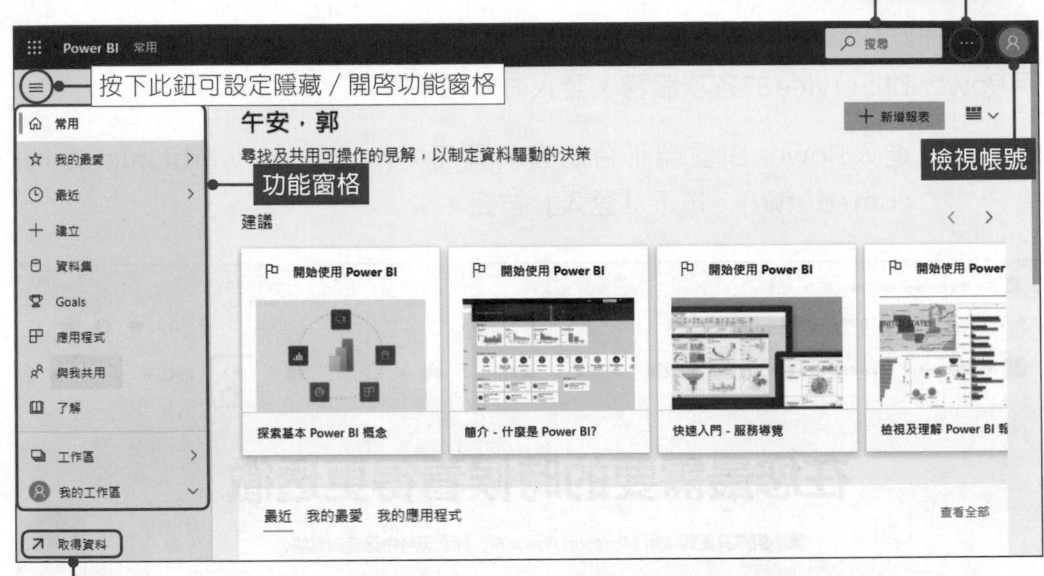

圖8-1 Power BI雲端平台操作視窗

- 功能窗格：是Power BI雲端平台主要的功能表選單。按下功能窗格上方的 ≡ 鈕，可暫時隱藏(或展開)功能窗格，以便取得更大的工作空間。
- 取得資料：可在開啟的頁面中下載Power BI相關軟體或探索學習資源。
- 搜尋方塊：在此處輸入關鍵字進行搜尋，可以快速找到想要的相關檔案或範例。
- 設定：按下按鈕可開啟選單，其中包含通知、設定、下載、說明與支援、意見反應等項目。
- 檢視帳號：可檢視目前登入的帳號資訊，或執行帳號登出。

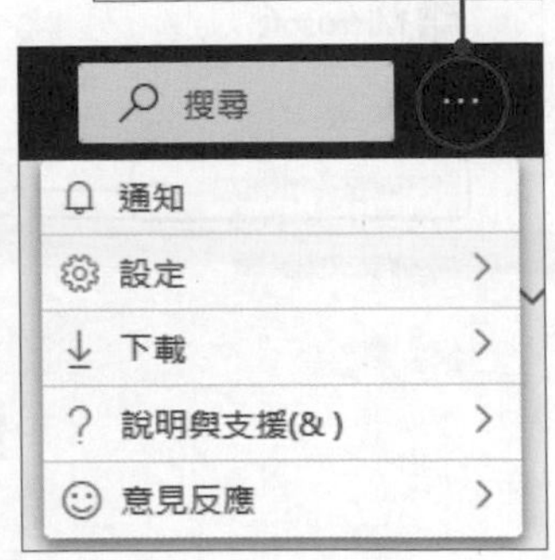

工作區

Power BI雲端平台的功能窗格下方，可以看到「工作區」及「我的工作區」兩個看似相似的名詞，分別說明如下。

♣ 我的工作區

「我的工作區」是Power BI雲端平台最主要的工作區域，用來存放所有製作圖表所使用的重要資料，包含儀表板、報表、活頁簿、資料集等檔案，從Power BI Desktop上傳發行的資料也都存放在此處。點選**「新增」**按鈕，就可以開始在「我的工作區」中建立各種資料，或是執行檔案上傳。

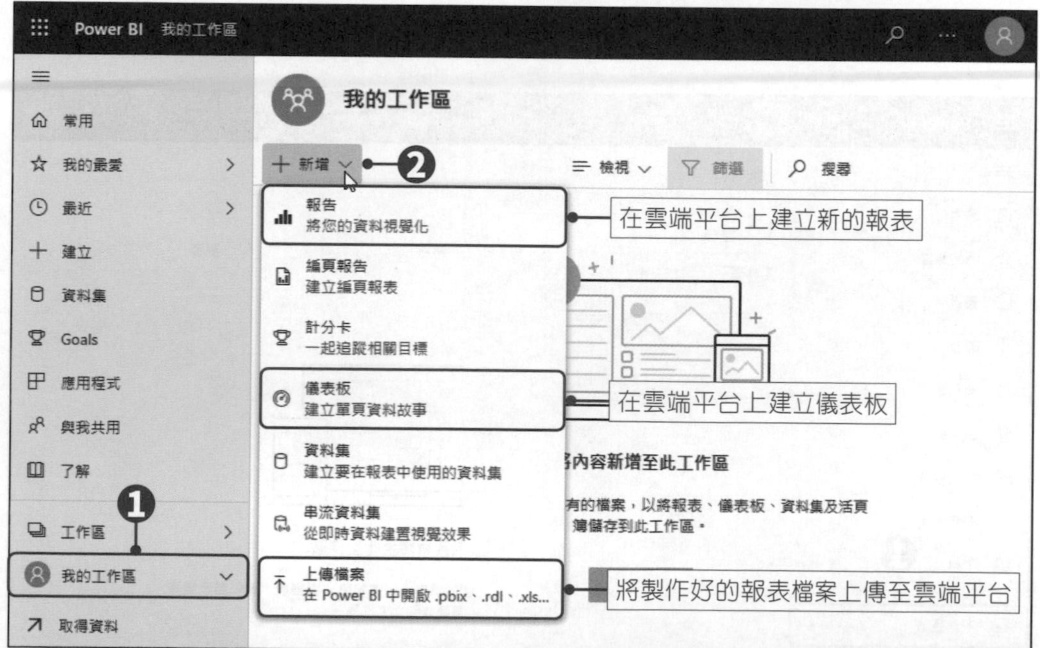

儀表板

儀表板是一個呈現主題性的單一頁面，我們可將多個來自不同報表檔案的視覺效果釘選集合在同一張儀表板上。在儀表板上看到的每個視覺效果稱為「磚」，點選該視覺效果即可開啓前往用來建立該視覺效果的報表檔案。除了視覺效果之外，磚的內容也可以是文字方塊、影像、視訊、串流資料和Web內容。

儀表板是「Power BI服務」的功能，而不是Power BI Desktop的功能，因此只能在雲端平台上建立，但可透過「Power BI Mobile」檢視及共用儀表板。

♣ 工作區

「我的工作區」主要用來存放個人使用的所有工作檔案，而「工作區」則是實現Power BI雲端平台線上共享的專屬空間，這裡是與工作群組共同作業的檔案集合處，群組成員可在此共同建立或分享儀表板、報表、活頁簿及資料集等檔案。

> 以目前Power BI服務的授權規範來說，發布至個人帳號的「我的工作區」屬於免費授權的範圍，但若想發布至可共用的「工作區」，就需要付費授權才能達成。

在「工作區」中建立新的工作區，步驟如下：

step 01 點選功能窗格的**工作區**，按下**「建立工作區」**按鈕。

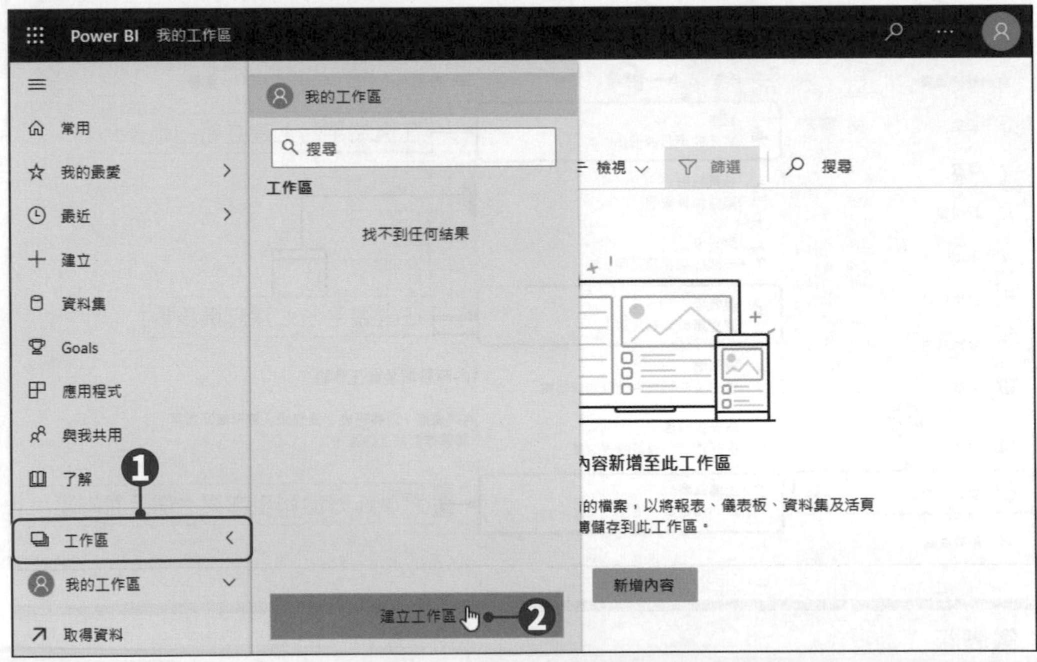

step 02 在「建立工作區」頁面中，上傳工作區影像照片(非必要選項)，並輸入工作區名稱及描述，輸入好後，按下「**儲存**」按鈕。

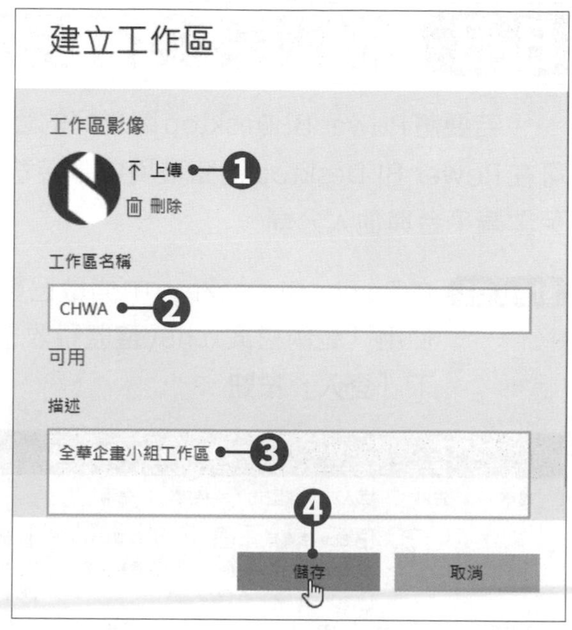

step 03 接著在功能窗格中就可以看到剛剛新增的工作區，點選「新增」按鈕，即可在「我的工作區」中建立各種資料，或是執行檔案上傳。

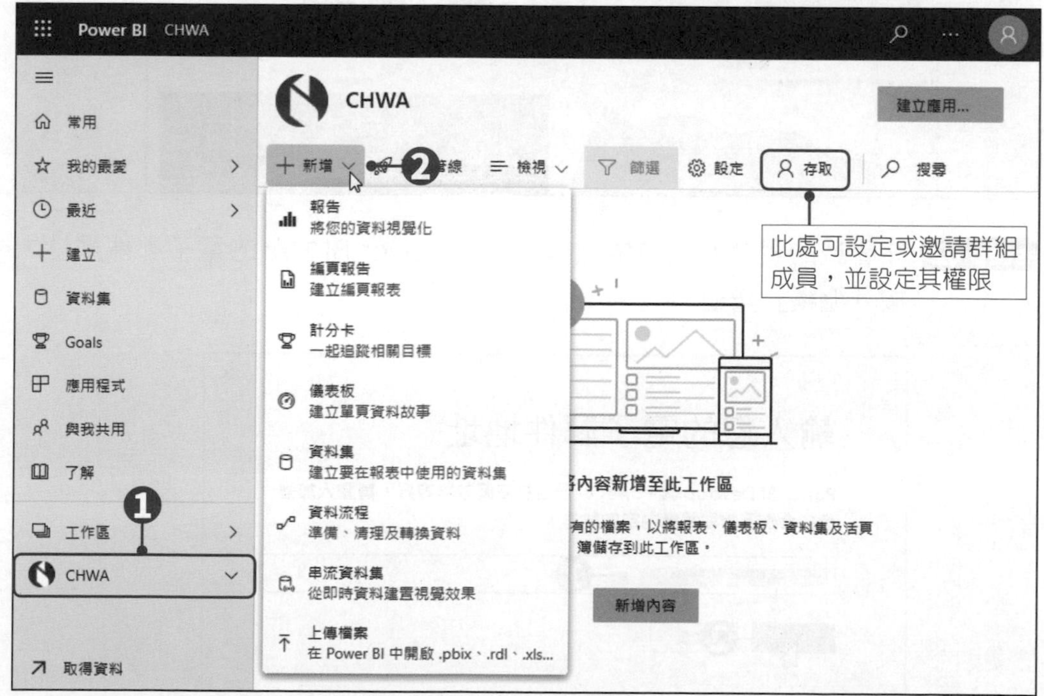

8-3 將報表發行至雲端平台

若要將Power BI Desktop製作好的報表檔案放到Power BI雲端平台中，可在Power BI Desktop視窗環境中直接執行「發行」功能，便能將報表上傳至雲端平台與他人分享。

step 01 在Power BI Desktop中開啟已製作完成，準備上傳的報表檔案(可使用「範例檔案\ch8\整體稅收.pbix」報表檔案進行練習)，接著按下**「登入」**按鈕。

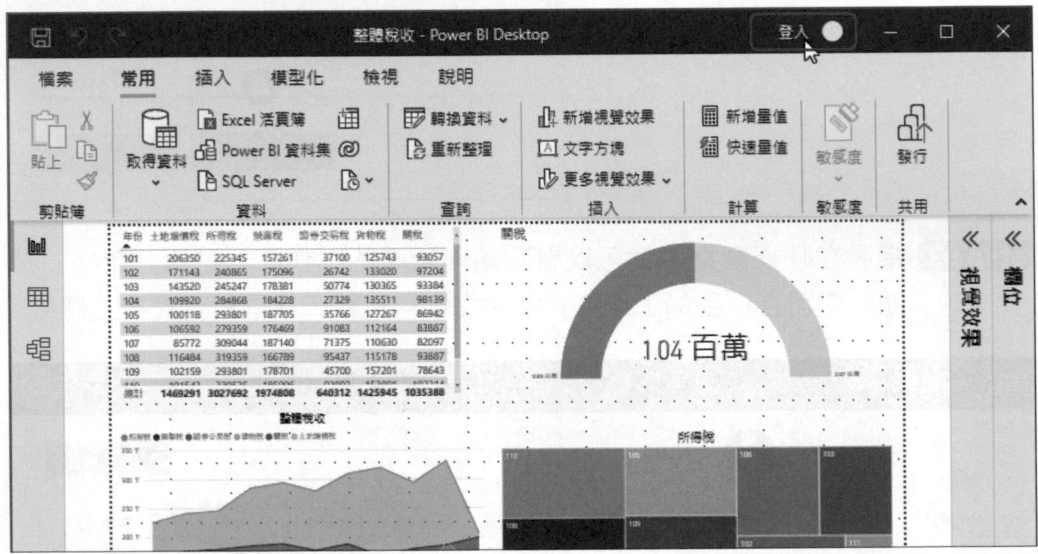

step 02 在開啟的對話方塊中依照指示輸入Power BI帳號的電子郵件地址，按「繼續」按鈕。

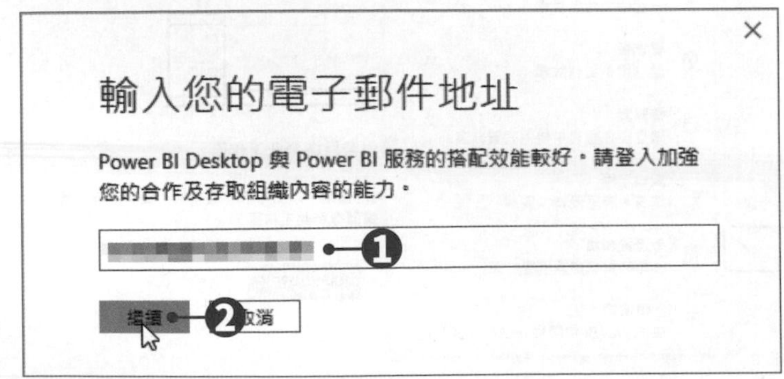

step 03 點選要進行登入的Power BI帳號，接著輸入密碼後，按**「登入」**按鈕，完成在Power BI Desktop中登入Power BI帳號的動作。

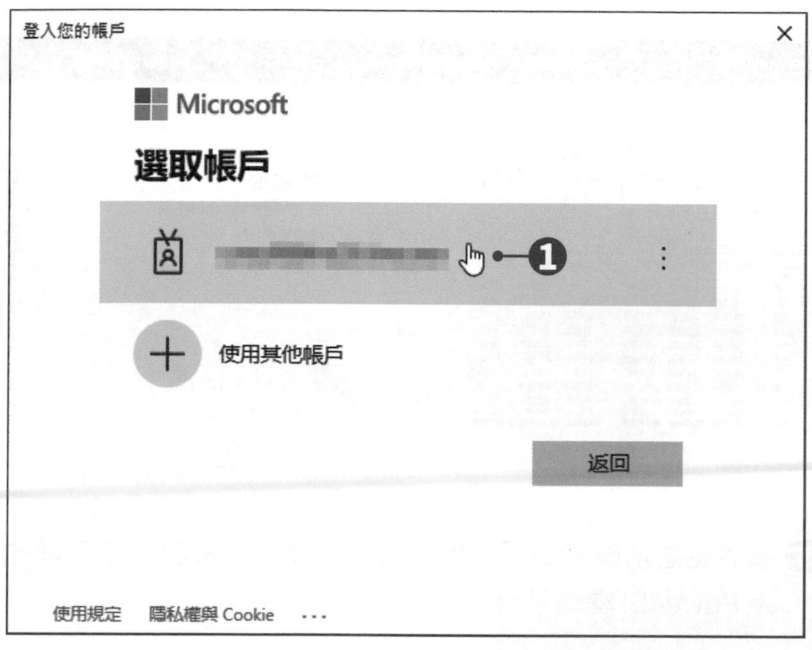

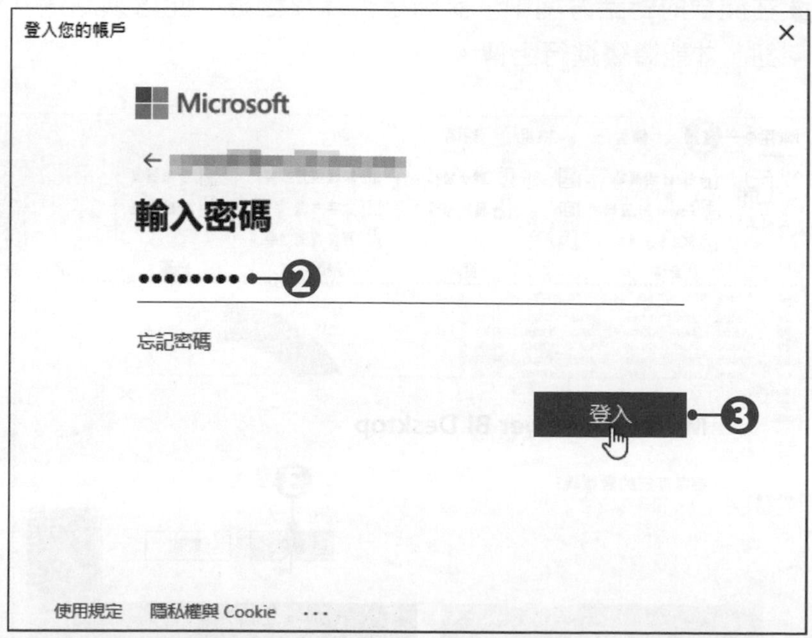

step 04 登入Power BI帳號之後，Power BI Desktop視窗的上方則會顯示帳號名稱，表示目前為登入狀態。按下名稱，即可開啟Power BI帳號相關選項進行檢視或設定登出。

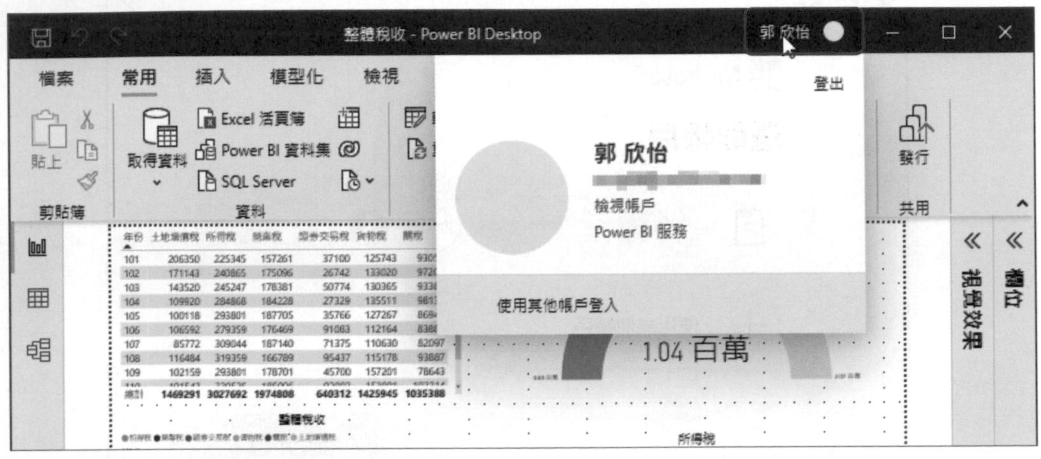

step 05 接著點選功能區的「**常用→共用→發行**」按鈕，將目前的報表上傳至Power BI雲端平台。

step 06 在開啟的對話方塊中，詢問是否儲存變更，此處須點選「**儲存**」按鈕，才能繼續進行上傳。

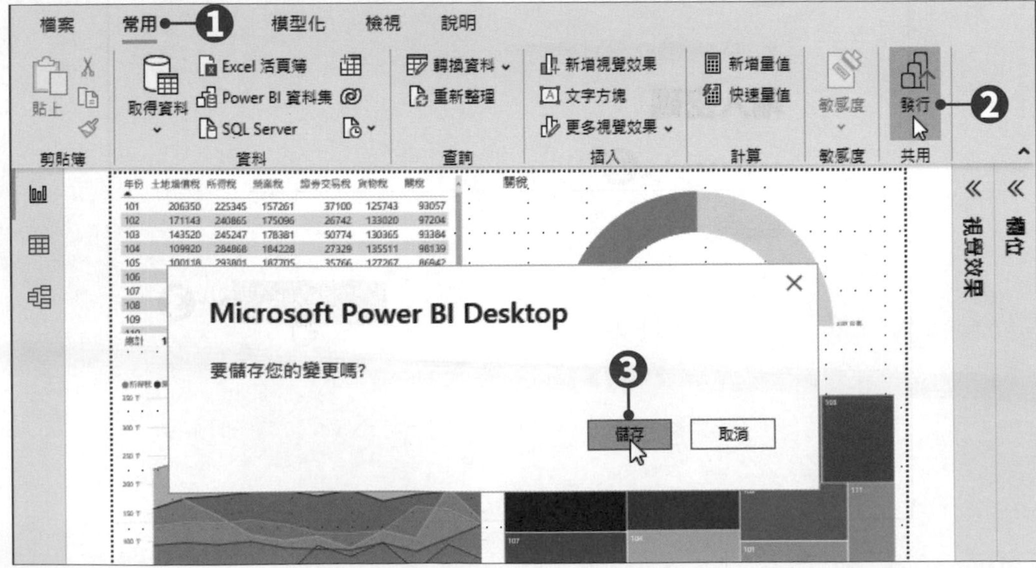

step 07 在「發行至Power BI」對話方塊中，設定想要發布的目的工作區，選定後按下**「選取」**按鈕，就可以將報表上傳至雲端平台。

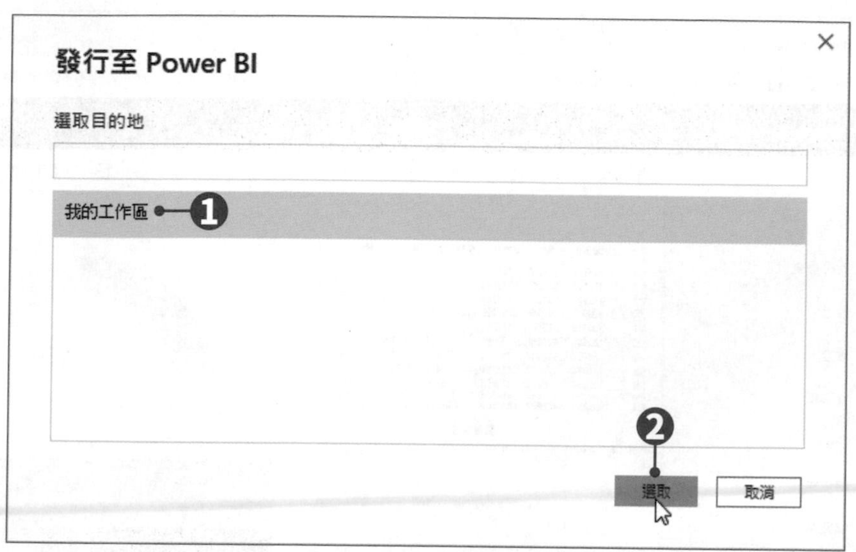

step 08 當出現「成功！」訊息方塊，表示報表已上傳完成。直接點選**在Power BI中開啟...**連結，即可開啟瀏覽器並自動連結至Power BI雲端平台進行檢視。

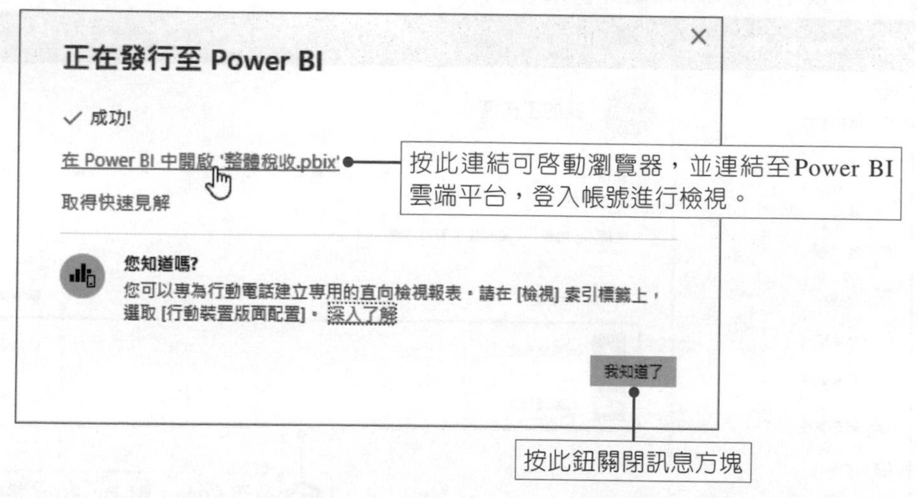

step 09 在開啟的Power BI雲端平台頁面中，可以在工作區檢視剛剛所上傳的報表檔案內容。

年份	土地增值稅	所得稅	營業稅	證券交易稅	貨物稅	關稅
101	206350	225345	157261	37100	125743	93057
102	171143	240865	175096	26742	133020	97204
103	143520	245247	178381	50774	130365	93384
104	109920	284868	184228	27329	135511	98139
105	100118	293801	187705	35766	127267	86942
106	106592	279359	176469	91083	112164	83887
107	85772	309044	187140	71375	110630	82097
108	116484	319359	166789	95437	115178	93887
109	102159	293801	178701	45700	157201	78643
總計	1469291	3027692	1974808	640312	1425945	1035388

step 10 點選我的工作區，也可以看到上傳的報表檔案明細。

編輯雲端平台上的報表

在雲端平台開啟工作區中的報表，可點選上方的 ··· 按鈕，在開啟的選單中點選「**編輯**」，即可進入編輯模式，對報表做進一步的編輯與修改。

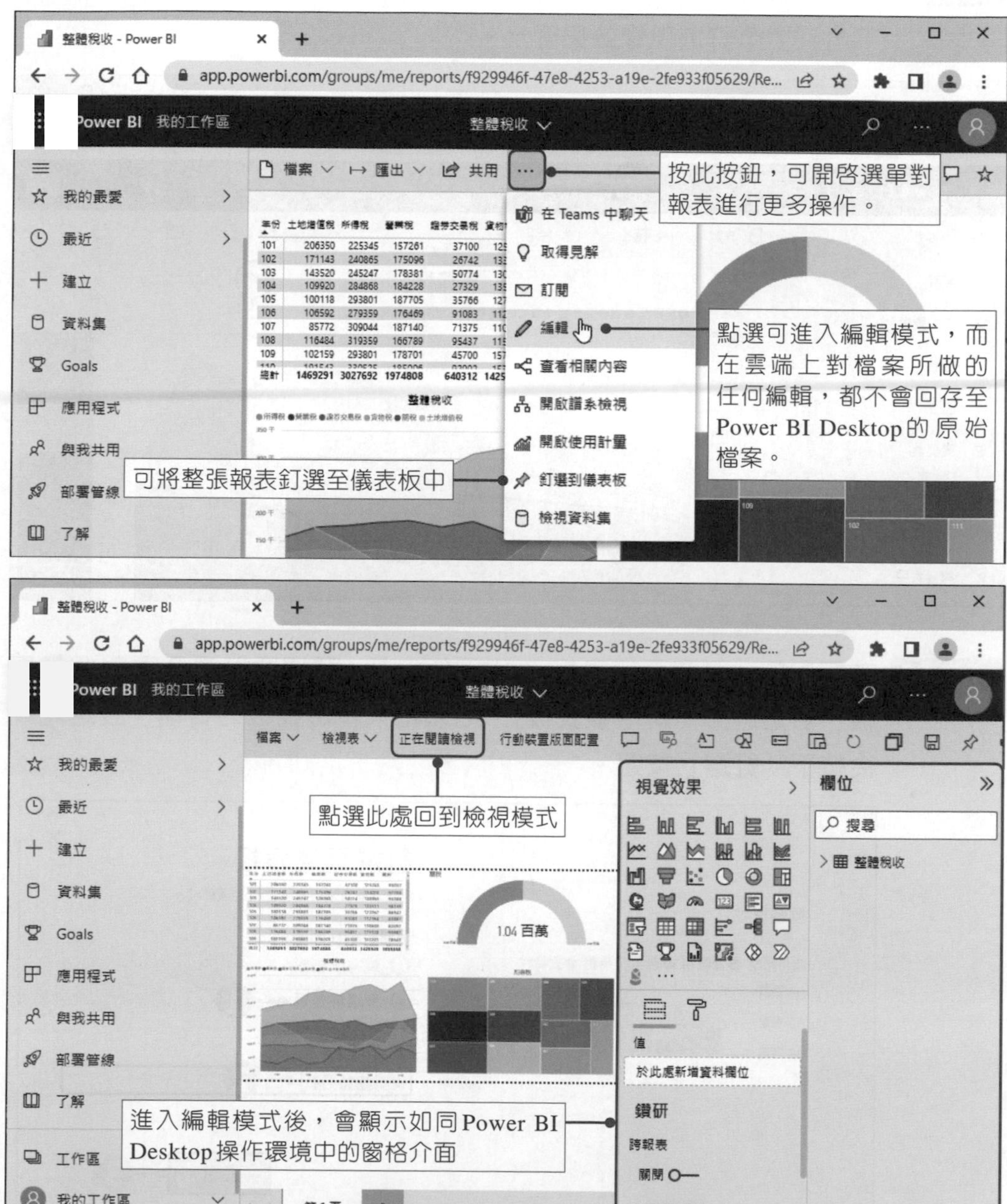

將視覺效果釘選至儀表板

我們可以從Power BI報表中，直接釘選單一視覺效果來建立儀表板。

step 01 將滑鼠游標移至想要釘選到儀表板的視覺效果上，按下右上角(或右下角)的 **釘選視覺效果**圖示。

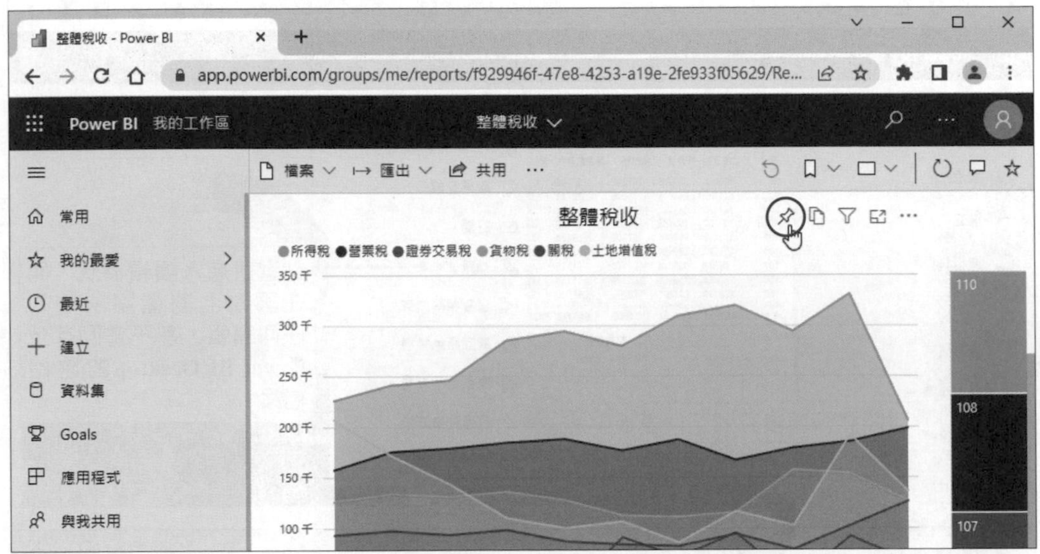

step 02 在開啟的「釘選至儀表板」對話方塊中，選擇要釘選至哪一個儀表板。若是選擇**「新增儀表板」**，則須輸入新儀表板的名稱，設定完成後按下**「釘選」**按鈕。

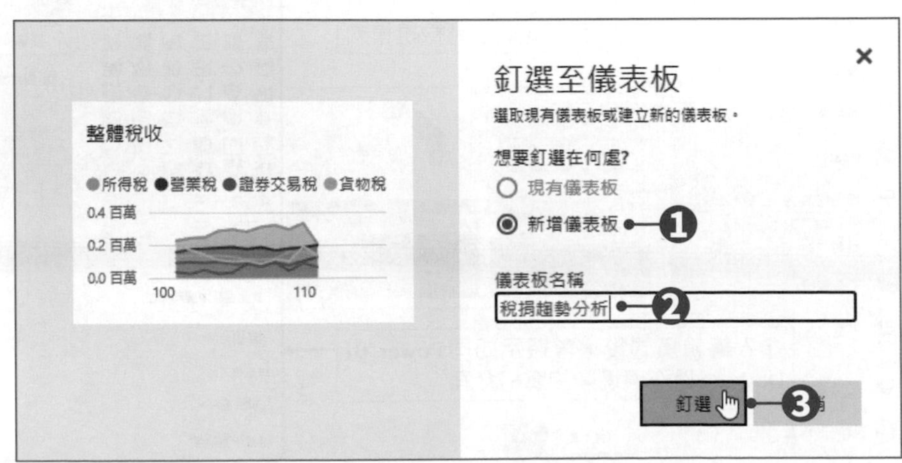

step 03 接著視窗右上角會出現成功訊息，表示已將該視覺效果釘選至新增的儀表板上成為「磚」。按下「前往[儀表板]」按鈕，可直接開啟儀表板進行檢視。

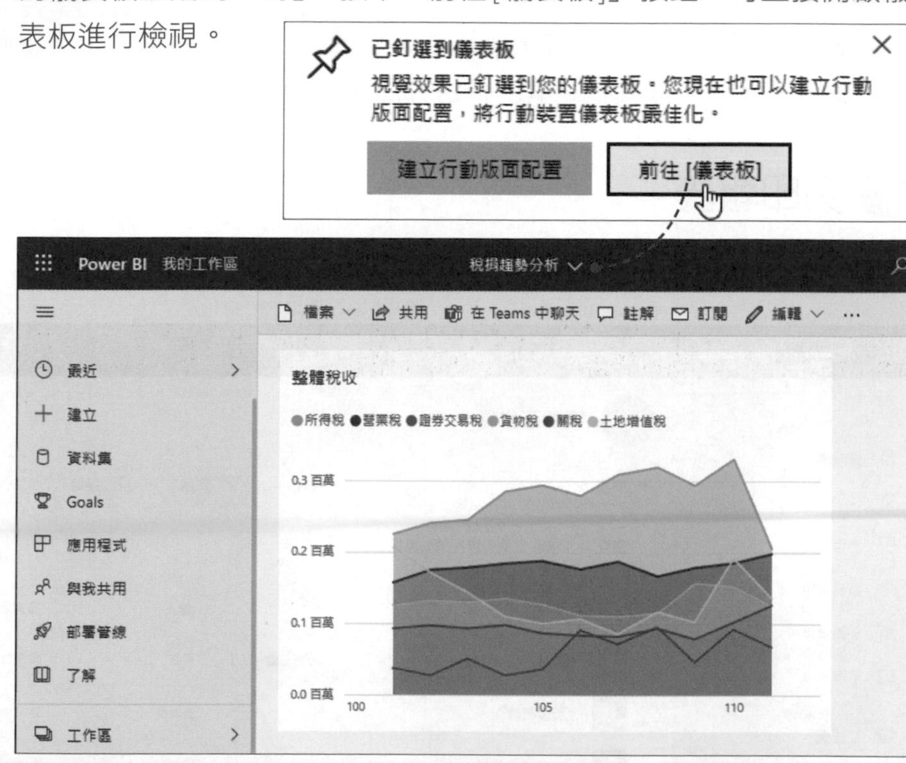

step 04 在雲端平台的「我的工作區」檔案清單中，也可以看到剛剛建立的儀表板。

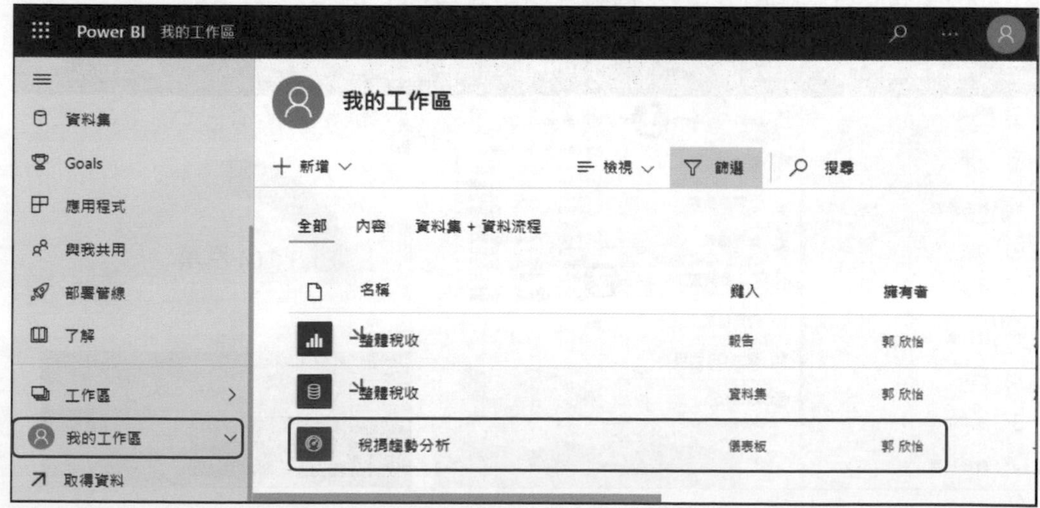

8-4 雲端報表的列印與匯出

在雲端平台上的報表檔案，除了方便線上檢視與共享，也可以隨時列印成紙本，或是匯出成其他格式。作法分別說明如下：

列印報表

step 01 在雲端平台中點選工作區，開啟想要進行列印的報表檔案。

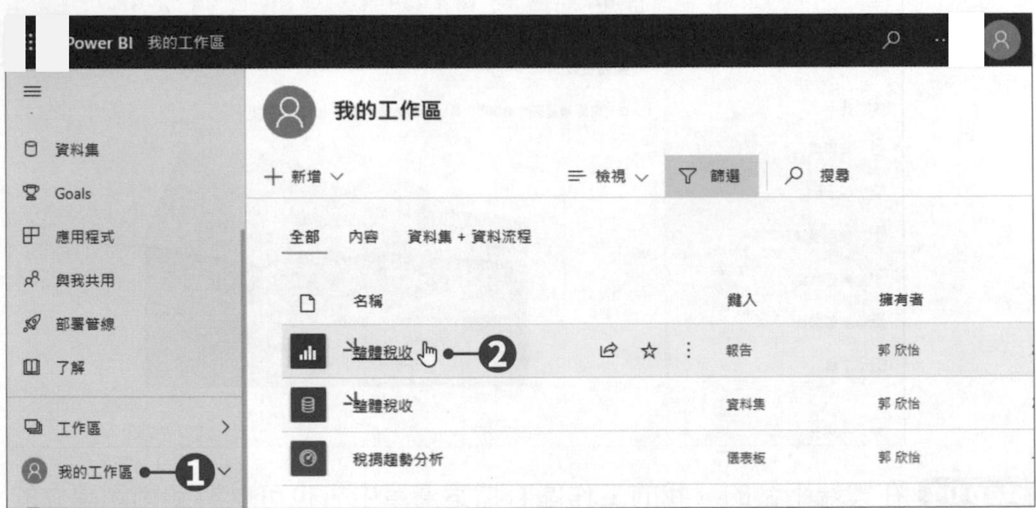

step 02 按下工作區上方的「檔案→列印此頁面」選項。

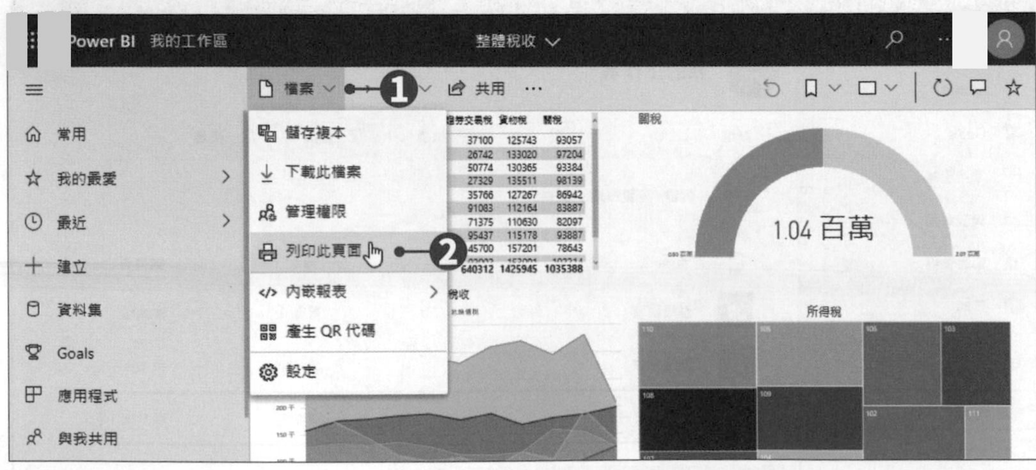

step 03 在開啟的「列印」對話方塊中，進行列印的相關設定，設定好後按下「列印」按鈕即可進行列印。

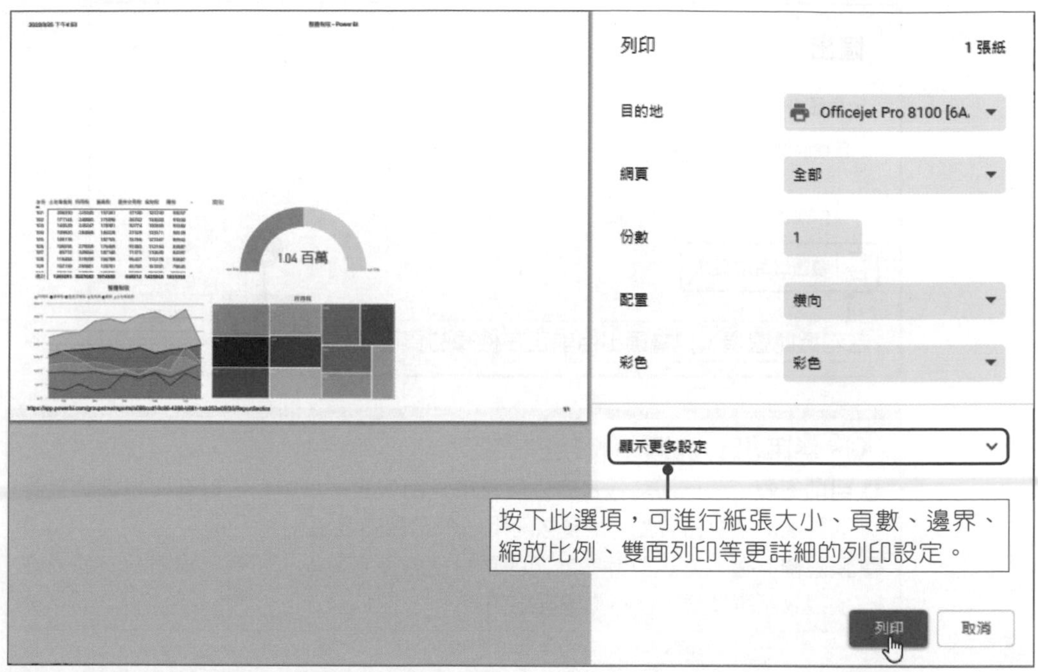

將報表匯出至 PowerPoint

將Power BI的報表檔案匯出至PowerPoint時，報表中的每個頁面都會匯出成PowerPoint中的一頁投影片。

step 01 在工作區中開啟想要進行列印的報表檔案，按下工作區上方的「**匯出→PowerPoint**」選項。

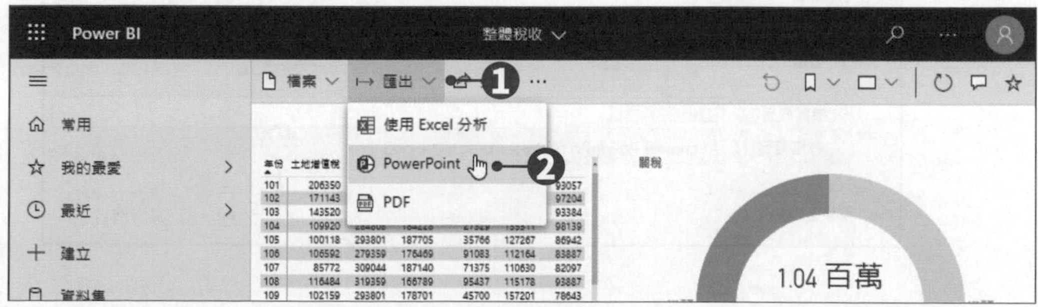

step 02 在開啟的「匯出」對話方塊中，設定**一併匯出**選項為**「目前的值」**，表示將報表以目前的顯示狀態匯出，設定好後按下**「匯出」**按鈕。

「一併匯出」的選項說明

- **目前的值**：會以目前報表的外觀直接匯出報表，其中包括以交叉分析篩選器或篩選值進行的調整，是多數使用者會選擇的選項。
- **預設值**：會以報表設計者最初的原始狀態匯出報表，所有後續對報表的捲動檢視或篩選狀態，都不影響匯出內容。

step 03 在「另存新檔」對話方塊中，設定PowerPoint要儲存的路徑及檔案名稱，設定好後按下**「存檔」**按鈕，即可進行匯出。

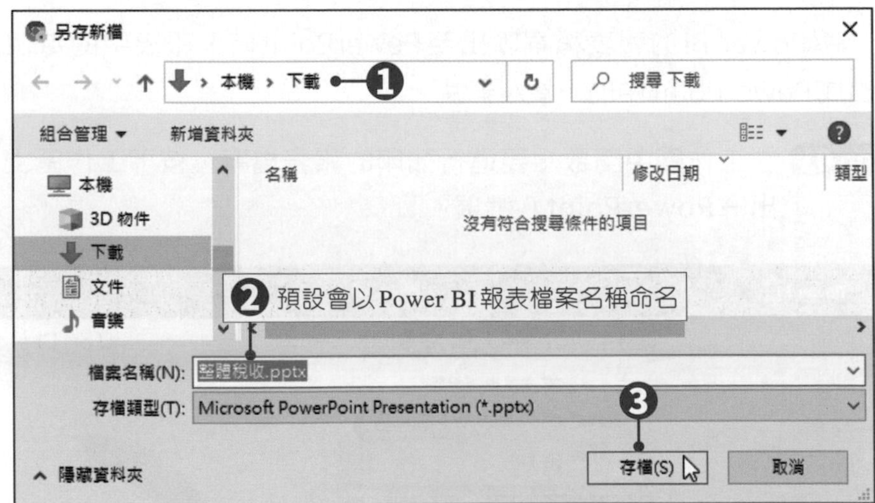

step 04 開啟匯出的PowerPoint檔案，內容會有一張標題投影片，而Power BI報表中的每張頁面，則會匯出成一張PowerPoint投影片，但因為每張投影片都是一個靜態影像，所以無法再對圖表進行編輯。

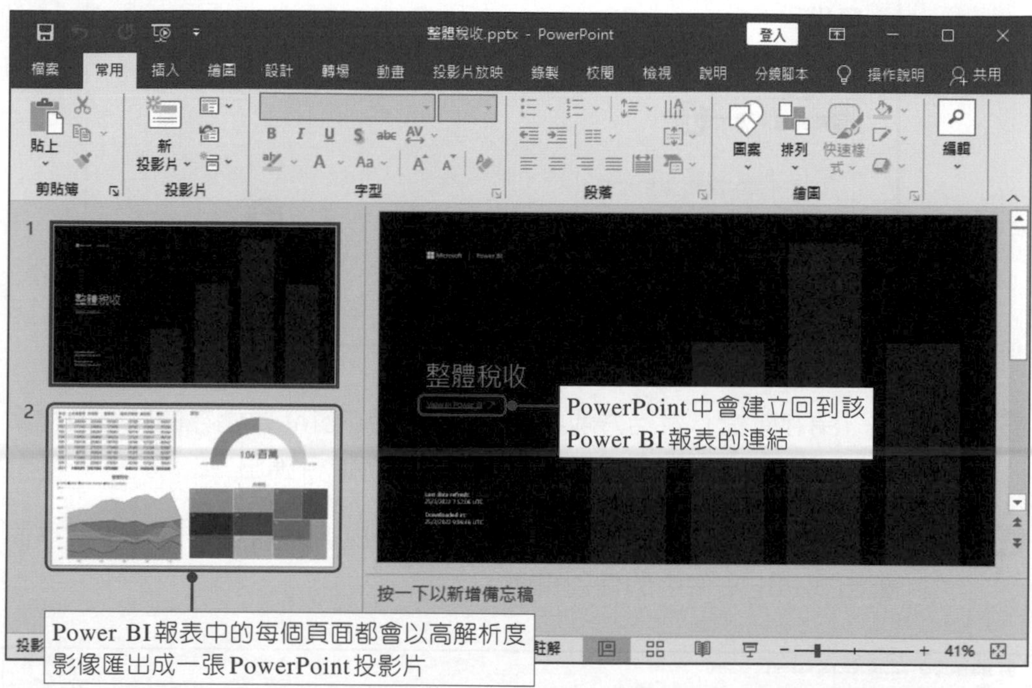

將報表匯出為 PDF 檔案

將Power BI的報表檔案匯出成PDF的操作方式，與匯出成PowerPoint檔案大致相同，且同樣會將報表中的每個頁面匯出為一頁。

step 01 在工作區中開啟想要進行列印的報表檔案，按下工作區上方的「**匯出→PDF**」選項。

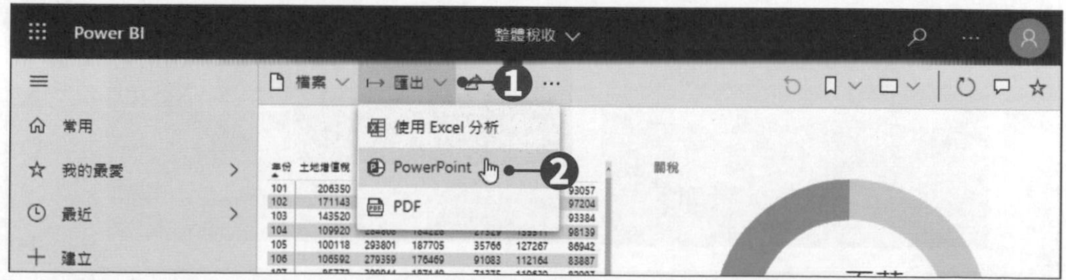

step 02 在開啟的「匯出」對話方塊中，設定**一併匯出**選項為**「目前的值」**，表示將報表以目前的顯示狀態匯出，設定好後按下**「匯出」**按鈕。

step 03 在「另存新檔」對話方塊中，設定PowerPoint要儲存的路徑及檔案名稱，設定好後按下**「存檔」**按鈕，即可進行匯出。

step 04 開啟匯出的PDF檔案，可以看到Power BI會將報表中的每一個頁面匯出成PDF文件中的個別頁面。

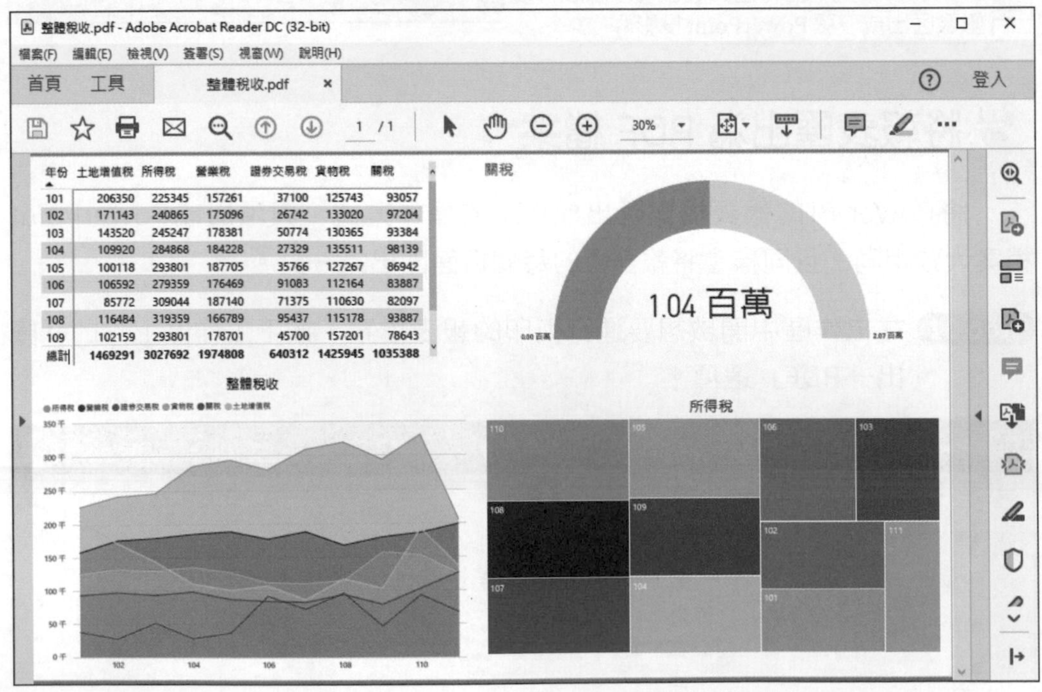

8-5 Power BI 的手機應用

當我們在Power BI Desktop中建立報表，並上傳至Power BI服務雲端平台組織為儀表板，還可以隨時隨地透過行動裝置專用App，檢視這些儀表板與報表，徹底實現無所不在的行動商業智慧。

針對行動需求，微軟在iOS、Android和Windows 10等行動系統平台皆推出Power BI行動應用程式。讓使用者透過行動裝置(手機或平板電腦)，就能輕鬆與雲端資料進行連線，隨時隨地都能進行檢視與互動。

圖8-1　透過手機或平板電腦，也能輕鬆連線雲端檢視Power BI報表與儀表板

從應用程式市集下載取得 Power BI App

Power BI針對iOS、Android和Windows 10等行動系統平台，都有推出行動應用程式可供免費下載。只要按照行動裝置作業系統，在所屬應用程式市集中輸入關鍵字「Power BI」，或是直接掃描以下QR-Code開啓連結，即可進行下載安裝。

iOS
App Store

Android
Google Play

Windows 10
Windows 10版本的行動裝置App已於2021年3月16日起停止支援

行動版 App 操作介面

本小節請先在行動裝置上安裝Power BI App，並以Power BI帳號登入使用。以下將以iOS作業系統手機為例，說明使用「Power BI Mobile」平台的使用。圖8-3所示為Power BI App操作介面介紹。

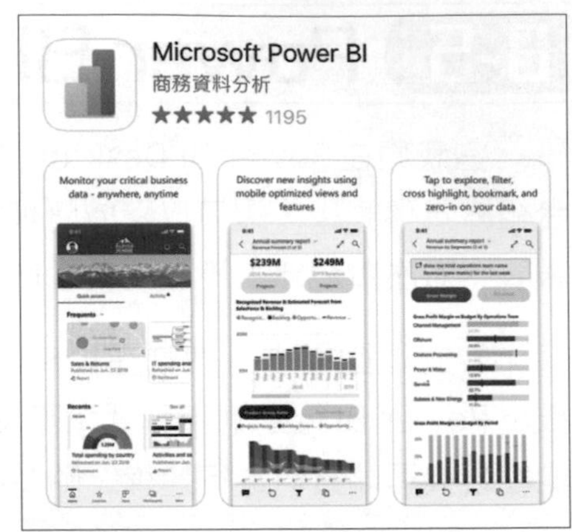

圖8-2　iOS App Store的Power BI App

帳號　會開啓側邊面板，可檢視帳號資訊，或進行帳號相關設定

開啓相機　將圖片磚新增至儀表板、掃描QR代碼，以及啓用AR時使用

搜尋　可對帳戶中的Power BI內容進行搜尋

首頁標籤　點選進入 **快速存取**、**目標**、**活動** 等首頁標籤頁面

首頁　預設畫面為 **快速存取** 首頁標籤，會顯示 **常用項目** 及 **最近項目** 檔案清單

導覽列　點選進入 **首頁**、**我的最愛**、**應用程式**、**工作區** 等單元，按下 **更多** 則可進入 **最近項目**、**與我共用**、**探索**、**通知** 等單元

圖8-3　Power BI App操作介面

♣ 首頁標籤說明

⊕ 快速存取：頁面會顯示「常用項目」及「最近項目」檔案清單。

⊕ 目標：頁面會顯示相關目標，並列出你有權存取的所有計分卡。使用者可以在目標頁面中追蹤目標的進度、更新進度，或是加入附註。

⊕ 活動：會顯示所有活動摘要，包含應用程式更新、資料警示，或者檔案有重新整理或新增註解等最新訊息，可掌握Power BI內容的最新情況。

♣ 導覽列單元說明

⊕ 首頁：回到App首頁。

⊕ 我的最愛：可找到所有被加入「我的最愛」清單中的報表、儀表板項目。

⊕ 應用程式：可瀏覽一起封裝並發布成應用程式的相關儀表板及報表集合。

⊕ 工作區：可進入雲端平台所建置的工作區清單。

⊕ 最近項目：最近檢視或編輯過的檔案清單。

⊕ 與我共用：與你共用的儀表格和報表清單。

⊕ 探索：可找到Power BI功能相關範例。

⊕ 通知：可檢視資料警示和內容的重要推播通知。

♣ 登出帳號

想在App中登出Power BI帳號，只要按下左上角的帳號人像圖示，在開啟的側邊面板中按下**「設定」**，即可進入帳號設定頁面，按下帳號旁的**「登出」**按鈕即可。

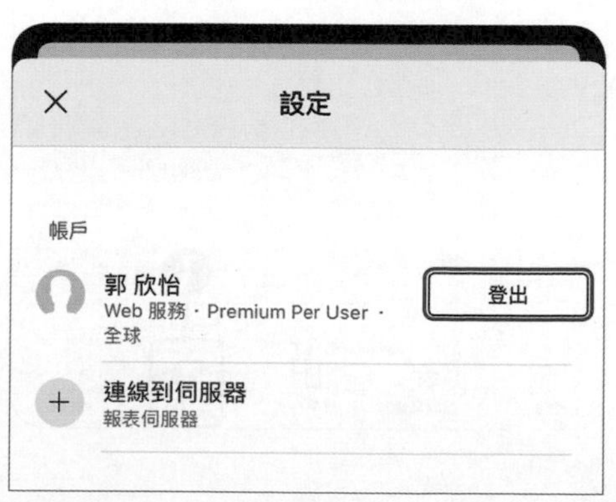

在 App 中檢視檔案

若想透過手機App檢視儲存在「我的工作區」中的報表檔案，作法如下：

step 01 開啟進入Power BI App，在下方的導覽列上點選**「工作區」**單元。

step 02 在工作區清單中，點選進入**「我的工作區」**，會列出工作區中的檔案列表。

step 03 在選單中點選想要開啟的報表或儀表板，即可開啟檔案檢視內容。

可在工作區中點選 **報表**、**儀表板** 標籤，指定想要瀏覽的檔案類型。

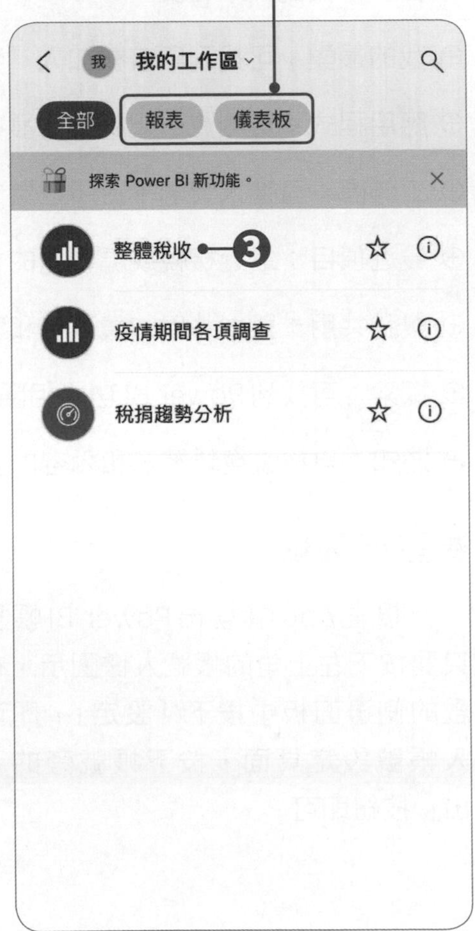

step 04 如果覺得在手機的直立畫面上檢視報表或儀表板畫面太小，可以將手機橫放，以取得更大的檢視畫面。檢視時也可配合行動裝置捏合手勢，來縮放檢視範圍。

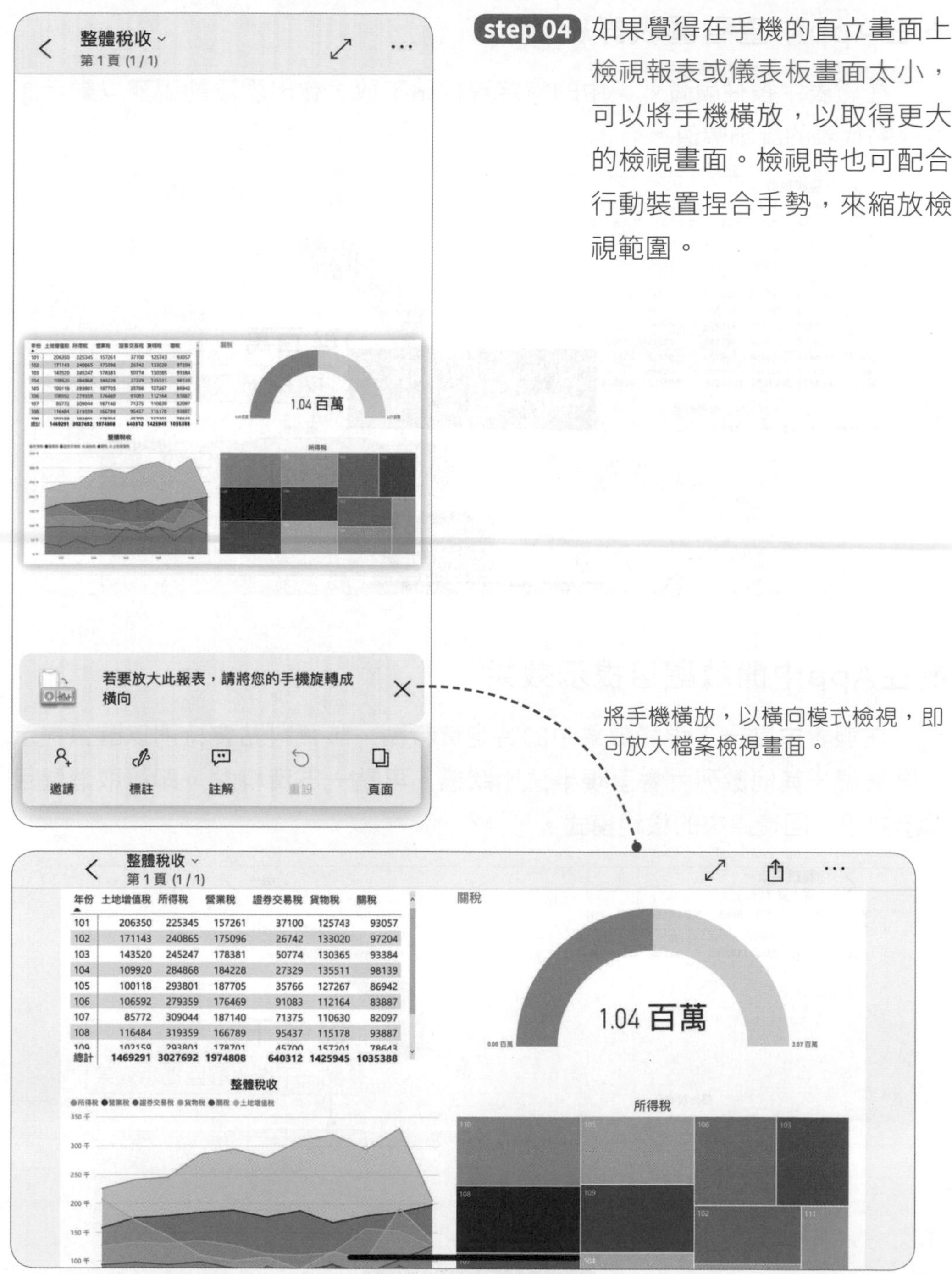

♣ 在App中查看圖表詳細資料

在報表中**按住**視覺效果中的特定資料點**不放**，會出現浮動視窗以顯示該資料點代表的詳細數值。

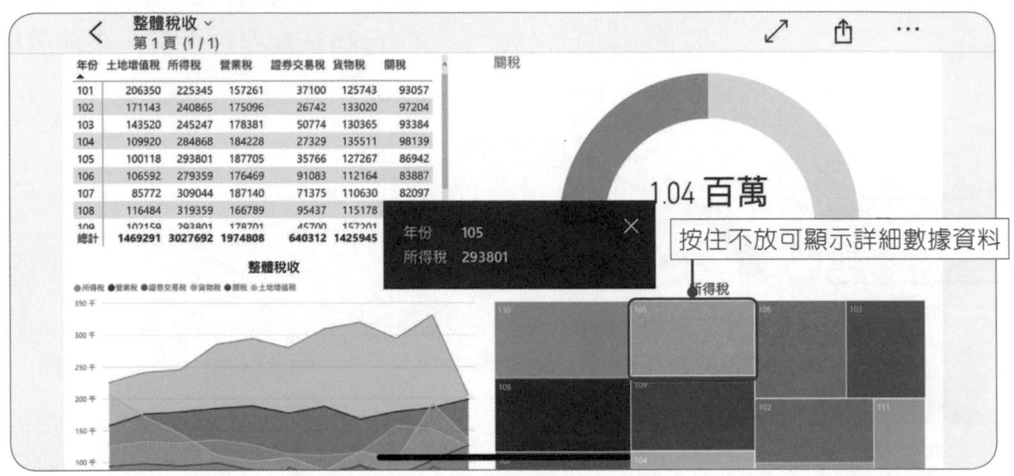

♣ 在App中開啟醒目提示效果

在報表中**點一下**視覺效果中的特定資料點，該資料點會特別以醒目提示效果呈現，其他數列就會呈現半透明狀態。再點一下資料點，即可取消醒目提示效果，回復原來的檢視模式。

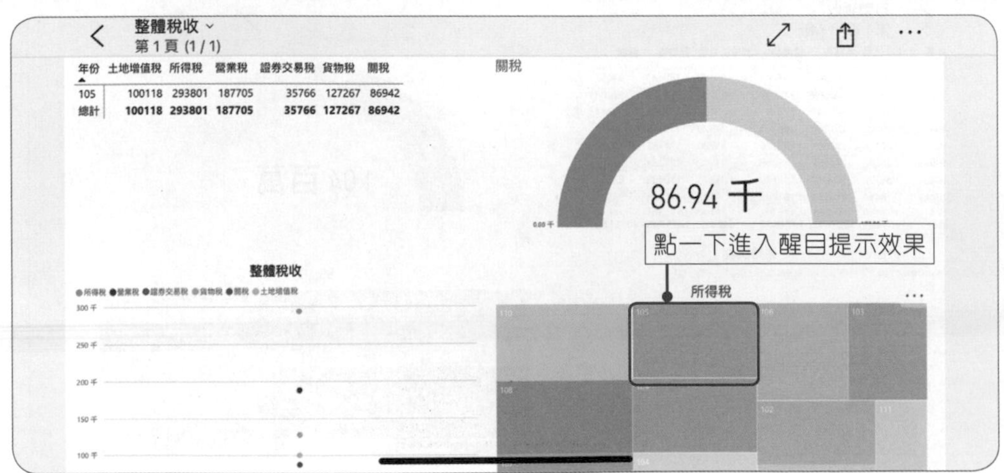

從 App 中與他人共用報表

透過 Power BI App 可以向任何人發出共用連結，邀請其他人來查看你的報表或視覺效果的快照，但對方必須擁有 Power BI 帳號授權才能開啟檢視。

step 01 在報表中按下右上角的 **共用**圖示。

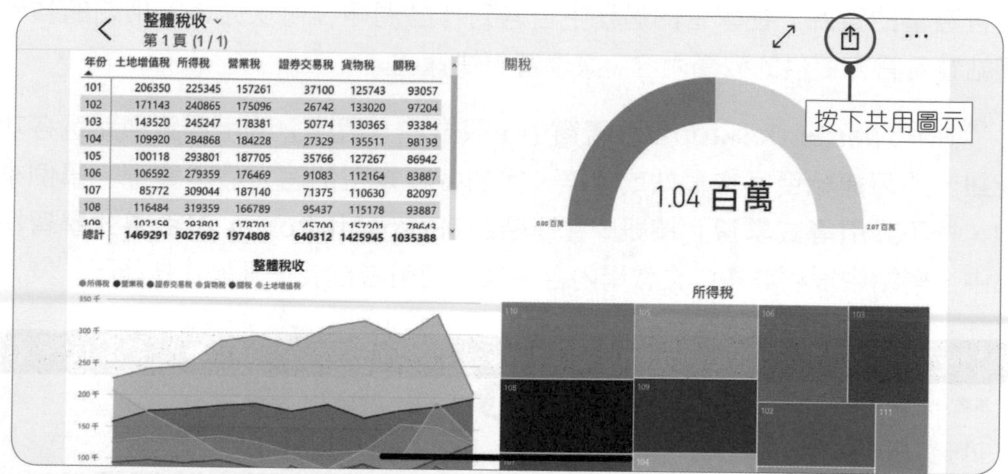

step 02 在選單中選擇想要共用報表的方式，並傳送報表檔案連結給對方。若接收者也擁有自己的 Power BI 帳號，就能開啟檢視此報表。

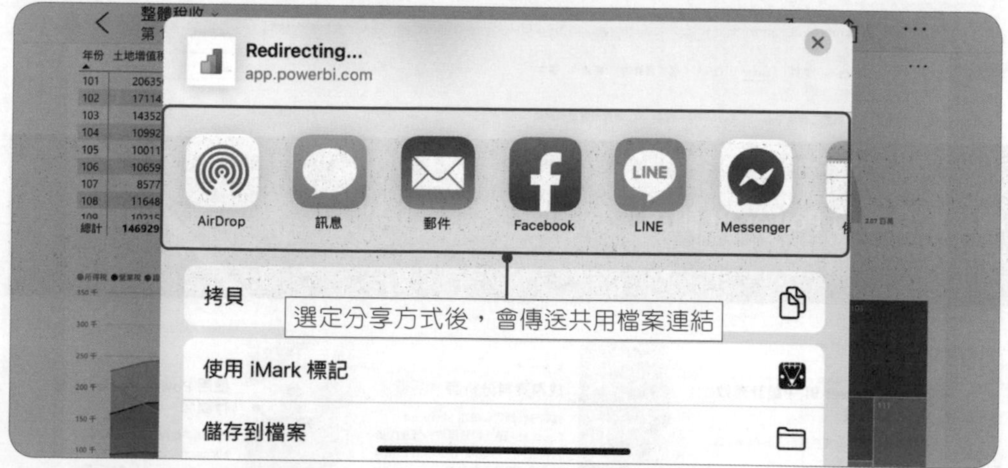

8-6 線上學習與網路資源

線上學習

Microsoft Power BI提供了線上學習文章、影片及Power BI部落格等詳細且豐富的資源，在學習的過程中若遇到什麼問題，可以先進入相關的教學網站看看官方提供的教學內容，讓學習更快速。

在Power BI Desktop操作視窗中，只要在**「說明」**索引標籤中點選各功能鈕，即可連結至官方網站或社群，找到各種類型的官方教學資源。舉例來說，按下**「引導式學習」**按鈕，會連結至**Microsoft Power BI引導式學習**網站中，網站中提供許多中文教學內容，輔助使用者自我提升操作技能。

Power BI 學習概觀網站(https://powerbi.microsoft.com/zh-tw/learning/)

雲端平台內建的產業參考範例

Power BI雲端平台特別針對各產業，提供多款符合各行業不同性質的參考範例(圖8-4)，範例檔案包含儀表板、資料集與報表等檔案。這些內建範例除了可搭配微軟線上學習課程進行實作，也能幫助使用者了解Power BI可為各行各業帶來什麼樣的實際應用。

圖8-4　Power BI雲端平台內建的八大產業參考範例

取得參考範例的方法如下：

step 01 開啟並登入Power BI雲端平台，點選左下角的**「取得資料」**，在顯示的頁面中點選**「範例」**連結，以便進入範例選單。

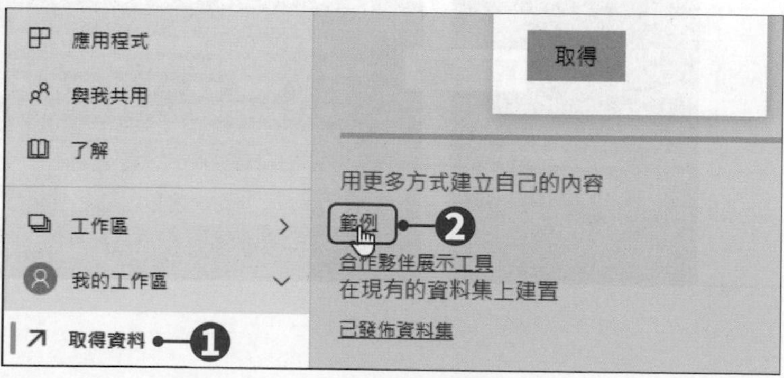

step 02 在開啟的範例選單中，共列出八個不同型態的產業參考範例，點選範例圖示，會開啟該範例的相關說明。若確認想要使用該範例，則按下**「連接」**按鈕。

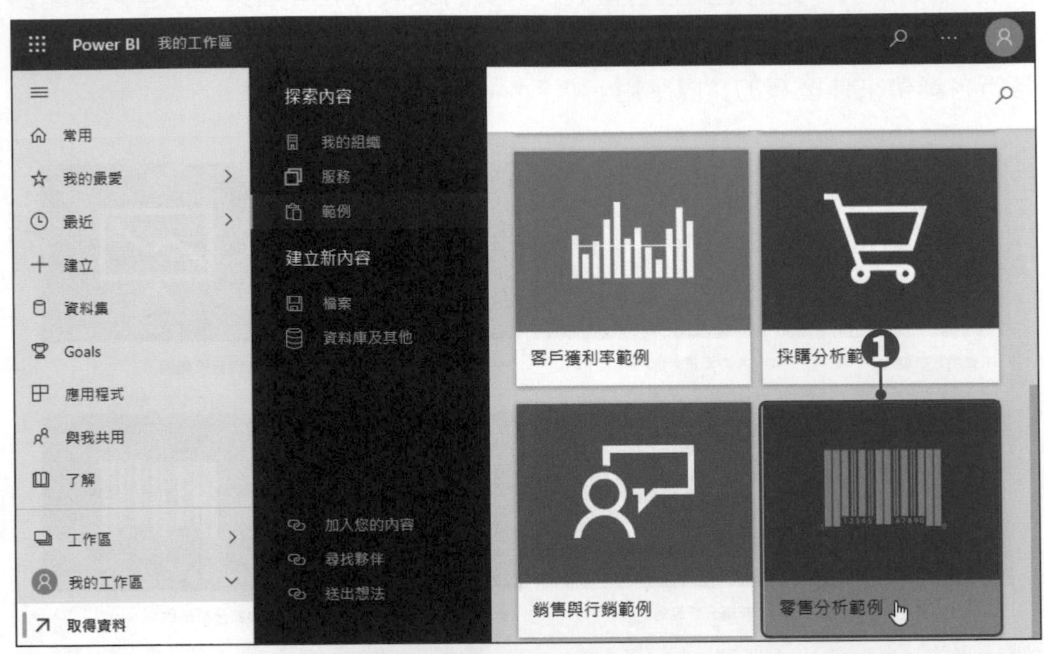

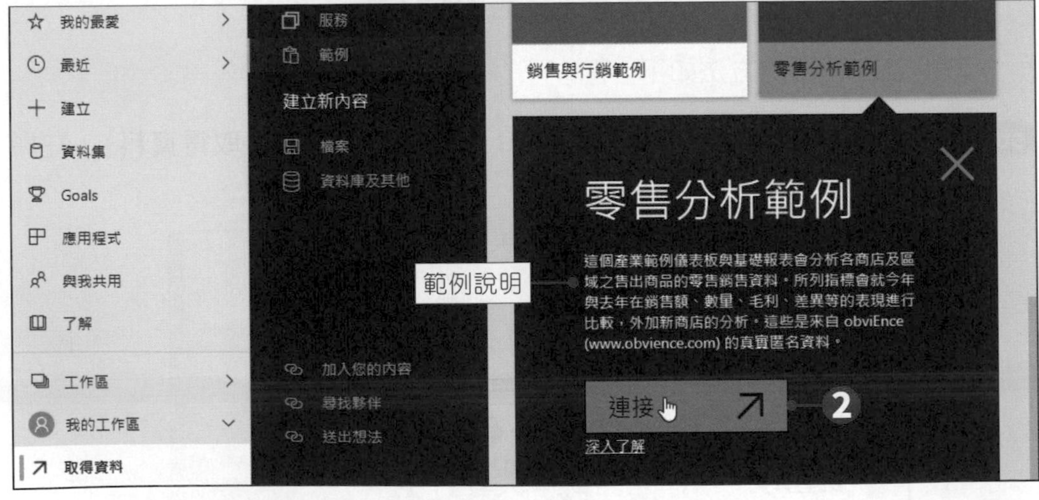

step 03 接著Power BI雲端平台就會將這個內建範例，新增至目前所在的工作區中。

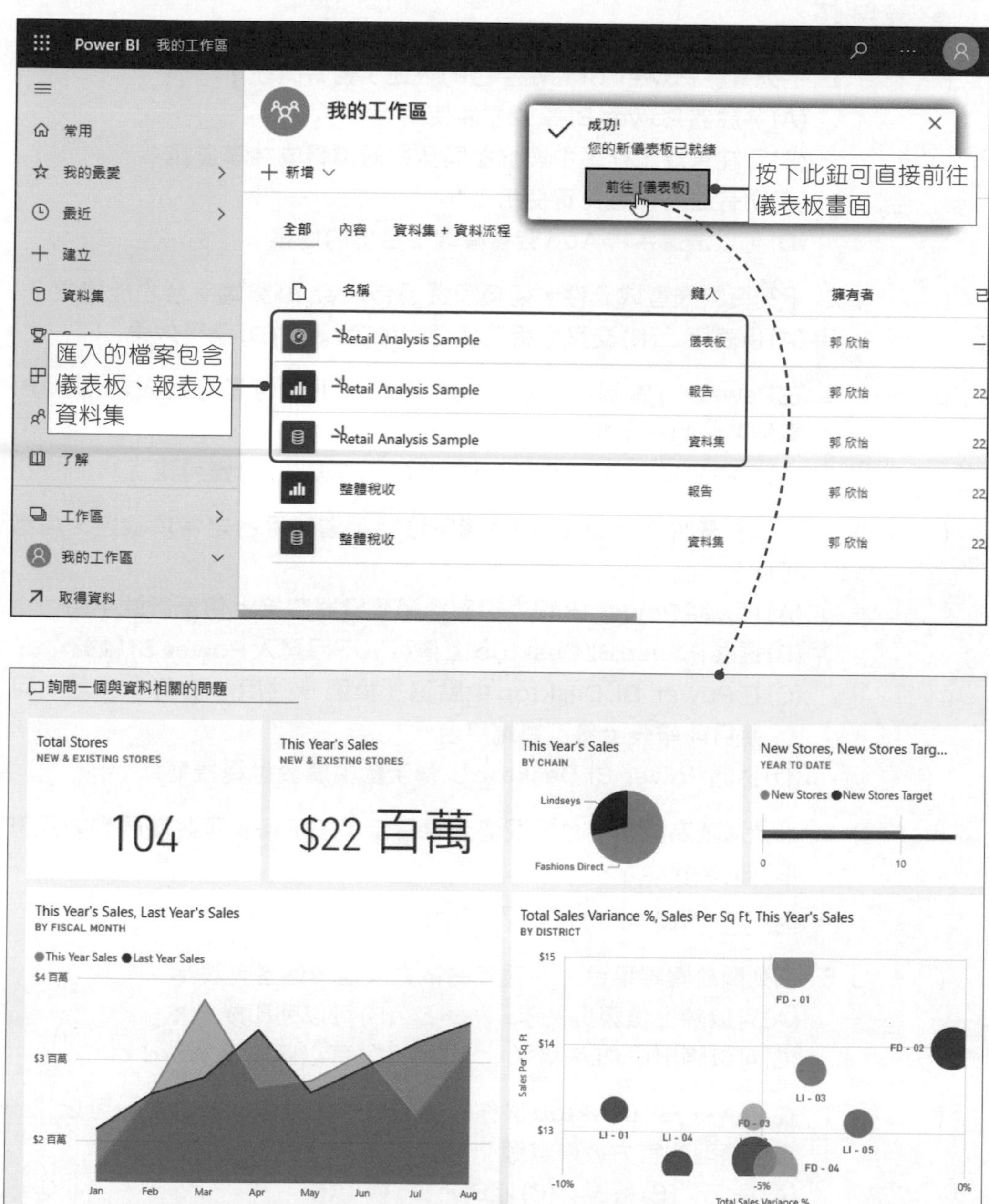

章末習題

✦ 選擇題

(　　) 1. 下列有關Power BI雲端平台的敘述，何者有誤？
(A)需註冊Power BI帳號才能使用
(B)可在雲端工作區中與群組同伴共同編輯或共享資訊
(C)所有服務都是免費使用
(D)可以透過手機App查看雲端平台上的檔案

(　　) 2. 下列資料類型或元件，何項須透過Power BI雲端平台才能建立？
(A)儀表板　(B)交叉分析篩選器　(C)報表　(D)視覺效果

(　　) 3. 在Power BI雲端平台的功能窗格中，下列何者可進入Power BI雲端平台的線上共享空間？
(A)我的最愛　(B)工作區　(C)我的工作區　(D)資料集

(　　) 4. 下列有關將Power BI報表檔案發行至雲端平台之各項敘述，何者正確？
(A)可以將Power BI報表檔案透過瀏覽器直接上傳至雲端平台
(B)透過Power BI Desktop上傳可以不用登入Power BI帳號
(C)在Power BI Desktop中點選「檢視→共用→發行」按鈕，可將目前報表上傳至雲端平台
(D)透過Power BI Desktop上傳至雲端屬於付費授權

(　　) 5. 下列選項為雲端平台的視覺效果圖示，按下何者可將該視覺效果釘選至儀表板中？
(A) ⧉　(B) 📌　(C) ▽　(D) ⎘

(　　) 6. 下列關於雲端平台上的報表檔案之敘述，何者有誤？
(A)可以線上檢視與共享　(B)可以列印成紙本
(C)可以匯出成PDF格式　(D)可以匯出至Word

(　　) 7. 在Power BI Desktop操作視窗的哪一個索引標籤之中，可以找到各種類型的官方教學資源？
(A)插入　(B)檢視　(C)說明　(D)模型化

✦ 實作題

1. 結束本節課程後，試著自己動手做做看以下練習：

   - 註冊取得你的Power BI帳號。
   - 登入雲端平台後，嘗試上傳任一報表檔案至「我的工作區」。
   - 手機下載Power BI App，並透過手機App檢視雲端平台上的報表。

2. 以Power BI Desktop開啟「範例檔案\ch8\疫情期間各項調查.pbix」檔案，進行以下設定。

   - 直接透過Power BI Desktop將報表檔案發行至雲端平台上。
   - 在雲端平台中開啟報表檔案，將其中「觀光客來台總人數」視覺效果，由原來的折線圖改為群組直條圖。
   - 將完成的報表匯出成PDF檔案。

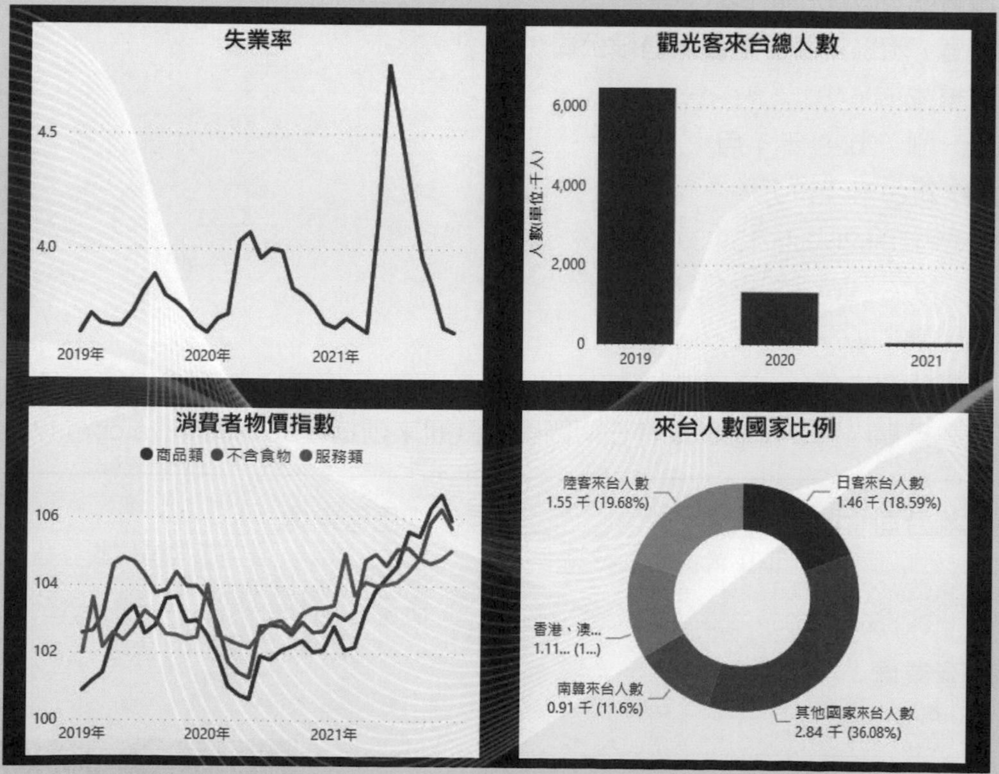

國家圖書館出版品預行編目資料

Power BI 快速入門/郭欣怡編著. -- 初版. -- 新北市：
全華圖書股份有限公司, 2022.04
面； 公分
ISBN 978-626-328-152-3(平裝)

1.CST: 大數據 2.CST: 資料處理
312.74　　111005358

Power BI 快速入門

作者 / 全華研究室 郭欣怡
發行人 / 陳本源
執行編輯 / 陳奕君
封面設計 / 盧怡瑄
出版者 / 全華圖書股份有限公司
郵政帳號 / 0100836-1號
印刷者 / 宏懋打字印刷股份有限公司
圖書編號 / 06491
初版一刷 / 2022 年 4 月
定價 / 新台幣 490 元
ISBN / 978-626-328-152-3 (平裝)
ISBN / 978-626-328-151-6 (PDF)
全華圖書 / www.chwa.com.tw
全華網路書店Open Tech / www.opentech.com.tw
若您對書籍內容、排版印刷有任何問題，歡迎來信指導book@chwa.com.tw

臺北總公司(北區營業處)
地址：23671 新北市土城區忠義路 21 號
電話：(02) 2262-5666
傳真：(02) 6637-3695、6637-3696

南區營業處
地址：80769 高雄市三民區應安街 12 號
電話：(07) 381-1377
傳真：(07) 862-5562

中區營業處
地址：40256 臺中市南區樹義一巷 26 號
電話：(04) 2261-8485
傳真：(04) 3600-9806(高中職)
(04) 3601-8600(大專)

版權所有・翻印必究

（請由此線剪下）

歡迎加入 全華會員

● 會員獨享

會員享購書折扣、紅利積點、生日禮金、不定期優惠活動…等。

● 如何加入會員

掃 QRcode 或填妥讀者回函卡直接傳真（02）2262-0900 或寄回，將由專人協助登入會員資料，待收到 E-MAIL 通知後即可成為會員。

如何購買 全華書籍

1. 網路購書

全華網路書店「http://www.opentech.com.tw」，加入會員購書更便利，並享有紅利積點回饋等各式優惠。

2. 實體門市

歡迎至全華門市（新北市土城區忠義路 21 號）或各大書局選購。

3. 來電訂購

(1) 訂購專線：(02) 2262-5666 轉 321-324
(2) 傳真專線：(02) 6637-3696
(3) 郵局劃撥（帳號：0100836-1　戶名：全華圖書股份有限公司）
※ 購書未滿 990 元者，酌收運費 80 元。

全華網路書店 www.opentech.com.tw
E-mail: service@chwa.com.tw

※ 本會員制如有變更則以最新修訂制度為準，造成不便請見諒。

廣告回信
板橋郵局登記證
板橋廣字第540號

行銷企劃部　收

23671
新北市土城區忠義路 21 號
全華圖書股份有限公司

讀者回函卡

掃 QRcode 線上填寫 ▶▶▶

姓名：＿＿＿＿＿＿ 生日：西元＿＿＿年＿＿月＿＿日 性別：□男 □女

電話：（ ）＿＿＿＿ 手機：＿＿＿＿＿＿

e-mail：（必填）＿＿＿＿＿＿＿＿＿＿＿＿

註：數字零，請用 Φ 表示，數字 1 與英文 L 請另註明並書寫端正，謝謝。

通訊處：□□□□□＿＿＿＿＿＿＿＿＿＿＿＿

學歷：□高中・職 □專科 □大學 □碩士 □博士

職業：□工程師 □教師 □學生 □軍・公 □其他

學校／公司：＿＿＿＿＿＿＿＿ 科系／部門：＿＿＿＿＿＿

・需求書類：

□A. 電子 □B. 電機 □C. 資訊 □D. 機械 □E. 汽車 □F. 工管 □G. 土木 □H. 化工

□I. 設計 □J. 商管 □K. 日文 □L. 美容 □M. 休閒 □N. 餐飲 □O. 其他

・本次購買圖書為：＿＿＿＿＿＿＿＿ 書號：＿＿＿＿＿＿

・您對本書的評價：

封面設計：□非常滿意 □滿意 □尚可 □需改善，請說明＿＿＿＿＿＿

內容表達：□非常滿意 □滿意 □尚可 □需改善，請說明＿＿＿＿＿＿

版面編排：□非常滿意 □滿意 □尚可 □需改善，請說明＿＿＿＿＿＿

印刷品質：□非常滿意 □滿意 □尚可 □需改善，請說明＿＿＿＿＿＿

書籍定價：□非常滿意 □滿意 □尚可 □需改善，請說明＿＿＿＿＿＿

整體評價：請說明＿＿＿＿＿＿＿＿＿＿＿＿

・您在何處購買本書？

□書局 □網路書店 □書展 □團購 □其他＿＿＿＿＿＿

・您購買本書的原因？（可複選）

□個人需要 □公司採購 □親友推薦 □老師指定用書 □其他＿＿＿＿＿＿

・您希望全華以何種方式提供出版訊息及特惠活動？

□電子報 □DM □廣告（媒體名稱＿＿＿＿＿＿＿＿＿＿）

・您是否上過全華網路書店？（www.opentech.com.tw）

□是 □否 您的建議＿＿＿＿＿＿＿＿＿＿＿＿

・您希望全華出版哪方面書籍？＿＿＿＿＿＿＿＿＿＿

・您希望全華加強哪些服務？＿＿＿＿＿＿＿＿＿＿

感謝您提供寶貴意見，全華將秉持服務的熱忱，出版更多好書，以饗讀者。

填寫日期：　　/　　/

2020.09 修訂

親愛的讀者：

感謝您對全華圖書的支持與愛護，雖然我們很慎重的處理每一本書，但恐仍有疏漏之處，若您發現本書有任何錯誤，請填寫於勘誤表內寄回，我們將於再版時修正，您的批評與指教是我們進步的原動力，謝謝！

全華圖書　敬上

勘　誤　表

書　號		書　名		作　者	
頁　數	行　數	錯誤或不當之詞句		建議修改之詞句	

我有話要說：（其它之批評與建議，如封面、編排、內容、印刷品質等・・・）